U0270174

天文学教程

上册

胡中为 孙 扬 编著

上海交通大学出版社
SHANGHAI JIAO TONG UNIVERSITY PRESS

内容提要

本书全面系统地阐述了天文学的基础知识,介绍了不同历史阶段出现的主要研究成果,同时也包括了各个分支领域的最新研究进展。全书分上、下两册。上册内容包括天球坐标和时间计量系统、天文观测和常用仪器、太阳系的各种天体。下册内容包括各类恒星、致密星(白矮星、中子星、黑洞)、双星、星团和恒星演化、银河系以及星系和宇宙学。为满足交叉学科的需要,本书还介绍了宇宙的元素丰度与起源。本书可作为天文、物理、地理等专业大学生的基础教材,也可供其他有关专业的师生和科技工作者参考。

图书在版编目(CIP)数据

天文学教程.上册/胡中为,孙扬编著. — 上海:
上海交通大学出版社,2019(2024 重印)
ISBN 978 - 7 - 313 - 21655 - 7

Ⅰ. ①天… Ⅱ. ①胡… ②孙… Ⅲ. ①天文学—高等
学校—教材 Ⅳ. ①P1

中国版本图书馆 CIP 数据核字(2019)第 150053 号

天文学教程(上册)

编　　著:胡中为　孙　扬
出版发行:上海交通大学出版社　　　　　地　　址:上海市番禺路 951 号
邮政编码:200030　　　　　　　　　　　电　　话:021 - 64071208
印　　制:浙江天地海印刷有限公司　　　　经　　销:全国新华书店
开　　本:710 mm×1000 mm　1/16　　　印　　张:29　插页:4
字　　数:524 千字
版　　次:2019 年 9 月第 1 版　　　　　　印　　次:2024 年 10 月第 3 次印刷
书　　号:ISBN 978 - 7 - 313 - 21655 - 7
定　　价:89.00 元

版权所有　侵权必究
告读者:如发现本书有印装质量问题请与印刷厂质量科联系
联系电话:0573 - 85509555

前　言
继往开来　开拓宇宙新视野

　　进入 21 世纪以来,天文学交融于迅猛发展的现代科学技术,成为最活跃的前沿学科之一。随着全波段天体电磁辐射和粒子辐射精细观测的大力发展,人造飞船探访太阳系天体,特别是对微弱的宇宙背景辐射和引力波的精准测定,古老的天文学已经进入一个突飞猛进的黄金时代。各种新发现和新成果纷至沓来,不仅揭示了天体和宇宙的新奥秘,展现了天体大千世界的美妙画卷,使人们大大地扩展了宇宙新视野,同时也出现了许多有待回答的重要问题,尤其是暗物质和暗能量这"两朵乌云"是否孕育着新的科学革命。

　　本书在 2003 年出版的普通高等教育"九五"国家级重点教材《天文学教程》(第二版)(高等教育出版社)的基础上改编而成。当年用过《天文学教程》第二版的青年已成长为我国天文和有关事业发展的生力军,在各自领域作出了卓越贡献,这是非常令人欣慰的! 时过境迁,精英辈出,目前中国很多高校大力投入天文和有关专业的本科生及研究生培养,天文基础课也在各自改革创新,课件繁花似锦。因此,出版一部较全面系统、具备一定深度的本科基础课新教材是很有必要的。

　　《天文学教程》(第二版)是在已故的我国著名天文学家戴文赛教授的带领下,经过"科班弟子"几十年教学检验并不断更新完善的国家级重点教材。当年的编写者退休后,不忘初心和戴老的生前教诲,仍力所能及地调研,备写新版,参与讲座,为新人快速成长架桥铺路。由于天文学的领域很广,博大精深,尤其是近些年来物理学、航天与空间科学开辟了不同于传统天文学的新途径(诸如中微子等粒子和引力波探测),以及融合天文学的粒子与(原子)核反应过程研究成为前沿热门领域,使得天文学发展日新月异,丰富多彩。因此教材应当与时俱进,舍弃过时的繁杂知识,更新和补充新内容,通过不同领域的合作,编写共同需要的新版《天文学教程》。

　　本书全面系统地阐述了天文学基本知识,并介绍了现代的重要进展,力求由浅入深,图文并茂,使用较多较新的信息资料。本书(上、下两册)基本上传承第二版的大纲和结构,上册(第1~8章)主要介绍天文学的发展历史和一般知识,以及太阳系天体的特征和运动规律。下册(第9~16章)则详细讨论宇宙中恒星和各种爆发性星体的形成和演化,以及星系和宇宙学的基本知识。新版特别增加了第15章"宇宙中的元素丰度及其起源",从核物理的角度介绍宇宙中微观粒子的产生机制。本书可供1学年约120学时使用,也可以重点选讲80学时,其余作为课外阅读资料。本书也可供有志趣的师生和天文业余爱好者阅览。

　　本书撰写中参阅了一些老师的课件,吸取了同仁们很好的意见和建议,谨致谢意。感谢上海交通大学出版社对本书的器重和杨迎春博士的细致审阅与热情鼓励。

　　编著者虽然力所能及地吸取国内外有关著作和论文的精华,但因条件和能力所限,书中存在的缺点和错误,恳请读者批评指正。

编著者

2019 年春

目　录

第1章 绪 论

人们自古以来就对壮丽星空天象着迷,从而对其进行观察、思索和研究,试图了解其奥秘与真谛。早在五六千年前,由于农牧业生产和生活的需要,人们就开始通过观察天象来确定季节和编制历法,如《易经》所述"观乎天文,以察时变",由此产生了一门最古老的科学——天文学。随着历史发展,人类从现象到本质及其规律,不断地增进了对宇宙和天体的科学认知。

近半个多世纪以来,天文学与现代科学技术一起,进入迅猛发展的新时代。随着各种现代天文观测仪器特别是空间技术的应用,新发现纷至沓来,展现天体大千世界的奇妙画卷,有引人入胜的奇闻趣事,也有未解之谜等待探索。天文学让我们大开眼界,增长知识,受到启迪,对于培养正确的宇宙观、认识论、方法论和提高科技文化素质大有裨益。

1.1 科技前沿的天文学

天文学是人类认识宇宙的一门自然科学,其主要任务是观测研究各种天体和天体系统,研究它们的位置、分布、运动、形态、结构、物理状况、化学组成及起源和演化规律。

人们常说到**宇宙**,那么宇宙的含义是什么? 宇宙的概念源远流长,一般作为天地万物的总称。英文 Universe 和 Cosmos 都是宇宙的意思,前者意为天地万物,后者还有井然有序之意。先秦杂家著作《尸子》曰:"四方上下曰宇,古往今来曰宙"。用现代科学术语来说,宇就是空间,宙就是时间。宇宙就是客观存在的物质世界,而物质是不断运动和变化发展的,空间和时间就是物质及其运动变化的表现形式。现代物理学和天文学的观测和理论都确切地表明,空间和时间不仅与物质不可分割,而且空间和时间是密切联系在一起的相对论时空,这才是辩证唯物的科学宇宙观和时空观。分子、原子、基本粒子可谓"小宇宙",而天体、天体系可谓"大宇宙",即通常称谓的宇宙。

什么是**天体**？天体是宇宙中各种物质客体的总称。天文学观测研究的主要对象是地球之外的天体。从其他天体(如月球)上看,地球也是天体。不同于地球科学各学科(地质学、地理学、地球物理学、地球化学等),天文学是把地球作为代表性的行星和天文观测基地,用天文方法来研究地球的有关问题,例如,通过观测太阳、月球和星辰来研究地球的自转和空间运动,从地球运动的规律来确定时间和季节并编制历法。当然,地球不是宇宙中的封闭系统,而是开放系统,不断地受到宇宙环境影响而发生物质和能量的转移。例如,月球引起地球上的潮汐而使地球自转减慢,太阳以光和热辐射供给地球,地球上的能源归根结底主要来自太阳能,流星体陨落到地球,小行星及彗星撞击地球,而地球也向太空发射红外辐射,氢及火山灰等逃逸到太空……还有来自太阳的中微子以及来自宇宙空间的微观粒子不停地光顾地球,由此形成协同探讨的边缘、交叉学科。

天文学总是历史各时代的重要前沿科学,与多种先进的自然科学和技术交汇融合。星空和宇宙无疑是最广袤的"实验室",有着地球上实验室无法比拟的各种条件、现象和过程,激励人们去发现和探索。在数学、物理学、化学、天文学、地学、生物学六大基础学科中,天文学运用数学来分析和推演资料,同时促进数学发展;物理学和化学是天文学的基础,而天文学的发现和研究又为它们开辟新的前沿;地学和生物学也扩展到行星研究和宇宙生命探索。几千年来,人们主要靠被动地观测(即"遥感")来自各类天体的可见光及其他辐射信息来了解它们。航天时代以来,人们开始主动地发射飞船去勘查太阳系的行星和卫星等天体。天文学采用光学、机械、电子等先进技术,创制独特的天文仪器和方法去获得和处理研究观测资料,又促进技术的发展。天文学与有关的学科和技术互相渗透,推动科学和技术飞跃进步。

天文学与文化艺术和人文学科相融合。宇宙和谐美妙,富有魅力,给人启迪。宇宙引发诗人和艺术家的情怀,让他们去谱写豪放的诗曲和动人的故事,创绘美妙的画卷,演绎哲理精义,推进文学艺术和人文学科的发展。

天文学以实际观测为基础,科学地探讨和认识宇宙的真实性质、结构和演化规律,是与迷信的占星术(或星占学)完全对立的。星占学则是根据天象来预卜人间事物的方术,源于古代人不了解自然现象的本质和规律而产生的神秘感,把一些特殊天象(日食、月食、彗星出现、流星陨落等)与人间吉、凶、祸、福牵强地联系起来,甚至现今仍有人被星占学迷信麻醉。由于时代的认识局限,特别是由于迷信思想和权势主宰,很多古代天文学家同时也是占星家,他们观测、记录和推算天象,留下不少有用的资料,对此应当去伪存真、古为今用,例如,利用古代天象记载来研究中国早期历史断代问题。然而,尽管广袤的宇宙有很多深奥现象仍是未解之谜,还需要进行科学探讨,但这与占星术无关,现代天文学的科学研究不断地揭示宇宙奥秘,把星占学和迷信扫进历史垃圾堆。

1.2　人类认识宇宙的几次大飞跃

天文学在人类文明的发展中起着重要作用。人类对宇宙的认识是不断发展的,天文学发展史是人类文明的重要成果。天文学史中有很多生动有趣的事迹,尤其是人类认识宇宙的几次大飞跃影响深远。

第一次飞跃是人类认识到地球是球形的、日月星辰远近不同,它们的视运动有客观规律可循,人们可以通过天象观测来编制历法和星表。古代人往往凭主观猜测或幻想来看待天与地的各种问题,有些看法成为流传的神话故事,例如我国"盘古开天辟地""嫦娥奔月"的故事。然而,人们经过长期观测和思考探索,逐渐形成科学的认知,例如,从月食时地球投到月球上的圆弧影子等现象推断大地为球形;从同一经度上南北两地正午太阳的地平高度(角)差别,用几何方法推算地球的周长。古人直观感觉日月星辰好像嵌在一个巨大的天穹或天球上,绕地球旋转。大多数星辰好像组成特定的不变图形一起旋转,因而称它们为**恒星**;但有五颗亮星(水星、金星、火星、木星、土星)却常在恒星之间游动,称为**行星**。人们用三角测量法测定太阳和月球的大小以及它们之间的距离。公元2世纪,生于埃及的克劳迪厄斯•托勒密(Claudius Ptolemy)集古代天文学成就,在其名著《天文学大成》中阐述了宇宙地心体系(即地心说)(见图1-1)。他认为地球静止地位于宇宙中心,各行星在其特定轮上绕地球转动且与恒星一起每天绕地球转一圈,这给天象规律做了一种数学理论描述,有其历史功绩。因他否认上帝,直到1215年教会还禁止讲授他的理论,不过后来教会又把地心说作为统治的理论工具。

第二次大飞跃是1543年波兰数学家和天文学家尼古劳斯•哥白尼(Nicolaus Copernicus)在其名著《天体运行论》中提出宇宙日心体系(即日心说)(见图1-2),形成太阳系概念。他论证了地球和行星依次在各自轨道上绕太阳公转;月球是绕地球转动的卫星,同时随地球绕太阳公转;日月星辰每天东升西落现象是地球自转的反映;恒星比太阳远得多。正如书名中"revolution"一词有运行(绕转或公转)和革命双关意思,从此自然科学便开始从神学中解放出来。17世纪初,意大利物理学家、数学家、天文学家及哲学家伽利略•伽利雷(Galileo

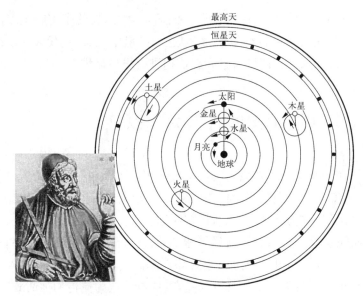

图 1-1　托勒密与地心体系简图

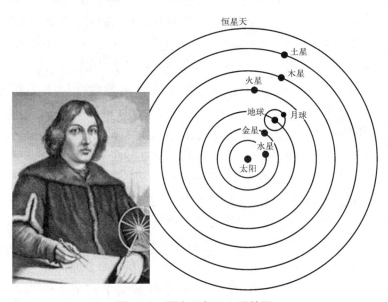

图 1-2　哥白尼与日心说简图

Galilei)[见图 1-3(b)]制成天文望远镜观测星空,看到月球表面有多种特征,金星也像月球一样有圆缺变化,发现木星的四颗卫星,提供太阳系的新证据,又从太阳黑子的运动推断太阳在自转,分辨出银河由密集的恒星组成,写了《星空使者》和《关于托勒密和哥白尼两大世界体系的对话》,开创了近代天文学。

第三次大飞跃是万有引力定律和天体力学的建立。17 世纪科学革命的关键人物、德国天文学家和数学家约翰尼斯·开普勒(Johannes Kepler)[见图 1-3(a)]分析研究第谷·布拉赫(Tycho Brahe)留下的行星观测资料,发现行星运动三定律;继而,伟大的科学家艾萨克·牛顿(Isaac Newton)[见图 1-3(c)]总结当时的天文学和力学,进行科学抽象和数理推演,写出名著《自然哲学的数学原理》,由开普勒定律导出万有引力定律,奠定了天体力学基础。埃德蒙·哈雷(Edmond Halley)用牛顿理论计算彗星轨道,预报哈雷彗星的回归。公元 1781年,威廉·赫歇耳(Wilhelm Herschel)发现天王星。U. 勒威耶(Urbain Le Verrier)和 J. C. 亚当斯(John Couch Adams)分别从天王星的观测与预报的位置偏差推算出一颗未知行星的轨道和位置,由 J. 伽勒(Johann Galle)观测找到,命名为海王星。海王星是唯一利用天体力学预测而非有计划地观测发现的行星。哈雷彗星的回归和海王星的发现显示了牛顿理论的威力。

(a)　　　　　　　　　　(b)　　　　　　　　　　(c)

图 1-3　开普勒(a)、伽利略(b)与牛顿(c)

第四次大飞跃是人类认识到太阳系有其起源演化史。在牛顿时代,自然界除了往复的机械运动外,绝对不变的自然观占主导地位。在自然界不变的僵化自然观上打开第一个缺口的是 18 世纪德国著名哲学家伊曼纽尔·康德(Immanuel Kant)和法国著名科学家 P. -S. 拉普拉斯(Pierre-Simon Laplace)先后提出两种太阳系起源的星云假说。他们都认为,太阳系的各天体都是从同一个原始星云按自然规律,主要是在引力作用下聚集形成的。天体演化观的建立对自然科学和哲学的发展都有深远的影响。

第五次大飞跃是银河系和星系概念的建立。哈雷把当时的星表和古代的星表比较,发现某些恒星有位置移动——**自行**。后来,天文学家测出各恒星离我们远近不同,这样就打破了恒星固定在天球上的错误概念。继而英国天文学家托马斯·赖特(Thomas Wright)、德国数学家 J. H. 朗伯特(Johann Heinrich Lambert)提出恒星组成扁盘状系统(银河系)的看法,出生于德国的英国天文学家赫歇耳观测研究得出银河系的粗略结构图。弗兰克·埃尔莫尔·罗斯(第三代罗斯伯爵,3rd Earl of Rosse,原名为 William Parsons)观测到某些星云可分辨出恒星,因而它们是银河系之外的**星系**。

第六次大飞跃是天体物理学的兴起。19 世纪中叶以来,照相术、光谱分析和光度测量技术相继应用于天文观测,导致天体物理学的兴起。法国哲学家奥古斯特·孔德(Auguste Comte)在 1825 年断言"恒星的化学组成是人类绝对不能得到的知识",然而不久,光谱分析就可得知天体的化学组成了。随着原子物理等理论物理学的创立和发展,人们建立了理论天体物理学去分析观测资料,"破解"天体的物理状况和化学组成信息。

第七次大飞跃是时空观的革命。牛顿认为时间和空间都是绝对的、与外界任何事物无关的,即绝对时空观。20 世纪初期,近代物理先驱阿尔伯特·爱因斯坦(Albert Einstein)创立相对论,把时间、空间与物质及其运动紧密联系起来,得出观察者看到运动的尺(在运动方向)缩短、运动的时钟变慢、运动的质量增加、引力表现为由物质存在而导致的时空弯曲、光线在引力场中弯曲、强引力场中时钟变慢等结论,打破了绝对时空观,建立了相对论时空观。他得到质量 m 和能量 E 的重要关系——质能关系:$E = mc^2$(c 是光速),成为包括天体的核能等问题的理论基础。

随着地面现代光学观测仪器和技术方法的发展,以及无线电(射电)技术和空间探测技术的进步,天文观测从可见光波段扩展到红外、紫外、射电、X 射线和 γ 射线的全波段,并实现粒子、物理场(引力场、电磁场等)探测和登上一些太阳系天体进行实地考察。在理论研究方面,天文学不仅有现代数学、物理、化学以及电子计算机等基础和工具,而且发展了一系列现代天文分支学科以及有关的交叉、边缘学科。近年来,探索宇宙中物质的起源、探测广义相对论预言的引力辐射——引力波等新兴天文学分支将揭示前所未知的宇宙奥秘。接踵而来的是新发现、新课题,尤其是暗物质和暗能量"两朵乌云"问题,人类对宇宙的认识面临新的飞跃,乃至孕育自然科学新的革命。

1.3　量天尺和天文数字

人类通过观察和测量认识到物质的最基本属性是质量、长度和时间,它们的基本单位是千克(kg)、米(m)、秒(s)或克(g)、厘米(cm)、秒(s)。

1.3.1 量天尺

在天文学中,基本属性的质量、长度和时间常用"量天尺"单位及"天文数字"表述。

1) 时间

实际上,时间单位首先是从天文观测来确定的,"1 平太阳日或 1 天(1 昼夜,简写为 d)"是以地球相对于太阳的自转周期为基准来计量的,一个平太阳日的 $\frac{1}{86\ 400}$ 为 1 秒(second,简写为 s);后来人们发现地球自转不均匀,1960 年国际度量衡大会把时间基准改为地球绕太阳公转的周期,即规定为 1900 年地球绕太阳公转周期(回归年)的 $\frac{1}{31\ 556\ 925.974\ 7}$ 为 1 s。随着精确、稳定的原子钟制成,1967 年国际度量衡大会规定国际单位制(SI)原子时的时间单位——"秒(长)是铯-133(^{133}Cs)原子基态的两个超精细能级之间跃迁所对应辐射 9 192 631 770 个周期的持续时间"。

2) 长度(距离)

长度单位"米"最初规定为通过巴黎的地球子午线全长的四千万分之一。要用"米"(m)做单位来表述天体的大小和距离的话,那就是非常大的"天文数字"。例如,地球到太阳的平均距离为 $1.495\ 978\ 7 \times 10^{11}$ m,这显然很不方便。因此,像我们常采用"千米"(km)作为长度单位一样,天文学中规定了一些"量天尺"。

在天文学中,长度(距离)常用的一种单位是天文单位(距离),定义地球绕太阳公转椭圆轨道半长径(通俗说,日地平均距离)为 1 天文单位,记为 1 AU。

$$1\ \text{AU} = 1\ \text{天文单位} = 1.495\ 978\ 7 \times 10^{11}\ \text{m}$$

比天文单位更大的长度(距离)单位是光年(light year,缩写为 ly)。1 ly 就是光在 1 年经过的(真空)距离。因为真空中的光速是最基本的常数之一,根据精确测定结果,1983 年国际协议确定,真空中光速为 299 792.458 km/s(常近似地说光速为 30 万千米每秒)。

$$1\ \text{ly} = 9.460\ 53 \times 10^{15}\ \text{m} = 63\ 240\ \text{AU}$$

天文上常用秒差距(parsec,缩写为 pc)做距离(尺度)单位。

$$1\ \text{pc(秒差距)} = 3.261\ 6\ \text{ly}$$

更远的天体距离用 kpc(千秒差距)、Mpc(百万秒差距)。

顺便指出,1983 年国际度量衡大会通过了"米(m)"的新定义:"米是光在真空中 $\dfrac{1}{299\,792\,458}$ s 的时间间隔所经路程的长度"。

3)质量

18 世纪末法国将 1 立方分米纯水在最大密度(温度约为 4℃)时的质量定为 1 kg,这是最初的质量单位"千克(kg)"的定义。1875 年至今以铂铱合金制成的国际千克原器为标准。要用千克做单位来表述天体的质量,又是非常大的"天文数字",例如,太阳的质量为 1.989×10^{30} kg。天体的质量常以太阳质量(符号为 $M_{\odot}$)为单位。

$$1\,M_{\odot}=1.989\times10^{30}\ \text{kg}$$

1.3.2　数目的表示和符号

在天文学中,不仅常用很大的数字,而且也常用很小的数字,读起来易弄错。下面列举一些十进制倍数和小数的读法及符号。

$$
\begin{array}{lll}
10^{12}=1\,000\,000\,000\,000 & \text{太(兆兆)} & \text{T} \\
10^{9}=\qquad 1\,000\,000\,000 & \text{京(千兆)} & \text{G} \\
10^{6}=\qquad\quad 1\,000\,000 & \text{兆(百万)} & \text{M} \\
10^{3}=\qquad\qquad\quad 1\,000 & \text{千} & \text{k} \\
10^{-1}=0.1 & \text{分} & \text{d} \\
10^{-2}=0.01 & \text{厘} & \text{c} \\
10^{-3}=0.001 & \text{毫} & \text{m} \\
10^{-6}=0.000\,001 & \text{微} & \mu \\
10^{-9}=0.000\,000\,001 & \text{纳(毫微)} & \text{n}
\end{array}
$$

例如,光的波长用纳米(nm)做单位,$1\,\text{nm}=10^{-9}$ m;过去也常用埃(Å)做单位,$1\,\text{埃(Å)}=\dfrac{1}{10}$ 纳米(nm)。

1.4　宇宙概观

人类对宇宙的认识总是不断发展的。从古至今,人类经过世世代代的观测研究,得到了丰富的天文科学知识。那么,现在人类对宇宙的认识到达怎样的程度呢? 让我们初步浏览一下浩瀚宇宙的概况。

1.4.1 地球

人类生活在地球上,好比"不识庐山真面目,只缘身在此山中",不能一览地球的全貌。幸运的是宇航员,他们在太空飞船上看到最美丽的天体就是地球(见图 1-4),白云缭绕、辽阔的蓝色海洋、广阔的起伏大陆、绿色的森林在图中一目了然。

图 1-4　太空飞船拍摄的地球(彩图见附录 B)

地球的平均半径为 6 374 km,质量为 5.972 365×10^{24} kg,平均密度为 5.514 g/cm^3。地球绕太阳公转一圈需 365.242 2 d,称为回归年。地球轨道平面称为**黄道面**,垂直于地球自转轴的平面称为**赤道面**,这两个面的交角称为**黄赤交角**,现在公认值为 23°26′21.4″。实际上,地球的公转轨道和自转都有较小而又很复杂的变化。

地球形成至今(地球的年龄)约 46 亿年,已经发生了严重的演化,几乎完全没留下 40 亿年以前的遗迹。

1.4.2 太阳系

太阳系是由太阳、8 颗行星和 5 颗矮行星以及它们的多颗卫星、众多的小天体——小行星、彗星以及大量的流星体和行星际物质组成的天体系统。太阳的质量占太阳系总质量的99％以上,在它的引力作用下,其他成员都绕太阳公转。按行星离太阳的平均距离从近到远,8颗行星依次是水星、金星、地球、火星、木星、土星、天王星、海王星,最大的是木星,其次是土星。已确认命名的矮行星是谷神星、冥王星、阋神星、鸟神星和妊神星(见图1-5)。

图1-5　太阳系的行星和矮行星

卫星在绕行星转动的同时又随行星绕太阳公转。地球有一颗天然卫星——月球,火星有2颗卫星,木星有79颗卫星,土星有62颗卫星,天王星有27颗卫星,海王星有14颗卫星。矮行星中,冥王星有5颗卫星,妊神星有2颗卫星,阋神星有1颗卫星。在卫星中,最大的是木卫三,其次是土卫六,很奇特的是木卫一,现在还常有活火山喷发。土星的美丽光环已发现近400年了,近些年来又发现木星、天王星和海王星也有暗的环系,行星环系由小块体和尘粒组成,各自像卫星一样绕行星转动。

小行星是绕太阳公转的固态小天体,它们比矮行星还小,主要有处于火星轨道与木星轨道之间的主带小行星和海王星轨道之外的柯伊伯带(Kuiper belt)及弥散盘小天体。有趣的是,某些小行星也有伴星或卫星。

彗星的本体是冰和尘冻结的"脏雪球"彗核,大小一般为几百米到几十千米。很多彗星沿着扁长椭圆轨道绕太阳公转,当运行到离太阳较近时,彗核表层冰蒸发且带出尘而形成彗星大气——彗发,甚至可达千万千米,受太阳辐射作用而发出荧光辐射,显得又大又亮。太阳辐射的斥力作用使彗发物质远离而形成长长的彗尾,长度可达 1 AU 以上。在太阳系的外围 $10^3 \sim 10^5$ AU 处有球壳状的彗星库——奥尔特彗星云,内有上千亿颗彗星,有的被走近的恒星引力摄动而改变轨道后进入太阳系内区,才被人们发现。

比彗星及小行星更小的统称为**流星体**,很微小的流星体又称为**行星际尘**或**宇宙尘**。若流星体绕太阳运行中接近地球,就会高速闯入地球大气,烧蚀发光,呈现为明亮光迹划过长空的流星现象。流星(体)群闯入地球大气,呈现壮观的**流星雨**(见图 1-6)。大些的流星体在大气中没有烧蚀尽,其残骸陨落到地面而成为**陨石**。有的流星体在陨落过程中发生爆裂而落下"**陨石雨**",例如,1976 年 3 月 8 日的吉林陨石雨。

图 1-6 2016 年英仙座流星雨

1.4.3 太阳和恒星

从物理性质上说,太阳是恒星一类的天体,它们中心区温度高达千万开(K)(绝对温度)[绝对温度 $T(\text{K})=$ 摄氏温度 $t+273.15(℃)$],由原子核的聚变热核反应产生巨大的能量,发出很强的辐射。太阳是观测研究得最多的典型恒星。我们看到的日轮表面是太阳的光球层,通常所说的太阳半径 $R_{\odot}$($6.955×10^5$ km)就是指光球层而言的。光球层厚度约为 500 km,有效温度为 5 772 K。光球层往

图 1-7   日面单色像(内)和日冕像(中、外)的组合(彩图见附录 B)

上依次是太阳大气的色球层和日冕(见图 1-7),物质稀疏透明,辐射比光球层弱得多,平时肉眼看不出来,仅在日全食时因月球遮住光球才显见。太阳总辐射功率称为太阳光度,记为 $L_\odot$($1\,L_\odot=3.828\times10^{26}$ W)。地球仅接收到太阳辐射的 22 亿分之一,相当于全世界每年总发电量的几十万倍!从高温日冕流出的带电粒子流,称为**太阳风**。

恒星都是太阳一类能够产生核能源的天体,只是它们离我们太远而看起来才呈发光点状。恒星的质量一般为 $0.04\sim120\,M_\odot$;恒星大小差别很大,其半径有千倍 $R_\odot$ 的,也有仅 10 km 左右的;恒星表面温度一般为 2 000~40 000 K,不同表面温度的恒星呈现不同的颜色,温度低的呈棕红色,温度高些的呈黄色,温度很高的呈蓝白色,它们的光谱特征也不同。恒星的光度范围为几十万分之一到 200 万太阳光度。与在约 46 亿年前形成的太阳的情况不同,恒星中还有正在形成中的、年轻的、中年的、老年衰亡的各种"年龄"段和多代的情况。恒星寿命是有限的,恒星的质量越大演化得就越快,寿命也越短。太阳的整个寿命约为 100 亿年,现在约过去了一半,太阳正处于"中年"。

恒星实际上并不"永恒"。一方面,恒星不断地在运动着,只不过因为它们离我们太远而很难在短时间内辨别。另一方面,恒星本身在演化。正常恒星的演化很慢,亮度变化很小,但恒星在其演化某阶段变化剧烈、亮度变化较大而成为**物理变星**,其中有爆发前很暗(乃至未被注意到)而突然在几天到几十天内增亮几百到几十万倍并有大量物质抛出的**新星**;还有爆发规模更大、增亮千万倍到上亿倍的**超新星**。1967 年以来,人们发现一些有射电、可见光、X 射线和 γ 射线的规则周期脉冲的**脉冲星**,它们实际上就是超新星爆发抛出大量物质后留下的高速自转且有强磁场的致密星核,因其主要成分是中子而称为**中子星**。我国记载公元 1054 年爆发的超新星,其抛出物质成为"蟹状星云",它中心有"脉冲星"——"中子星"。

恒星不仅有单颗的,而且大多是成双或成团的。成双的恒星称为**双星**,三颗恒星组成的系统称为三合星,几颗恒星的系统统称为**聚星**,十颗以上恒星的系统称为**星团**。按照星团的外貌和星数,有**球状星团**和**疏散星团**(见图 1-8)。

（a）　　　　　　　　　　　　　　　　　　（b）

图 1-8　昴星团与 M13 球状星团

（a）昴星团；（b）M13 球状星团

1.4.4　银河系和星系

星空有很多弥漫的云雾状天体，称为**星云**。有些星云是较近的、属于银河系的气体或尘埃云——**银河星云**，简称"星云"，如图 1-9 所示；有些是银河系之外的"**河外星云**"，实际上是由百万颗以上的恒星以及星际气体和尘埃组成的天体系统，称为**星系**。我们太阳系所在的星系就是**银河系**。

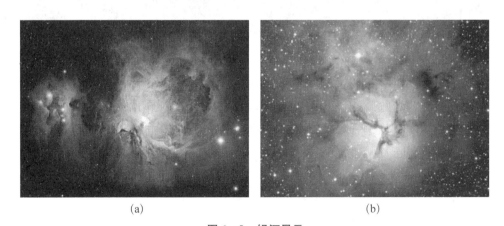

（a）　　　　　　　　　　　　　　　　　　（b）

图 1-9　银河星云

（a）猎户大星云；（b）三叶星云

银河系恒星密集部分呈铁饼状，称为**银盘**，其直径约为 1.3×10^5 ly，厚约为 2 000 ly。银盘的中央平面称为**银道面**。包围银盘的是近球形的**银晕**，其直径约

为 3×10^5 ly(见图 1-10)。银河系可见物质的总质量约为 2×10^{12} $M_\odot$,其中约有 3×10^{11} 颗恒星,占总质量的 90%,而星际气体和尘埃物质约占 10%。此外,从其引力影响推断银河系及其他星系还存在不可见的**暗物质**,其质量可达可见物质的数量级,甚至为可见物质质量的 10 倍,但现在还不知道暗物质究竟是什么。

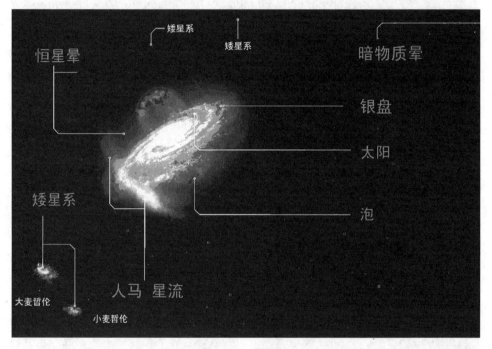

图 1-10　银河系

太阳位于银道面附近,离银河系中心(银心)约 3×10^4 ly。太阳带领其行星系统绕银心转动,2 亿多年(也称为**银河年**)转一圈。正是由于太阳系处于这样的位置而不能一览银河系全貌,我们看到的是银盘在夜空呈现较亮光带——**银河**或天河,而众多恒星散布在太空。

星系的质量一般为 $10^6 \sim 10^{13}$ $M_\odot$。普通星系可按形态特征分为椭圆星系、旋涡星系、棒旋星系、不规则星系四大类(见图 1-11)。银河系是棒旋星系。仙女座大星云是旋涡星系。大、小麦哲伦云都是不规则星系。特殊星系表现有活动的高能现象。星系也有成团的现象,有**双重星系**、**多重星系**、**星系群**、**星系团**、**超星系团**,例如大、小麦哲伦云是双重星系,它们又与银河系组成三重星系,并与玉夫星系等组成多重星系,再与仙女座星系等组成**本星系群**。星系团和超星系团则是更大的星系集团(见图 1-12)。现在观测到的空间范围称为总星系(或观测的宇宙，或我们的宇宙），其直径约为 9.3×10^{10} ly。

　　观测研究得出，遥远的星系都在相互远离，说明宇宙的空间在膨胀，由此推断宇宙有**暗能量**而造成空间膨胀。

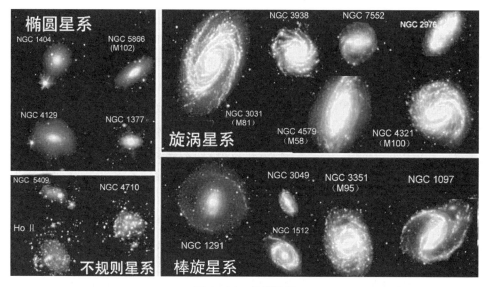

图 1-11　各类星系

图 1-12　武仙星系团

1.5 微观、宏观和宇观

自然科学的大量研究表明,物质客体都是具有一定结构的物质系统,并且可以按质量、尺度等特征划分为层次。我们日常所见的各种物体都是宏观物质客体,宏观客体的特性及其运动规律是经典物理学(牛顿力学、热力学)的研究对象。微观客体有分子、原子、原子核、核子(中子、质子)、轻子(电子、中微子)、光子、夸克等粒子层次。宏观客体由微观客体组成,但宏观客体与微观客体不仅有量的差别(见表1-1),而且有质的差别。微观客体运动中的作用量是普朗克常数 h($h=6.6260755\times10^{-34}$ J·s)数量级的,而宏观客体运动中的作用量比 h 大得多。微观粒子表现为明显的粒子和波二象性,遵循量子规律性,用量子物理学研究。

表1-1　各类客体在量方面的差异

客体		静止质量/g	尺度/cm
微观客体		$10^{-27}\sim10^{-15}$	$10^{-13}\sim10^{-6}$
宏观客体		$10^{-14}\sim10^{24}$	$10^{-5}\sim10^{7}$
宇观客体	行星	$10^{25}\sim10^{30}$	$10^{8}\sim10^{10}$
	恒星	$10^{32}\sim10^{35}$	$10^{6}\sim10^{14}$
	星系	$10^{38}\sim10^{47}$	$10^{20}\sim10^{24}$

1962年,戴文赛教授提出宇观概念。宇观客体就是天体。宇观世界丰富多彩的现象大多与万有引力密切相关,万有引力起支配作用是区分宇观与宏观、微观的关键。宇观客体的质量下限大致为 10^{25} g。除了小天体可归入宏观客体外,天体的质量和大小(尺度)都比宏观客体大得多。宇观客体可分为三个主要层次:行星、恒星、星系(见图1-13)。行星周围的卫星系统,恒星周围的行星系统,恒星集团(聚星、星团),星系集团(多重星系、星系团),以及与天体形成和演化有联系的星云和星际物质,它们都是由引力束缚的宇观物质系统。

宇观物质形态和运动变化现象多种多样,有从极低到极高的物质密度、从极低到极高的温度和压力,从极弱到极强的电磁场等各种环境条件;有多样快速的猛烈爆发现象,也有规则的和不规则的缓慢变化现象和漫长演化,涉及很大质量和尺度、引力的重要作用、流体与电磁场的耦合作用、高能过程,很多是人们日常

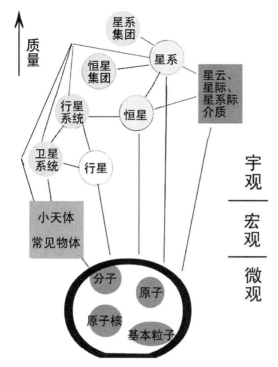

图 1 - 13　各类物质客体的层次

生活和实验室见不到的,现有理论和规律难以解释。

宇观客体是巨系统,其组成部分(宏观和微观客体)是其子系统。宇观过程包含多种微观和宏观的过程,但不是这些过程的简单组合,而是显示一些新的整体特性和规律。物质世界遵循一些普遍规律,因此宏观和微观的一些具有普遍性的规律可以结合宇观条件而推广到宇观过程的研究中。实际上,很多天文学理论就是在一些物理学理论基础上发展起来的,但宇观世界毕竟比微观和宏观世界广袤和复杂,因而需要人们不断地探索很多宇观现象和过程的新特性和规律。

自然界的基本矛盾是吸引与排斥的矛盾,宇观过程归根结底是在吸引与排斥的矛盾中进行的,经历着不同物质运动形式的转化,因此,转化是宇观的基本过程。天体总是在不断地演化着,有时表现为短时期处于准动态平衡,有时呈现快速的激烈爆发,但总在不同程度上转化。例如,太阳和恒星内部的热核反应使轻元素转化为较重元素,核反应能量转化为辐射能量;在某些星际云收缩中,引力势能转化为动能和热能;在太阳耀斑爆发中,磁能转化为辐射能和抛出粒子的动能。因此,能量守恒和转化规律是宇观过程的基本规律,只是在不同的过程中呈现不同的表现形式,甚至宇宙极早期可能突破现有形式的能量守恒和转化定律。

1.6　天文学的方法和分支学科

在各大学科发展中,方法起着重要作用,既有较普遍的方法,各学科又因其特点而有一些较特殊的方法,相应地产生多门分支学科。

1.6.1　天文学的方法

天文学的主要特点是通过被动地接收天体来的辐射("遥感")去观察和测量它们的信息,进而探索研究它们的各种性质和形成演化的规律。因而通常说,天文学是一门观测学科。直到近半个多世纪,随着航天技术的发展,人类才开始主动发射飞船开展某些较近天体的探测,而更多的仍靠观测。

1) 天文研究的三个层次

总括天文学发展史,天文研究可以分为由浅入深、先后联系的三个层次或三部曲:观测发现(识别表象)——获取基本信息;信息发掘(描述表象)——建立经验规律;理论解释(探索本质)——创造理论模型,并推算预言未知情况。再经新的观测检验,修正理论或创建新理论,如此螺旋式循环上升认知。例如,第谷积累了多年的行星高精度位置测量资料,开普勒用此资料发现行星运动三定律,牛顿创建万有引力定律和打下天体力学基础,进而修正行星运动第三定律。

2) 天文观测

天文观测的事实资料是天文研究的依据和验证理论认知的试金石。天文学总是运用各时代的前沿科学和技术,研制新的仪器,创建其独特的观测技术方法,获取新的更准确的观测资料,不断开拓宇宙新视野,促使天文学及有关科学技术的深入发展。从古代到中世纪,由于生产和生活需要确定季节和编制历法,人们用肉眼观察日、月、行星相对于恒星的运行经验规律,运用几何、三角等知识和机械制造技术,研制更优良仪器,提高观测精度和改进历法。1609 年,伽利略继荷兰人制成望远镜后,努力研制出了天文望远镜以观测星空,做出了木星的 4 颗"伽利略卫星"、金星的位相、银河由密集的暗恒星组成等重大发现,标志着天文学进入"(光学)望远镜天文学"新时代。随着集光学、机械、电控于一体的先进大型望远镜投入天文观测,人类不断扩展探索宇宙的深度和广度。19 世纪,随着分光术、测光术和照相术用于天文观测,为人们认识天体的化学组成和物理性质等提供了条件,导致天体物理学诞生。20 世纪 30 年代,人们发现来自天体的无线电波(天文上称为射电),研制出多种射电望远镜,产生了射电天文学,有了 20

世纪 60 年代的四大发现(类星体、脉冲星、星际分子和微波背景辐射)。近半个多世纪以来,随着航天事业的发展,有关的各种现代先进科学技术都用于天文观测,从可见光波段扩展到红外、射电、紫外、X 射线和 γ 射线波段的观测而成为"全(电磁)波天文"以及粒子探测,更有飞船直接去探访一些太阳系天体。近年来,人类探测到完全不同于电磁波的引力波,新兴的引力波天文学将揭示宇宙更多的奥秘。

　　3) 天文学的理论研究

　　科学研究在于从感性认识上升到理性认识,探究事物的本质,创建理论模型。天文学"模型"普遍认同的几条先验原则如下: ① 由于宇宙间物质及所遵循规律的统一性,可以用自然科学规律来研究天文问题; ② 宇宙中任何天体都不占有特殊的地位,在类似的环境条件下发生类似的过程,测量和比较各类天体(恒星、星系)不同时期的样本可以了解它们的演化历程; ③ 仍存在着需要发现或深入了解的现象和规律,需要不断开拓新的天文观测手段推进天文学发展。

　　天文学的发展总是与先进科学技术相互借鉴和渗透交融的。现代天文学的理论研究与物理学和数学的关系更为密切,物理学是天文学理论研究的基础,并借助数学进行理论演算;天文学又多次反过来为物理学、数学和其他有关学科开辟新的研究前沿。例如,创建行星内部结构模型主要依据物理规律的四个微分方程(流体静力平衡方程、质量方程、物态方程、转动惯量方程),利用有关观测资料(总质量、半径、转动惯量等),由电脑程序计算出各层的密度、温度、质量、压力分布的数值模型,得出各类行星的核、幔、壳结构和类木行星的核、中间层、外层结构;进而推算行星的热流等性质,并由实测结果验证。由于观测资料不够充分及问题的复杂性,创建模型需要做某些简化的近似假设,由观测资料验证模型的假定和推算结果是否很合理,并进一步改进模型。特别是在宇宙学研究中,由于观测资料严重缺乏,从宇宙较缺少大尺度结构而采用均匀、各向同性的简化假设(哥白尼原理)出发,用广义相对论场方程来推算宇宙的演化,导出"大爆炸宇宙学模型",由星系红移的哈勃定律确认宇宙的空间膨胀及微波辐射等观测资料的支持。虽然由观测的星系自转理论推算出存在有引力作用的**暗物质**,由超新星等观测得出存在宇宙膨胀加速的**暗能量**,但现在还不知道暗物质和暗能量究竟是什么,这成为当代科学的"两朵乌云",蕴含新的科学革命。

1.6.2　天文学的分支学科

　　在天文学发展的悠久历史中,随着观测和研究方法的开拓和研究对象的扩展,天文学的内容越来越多,相应地,产生了很多分支学科。它们大致可以按照研究方法、观测手段和研究对象来分类(见图 1-14)。按照研究(包括观测和理论)方法分类,先后产生了天体测量学、天体力学和天体物理学三大分支学科。按照观测手段来说,过去长时期一直仅靠光学手段观测,因而可谓"光学天文学",但一般不用这个术语,而简称天文学,直到 20 世纪中、后期才产生射电天文学和空间天文学。按照研究对象则细分为很多分支学科。各分支学科也在与时俱进地向前沿发展,实际上呈现相互交叉关系。下面简介一些天文分支学科。

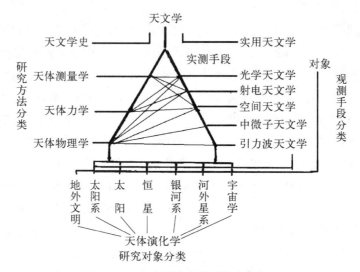

图 1-14 天文学分支学科的交互关系

1) 天体测量学

天体测量学是天文学中最先产生又不断向前发展的学科,主要任务是测定和研究天体的位置和运动,建立基本参考坐标系和测定地面点的坐标,以及在其他学科中的应用。按观测的方式不同,天体测量学有照相或电荷耦合器件(CCD)天体测量、射电天体测量、红外天体测量、空间天体测量;按数学的表示方法可分为球面天文学和矢量天文学;在应用方面,又分为下面两类。

(1) **实用天文学** 它以天体作为参考坐标,测定并研究地面点坐标,用于大地测量、地面定位和导航,为经济和国防建设及地球科学等服务。

(2) **天文地球动力学** 它是天体测量学与地学有关分支学科相互渗透、结合的边缘学科,用天文手段测定和研究地球各种运动状态及其力学机制的学科。其研究的对象是地球整体的自转和公转运动,以及地球各圈层(大气圈、水圈、地壳、地幔和地核)的物质运动。

2) 天体力学

它是天文学较早产生的学科,主要用牛顿力学研究天体的力学运动(空间移动、自转)和形状,从研究太阳系成员运动扩展到类似天体系统以及所有自然的和人造的天体运动。近半个世纪,由于高精度需要,产生了以广义相对论为基础的**相对论天体力学**。

(1) **天体力学摄动理论** 这是经典天体力学的主要内容,即用分析方法研究各类天体受摄动的运动,求出它们轨道根数或坐标的近似值。随着观测精度的提高,其理论和方法不断更新,又分为月球、各行星及其他天体的运动理论和摄动理论的共同性问题。

(2) **天体力学数值方法** 应用常微分方程数值解理论来研究和改进天体运动的数值解法,研究和改进各种计算方法,研究误差的积累和传递,方法的收敛性和稳定性。随着计算机及其程序方法的发展,数值方法得到越来越广泛的应用。

(3) **天体力学定性理论** 天体力学定性理论主要研究对象为 N 体($N \geqslant 3$)问题,由于不可积而根据天体运动的方程来研究天体长时间的运动状态,包括特殊轨道的存在性和稳定性、天体间的碰撞和俘获,以及运动的全局图像,因而常用拓扑学理论。

(4) **非线性天体力学** 非线性天体力学是用现代非线性动力学的方法来研究天体运动及其动力学模型,主要讨论天体运动的定性特征,结合数值方法将会得到天体运动的更具体结果。

(5) **历书天文学** 历书天文学利用摄动理论和数值方法,根据观测得到的天体位置等数据,计算天体的轨道根数,进而推算其不同时刻的位置,编制月球、行星、卫星、小行星等的星历表和天文年历,预报日食、月食、彗星、掩星等各种天象,也包括研究和建立天文常数系统。

(6) **天体形状和自转理论** 研究各种类型的天体在内外引力作用下自转的平衡形状、稳定性及自转轴变化规律。

(7) **天文动力学** 天文动力学又称人造天体动力学或星际航行动力学,是航天时代以来天体力学与星际航行学的边缘学科,主要研究人造地球卫星、月球火箭和行星探测器的飞行理论,进行人造天体的轨道设计,通过测量人造天体入轨后的位置进行监控等。

3) 天体物理学

天体物理学是应用物理学的技术、方法和理论,研究天体的形态、结构、化学组成、物理状态和演化规律的一门学科。天体物理学发展迅速,研究领域宽广,学科分类复杂。按学科性质可分为实测天体物理学和理论天体物理学;按观测波段可分为光学天文学、射电天文学、红外天文学、紫外天文学、X射线天文学、γ

射线天文学,统称为全(电磁)波段天文学。按研究对象又分为太阳物理学、太阳系物理学或行星物理学或行星科学、恒星天文学、恒星物理学、星际介质物理学、星系天文学、宇宙学、宇宙化学、天体演化学等分支学科。新兴起的空间天文学、粒子天体物理学(包括宇宙射线和中微子)、核天体物理学及引力波天文学也是它的分支。

(1) **实测天体物理学**　实测天体物理学研究天体物理学中的基本观测技术、各种仪器设备的原理和结构以及观测结果的处理方法。主要任务是为理论天体物理学提供研究资料,用观测检验理论推断。

(2) **理论天体物理学**　理论天体物理学用理论物理学方法研究天体的物理性质和过程,包括以辐射转移理论为基础建立的**恒星大气理论**,以热核聚变概念为基础发展起来的**元素合成理论**、**恒星内部结构理论**和**天体演化理论**。理论物理与天体物理更广泛深入结合和渗透,以**非热辐射**、**相对论天体物理学**、**等离子体天体物理学**、**高能天体物理学**等最为活跃。从天文学或是从物理学角度来看,理论天体物理学都是富有生命力的,在该领域作出重大贡献的多名科学家获得诺贝尔物理学奖。

(3) **太阳物理学**　太阳物理学通过探测太阳的各波段辐射和粒子辐射,研究太阳的各种性质、结构、活动过程及演化规律。由于太阳是离我们最近的典型恒星,精细的观测资料和理论研究成果成为恒星的"标杆",它有一些专门分支学科——太阳活动区物理、日冕物理等。由于太阳与地球的密切关系和对地球的重要影响,产生了边缘实用学科——**日地科学**、**空间天气**等。

(4) **行星科学**　行星物理学是由太阳系行星的物理性质观测和理论研究而产生的,随着航天的发展,其扩展到包括太阳系的卫星、小行星、彗星、行星际物质及磁场等而成为**太阳系物理学**,后来又进一步扩展到其他恒星的行星——**系外行星**的探测研究,成为当代多学科共同研究最活跃的边缘交叉学科——**行星科学**,有诸如**行星内部**、**行星大气**、**行星地质学**、**月球科学**、**彗星物理学**等多个分支学科。

(5) **恒星大气理论**　恒星大气理论主要通过对恒星光谱的理论解释来研究恒星大气的结构、物理过程和化学组成。

(6) **恒星天文学**　恒星天文学主要研究银河系的恒星、星云、星际物质和各种恒星集团的分布和运动特性,以及银河系的大小、结构、自转及起源演化。恒星为数众多,恒星天文学综合天体测量学、天体物理学和射电天文学获得的大量恒星数据包括视差、位置、自行、视向速度、星等、色指数、光谱型和光度等,借助于统计分析数学方法和它特有的方法进行综合研究。

（7）**恒星物理学**　恒星物理学是应用物理学知识，从实验和理论两方面研究各类恒星的形态、结构、物理状态和化学组成的。恒星某些奇特物理现象的研究启发和推动了现代物理学的发展。

（8）**星系天文学**　星系天文学也称为河（银河系）外天文学，研究星系、星系团及星系际物质的形态、结构、运动、相互作用及起源演化。

（9）**宇宙磁流体力学**　宇宙磁流体力学用磁流体力学理论研究天体物理学的磁流体问题。宇宙磁流体力学更有其特色：研究对象的特征长度一般是非常大的，电感作用远远大于电阻；有效时间非常久，并产生重大效应。磁流体力学是研究等离子体理论的宏观方法。宇宙磁流体力学与等离子体天体物理学的发展互相促进。

（10）**等离子体天体物理学**　等离子体天体物理学应用等离子体物理学的基本理论和实验结果来研究天体的物态及物理过程，包括理论探讨和天文实测对理论的检验两个方面。

（11）**高能天体物理学**　高能天体物理学研究发生在天体的高能现象和高能过程，高能光子（极紫外线、X 射线、γ 射线）的产生机理、辐射特征和物理规律，也包括高能宇宙线粒子的产生和加速机制。一系列的高能辐射现象展现全新的宇观世界，涉及类星体、脉冲星、超新星、活动星系等天体，其相关分支学科如中微子天文学等成为最前沿的活跃领域之一。

（12）**核天体物理学**　核天体物理学是天体物理学和核物理学的交叉学科，主要的研究领域有恒星结构、质量及其与寿命的关系等，从中了解恒星如何产生能量，从而认识宇宙中化学元素的起源和演变过程，分析驱动天体物理现象的机制，是近年来发展最快的一个交叉学科。由于研究需要模拟天体环境下的核反应过程，除了地面上的特殊加速器和探测器外，人们还在探索建立深地加速器和基于强激光的加速器。

4）宇宙学

宇宙学从整体的角度研究宇宙的结构和起源演化。现代宇宙学包括密切联系的两个方面：**观测宇宙学**，侧重于发现大尺度的观测特征；**物理宇宙学**，侧重于研究宇宙的运动学和动力学以及建立宇宙模型，其中最成功的是**大爆炸宇宙模型**。

5）引力波天文学

引力波天文学是观测天文学在 20 世纪中叶以来逐渐兴起的一个新兴分支。与传统天文学用电磁波观测各种天体不同，引力波天文学则通过引力波观测发出引力辐射的天体。由于引力相互作用与电磁相互作用相比强度微弱得多，直接观测引力波需要利用当今最高端的科技手段。人们用引力波搜集可探测的引力波源(诸如白矮星、中子星、黑洞组成的双星系统,超新星事件,早期宇宙的形成)的观测资料。它实际上也包括有关的一些理论问题研究,从而形成**引力波天体物理学**。

6)天体演化学

天体演化学研究各种天体以及天体系统的起源和演化,也就是研究它们的产生、发展和衰亡的历史。天体的起源是指天体在什么时候,从什么形态的物质,以什么方式形成的;天体的演化是指天体形成以后所经历的演变过程。通常说的天体演化,往往也包括起源在内。按照不同层次,天体演化可分为太阳系起源和演化(太阳系演化学)、恒星起源和演化、星系起源和演化、宇宙起源和演化。

7)天文学史

天文学史研究人类认识宇宙的历史,探索天文学发生和发展的规律,也是自然科学史的一个组成部分,可细分为**中国天文学史**、**世界天文学史**,以及各地区、民族或国家的天文学史。

第 2 章 天球坐标和
时间计量

自古以来,人们仰望星空,直观感觉似乎恒星都在一个巨大的球面上,形成**天球**的概念,进而观测它们各自的相对位置,用天球坐标来描述它们的方位,编制星表和绘制星图,再观测太阳和月球相对于恒星的位置变化和周期,形成时间计量的日、月、年概念,为生活和生产编制历法。

2.1　天球及其基本点和基本圈

作为天文学的抽象天球概念需具有一些性质以及约定的基本点和基本圈。

2.1.1　天球概念

当人们不知道或者暂时不考虑天体的距离时,为了表述天体的相对方位,就用直观抽象出的巨大球面即**天球**概念来表述。初看起来,星辰好像都固定在天球上,一起东升西落,仿佛整个天球均匀地由东向西做周日旋转,或者说**天旋**。其实,这是地球由西向东自转(**地转**)的反映(见图 2-1)。天旋与地转是同一件事的两种表述,好比一个人在平稳转动的旋宫中看到外面的景物都绕他转动一样,天旋的直观感觉也是如此,这是一种主观表述;而"旁观者清",站在其他天体上的人(如登上月球的宇航员)就容易客观地看出地球在自转。由于个人所处环境条件限制,从主观感觉到客观认识是不易的,须努力思考和探索才能认识到客观真谛。自古以来,人们都是通过制造表现天球形象的模型——天球仪来演示星空的直观动象。

虽然"天"或天球并非"眼见为实",而是一种错觉,但从古沿袭的天球概念是有用的辅助工具。人们用天体在天球(面)的投影位置及其变化来表示天体的视方位、分布及运动规律,用球面三角学建立最早的天文学分支——**球面天文学**,

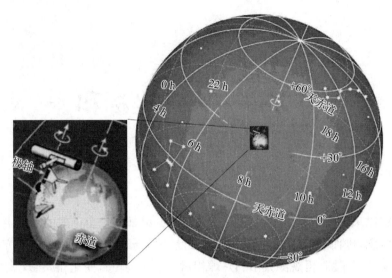

图 2-1 天球与地球

进而发展为**天体测量学**。

天球(见图 2-1)作为天文学概念,其性质如下:

(1) 天球半径是数学的无限大,但可用任意值替代。

(2) 从天球中心到天体的直线在天球(面)的投影点表示天体的位置。

(3) 天球中心一般选为观测点或地球中心、太阳中心(太阳系质心),相应地称为"站心天球""地心天球""日心天球"。

(4) 从地面不同观测点看同一远方天体的视线方向相互平行,交于天球面的同一点,实际上,对于很遥远的天体这是足够好的近似,但对于较近天体的精确定位而言,需要考虑不同观测点的定位差别。

(5) 天球上两点间的大圆弧大小用角距(对天球中心的张角)表示,而不用线距离。

在大量的天文观测中,直接辨别的只是天体的方位,处理球面上的点与弧段的关系。为了表示和研究大量天体投影在天球上的位置和运动,需建立球面坐标系,用球面三角学方法计算方位关系。

2.1.2 天球的基本点和基本圈

平面与天球的交线都是圆。如果平面经过球心,则圆的直径最大(大圆);如果平面不经过球心,则圆的直径较小(小圆)。球面上两点间的连线以大圆弧为最短,而小圆弧则较长。大圆弧的大小常以从球心到大圆弧两端点的两个半径所夹角度(圆心角)表示,也称为**角距**。球面上两个大圆弧之间的夹角(球面角)

用两个大圆平面的二面角来度量。过球面上三点的三个大圆弧（"边"）围成球面三角形，三个边和三个内角都以角度表示，如图 2-2 所示。

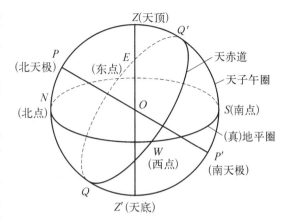

图 2-2　天球的基本点和基本圈

如同平面解析几何需要选取原点和坐标轴一样，可以根据方便和需要选取天球上的基本点（原点）和基本圈（大圆），约定坐标计量的方向和范围，建立天球坐标系，进而观测计量天体视方位，一般以两个角度为坐标来表示天体的方位。

1）天顶、天底和地平圈

取观测点为天球中心 O，过 O 点作该地铅垂线（即重力方向）ZOZ'，交天球于 Z 和 Z'（见图 2-2），位于观测者头顶的最高点 Z 称为**天顶**，与 Z 相对的 Z' 称为**天底**（显然，观测者看不到脚下地球遮住的天底）。通过中心 O 作垂直于 ZOZ' 的平面，其交于天球的大圆称为（真）**地平圈**或**数学地平**。天顶与地平圈是等价的，只要一个确定了，另一个也就唯一地确定了。但应注意，地平圈与视地平线是两个不同的概念，视地平线是高于地表的人眼视线与周围地表（不很规则）的切线——投影到天球上也是"小圆"（其圆心偏离天球中心 O）。

2）天极和天赤道

通过上述天球中心作平行于地球自转轴的直线 POP'，称为**天轴**，它交于天球的 P 和 P' 点，这两点对应于地球的北极和南极，P 称为**北天极**，P' 称为**南天极**。通过天球中心 O 作垂直于天轴的平面称为天赤道面，它交于天球的大圆 QQ' 称为**天赤道**。北天极与天赤道是等价的，只要一个确定了，另一个也就唯一地确定了。显然，天赤道面平行于地球赤道面。相对于遥远的恒星来说，地球半径甚至公转轨道半径都显得微小而可忽略，因而地球表面观测的星空就如同在地心观测一样，但转动仍存在，因而仍能观测到同样的天体视运动。

3）天子午圈和四方点

通过上述天球中心 O、天顶 Z、北天极 P 作一个平面，它与天球相交的大圆称为天子午圈。天底 Z' 和南天极 P' 都在子午圈上，而观测点的地球子午面与天球交于天子午圈。

天子午圈与地平圈相交于 N 点和 S 点，它们分别靠近北天极和南天极而称为北点和南点。ON 和 OS 正是观测点的正北和正南方向。天赤道与地平圈相交于东点 E 和西点 W，OE 和 OW 分别为观测点的正东和正西方向。

4）天卯酉圈

通过天顶 Z、东点 E、西点 W 作一个平面，它与天球相交的大圆称为天卯酉圈。显然，天底也在天卯酉圈上。ZEZ' 和 ZWZ' 又分别称为卯圈和酉圈。地平圈、天子午圈和天卯酉圈都是两两相互垂直的大圆。

应当指出，由于地面上不同地点的重力方向各不相同，各观测点所作天球的基本点和基本圈不同，或者说都有"地方性"。特别是不同观测点对较近天体的方位观测数据需要做相应的改正，归算到统一的地心或日心天球坐标。

2.2　球面三角学概要

球面天文学的数学基础是球面三角学，因此，需要熟悉球面三角学的概念和常用公式。

2.2.1　球面的基本概念和性质

1）球面上的圆和它的极

通过球心的平面与球面交线的圆最大而称为**大圆**，其半径就是球半径，大圆把球面分为相等和对称的两部分。不经过球心的平面与球面交线的圆都较小而称为**小圆**。球面三角学一般只涉及大圆，前述的天球基本圈（天赤道、地平圈、天子午圈、天卯酉圈）都是大圆。

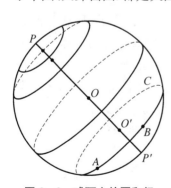

经过球面上的一个圆（无论大圆还是小圆）所在平面的圆心，作垂直于该平面的球直径，它的两个端点称为该圆的**极**。例如，图 2-3 球面上的小圆 ABC，经过其所在平面 ABC 的圆心 O' 的球直径 POP' 的两个端点 P 和 P' 就是该小圆的极。天顶和天底就是地平圈的极，北、南天极是天赤道的极，东点 E 和西点 W 是天子午圈的极，北点 N 和南点 S 是天卯酉圈的极。所在平面相互平行的各圆应有共同的极，且只有经过球心的一个圆是大圆。

图 2-3　球面上的圆和极

2）球面上两点间的角距

在球面三角学中，球面上两点 A 与 B 间的距离用连接 A 与 B 的大圆弧（较短段)角距表示,即用此两点在球心 O 的张角 $\angle AOB$ 表述(见图 2-4)。

在天文学中,角和圆弧段有三种量度单位:角度(°)、角分(′)、角秒(″);小时(ʰ)、时分(ᵐ)、时秒(ˢ);弧度(rad)。弧度与角度之间的基本换算关系为

$$2\pi\ \text{rad} = 360° \tag{2-1}$$

或 $$1\ \text{rad} \approx 57.295\ 8° = 3\ 437.747' = 206\ 264.806''$$

一般取近似 $$1\ \text{rad} \approx 57.3° = 3\ 438' = 206\ 265''$$

角度(°)、角分(′)、角秒(″)与小时(ʰ)、时分(ᵐ)、时秒(ˢ)的换算关系为

$$1^\text{h} = 15°,\ 1^\text{m} = 15',\ 1^\text{s} = 15'' \tag{2-2}$$

或 $$1° = 4^\text{m}, 1' = 4^\text{s}$$

对于很小角 θ'',可以取

$$\sin\theta'' \approx \tan\theta'' \approx \frac{\theta''}{206\ 265} \tag{2-3}$$

3) 球面角

两个大圆弧相交所成的角称为**球面角**,其交点称为球面角的**顶点**,大圆弧段称为球面角的边。图 2-5 中,大圆弧段(两边)PA 与 PB 交于顶点 P,构成球面角 APB。球面角以过顶点 P 所作两边(大圆弧)的切线(PC 与 PD)夹角 $\angle CPD$ 来度量,它等于两边(大圆弧)所在平面所夹的二面角;作 P 为极的大圆 QQ',两边所在平面交于大圆 QQ' 的 A' 和 B' 点,则 $\angle A'OB'$ 就是该二面角。

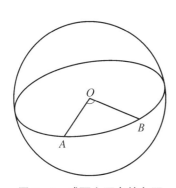

图 2-4　球面上两点的角距

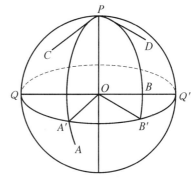

图 2-5　球面角

2.2.2　球面三角形

球面上两两分别相交的三个大圆弧段所围成的图形称为**球面三角形**,三个

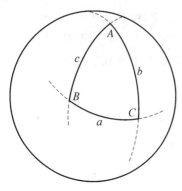

图 2-6　球面三角形

大圆弧段称为它的边,常以小写拉丁字母 a、b、c 表示。各大圆弧相交所成的球面角称为球面三角形的角,常以大写拉丁字母 A、B、C 表示。习惯上,分别让边 a 与角 A、边 b 与角 B、边 c 与角 C 相对。这三个边和三个角称为球面三角形的 6 个元素(见图 2-6)。

1)球面三角形的基本性质

球面三角形的边和角有以下 6 条基本性质:

(1) 两边之和大于第三边,即 $a+b>c$,$b+c>a$,$c+a>b$;

推论:两边之差小于第三边,即 $a-b<c$,$b-c<a$,$c-a<b$。

(2) 三边之和大于 $0°$,而小于 $360°$,即 $0°<a+b+c<360°$。

(3) 三角之和大于 $180°$,而小于 $540°$,即 $180°<A+B+C<540°$。

(4) 两角之和减第三角小于 $180°$,即 $A+B-C<180°$,$B+C-A<180°$,$A+C-B<180°$。

(5) 若球面三角形的两边相等,则它们的对角也相等。例如,若 $a=b$,则 $A=B$;若 $B=C$,则 $b=c$;⋯⋯

(6) 球面三角形中,大角对大边,大边对大角。例如,若 $A>B$,则 $a>b$;若 $b>c$,则 $B>C$;⋯⋯

2)极三角形

以球面三角形 ABC 三边 a、b、c 的极 A'、B'、C' 作顶点的球面三角形 $A'B'C'$ 称为它的**极三角形**(见图 2-7)。

球面三角形 ABC 与它的极三角形 $A'B'C'$ 之间有两个重要性质:

(1) 若球面三角形 $A'B'C'$ 是球面三角形 ABC 的极三角形,则 ABC 必是 $A'B'C'$ 的极三角形,即互为极三角形。

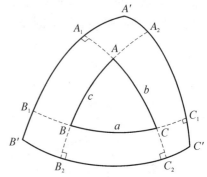

图 2-7　极三角形

[**证明**]　延长球面三角形 ABC 的三边,交它的极三角形三边各点,如图 2-7 所示。因 B' 是圆弧 AC(b 边)的极,所以必然 $\angle B'C_2A_1=90°$。因 C' 是圆弧 AB(c 边)的极,所以有 $\angle AB_2C'=90°$。在球面三角形 AB_2C' 中,A 必然是球面三角形 $A'B'C'$ 的圆弧 B_2C_2(边 $B'B_2C_2C'$)的极。同理可证,B 是圆弧 A_2C_1(边 $A'A_2C_1C'$)的极,C 是圆弧 A_1B_1(边 $A'A_1B_1B'$)的极,因此,球面三角形 ABC

是 $A'B'C'$ 的极三角形。

（2）球面三角形的角（或边）与它的极三角形的对应边（或角）互补。

[证明]　因为 B'、C' 分别是 b、c 的极，所以，圆弧 $B'C_2 = 90°$，$C'B_2 = 90°$，$B'C_2 + C'B_2 = B'C' + B_2C_2 = 180°$，而 A 是 $B'C'$ 的极，故 $B_2C_2 = A$，$B'C' = a'$，即

$$a' + A = 180°$$

同理可证

$$b' + B = 180°$$
$$c' + C = 180°$$

又因为 B、C 分别是 b'、c' 的极，所以，圆弧 $BC_1 = 90°$，$CB_1 = 90°$，$BC_1 + CB_1 = B_1C_1 + BC = 180°$，而 $BC = a$，$B_1C_1 = A'$，即

$$a + A' = 180°$$

同理可证

$$b + B' = 180°$$
$$c + C' = 180°$$

3）球面三角形的基本公式

球面三角形的边和角各元素存在确定的函数关系公式，可以从已知的元素值来计算未知的元素值。

（1）**正弦公式**　球面三角形各边的正弦与其对角的正弦成正比，即

$$\frac{\sin a}{\sin A} = \frac{\sin b}{\sin B} = \frac{\sin c}{\sin C} \tag{2-4}$$

[证明]　如图 2-8 所示，连接球面三角形 ABC 顶点与球心 O，$OA = OB = OC = r$，过 A 作 AD 垂直于平面 OBC，D 为垂足。作 $DE \perp OB$，$DF \perp OC$，根据立体几何的三垂线定理，应有 $AE \perp OB$ 及 $AF \perp OC$，且球面角 $B = \angle AED$，$C = \angle AFD$。因为

$$\sin b = \sin \angle AOC = AF/r$$
$$\sin B = \sin \angle AED = AD/AE$$
$$\sin c = \sin \angle AOB = AE/r$$
$$\sin C = \sin \angle AFD = AD/AF$$

所以

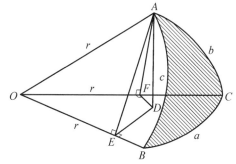

图 2-8　正弦公式的证明

$$\frac{\sin b}{\sin B} = \frac{AF/r}{AD/AE} = \frac{AE}{r}\frac{AF}{AD} = \frac{\sin c}{\sin C}$$

同理可以证明

$$\frac{\sin a}{\sin A} = \frac{\sin b}{\sin B}$$

（2）**边的余弦公式**　一边的余弦等于另两边的余弦之积加上另两边的正弦与所夹角余弦之积，即

$$\left.\begin{array}{l}\cos a = \cos b \cos c + \sin b \sin c \cos A\\\cos b = \cos a \cos c + \sin a \sin c \cos B\\\cos c = \cos b \cos a + \sin b \sin a \cos C\end{array}\right\} \qquad (2-5)$$

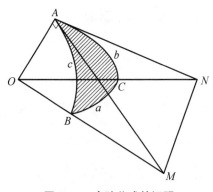

图 2 - 9　余弦公式的证明

[证明]　如图 2 - 9 所示，连接 OA、OB、OC，过 A 作圆弧 AB、AC 的切线 AM、AN，分别交 OB、OC 延长线于 M、N 点，连接 MN。显然，$AM \perp OA$，$AN \perp OA$。

在△AMN 中，球面角 $A = \angle MAN$，

$$MN^2 = AM^2 + AN^2 - 2AM \cdot AN\cos A$$

在△OMN 中，$\angle MON = a$，

$$MN^2 = OM^2 + ON^2 - 2OM \cdot ON\cos a$$

上两式相减，得

$$\begin{aligned}2OM \cdot ON\cos a &= (OM^2 - AM^2) + (ON^2 - AN^2) + 2AM \cdot AN\cos A\\&= OA^2 + OA^2 + 2AM \cdot AN\cos A\end{aligned}$$

$$\begin{aligned}\cos a &= \frac{OA^2 + AM \cdot AN\cos A}{OM \cdot ON} = \frac{OA}{OM}\frac{OA}{ON} + \frac{AM}{OM}\frac{AN}{ON}\cos A\\&= \cos\angle AOB\cos\angle AOC + \sin\angle AOB\sin\angle AOC\cos A\\&= \cos b\cos c + \sin b\sin c\cos A\end{aligned}$$

同理可以证明公式组（2 - 5）的另两个公式。

（3）**角的余弦公式**　一角的余弦等于两角的正弦与所夹边的余弦之积减去另两角的余弦之积，即

$$\left.\begin{array}{l}\cos A = \sin B \sin C \cos a - \cos B \cos C\\\cos B = \sin A \sin C \cos b - \cos A \cos C\\\cos C = \sin B \sin A \cos c - \cos B \cos A\end{array}\right\} \qquad (2-6)$$

[证明]　球面三角形 ABC 的极三角形 $A'B'C'$ 中,同样存在边的余弦公式

$$\cos a' = \cos b' \cos c' + \sin b' \sin c' \cos A'$$

把前面的互补公式 $a' + A = 180°$, $b' + B = 180°$, $c' + C = 180°$ 代入,化简后可得

$$\cos A = \sin B \sin C \cos a - \cos B \cos C$$

同理可得另两个公式。

（4）**第一组五元素公式**　一边的正弦与其一邻角的余弦之积,等于该邻角所对边的余弦与第三边的正弦之积减去该邻角所对边的正弦、第三边余弦与它们夹角的余弦之积,即

$$\left. \begin{aligned} \sin a \cos B &= \cos b \sin c - \sin b \cos c \cos A \\ \sin a \cos C &= \cos c \sin b - \sin c \cos b \cos A \\ \sin b \cos A &= \cos a \sin c - \sin a \cos c \cos B \\ \sin b \cos C &= \cos c \sin a - \sin c \cos a \cos B \\ \sin c \cos A &= \cos a \sin b - \sin a \cos b \cos C \\ \sin c \cos B &= \cos b \sin a - \sin b \cos a \cos C \end{aligned} \right\} \tag{2-7}$$

[证明]　改写余弦公式

$$\begin{aligned} \sin a \sin c \cos B &= \cos b - \cos a \cos c \\ &= \cos b - \cos c (\cos b \cos c + \sin b \sin c \cos A) \\ &= \cos b (\sin c)^2 - \sin b \sin c \cos c \cos A \end{aligned}$$

两端同时除以 $\sin c$,即得 $\sin a \cos B = \cos b \sin c - \sin b \cos c \cos A$
同理可证公式组(2-7)的其他公式。

（5）**第二组五元素公式**　一角的正弦与其一邻边的余弦之积,等于该邻边所对角的余弦与第三角的正弦之积加上该邻边所对角的正弦、第三角余弦与它们夹边的余弦之积,即

$$\left. \begin{aligned} \sin A \cos b &= \cos B \sin C + \sin B \cos C \cos a \\ \sin A \cos c &= \cos C \sin B + \sin C \cos B \cos a \\ \sin B \cos a &= \cos A \sin C + \sin A \cos C \cos b \\ \sin B \cos c &= \cos C \sin A + \sin C \cos A \cos b \\ \sin C \cos a &= \cos A \sin B + \sin A \cos B \cos c \\ \sin C \cos b &= \cos B \sin A + \sin B \cos A \cos c \end{aligned} \right\} \tag{2-8}$$

对于球面三角形的极三角形 $A'B'C'$,同样应用第一组五元素及边-对应角的互补关系,可以证明公式组(2-8)各公式。

(6)**四元素公式**　由上述公式还可以导出以下四元素公式。

$$\left.\begin{array}{l}\cot A\sin B=\sin c\cot a-\cos B\cos c\\ \cot A\sin C=\sin b\cot a-\cos C\cos b\\ \cot B\sin A=\sin c\cot b-\cos A\cos c\\ \cot B\sin C=\sin a\cot b-\cos C\cos a\\ \cot C\sin A=\sin b\cot c-\cos A\cos b\\ \cot C\sin B=\sin a\cot c-\cos B\cos a\end{array}\right\}\qquad(2-9)$$

这些公式也不难由余弦公式推导转换出来。

2.3　常用的天球坐标系

球面和平面都是二维空间,如同平面解析几何需要选取原点和坐标轴一样,可以根据方便和需要选取天球上的基本点(原点)和基本圈(大圆),约定坐标计量的方向和范围,建立天球坐标系,进而观测计量天体视方位。一般以两个角度为坐标来表示天体的方位。

2.3.1　地理坐标

为了更容易理解天球坐标,我们先回顾一下地理坐标。地球表面上的地点常按它的地理坐标(经度、纬度)标记在地图上。图 2-10 所示的地理坐标就是

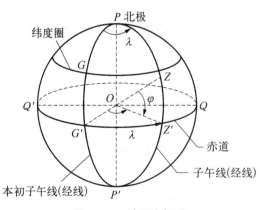

图 2-10　地理坐标系

一种球面坐标,它的基本圈是赤道(圈)和垂直于它的本初子午圈(由于历史的原因,取经过英国格林尼治天文台旧址的子午圈定义为本初子午圈,即零子午圈),这两圈的交点 G' 为原点。地表 Z 点的子午圈交赤道于 Z' 点,那么 Z 点的经度就是大圆弧 $G'Z'$ 的角度(球心角 $\angle G'OZ'$),以 λ 表示,其范围为 $0°\sim180°$,Z' 在 G' 之东为

东经，λ 取正值；反之为西经，λ 取负值。纬度是圆弧 $Z'Z$ 的角度（球心角 $\angle Z'OZ$），其范围为 $0°\sim90°$，以 φ 表示，Z 在赤道之北为北纬（正值）；而 Z 在赤道之南为南纬（负值）。例如，北京天安门的地理坐标为：$\lambda=116°23'17''$，$\varphi=39°54'27''$。

2.3.2　天球的地平坐标系

在地球表面一个特定观测站观察航天器或天体的位置时，采用"固定于"（地球）观测点的地平坐标系是最直观而简便的。以该点为中心 O 作一个半径很大的天球，该点的铅垂线（即重力方向）交于天球的天顶 Z 和天底 Z'，过 O 点的水平面与天球相交的大圆为**地平圈**，过天顶和天底的半个（大）圆都是**地平经圈**，而过天顶和天极的地平经圈（称为子午圈）交于地平圈的南点 S 和北点 N。地平坐标系的基本圈是子午圈和地平圈，而基本点（原点）取南点 S（或北点 N）。天体的地平坐标是地平经度（又称方位角）和地平纬度（又称地平高度或高度角）。若某天体与球心的连线交于天球上 M 点（即天体在天球上的投影点，以下简记为天体），经过 M 点的地平经圈交于地平圈的 M' 点，则天体的地平经度就是圆弧 SM' 的角度（球心角 $\angle SOM'$），记为 A，从南点 S 向西计量，范围为 $0°\sim360°$（也有向西 $0°\sim180°$、向东 $0°\sim-180°$计量的）；天体的地平纬度是大圆弧 $M'M$ 的角度（球心角 $\angle M'OM$），记为 h，从地平圈向北计量 $0°\sim90°$、向南计量 $0°\sim-90°$。天文上，常用天顶距 z（大圆弧 ZM 或 $\angle ZOM$）取代 h，显然 $z=90°-h$。由于天体都有东升西落的周日视运动，因而天体的地平坐标是随时间变化的；只有北天极的地平坐标是不变的：$A=180°$，$h=\varphi$（或 $z=90°-\varphi$）。紧靠北天极的亮星称为北极星（它离北天极不到 $1°$），观测北极星的地平高度就可以大致知道观测者所在的地理纬度。

应当指出，不同观测点的铅垂线是不同的，因而观测得到的地平坐标因地点而异，且随地球自转而变化，然而，可以用电脑程序相互换算，常换算为地心天球的赤道坐标。

紫金山天文台陈列的简仪[见图 2-11(b)]是我国古代一种天文仪器。其地平经纬仪[见图 2-11(b)左下方]是用来测量天体的地平坐标的：竖直的圆环是地平经圈，它可以绕垂直轴转动。通过竖直环的中心有一个固定的水平架和一个可绕水平轴转动的"窥管"。用窥管中央细长管孔对准天体，则它与水平架的夹角就是天体的地平纬度（高度角），可在竖直环刻度上读出。而天体的地平经度（即竖直环的地平方位角）在下面的水平刻度环上读出。简仪的另一部分是用来测量天体赤道坐标的，将在后面介绍。

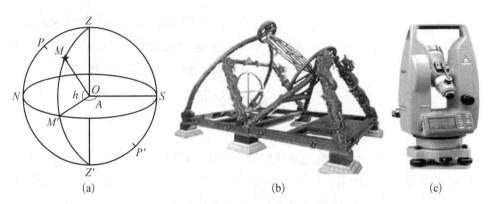

图 2-11   天球的地平坐标系、简仪与经纬仪

(a) 坐标系;(b) 简仪;(c) 经纬仪

现今大地测量用的经纬仪也用于测量天体或其他目标的地平坐标。它与上述地平经纬仪的结构类似,以望远镜取代"窥管"而高精度地观测更暗的目标,可绕垂直轴和水平轴转动,由水平度盘和垂直度盘读出(现在有电子系统显示和记录)更准确的方位角和高度角[见图 2-11(c)]。

2.3.3   赤道坐标系

天球的赤道坐标系有两种:时角坐标系(又称为第一赤道坐标系)和第二赤道坐标系(又简称为赤道坐标系)。它们都以天赤道为基本圈,而过南天极 P' 和北天极 P 的半个(大)圆为**时角圈**或**赤经圈**。时角坐标系也是"固定于"(地球)观测地点的天球坐标系。第二赤道坐标系则是"固定于"(旋转)天球的坐标系。

1) 时角坐标系

时角坐标系以天赤道和过天顶的时角圈(也是子午圈)为基本圈,天赤道和

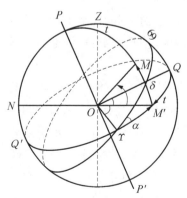

图 2-12   时角坐标系和赤道坐标系

子午圈的上交点 Q 为原点(见图 2-12)。时角坐标系的两个坐标是时角和赤纬。经过天体(投影点) M 的时角圈交天赤道于 M' 点,则圆弧 QM' 的角度(等于圆心角 $\angle QOM'$,或子午圈与赤经圈 PM 所夹球面角)称为**时角**(符号为 t),从 Q 向西计量,范围为 $0°\sim360°$,常以"对应"时间范围 0^h 到 24^h 及时分、时秒表示;而圆弧 MM' 的角度(圆心角 $\angle M'OM$)称为赤纬(符号为 δ),从天赤道向北、向南计量分别为 $0°\sim90°$ 和 $0°\sim-90°$。

图 2-11(b)简仪的上部分用于测量天体的时角和赤纬。它有一个绕极轴转动的圆环,过其中心的窥管可绕中心转动。转动圆环和窥管对准天体,从该环上的刻度读出赤纬,从极轴下端的刻度环上读出时角。光学赤道仪也用类似的赤道机械装置。

2) 赤道坐标系

从地球上观察,太阳每年在天球上视运动轨迹的大圆称为**黄道**,实际上就是黄道面(地球绕太阳公转轨道面)相交于天球的大圆。天赤道与黄道有两个交点——**春分点** ♈ 和**秋分点**♎(分别是太阳周年视运动从南到北和从北到南经过天赤道的点)。(第二)赤道坐标系以天赤道和过**春分点**的赤经圈为基本圈,春分点 ♈ 为原点。赤道坐标系的两个坐标是赤经和赤纬。经过天体(投影点)M 的赤经圈交天赤道于 M' 点,那么圆弧 $♈M'$($\angle ♈OM'$)的角度称为**赤经**,从 ♈ 向东计量,范围为 $0°\sim360°$(也以“对应”时间范围 0^h 到 24^h 以及时分、时秒表示),符号为 α;而赤纬 δ 与时角坐标系相同。

2.3.4　黄道坐标系

由于太阳每年在天球上沿着黄道做视运动,行星的视运动也在黄道附近,因此,观测研究太阳系天体的运动采用黄道坐标系,它的两个坐标是黄经和黄纬(见图 2-13)。

图 2-13(a)所示的黄道坐标系的基本圈为黄道,垂直于它的天球直径交天球的两点为北、南黄极 K、K'。通过两黄极的大圆都是黄经圈。取春分点 ♈ 为原点。经天体 M 和黄极的黄经圈 KMK' 交黄道于点 M'。圆弧 $♈M'$($\angle ♈OM'$)的角度就是黄经,符号为 λ,由西向东计量 $0°\sim360°$;圆弧 $M'M$($\angle M'OM$)的角

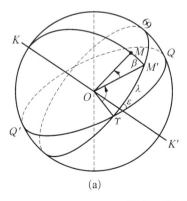

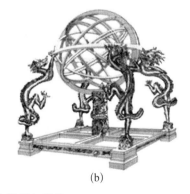

(a)　　　　　　　　　　　　(b)

图 2-13　黄道坐标系与浑仪

(a) 黄道坐标系;(b) 浑仪

度是黄纬,符号为 β,自黄道向北计量为正,向南计量为负,$0°\sim\pm90°$。

我国古代的浑仪是简仪的两部分的组合,又加上黄道环[见图 2 - 13(b)],主要测量天体的赤道坐标,也可测量地平坐标和黄道坐标。

2.3.5　不同天球坐标的换算

一个天体在天球上的代表点(投影位置)可用任何一种天球坐标系的一对坐标来表示。在实际工作中,常需要从一种天球坐标系的坐标换算为另一种天球坐标系的坐标,例如,从星表上给出的赤道坐标(α,δ)换算为地平坐标(A,h)。天球坐标的换算公式可用"天文(球面)三角形"和球面三角公式导出。

1) 赤道坐标与时角坐标之间的换算

如上所述,在天球(第二)赤道坐标系和时角坐标系中,都以天赤道为基本圈,而过南天极 P' 和北天极 P 的半(大)圆为时角圈或赤经圈。一个天体的赤纬是同样定义的。由于春分点是"固定"在(旋转的)天球上的,其赤经和赤纬都是确定的 $0°$,随天球一起周日转动,但春分点的时角是随着时间改变的。定义春分点的时角为地方恒星时 s,由图 2 - 12 可见,它等于天体的赤经与其时角之和:

$$s=t+\alpha \qquad (2-10)$$

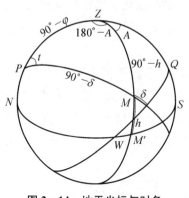

图 2 - 14　地平坐标与时角坐标的换算

2) 地平坐标和时角坐标之间的换算

设一个天体的地平坐标为(A,h),时角坐标为(t,δ),在天极 P、天顶 Z 和天体 M 为顶点的球面三角形 PZM 中(见图 2 - 14),大圆弧 WQ 为天赤道,NWS 为地平圈,PZQ 为子午圈,图上已标示天体 M 的地平经度(方位角)A 和地平纬度(高度角)h,赤纬 δ 和时角 t,三边(弧段)的角度分别 $90°-h$、$90°-\delta$ 和 $90°-\varphi$(φ 是观测点的地理纬度),它们的对角分别为 t、$180°-A$ 和球面角 $\angle PMZ$。

应用球面三角公式可以得出

$$\sin\delta=\sin\varphi\sin h-\cos\varphi\cos h\cos A$$
$$\cos\delta\sin t=\cos h\sin A$$
$$\cos\delta\cos t=\sin h\cos\varphi+\cos h\sin\varphi\cos A$$
$$\sin h=\sin\varphi\sin\delta+\cos\varphi\cos\delta\cos t$$
$$\cos h\sin A=\cos\delta\sin t$$

$$\cos h \cos A = -\sin\delta\cos\varphi + \cos\delta\sin\varphi\cos t$$

3）赤道坐标与黄道坐标之间的换算

设一个天体的赤道坐标为(α,δ)，黄道坐标为(λ,β)，在天极 P、黄极 K 和天体 M 为顶点的球面三角形 PKM 中（见图 2-15），大圆弧 $Q\Upsilon Q'$ 为天赤道，$\Upsilon M''$ 为黄道，PK 和 KM 为黄经圈，图上已标示天体 M 的赤经 α 和赤纬 δ，黄经 λ 和黄纬 β，三边（弧段）的角度分别 $90°-\delta$、$90°-\beta$ 和 ε（ε 是黄赤交角），它们的对角分别为 $90°-\lambda$、$90°+\alpha$ 和球面角 $\angle PMK$。

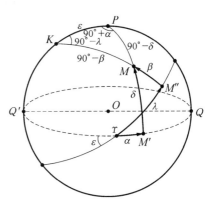

图 2-15　赤道坐标和黄道坐标的换算

应用球面三角公式可以得出

$$\sin\beta = \cos\varepsilon\sin\delta - \sin\varepsilon\cos\delta\sin\alpha$$
$$\cos\beta\sin\lambda = \sin\delta\sin\varepsilon + \cos\delta\cos\varepsilon\sin\alpha$$
$$\cos\beta\cos\lambda = \cos\delta\cos\alpha$$
$$\cos\delta\cos\alpha = \cos\beta\cos\lambda$$
$$\sin\delta = \cos\varepsilon\sin\beta + \sin\varepsilon\cos\beta\sin\lambda$$
$$\cos\delta\sin\alpha = -\sin\beta\sin\varepsilon + \cos\beta\cos\varepsilon\sin\lambda$$

2.4　星等、星座、星图、星表

天文学中，天体的亮度以星等表示，星空分区为一些星座，星图和星表是常用的工具。

2.4.1　天体的视亮度和星等

早在公元前 2 世纪，古希腊天文学家依巴谷把肉眼看见的恒星分为 6 个视亮度等级——视星等，最亮的为 1 等，次亮的为 2 等，…… 刚能够看到的一些为 6 等。把一根蜡烛放在 1 000 m 远处，它的视亮度与 1 等星差不多。在全部星空中，1 等（确切地说，亮于 1.5 等）的恒星有 22 颗，2 等（确切地说，1.5～2.5 等，以下类似）的有 71 颗，3 等的有 190 颗，4 等的有 610 颗，5 等的约 1 929 颗，6 等的约 5 946 颗，视力好的人可以肉眼看到夜空（半个天球）3 000 多颗星，用望远镜可以看到更多更暗的星。现代城镇灯光造成夜天光很亮——"光污染"或"光害",肉眼仅可看到为数不多的亮星。

生理学得出:人眼对天体的视亮度反应(视星等 m)与它的照度 E 的对数成正比:

$$m = K \lg E \tag{2-11}$$

或

$$m_2 - m_1 = K \lg(E_2/E_1) \tag{2-12}$$

1850 年,时在印度的英国天文学家诺曼·罗伯特·普森(Norman Robert Pogson)把星等与光度计测出的照度做比较,发现星等相差 5 等的照度之比约为 100,因此,常数 $K \approx -5/\lg 100 = -2.5$;星等相差 1 等,照度之比为 2.512。于是,两颗星的星等之差 $(m_2 - m_1)$ 与照度 E_2、E_1 关系的公式为

$$m_2 - m_1 = -2.5 \lg(E_2/E_1) \tag{2-13}$$

星等常以星等值数字右上角加 m 来标记,如,织女星的视星等为 0.03^m。

星等标与物理光学的照度单位 lx(勒克斯,简记为勒)之间有什么关系? 根据实验测定,大气外星等为 -13.98^m 的星在地面上产生 1 lx 照度。夏季白天,太阳的照度为 1.35×10^5 lx;满月的照度为 0.25 lx;日常工作所需照度为 30 lx。

建立了星等标,就可准确测定星等值并向亮的和暗的方面扩展,例如,太阳的视星等为 -26.75^m,夜空最亮恒星天狼星的视星等为 -1.44^m,金星最亮时的视星等为 -4.4^m,满月的视星等为 -12.74^m,最大地面望远镜可观测的最暗天体视星等约为 25^m(但由于各地的大气"消光"——吸收和散射减暗,实际可观测到的视星等约为 23^m),哈勃太空望远镜可以拍摄到的最暗天体视星等为 30^m。

应当指出,天体的观测亮度与有效波段有关,不同波段观测的星等值有差别,因而有不同的星等系统。由于各天体的距离不同,视星等并不表述其辐射本领,表述天体辐射本领的量是光度(辐射功率)或绝对星等。这些将在后面讲述。

2.4.2　星座与星名

繁星辉映的夜空宛如华灯初上的街市,展现出各种奇妙的景色,令人浮想联翩,引发多少诗情画意。苏东坡有一首《夜行观星》诗:

天高夜气严,列宿森就位。大星光相射,小星闹若沸。
天人不相干,嗟彼本何事。世俗强指摘,一一立名字。
南箕与北斗,乃是家人器。天亦岂有之,无乃遂自谓。
迫观知何如,远想偶有以。茫茫不可晓,使我长叹喟。

初学认星者仰望夜空,感到星罗棋布,杂乱无章,就像看"天书"一样难。其实,夜空的亮星还是排列得相当有章可循的,自古以来,人们就把某些星组成想象的图形,例如,中国古代人把近北天极的七颗亮星想象为有柄的斗而称为"北斗";而西方古人把此七星和另些星一起想象成大熊(见图 2 - 16)。正如地理上把疆土划分为若干区域一样,人们为了识别星而把星空划分为一些区域——中国称为星宫及**星宿**、西方称为**星座**(constellation)。

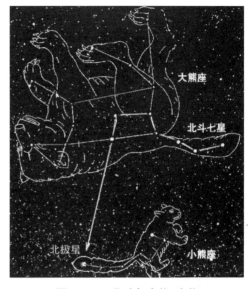

图 2 - 16　北斗与大熊、小熊

我国古代把星空划分为北天极附近的三垣(紫微垣、太微垣、天市垣),四象二十八宿(见图 2 - 17)。四象分布在黄道附近,环天一圈。每象又再分为七宿,共二十八宿,它们是:

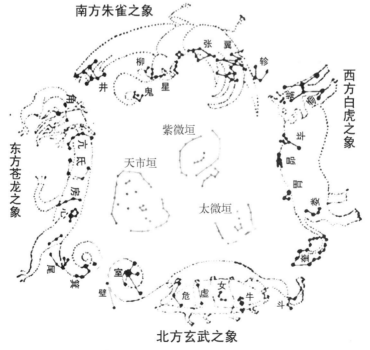

图 2 - 17　三垣四象二十八宿

东方苍龙之象,含角、亢、氐、房、心、尾、箕七宿;

南方朱雀之象,含井、鬼、柳、星、张、翼、轸七宿;

西方白虎之象,含奎、娄、胃、昴、毕、觜、参七宿;

北方玄武之象,含斗、牛、女、虚、危、室、壁七宿。

古代西方常以动物和神话故事内容来命名北天星座,17世纪航海家又观察补充了以仪器命名的南天星座。

1928年,国际天文学联合会讨论决定,全天划分为88个星座,并规定每个星座划分的赤经和赤纬界线。这些星座的简略符号和中文名称如下:

北天星座(29个)

UMi 小熊	Dra 天龙	Cep 仙王	Cas 仙后	Cam 鹿豹
UMa 大熊	CVn 猎犬	Boo 牧夫	CrB 北冕	Her 武仙
Lyr 天琴	Cyg 天鹅	Lac 蝎虎	And 仙女	Per 英仙
Aur 御夫	Lyn 天猫	LMi 小狮	Com 后发	Ser 巨蛇
Oph 蛇夫	Sct 盾牌	Aql 天鹰	Sge 天箭	Vul 狐狸
Del 海豚	Equ 小马	Peg 飞马	Tri 三角	

黄道星座(12个)

Psc 双鱼	Ari 白羊	Tau 金牛
Gem 双子	Cnc 巨蟹	Leo 狮子
Vir 室女	Lib 天秤	Sco 天蝎
Sgr 人马	Cap 摩羯	Agr 宝瓶

南天星座(47个)

Cet 鲸鱼	Eri 波江	Ori 猎户	Mon 麒麟	CMi 小犬
Hya 长蛇	Sex 六分仪	Crt 巨爵	Crv 乌鸦	Lup 豺狼
CrA 南冕	Mic 显微镜	Ara 天坛	Tel 望远镜	Ind 印第安
Gru 天鹤	Phe 凤凰	Hor 时钟	Pic 绘架	Vel 船帆
Cru 南十字	Cir 圆规	TrA 南三角	Pav 孔雀	PsA 南鱼
Scl 玉夫	For 天炉	Cae 雕具	Col 天鸽	Lep 天兔
CMa 大犬	Pup 船尾	Pyx 罗盘	Ant 唧筒	Cen 半人马
Nor 矩尺	Tuc 杜鹃	Ret 网罟	Dor 剑鱼	Vol 飞鱼
Car 船底	Mus 苍蝇	Aps 天燕	Oct 南极	Hyi 水蛇
Men 山案	Cha 蝘蜓			

各个星座所占天区大小差别很大,在全天 4π 平方弧度即 41 253 平方度中,最大的长蛇座占天区面积达 1 300 平方度,而最小的南十字座却只有 68 平方

度。在各个星座中,肉眼可见的星数不同,例如,半人马座肉眼可见 150 颗星,小马座只见 10 颗星。

黄道十二星座(又称十二宫)是太阳每年自西向东视运动和行星视运行所经过的,太阳每个月经过一个星座。现今,春分点在双鱼座,秋分点在室女座。

一些亮的恒星有专有星名,某些恒星有几个星名,而且中国星名和外国星名也不同。每颗恒星一般按其所在星座的亮度顺序,以希腊字母表示,后面加上星座。例如,α UMi(小熊座 α)就是北极星(Polaris,或 North Star、Pole Star),我国也称北辰、勾陈一,西文又称 Alruccabsh 和 Cynosura;α CMa(大犬座 α)在我国称为天狼星,西文称 Sirius;α Lyr(天琴座 α)在我国称为织女(一)星,西文称 Vega;α Aql(天鹰座 α)在我国称为河鼓二、牛郎星、牵牛星,西文称 Altair;α Sco(天蝎座 α)在我国称为大火、商星、心宿二;北斗七星自斗口到柄端是 α UMa(大熊座 α、北斗一、天枢,Dubhe)、β UMa(北斗二、天璇,Merak)、γ UMa(北斗三、天玑,Phad)、δ UMa(北斗四、天权,Megrez)、ε UMa(北斗五、玉衡,Alioth)、ζ UMa(北斗六、开阳,Mizar)、η UMa(北斗七、摇光,Alkaid)。除了 24 个希腊字母外,其他恒星采用数字号,如 61 Cyg(天鹅座 61 星)。

2.4.3　星图和天球仪

正如人们旅游需要地图一样,观测星空需要星图。"按图索骥",对照星图,可以在满天星斗中识别你想仔细观测的那颗星。如果你看到星空出现以前没有见到的星,可以参考附近恒星确定它的位置和亮度,查看星图而确认它是否是未发现的"新"天体,从而报告天文机构,进一步协作观测研究。

星图有多种,可以按观测的需要而选用。最简便的是活动星图,它以北天极为中心标绘出全天亮星的位置和亮度(星等),其上有椭圆开孔的圆盖片,绕中心转动而让可观测星区从盖片开孔露出。"仰观天象,俯察地理",地图一般是上北、下南、右东、左西排列的;而星图一般(除了天极区)是上北、下南、右西、左东排列的。附录 A.4 给出亮星的星图。《天文爱好者》杂志每期上刊载每月天象的星图,它仅绘出赤道南北赤纬−40°～40°的赤道带星区的亮恒星及太阳、月球、行星的位置。观测暗星需要比例尺更大的星图,它们把全天分为很多星区,每个星区一张星图。也有某些专用星图,如供变星观测用的参考星图。近年陆续引进一些电子星图(软件),如 SkyGlobe、TheSky、WorldWide Telescope、Stellarium(虚拟天文馆软件)、Google Sky Map(谷歌星空图)等,可以在电脑上按用户指定的时间、地点、视场、方位和极限星等显示星空,可以模拟天体的各种运动、标示所要寻找的天体,甚至可以在寻找到目标后立即给出它的资料(赤道坐标等),并可用打印机打印出这些星图和资料。WinStars 等还可以通过专门接口控制望远镜的指向。

类似于地球仪替代地图来直观展示国家、城市等在地表上的俯视分布,我国古代制有天体仪(现代称为**天球仪**),替代星图来直观展示星座和恒星在天球上的分布。设想你在球心,沿半径方向看天球仪上的星,向星空延伸就指向那颗星。

2.4.4　星表和天文年历

一般星图的比例尺都不够大,无法显示天体的准确赤道坐标和星等以及其他资料。作为一种天文"工具",还需备有星表。星表是载有一系列天体的准确赤道坐标、星等、视差(距离)、光谱型等资料的表册。星表的种类很多,如目视星表、照相星表、射电星表、双星星表、变星星表、小行星星表、彗星星表、梅西耶(星团星云)表、星云星团新总表……大型星表可以到天文台图书馆查询,但小型星表或观测手册还是应当备有的。

目前最好的星表和星图是依巴谷-第谷星表(Hipparcos and Tycho Catalog)和千僖星图(Mollennium Star Atlas)。它们是依巴谷天文卫星(High Precision Parallex Collecting Satellite)在 1989 年 11 月到 1993 年 3 月对 100 多万颗亮于 12.5^m 恒星的精确观测结果,包括各星的位置、视差(距离)、亮度(星等)等资料。以前最著名的星图是帕洛玛天图(Palomar Sky Survey,PSS),它是帕洛玛天文台口径 1.2 m 施米特望远镜在 20 世纪 50—70 年代拍摄暗至 21^m 的照相星图,没有提供各天体的坐标等数据。为了哈勃太空望远镜的任务需要,美国宇航局把 PSS 数字进行处理,编制导引星表(Guide Star Catalog),包括暗到 15^m、约 180 万颗星的位置。近几年来,可以从网上(http://archive.stsci.edu/dss)下载数字化的帕洛玛天图,包括暗到 20^m 的星。可与帕洛玛天图竞争的是斯隆数字化巡天(Sloan Digital Sky Servey,SDSS),SDSS 用专门的 2.5 m 望远镜从 1998 年起的五年内摄取约 1/4 全天球的 1 亿颗暗到 23^m 的天体,测量五种可见光和红外色的准确亮度,有 100 多万个星系和 10 多万个类星体的红移,在网上(http://skyserver.sdss.org)可查到它的首批资料。此外,常用的星表还有史密松天体物理台星表(Smithsonian Astrophysical Observatory Star Catalog,SAO),包括暗到 11^m 的 26 万颗恒星的位置、星等和光谱型等资料。还有英国业余天文摄影家阿诺德等在 1997 年出的照相星图(Photographic Atlas of the Stars)。

天文年历也是常用的工具书,它载有很多重要的天象资料。大型的天文年历较贵,而小型的天文简历还是可用的。此外,天文的普及杂志上也刊载很多有用资料,资料较多的有 *Sky & Telescope*,是一本由美国发行的天文月刊,主要读者群是业余天文爱好者。

2.5　天体的周日视运动

如前面所述,地球在不停地自转——地转,而地面上的人不易察觉,却观测到天体每天随天球自东向西的周日运动现象——天旋,实际上,天旋是地转的反映,天旋与地转是同一件事的两种表述。

2.5.1　天球的周日旋转

用地面上固定的照相机对向北天极区,长时间感光拍摄星空(见图 2-18),众星呈绕北天极左旋的同心圆弧,离北天极越远的星像圆弧越大,看上去"天左旋"。离北天极最近的亮星是小熊座 α,可近似地看做北天极的标志而称为**北极星**。

图 2-18　北天极区恒星的周日运动轨迹(中右亮点是北极星)

2.5.2　不同地理纬度处的恒星周日视运动

在地球上观测星空以天球的地平坐标为主,恒星周日视运动的轨迹在天球上是平行于天赤道的小圆,即天体所在的赤纬圈,称为周日平行圈(见图 2-19)。

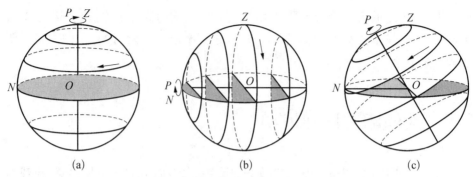

图 2 - 19　不同地理纬度的天体周日视运动

(a) $\varphi = 90°$；(b) $\varphi = 0°$；(c) $0° < \varphi < 90°$

在地球北极($\varphi = 90°$)处，北天极 P 与天顶 Z 相合，北极星在头顶，周日平行圈(赤纬圈)与地平圈平行，北天球的星总不落，平行于地平(灰)做周日运动，南天球的恒星总在地平之下而看不见[见图 2 - 19(a)]。只有赤纬 $\delta = 0°$ 的周日平行圈是大圆(天赤道)。

在地球的赤道上($\varphi = 0°$)，北天极 P 与北点 N 相合，天赤道通过天顶 Z，全天的恒星都是 12 h 在地平以上可见，另 12 h 在地平之下不可见，周日平行圈垂直于地平。

在地球的两极与赤道之间($0° < \varphi < 90°$)，天轴对地平倾角为 φ，恒星的周日平行圈对地平倾角为 $90° - \varphi$。对于地球北半球来说，天赤道的恒星 12 h 在地平之上；北天球恒星的周日平行圈的大半在地平之上，赤纬 $\delta > 90° - \varphi$ 的"拱极"(近北天极)恒星永不落到地平之下，整夜可见；南天球恒星的周日平行圈的大半在地平之下，可观测时间短，赤纬 $\delta < -(90° - \varphi)$ 的星永不升到地平之上而不可见。观测地点的地理纬度越高，永不升起和永不下落的星越多，可观测的星越少。

2.5.3　天体的中天和出没

1) 天体的中天

天球上经过天极、天顶、北点的大圆为**子午圈**。恒星周日运动经子午圈称为**中天**。每颗恒星的周日平行圈与子午圈交于两点，经过近天顶的交点称为**上中天**，经过天底的交点称为**下中天**。太阳上中天时就是当地的正午，而下中天时是当地的子夜。恒星上中天时的地方恒星时等于它的(用时间单位表示的)赤经。

天体上中天时的天顶距(z)最小，与观测点的地理纬度 φ 和天体赤纬 δ 的关系为

在天顶之南上中天时　$z = \varphi - \delta$　　　　$(2-14)$

在天顶之北上中天时　$z = \delta - \varphi$　　　　$(2-15)$

2) 天体的出没

天体的出、没分别指其周日视运动开始升起到(真)地平圈和降落到地平圈的时刻。显然,此时天体的天顶距 $z = 90°$。如前面指出的,赤纬 $\delta > 90° - \varphi$ 的"拱极"恒星永不落到地平下,整夜可见;赤纬 $\delta < -(90° - \varphi)$ 的星永不升到地平之上而不可见。这里以天体降落为例,推求其时刻和方位。

由图 2-20 可见,在以天子午圈(大圆弧 PZ)、地平经圈(大圆弧 ZM,M 为降落天体)、赤经圈(大圆弧 PM)为边的球面三角形 PZM

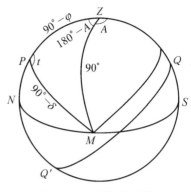

图 2-20　天体的出没

中,$PZ = 90° - \varphi$,$ZM = z = 90°$,$PM = 90° - \delta$,球面角 $\angle ZPM = t$(时角),$\angle PZM = 180° - A$(A 为南点起算方位角)。由球面三角的余弦公式可得

$$\cos z = \cos(90° - \varphi)\cos(90° - \delta) + \sin(90° - \varphi)\sin(90° - \delta)\cos t$$
$$\cos(90° - \delta) = \cos(90° - \varphi)\cos z + \sin(90° - \varphi)\sin z\cos(180° - A)$$

考虑到 $z = 90°$,化简后得到降落的时角 t_w 和方位角 A_w 为

$$\cos t_w = -\tan\varphi\tan\delta$$
$$\cos A_w = -\sin\delta/\cos\varphi \qquad (2-16)$$

而升起时的时角 t_e 和方位角 A_e 为

$$t_e = -t_w$$
$$A_e = 360° - A_w \qquad (2-17)$$

时角 t 与地方恒星时 s 及天体赤经 α 的关系为 $s = t + \alpha$,再进一步换算为地方太阳时或标准区时。实际上,由于地球大气对光线的折射(称为"蒙气差"),天体略低于地平圈就可看到。

北京天安门广场升国旗时间是根据当地日出时间确定的,由天文计算出太阳的上边缘与当地地平线相平时为升旗时间(北京时间),不同日期的升旗时间也不同,例如,2017 年 6 月 1 日升旗时间为 4 时 48 分,10 月 1 日为 6 时 10 分,12 月 31 日为 7 时 36 分。

在日出前和日没后,由于地球的高空大气散射太阳光而天空还相当亮,这种现象称为**晨昏蒙影**，日出前的称为**晨光**，日没后的称为**昏影**。太阳中心在地平下6°时称为**民用晨光始**或**昏影终**。晨光前或昏影后，天光暗淡，需要开灯照明。太阳中心在地平下18°时称为**天文晨光始**或**昏影终**，这时天光完全暗了，暗星显现，一般在昏影到晨光这段晴夜时间进行天文观测。

2.6　时间及其计量

时间的计量是天文学的基本任务之一。时间计量包括既有差别又有联系的两个内容：一是时间间隔的计量，二是时刻的测定。时间间隔是指物质运动变化的两个不同状态之间所经历的时间历程（Δt），即经过的时间长短（多久）。时刻是指从规定的时间起算值（初始历元）t_i 计量到某状态的时间值，$t = t_i + \Delta t$。时间是与物质的运动变化密切联系的，建立时间计量系统必须以观测物质的运动和变化为基础，按实用和精确要求（周期性、复现性和可测性）来选用，称为时间计量标准。历史上随着时间计量要求的提高而采用不同的时间计量系统。

2.6.1　时间计量系统

1）以地球自转为标准的世界时（UT）

古人日出而作，日暮而息，形成以地球自转为标准的两种时间计量系统。

（1）**真太阳时**　自古以来，人类的日常生活作息是观察太阳在天球上的周日视运动而为的，实际上就是以地球自转周期——昼夜作为时间间隔单位的计量标准，这在天文学上称为真太阳时（间）。确切地说，以太阳视圆面中心（称为真太阳）作为基本参考点，它连续两次上中天的时间间隔（"日长"）为计量的基本标准——1个真太阳日；为了照顾生活习惯，1925年起，把真太阳下中天（真子夜）作为真太阳日的开始，而以真太阳上中天为真正午，因此，真太阳时的时刻 $t_\odot$ 在数值上等于真太阳的（以"对应"时间单位表示）时角 t 加（减）12^h，即

$$当 t < 12^h，t_\odot = t + 12^h$$
$$当 t > 12^h，t_\odot = t - 12^h \tag{2-18}$$

我国古代流传下来的日晷就是测定真太阳时的仪器（见图2-21）。它主要由晷针和刻有时刻线的晷面组成，从太阳照射晷针投到晷面上影子处的刻线读出真太阳时，只是指示的时间精度不高。

（2）**平太阳时**　由于地球在绕太阳的公转椭圆轨道上的运动不是匀速的，所以从地球上观测到太阳在天球上的视运动也是不均匀的，因而真太阳日的实际日长在一年中有变化。为了弥补真太阳时不均匀的缺点，引入一个假想的参考点——平太阳，它在天球上以真太阳赤经平均变化速度做均匀运动，与真太阳同时刻过春分点，平太阳连续两次下中天为 1 个平太阳日，1 个平太阳日（d）分为 24 h，1 h 分为 60 min，1 min 分为 60 s，记为 $1^h = 60^m$，$1^m = 60^s$。这是常用的时间，除了特别指明的，本书中一般都用平太阳时（t_m）。

图 2-21　日晷

我国古代的圭表（见图 2-22）包括表和圭两部分：表是垂直于地平的标杆（顶部有孔）或柱子；圭是南北方向平放的尺子（由于过长，而常把后段改为垂直的）。表和圭相互垂直，组成圭表。正午时在圭上量度表影的长度，可以从表影长短的变化周期定出 1 回归年的天数和推定二十四节气。

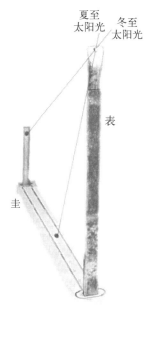

图 2-22　圭　表

(3) **时差** 真太阳时 $t_\odot$ 与平太阳时 t_m 之差 η 称为时差,即

$$\eta = t_\odot - t_m \qquad (2\text{-}19)$$

在《中国天文年历》的太阳表中载有每天的时差 η 的值。实际上,因为平太阳是个假想的参考点而无法观测,一般由观测真太阳的时角 t 而得出真太阳时,再减去时差 η 得出平太阳时。在一年中,时差变化于 -14^m24^s 到 $+16^m21^s$ 之间,有四次为零(见图 2-23)。

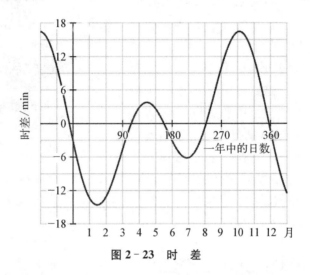

图 2-23 时 差

2) 恒星时

天文观测常用的是恒星时。实际上,恒星时就是以地球相对于遥远恒星的自转周期(恒星日)作为时间计量标准的,具体以天球上的春分点 Υ 作为恒星的参考点,以春分点连续两次上中天的时间间隔为 1 恒星日,以春分点上中天为恒星日的开始,即恒星时的时刻 s 在数值上等于春分点的(以"对应"时间单位表示)时角 t_Υ:

$$s = t_\Upsilon \qquad (2\text{-}20)$$

1 恒星日分为 24 恒星小时,1 恒星小时再分为 60 恒星分(钟),1 恒星分(钟)分为 60 恒星秒(钟)。

由于地球每年绕太阳公转一圈,从地球上看到太阳在天球上做周年视运动(确切地说,平太阳连续两次经过春分点的时间间隔为 1 回归年),其方向与天球周日运动相反,而春分点与天球一起做周日运动,因此,1 回归年所含平太阳日的数目比恒星日的数目少 1 日,即

$$1 \text{回归年} = 365.242\,2 \text{平太阳日} = 366.242\,2 \text{恒星日} \qquad (2-21)$$

$$1 \text{平太阳日} = \frac{366.242\,2}{365.242\,2} \text{恒星日} = (1+\mu) \text{恒星日}, \mu = \frac{1}{365.242\,2}$$

$$(2-22)$$

即 1 平太阳日比 1 恒星日约多 $3^{\mathrm{m}}56^{\mathrm{s}}$（平太阳时）。

$$1 \text{平太阳小时} = (1+\mu) \text{恒星小时} \qquad (2-23)$$

$$1 \text{平太阳分（钟）} = (1+\mu) \text{恒星分（钟）} \qquad (2-24)$$

$$1 \text{平太阳秒（钟）} = (1+\mu) \text{恒星秒（钟）} \qquad (2-25)$$

3）地方时、世界时、北京时间

上面所述的平太阳时和恒星时都是从平太阳或春分点经过观测点的子午圈（中天）开始计量的，确切地说，应称为地方平太阳时和地方恒星时。地球上不同地理经度两个地点的子午圈是不同的，例如，太阳经过北京的子午圈——北京正午时，太阳还没到拉萨的子午圈——那里仍在午前，因而两地点的地方时时刻（计量系统）不同。两地点的地方时时刻之差数值上就等于它们的地理经度（以"对应"时间单位表示）之差。

为了全世界有统一的计时系统，国际上采用英国格林尼治天文台旧址的子午圈为本初子午圈（即零子午圈），以格林尼治的地方平太阳时作为**世界时**（Universal Time，UT）。若以 M 和 S 分别表示格林尼治地方平太阳时和恒星时（时刻），地理经度 λ（换算为对应的时间单位）地点的地方平太阳时与地方恒星时分别为 t_{m} 与 s，则有换算关系：

$$M = t_{\mathrm{m}} - \lambda \qquad (2-26)$$

$$S = s - \lambda \qquad (2-27)$$

实际生活中采用各地的地方时或世界时都不方便，而是采用区时。全球按地理经度划分为 24 个时区，每个时区的地理经度范围为 15°（见图 2-24）。即格林尼治（$\lambda=0$）东、西 7.5° 范围为零时区，采用格林尼治地方平太阳时；东（西）经 7.5° 到 22.5° 为东（西）一时区，采用东（西）经 15° 的地方平太阳时……东十二时区与西十二时区重合，采用东经 180° 的地方平太阳时。我国统一采用东八时区的区时（东经 120° 的地方平太阳时），称为**北京时间**。实际上，北京的地理经度定为 $116°21'39''\mathrm{E}$ 或 $7^{\mathrm{h}}45^{\mathrm{m}}26^{\mathrm{s}}\mathrm{E}$。

假如你效仿"夸父追日"，乘飞机从东向西做环球旅行，每过一个时区把表拨

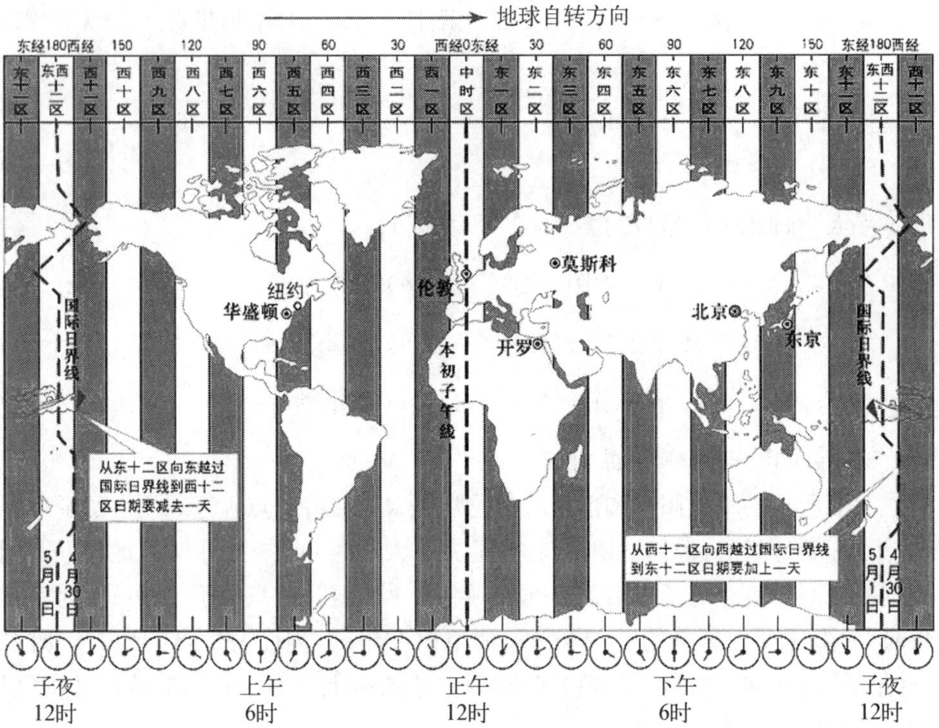

图 2‑24　时区与日界线

慢 1 小时,环绕地球一圈回到出发点时就慢了一天;而从西向东环球一圈回到出发点时则快了一天。这显然很不方便,乃至引起误会。因此,地球上还需要有统一的日期,那么,地球上新的一天从哪里开始,到哪里结束呢? 每年的新年钟声首先在哪里响起? 国际上规定,在太平洋中靠近东(西)经 180°画一条国际日期变更线(简称**日界线**)(见图 2‑24),地球上每个新的一天就从日界线开始和结束,从东到西过日界线日期就增加一天。例如,在日界线东是 12 月 31 日,而过日界线西就改为次年 1 月 1 日(元旦);从西到东过日界线日期就减去一天,例如,在日界线西是元旦,而过日界线东则改为前一年 12 月 31 日。为了便于地跨东(西)经 180°两侧的国家或地区(如俄罗斯、汤加王国、基里巴斯共和国)使用同一个日期,日界线取为偏离东经 180°的折线。于是,汤加王国和基里巴斯共和国成为最早迎接新的一天、新的一年、新的世纪到来的国家。

在星空观测中,我们常遇到的问题是由已知的北京时间 t_m(时刻)计算观测地点的地方恒星时 s(时刻),可以采用如下步骤计算。

$$M(世界时) = t_m(北京时间) - 8^h \qquad (2-28)$$

从《天文年历》或其他表查出那天世界时 0^h 的恒星时 S_0 和观测地点的地理经度 λ。将(平太阳时)时间间隔 M 换算为恒星时的时间间隔 ΔS。

$$\Delta S = M(1+\mu) \qquad (2-29)$$

于是，t_m 时刻对应的格林尼治恒星时 S 为

$$S = S_0 + \Delta S = S_0 + M(1+\mu) \qquad (2-30)$$

观测点的地方恒星时 s 为

$$s = S + \lambda = S_0 + M(1+\mu) + \lambda \qquad (2-31)$$

赤经 α 的恒星在时角为 t 的恒星时是 $s = \alpha + t$；上中天(时角 $t=0$)时的恒星时为 $s = \alpha$。于是，观测恒星的时角就可以简便地由其赤经和时角算出当时的地方恒星时时刻。

20 世纪以来，人们发现了地球自转周期的不稳定性，确认世界时是不均匀的。在 1960—1968 年，人们曾采用以地球公转周期(回归年)作为时间计量单位，这种时间计量系统称为**历书时(ET)**，后因测量方式和方法的困难而废止。

2.6.2　原子时和协调世界时

1) 国际原子时(TAI)

由于原子的能级跃迁所发射的电磁波频率有很高的稳定性和重现性，可用来制成更准确的原子钟。1967 年，第十三届国际度量衡大会规定了新的国际制(SI)原子时的秒长为铯(^{133}Cs)原子基态的两个超精细能级之间在零磁场中跃迁辐射 9 192 631 770 个周期所经历的时间间隔。为了人类活动的方便，原子时沿用世界时的时刻起点，即选定原子时的时刻与 1958 年 1 月 1 日 0^h 的 UT 相同，即那时刻 UT(世界时的时刻)$-$AT(原子时的时刻)$=0$。但后来发现，在 1958 年 1 月 1 日 0^h 的 UT 时刻，UT$-$AT$=+0.003\,9^s$，这一实际差值作为历史事实保留下来。

如同地方平太阳时一样，世界各地的原子钟在确定初始历元后就显示当地的"地方原子时"。不同的地方原子时之间存在差别。人们将各自的地方原子时进行比较，经过归算处理，求出全世界统一的国际原子时(记为 TAI，自 1972 年 1 月 1 日正式起用，用无线电时号发播。

2) 协调世界时(UTC)

由于地球自转存在变化，世界时有长期变慢的趋势，势必导致世界时的时刻日益落后于原子时，一年内可累积 1^s 左右。为了避免世界时与原子时的过大偏

离,1972年起国际上发播的无线电时号采用协调世界时(Coordinated Universal Time,UTC),其时间单位用原子时(SI)秒,而时刻与世界时的偏离保持不超过0.9^s,方法是在年中或年末(其次是3月31日和9月30日)跳秒("闰秒",增加或减去1^s)。例如,2015年6月末和2016年12月末都加1^s(正跳秒)。

国际天文学联合会(International Astronomical Union,IAU)还为不同参考系规定了不同坐标时供编制历表之用。根据广义相对论,时间的快慢与局部引力场有关。在太阳系内,由原子时派生两个时间系统:① 以地球质心为参照的**地球力学时**(TT),它与地面原子时(TAI)的计量完全一样,只是因为历史原因,它们的起点有32.184^{s}之差,转换公式为TT=TAI+32.184^s;② 以太阳系质心为参照的**质心力学时**(TDB),它与地球力学时(TT)差别的主要部分的振幅为1.7 ms,周期为一年。

3)时间服务

民用的和科学技术用的准确时间来自天文台的专门时间服务工作。一些天文台有专门仪器观测恒星来测定各种时间,这一工作称为**测时**,世界时的测时精度达0.001^{s}水平;又有精密的原子钟,根据测时结果来校正钟差,于是可以提供全球统一的正确时刻,这一工作称为**守时**;用通信设备(电台)把时间信号向使用部门发播,这一工作称为**授时**。测时、守时、授时三部分工作统称为时间服务工作。例如,我国陕西天文台国际时间服务的成员从1980年始,每天24小时向全世界发播时号,呼号为BPM(短波,频率为5 MHz、10 MHz、15 MHz,精度为1 ms)和BPL(长波,地波精度为1 μs,电波精度为10 μs)。

2.7 公历、农历和二十四节气

早在古代,人们观测太阳、月亮在天球上的视运动规律,形成了以昼夜循环周期的日、月亮圆缺周期变化的**月**、寒来暑往周期的**年**作为时间的计量。但是,年和月都不是日的整数倍,而人们习惯于计日而生息,因此需要制订合理的原则和方法,协调年、月、日之间的安排,推算和编制**历书**,这样的原则和方法称为**历法**。由于历书与人们的生活和生产息息相关,世界上的文明古国都十分重视历法,把历法改革作为国家大事。

在历史上,随着天文观测精度的提高和年、月、日的安排方法不同,有过多种历法,可以归纳为三类:太阴历、太阳历和阴阳历。

2.7.1　太阴历

这是人类历史上最早出现的一种历法,它以太阴(即月球)圆缺变化(朔望)周期为基准——称为月,12 个月为 1 太阴年。古代人观测得出,一个朔望月大致平均为 29.5 天,因而安排奇数月份每月为 29 天,偶数月份每月为 30 天,故一年为 $29.5 \times 12 = 354$ 天。但是,朔望月实际上是 29.530 59 天,1 太阴年 12 个月共 354.367 08 天。为了保证每年的年初和月初都是"新月"(朔日),采用 30 年中有 11 个"闰年",在年末加 1 天而全年共 355 天。于是,30 年的总天数($354 \times 30 + 11 = 10\ 631$ 天)就与实际值($29.530\ 59 \times 12 \times 30 = 10\ 631.012\ 4$ 天)很接近了。阴历的优点是每月的日期与月球的位相吻合,便于渔业、宗教活动,以及观测海洋潮汐。太阴历比回归年(365.242 2 天)短而不完全匹配季节交替,不适于农业生产,除了伊斯兰教国家和地区外,现在一般不再用太阴历。

2.7.2　太阳历和公历

太阳历以太阳的周年视运动(即回归年)为基准,也称为**阳历**,始于古埃及,起初一年仅 360 天,后来发现太阳运行一年为 365.25 天,把一年定为 365 天。我国早从"黄帝历"就以 365.25 天为一年,《尚书·尧典》载有"期三百有六旬有六日,以闰月定四时,成岁"。

公元 46 年,罗马帝国最高统治者儒略·凯撒在埃及天文学家帮助下改革历法,新历称为**儒略历**,主要内容如下:每年设十二个月(这里的月仅是一种时间单位,与月球位相圆缺变化无关),全年 365 天;冬至后第十天为岁首;每隔三年设一个闰年,于二月末多加 1 天。

儒略历平均每年为 365.25 天,比回归年(365.242 2 天)长 0.007 8 天,从公元 325 年到 1582 年累积约 10 天。公元 1582 年,罗马教皇格里高利十三世采用业余天文学家阿洛伊修斯·里利乌斯(Aloysius Lilius)的改历方案,将儒略历每 4 年置一个闰年改为 400 年置 97 个闰年,规定只有世纪年份可被 4 整除的(如 2000 年,2400 年)才算闰年,而其余的世纪年份不再是闰年而为平年(如 1900 年,2100 年),称为**格里历**(Gregorian calendar),它的平均年为($365 \times 400 + 97$)$\div 400 = 365.242\ 5$ 天,要经 3 300 多年才与回归年相差 1 天。格里历后来被更多的国家采用而成为**公历**。公历纪年(公元年号)从所谓"基督诞生"算起,实际上,基督(耶稣)诞生的真实年代无从查考,而是按一位教士"倒推"建议采用的。我国古代采用帝王年号,使用不方便,辛亥革命后改为"中华民国"纪年,中华人民共和国成立后改为公历纪年。

公历的平年有 365 天,分 12 个月份,其中 1、3、5、7、8、10、12 月份有 31 天,4、6、9、11 月份有 30 天,2 月份有 28 天;闰年有 366 天(2 月份有 29 天),其余月份的天数与平年一样。岁首(元旦)和纪元(年份)纯粹是人为规定的。公历的岁首和纪元是从儒略历沿用下来的。

公历中还有 7 天的记日方法,即星期。在古代巴比伦,依次以太阳、月亮、火星、水星、木星、金星、土星代表星期日、星期一、星期二、星期三、星期四、星期五、星期六,直到现在的某些语言中还保留这样的星期命名,如英语的星期日、星期一到六分别为 Sunday、Monday、Tuesday、Wednesday、Thursday、Friday、Saturday。

2.7.3　阴阳历和农历

我国的传统历法采用阴阳历,又称为农历、夏历,“月”以朔望月为基准,“年”以回归年为基准,兼顾协调考虑朔望月周期(29.530 59 天)和回归年季节变化周期(365.242 2 天)。我国农历的月首(初一)总在朔日(“新月”那天),大月为 30 天,小月为 29 天,因而有“十五的月亮(不圆)十六圆(满月)”,甚至十七日月圆。大月和小月的安排不固定,需根据实际天象推算而定,平年有 12 个月、共 354 天或 355 天;闰年有 13 个月、共 384 天或 385 天。远在公元前 6 世纪(春秋时代)就发现“十九年七闰法”。显然,19 个回归年的天数是 365.242 2×19＝6 939.601 8 天;而 19 个农历年有 12×19＋7＝235 个朔望月,即 29.530 59×235＝6 939.688 65 天。两者仅相差 0.086 85 天,因而很准确。一般安排在第一、六、九、十一、十四、十七、十九年没有“中气”(见第 2.7.4 节)的月为前一月的闰月,例如,农历丁酉年(公历 2017 年)正月小、二月大、三月小、四月大、五月小、六月小、闰六月大、七月小、八月大、九月小、十月大、十一月小、十二月(腊月)大。

我国现在通用的每年日历包括公历和农历两部分,兼顾两种历法的优点。

2.7.4　二十四节气

二十四节气是我国历法特有的,与季节农时密切相关,实际上是根据太阳的周年视运动来确定的,应属于阳历。具体地说,太阳在黄道上从春分点起、每运行 15°为一节气。阳历每月有两个节气,日期大致是固定的(至多相差一二天),前一个称为节气,后一个称为中气,而节气在农历的日期是不固定的! 下面列出二十四节气的节(气)、中(气)及其公历日期。

春季:立春(正月,节)—2 月 4 或 5 日　雨水(正月,中)—2 月 19 或 20 日

惊蛰(二月,节)—3 月 5 或 6 日　　春分(二月,中)—3 月 20 或 21 日

清明(三月,节)—4 月 4 或 5 日　　谷雨(三月,中)—4 月 20 或 21 日

夏季:立夏(四月,节)—5 月 5 或 6 日　　小满(四月,中)—5 月 21 或 22 日

芒种(五月,节)—6 月 5 或 6 日　　夏至(五月,中)—6 月 21 或 22 日

小暑(六月,节)—7 月 7 或 8 日　　大暑(六月,中)—7 月 23 或 24 日

秋季:立秋(七月,节)—8 月 7 或 8 日　　处暑(七月,中)—8 月 23 或 24 日

白露(八月,节)—9 月 7 或 8 日　　秋分(八月,中)—9 月 23 或 24 日

寒露(九月,节)—10 月 8 或 9 日　　霜降(九月,中)—10 月 23 或 24 日

冬季:立冬(十月,节)—11 月 7 或 8 日　　小雪(十月,中)—11 月 22 或 23 日

大雪(十一月,节)—12 月 7 或 8 日　冬至(十一月,中)—12 月 21 或 22 日

小寒(十二月,节)—1 月 5 或 6 日　大寒(十二月,中)—1 月 20 或 21 日

为了便于记忆,人们编了节气歌:

春雨惊春清谷天,夏满芒夏暑相连,秋处露秋寒霜降,冬雪雪冬小大寒。上半年是每月的 6、21 日,下半年是每月的 8、23 日,每月两节不变更,最多相差一两天。

2.7.5　干支

我国自古以来就有连续的干支纪年、纪月、纪日、纪时法。干支是天干和地支的合称。

天干有十干:甲、乙、丙、丁、戊、己、庚、辛、壬、癸。

地支有十二支:子、丑、寅、卯、辰、巳、午、未、申、酉、戌、亥。

天干和地支依次搭配而形成从甲子到癸亥的六十干支或六十甲子,依次如下:

01 甲子;02 乙丑;03 丙寅;04 丁卯;05 戊辰;06 己巳;07 庚午;08 辛未;09 壬申;10 癸酉

11 甲戌;12 乙亥;13 丙子;14 丁丑;15 戊寅;16 己卯;17 庚辰;18 辛巳;19 壬午;20 癸未

21 甲申;22 乙酉;23 丙戌;24 丁亥;25 戊子;26 己丑;27 庚寅;28 辛卯;29 壬辰;30 癸巳

31 甲午;32 乙未;33 丙申;34 丁酉;35 戊戌;36 己亥;37 庚子;38 辛丑;39 壬寅;40 癸卯

41 甲辰;42 乙巳;43 丙午;44 丁未;45 戊申;46 己酉;47 庚戌;48 辛亥;49 壬子;50 癸丑

51 甲寅;52 乙卯;53 丙辰;54 丁巳;55 戊午;56 己未;57 庚申;58 辛酉;

59 壬戌;60 癸亥

干支纪日最早见于殷商甲骨文,有确切记载的从鲁隐公(公元前 722 年)至今,一日一个干支名号,循环使用,从未间断,这是世界上最久的连续纪日。例如,公历 2000 年元旦(1 月 1 日)是戊午日,春节(农历正月初一,公历 2 月 5 日)是癸亥日。按照干支逆推,就可知道历史事件的日期。

干支纪年大约从东汉(公元 85 年)开始,在我国历史上广泛使用,特别是近代史的重大事件常用干支纪年表示,如甲午战争(公元 1894 年)、辛亥革命(公元 1911 年),最近的两个甲子年是 1924 年和 1984 年,不难用加或减 60 的整数倍计算其他甲子年的公元年,例如,公元 1984 年以后的甲子年有公元 2044 年、2104 年,公元 1924 年以前的甲子年有 1864 年、1804 年、1744 年……;相应甲子后的公元年干支可按上面的年数查出,如公元 2000 年是从 1984(甲子)年始排的 17(年)而为庚辰年。

民俗的十二属相与十二地支年对应为：子—鼠、丑—牛、寅—虎、卯—兔、辰—龙、巳—蛇、午—马、未—羊、申—猴、酉—鸡、戌—狗、亥—猪。

干支纪月因农历十二个月而各月份的地支是固定的：正月为寅,二月至十二月分别为卯、辰、巳、午、未、申、酉、戌、亥、子、丑,再配天干(甲或己年份,正月为丙寅,二月、三月……依六十干支次序为丁卯、戊辰、……、丁丑;乙或庚年份,正月为戊寅;丙或辛年份,正月为庚寅;丁或壬年份,正月为壬寅;戊或癸年份,正月为甲寅),而闰月没有独立的干支(以当月的节气时刻为界,前、后分属上、下月的干支),五年为一个循环。例如,公元 2000 年是农历庚辰年,正月为戊寅。从已编有的《万年历》中,可查出每年、每月、每日的干支。

干支纪时分每天 24 小时为十二时辰,每 2 小时为一个时辰,每个时辰的地支是固定的：前一日的 23 时 0 分到当日 1 时 0 分为子时,1 时 0 分到 3 时 0 分为丑时,依次类推。时辰的天干由该日推求如下：若日干为甲或己,子时为甲子;日干为乙或庚,子时为丙子;日干为丙或辛,子时为戊子;日干为丁或壬,子时为庚子;日干为戊或癸,子时为壬子。知道了子时的干支,便可按六十干支次序推算出其余时辰的干支。所谓一个人的生辰"八字"就是出生的年、月、日、时(辰)的四个干支的八个字。由于每个干支有 60 种,所以生辰八字共有 $60^4 =$ 1 296 万种,所以定会有"八字"相同而"命运"不同的人,可见算命是迷信骗人的。

2.7.6　儒略日

儒略日(Julian Date, JD)是一种不设年和月的"长期纪日法",它以公元

—4712 年(即公元前 4713 年,因为公元前 1 年在天文上记为 0 年)儒略历世界时 1 月 1 日 12 时起算,连续不断地计算日数。这种纪日法是 16 世纪的斯卡里格尔提出的、以其父儒略命名的(与儒略·凯撒无关)。儒略日对于计算两个事件之间的日数是很方便的。在《天文年历》中载有〈儒略日〉表,列出每月 0 日世界时 12 时的儒略日数,例如,2010 年 1 月 0 日世界时 12 时的儒略日数为 JD 2 455 197。此外,因儒略日的数字较大,也常把儒略日数减去 2 400 000 之差称为"改进的儒略日",记为 MJD,如 JD 2 455 197＝MJD 55 197。

2.8　天体位置的精确测量与改正

天体位置的测量总是在一定时刻(历元)、相对于特定坐标系而言的。前面所述的主要是理想简化情况。实际上,观测结果受到观测误差、天体和观测点的位置以及环境条件等因素的影响,"失之毫厘,差之千里",必须进行相关改正后,才会达到现代科技需要的精确位置。本节简述一下重要的因素和改正。

2.8.1　大气折射-蒙气差

从天体到地球表面的光线必须经过地球大气层,大气密度在越接近地面的位置,其值越大,导致折射率连续改变而星光传播路径弯曲,即大气折射现象,观测到的天体方向与无大气的原来方向不同,其方向差称为**蒙气差**。约公元前 2 世纪科学家就发现大气折射对天体测量的影响,托勒密在《光学》中论述了大气折射问题。16 世纪,第谷测定了大气折射值。大气折射的近代理论到 17 世纪才创立。

1) 大气折射对天顶距的影响

可以认为地球大气是球对称的,大气密度随高度增加而减少,大气折射主要影响天顶距,而不影响方位角。天体的光线平面传播示于图 2 - 25 中,在地面 M 点观测天体 S,天体光线沿 SK 进入地球大气层,发生连续折射而沿曲线改变方向,在 M 点观测到的是曲线切线方向 MS',若没有大气,在 M 点观测到的天体真天顶距为 $\angle ZMS = z$(由于天体远,平行线是等效的);而由于有大气

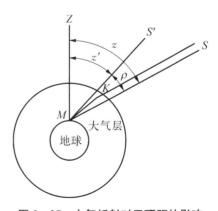

图 2 - 25　大气折射对天顶距的影响

折射,在 M 点处观测到的天体视天顶距变为 $\angle ZMS'=z'$。由此可见,$z'<z$,即由于大气折射,使得观测的天体视天顶距变小了。定义 $\rho=z-z'$ 为**蒙气差**。因此,观测的视天顶距必须加上蒙气差,才能归算出真天顶距。

2) 蒙气差改正

由于地球大气的物理状态及其变化很复杂,精确计算蒙气差甚为困难,需要采用近似的简化大气模型来计算大气折射。科学家常把大气看做是球对称的,取大气密度仅随高度变化的多个同心球层,并考虑分层结构(对流层、平流层等)及温度、气压的影响,计算出大气折射的总影响——蒙气差改正表。在《中国天文年历》中附有"蒙气差表"和"蒙气差订正表"。蒙气差表是以天顶距 z' 为引数,查出标准状况的蒙气差 R_0(即上文的 ρ)。蒙气差订正表分布以气温、气压和 z' 为引数,查出改正系数 A、B 和 α,用下面公式算出蒙气差:

$$R=R_0(1+\alpha A+B) \tag{2-32}$$

除了天体方向的光学测定需要改正大气折射影响外,现代测量技术中也必须计及大气折射效应。人造卫星、航天器或月球的激光测距,必须改正大气折射导致的实测光行时延迟效应。大气也对无线电波有折射和延迟效应,因而在进行甚长基线干涉测量、人造卫星的多普勒观测、雷达测距等测量时都必须做相应的改正。

2.8.2　视差与距离

如第 2.1 节所述,天球中心一般选为观测点,或者选择地球中心、太阳中心(太阳系质心),相应地称为"站心天球""地心天球""日心天球"。对于较近天体的精确定位而言,需要考虑不同观测点的定位差——"视差"的影响,把观测结果归算到统一的标准天球坐标。

1) 视差现象与视差位移

两个不同位置观测到的同一天体方向之差,称为**视差**。在图 2-26(a)中,位置 O' 处观测到天体 σ 方向为 $O'S'$,位置 O 处观测到同一天体 σ 方向为 OS。令 O' 到 O 的连线指向 A,则 OS 与 $O'S'$ 的方向差(交角)$\angle AOS-\angle AO'S'=\angle O\sigma O'=p$ 就是 σ 对于 O 和 O' 的视差。在 $\triangle O\sigma O'$ 中,令 $OO'=d$,$O\sigma=\Delta$,$O'\sigma=\Delta'$,由正弦公式得

$$\sin p=(d/\Delta')\sin\angle AOS=(d/\Delta)\sin\angle AO'S' \tag{2-33}$$

将 OS、$O'S'$ 和 OO' 方向投影在以 O 为球心的天球上,OO' 的投影为 A[见图 2-26(b)],将视差 p 看做 O' 位移到 O 所致,其反映在天球上就是天体 σ 的视位移(大圆弧)$S'S$,称为视差位移。

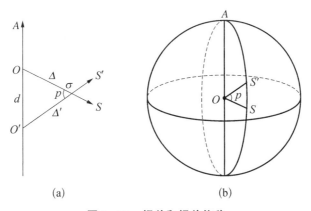

(a)　　　　　　　(b)

图 2 – 26　视差和视差位移

(a) 空间平面；(b) 天球表现

　　由此可知,由两点 O、O' 的已知距离 d 和测定的天体视差,就可以得出天体与观测点的距离。它们之间存在简单的三角关系,因而,测量天体的视差成为确定天体距离的基本方法,谓之"三角视差法"。天文学上常用天体的视差表示其距离。例如,作为基本天文常数的太阳(的赤道地平)视差为 8.798 18″,相应的是日地平均距离——1 AU=1.495 978 7$\times 10^{11}$ m。

　　2) 周日视差

　　周日视差是与天体的周日视运动,即与地球自转有关的视差。周日视差是经过地面观测点 M 的地球半径($OM=a$)在天体 σ 处的张角 p(见图 2 – 27),即同一天体的站心方向与地心方向之差。

　　若天体对于 M 点的天顶距为 z',对于地心的天顶距为 z,则周日视差为 $p=z'-z$。显然,周日视差随天体的天顶距变化而改变。当天体中天时,周

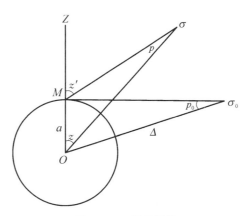

图 2 – 27　周日视差

日视差最小;恰位于天顶时,周日视差为零;当天体位于地平时,周日视差达最大值 p_0,称为周日地平视差。

$$\sin p_0 = a/\Delta \qquad (2-34)$$

　　由于地球是扁球体,不同纬度的半径值不同,故同一天体的周日地平视差与观测点的纬度有关,近赤道观测点测出的天体周日地平视差达最大值 P_0。

$$\sin P_0 = a_{max}/\Delta \tag{2-35}$$

若天体的天顶距为 z',则由式(2-33)可得出

$$\sin p = (a_{max}/\Delta)\sin z' = \sin P_0 \sin z' \tag{2-36}$$

常用 P_0 表示太阳系天体的地心距离。《中国天文年历》的太阳、月亮和行星的历表中,逐日列出了它们的地平视差来代表地心距。太阳系天体的视位置一般用地心球面坐标(赤经、赤纬)表述,必须把观测的位置加上周日视差改正而统一归化到地心球面坐标。

由于恒星离地球很遥远,它们的周日视差都微小到可以忽略。但是,由于地球绕太阳做周年运动,因而,地球上可以观测到恒星的**周年视差**,进而可确定恒星与太阳的距离,这将在本书下册第9.1节阐述。对于较近恒星,在精密计算其天球坐标时,需改正周年视差的影响。

2.8.3 光行差

1) 光行差现象和光行差位移

类似于地面上静止的人看到雨滴垂直落下,而坐在疾驶火车上的人看到雨滴往后倾斜落下的现象,静止的观测者与运动的观测者看到同一天体的方向是

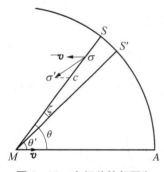

图2-28 光行差的起因和天球上的表现

不同的,其方向之差称为**光行差**。这可以用图2-28来说明,若观测者静止时看到天体 σ 在 $M\sigma S$ 方向,S 是天体在天球上的位置;若观测者以速度 v 沿 MA 方向运动,根据相对运动原理,可认为天体 σ 相对于 M 沿反向以速度 v 运动,而天体 σ 来的光线以光速 c 射向 M,这两种运动合成就使得观测者看到天体的视方向为 $MS'(MS'//\sigma\sigma')$,S' 是天体在天球上的视位置,这两个方向之角差 $\angle SMS' = \zeta$,就是光行差。

地球上观测者随地球自转和绕太阳公转,观测到天体在天球上的位置 S 向点 A 偏移到视位置 S',圆弧 SS'(等于角 ζ)谓之光行差位移。对于含光速 c 和 $-v$ 两个矢量的三角形,由正弦公式可得

$$\sin \zeta = (v/c)\sin \theta' \tag{2-37}$$

式中,θ' 是 MS' 与 v 的夹角。

2) 周年光行差和周日光行差

因地球绕太阳周年公转运动而造成的光行差称为**周年光行差**。在以太阳⊙

为中心的天球上，K 为黄极，$L'L$ 为黄道，E 为地球某时在公转轨道上的位置，其运动方向即切线 EA 投影于天球 A 就是周年光行差的向点（见图 2 - 29）。显然，向点 A 的黄道坐标为 $\lambda_A = \lambda_\odot - 90°$，$\beta_A = 0°$，其中 $\lambda_\odot$ 为太阳的黄经。在天球上，恒星的视差位移为大圆弧 SS'，地球公转规定运动导致 S' 移动为绕 S 的周年光行差椭圆，其短轴在黄经圈 KS 方向、

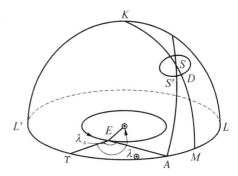

图 2 - 29　周年光行差

半径为 $SD = y$；其长轴 x 垂直于黄经圈 KS。不难证明，周年光行差椭圆的方程为

$$\left(\frac{x}{k}\right)^2 + \left(\frac{y}{k\sin\beta}\right)^2 = 1 \qquad (2 - 38)$$

式中，$k = v/c = 20.495\,52''$ 为光行差常数。当恒星位于黄极（$\beta = 90°$）时，周年光行差椭圆化为圆；当恒星位于黄道（$\beta = 0°$）时，周年光行差椭圆化为直线。

地球上的观测者因随地球自转也造成周日光行差。容易证明，周日光行差位移的轨迹是以天极赤经圈为短轴的椭圆，半长径为 $k'\cos\varphi$，$k' = 0.319''$ 是赤道的周日光行差常数，φ 是观测者的地理纬度。

周年光行差和周日光行差都影响天体的天球坐标。对于一般恒星，由于周日光行差值很小而可以不计其影响，主要改正周年光行差。对于太阳系天体，由于它们的视运动显著，应专门讨论光行差对其视位置的影响。

2.8.4　岁差与章动

前述天体位置参考基准的天球坐标系都是看做固定不变的，而实际上，由于地球（自转）轴的空间指向和地球公转轨道平面都有变化，导致天极和春分点在天球上运动，因而影响天体的天球坐标。

公元前 2 世纪，依巴谷为编制星表，发现它观测的恒星位置比 144 年前记录的黄经普遍增大约 1.5°，而黄纬基本未变，他认为这是春分点沿黄道西退所致。我国晋代的虞喜发现冬至点每 50 年后退 1°，谓之"每岁渐差之所至"，由此产生"岁差"一词。其实，春分点西退与冬至点后退是一回事的两种表象，本质是地轴像陀螺轴般沿圆锥面绕黄极旋进——"进动"。岁差的西文为"axial precession"。

1727 年，英格兰天文学家詹姆斯·布莱德利（James Bradley）分析恒星位置

的 20 年观测资料,发现地轴绕黄极旋进有很多短周期的微小变化,称为"章动(nutation)"。其中主要是月球因其轨道面(白道面)位置变化而造成地轴旋进的短周期变化。

1) 平天极和真天极

由于地球赤道隆起部分受太阳和月球的附加引力作用,地轴进动,而**平天极 P_0**"就要沿半径为黄赤交角的小圆顺时针绕黄极 K 缓慢旋转,谓之"日月岁差",约 25 800 年转一圈。

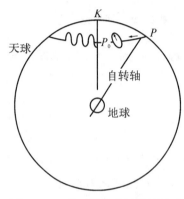

图 2 - 30   平天极和真天极的运动

章动中周期最长、幅度最大的是月球因其轨道面(白道面)位置的变化,造成地轴、因而真天极 P 还有绕平天极 P_0 的椭圆运动,椭圆长轴在 KP 方向(见图 2 - 30),短轴在平天极运动方向,周期约为 18.6 年。**真天极**的实际运动是岁差与章动这两种运动的合成而呈现波纹轨迹。

与某时刻的平天极对应的是平赤道,相应地,黄道与平赤道的升交点是平春分点。某时刻的真天极对应的是真赤道,对应的黄道与真赤道的升交点是真春分点。

2) 赤道岁差和黄道岁差

岁差可按产生原因及其造成的效应,区分为赤道岁差和黄道岁差两种。

(1) 赤道岁差   如前面所述,赤道岁差(即日月岁差)的产生原因是太阳和月球对地球赤道隆起部分的附加引力作用造成地轴进动效应,在天球上(见图 2 - 30)显示为平天极 P_0 绕黄极 K、沿弧距 KP_0 等于黄赤交角 ε 的小圆旋转,相应地,平春分点沿黄道西退。观测研究得出,平春分点沿黄道的西退角速度为每年 50.39″,观测历元 T 的春分点移动量的计算公式为

$$\psi' = 5\,038.778\,44''T + 1.072\,59''T^2 - 0.001\,147''T^3 \qquad (2-39)$$

式中,T 是从参考历元 J 2000.0(JD = 2 451 545.0)至观测历元 JD(t)的儒略世纪数:

$$T = [JD(t) - 2\,451\,545.0]/36\,525 \qquad (2-40)$$

天体的赤经日月岁差和赤纬日月岁差分别增加 $\psi' \cos\varepsilon$ 和 $\psi' \sin\varepsilon$。

(2) 黄道岁差   黄道岁差(即行星岁差)由其他行星对地球公转轨道运动的摄动所产生,造成黄道平移(因而黄极改变),导致黄赤交角缓慢变小,使得春分点在天赤道上每年东移约 0.1″。春分点在天赤道上的东移量 λ' 和黄赤交角 ε 的

计算公式为

$$\lambda' = 10.552\,6''T - 2.380\,64''T^2 - 0.001\,125''T^3$$

$$\varepsilon = 23°26'21.448'' - 46.815''T - 0.000\,59''T^2 + 0.018\,13''T^3 \quad (2-41)$$

（3）总岁差　在讨论赤道岁差和黄道岁差时，分别认为黄道和赤道是不动的，其实是它们综合作用而导致春分点从 Υ_0 移动到 Υ（见图 2-31），从而使天体的黄经发生变化，称为**总岁差**，变化量为

$$l = \psi' - \lambda'\cos\varepsilon \quad (2-42)$$

IAU1976 **岁差模型**（L77 模型）的黄经总岁差和黄赤交角的计算公式为

$$l = 5\,029.096\,6''T + 1.111\,61''T^2 - 0.000\,113''T^3 \quad (2-43)$$

$$\varepsilon = 84\,381.448'' - 46.815\,0''T - 0.000\,59''T^2 + 0.018\,13''T^3 \quad (2-44)$$

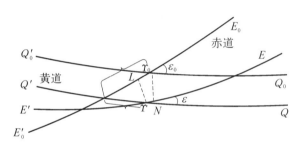

图 2-31　春分点的运动和黄赤交角的变化

IAU1976 岁差模型存在一些缺点：计算值与实测值不很符合；与章动模型的精度不匹配；展开项需扩展，且黄道的定义也是旋转的。为此，IAU 决定从 2003 年 1 月 1 日启用 IAU2000 **岁差模型**来取代 IAU1976 **岁差模型**。IAU2000 **岁差模型**只是在 IAU1976 **岁差模型**基础上简单地对黄经岁差和交角的速率进行具体数值修正：

$$\delta\psi = (-0.299\,65'' \pm 0.000\,40'')/\text{世纪}$$

$$\delta\varepsilon = (-0.025\,24'' \pm 0.000\,10'')/\text{世纪}$$

更新的是 IAU2006 **岁差模型**，其赤道岁差的计算公式为

$$\psi_A = 5\,038.481\,507''T - 1.079\,006\,9''T^2 - 0.001\,140\,45''T^3 +$$
$$0.000\,132\,851''T^4 - (9.51 \times 10^{-8})''T^5 \quad (2-45)$$

$$\omega_A = 84\,381.406'' + 0.025\,754''T + 0.051\,262\,3''T^2 - 0.007\,725\,03''T^3 -$$
$$(4.67 \times 10^{-7})''T^4 + (3.337 \times 10^{-7})''T^5 \quad (2-46)$$

而其黄道岁差的计算公式为

$$P_A = 4.199\,094''T + 0.193\,987\,3''T^2 - 0.000\,224\,66''T^3 -$$
$$(9.12 \times 10^{-7})''T^4 + (1.20 \times 10^{-8})''T^5 \qquad (2-47)$$

$$Q_A = -46.811\,015''T + 0.051\,028\,3''T^2 - 0.000\,524\,13''T^3 -$$
$$(6.46 \times 10^{-7})''T^4 + (1.72 \times 10^{-8})''T^5 \qquad (2-48)$$

3) 国际天球参考系

天体的位置是用其在天球坐标系的坐标来表示的。由于岁差影响,不同历元的天球坐标系是不同的,必须进行岁差改正,把天体在不同历元的天球坐标系的坐标归算到统一标准的坐标系,它应该:① 更接近惯性系;② 其框架向量无转动,最好是选定历元而作为坐标系固定标准;③ 因缺乏框架向量方向的特殊天体,采用一批归算精确坐标的天体(如甚长基线干涉-VLBI 精确定位的类星体)作参考;④ 国际权威机构发布同一决议和规范管理,这就是 IAU 与 IUGG(国际测地学和地球物理学联合会)于 1988 年联合建立的 IERS-国际地球自转与参考系服务机构。

最近发布的是 2003 规范,**国际天球参考系**(ICRS)以太阳系质心为原点,坐标轴指向对于类星体固定,它很接近于历元 J2000.0 的平赤道坐标系。GPS(全球卫星定位系统)采用的是 2000 年 1 月 15 日(标以历元 J2000.0)赤道和春分点所定义的**协议天球坐标系**,也称**协议惯性坐标系**(Convetional Inertial System,CIS)。实际应用中,常把坐标原点平移到地球质心,称为**地心天球参考系**(GCRS)。ICRS 使用的是质心力学时 TDB,而 GCRS 使用的是地球力学时 TDT,两者有 1.7 ms 的周年差。

4) 岁差改正与坐标转换

天体的位置是用天球坐标系的坐标来表述的。由于岁差的影响,不同历元的瞬时天球坐标系是不同的,为了比较不同历元的天体位置,必须把在不同历元的瞬时天球坐标系的天体位置进行上述的岁差改正,而归算到统一的国际天球参考系或协议天球坐标系。在实际工作中,用计算机完成国际天球参考系与瞬时(历元)天球坐标系的坐标之间的转换。

5) 章动

如前所述,章动是真天极相对于平天极的微小运动,这是由于月球、太阳及行星相对于地球的位置变化而引起黄道面的多周期变化,从而引起真天极(因而春分点)的运动及天体坐标的变化。章动最主要是由月球引起的。在经过简化的 IAU 2000B 章动模型中,黄经章动量和黄赤交角章动量为

$$\Delta\psi = \Delta\psi_p + \sum_{i=1}^{77}\left[(A_{i1} + A_{i2}t)\sin\alpha_i + A_{i3}\cos\alpha_i\right] \qquad (2-49)$$

$$\Delta\varepsilon = \Delta\varepsilon_p + \sum_{i=1}^{77}\left[(A_{i4} + A_{i5}t)\sin\alpha_i + A_{i6}\cos\alpha_i\right] \qquad (2-50)$$

式中，$\Delta\psi_p = -0.135$ mas（毫角秒）和 $\Delta\varepsilon_p = 0.338$ mas 为长周期项，A 和 α 为幅度和幅角。这两式表示的就是图 2-30 所示章动椭圆的情况。

2.8.5　恒星位置的归算

许多天体测量的课题是通过观测恒星来测定时间或测定观测地点的经度和纬度的。在观测结果的归算中，要求知道所观测恒星在观测瞬间的实际位置（坐标）。恒星的位置通常由星表或天文年历查取，而星表列出的是特定历元的平位置，影响实际位置与星表位置之间差值的因素有多种，包括地球大气折射、周日和周年视差、光行差、岁差和章动等。做出这些影响的改正可以将星表的恒星位置归算到观测时刻的实际位置。反之，可以将恒星的观测位置归算而补充到星表。

在实际归算中，使用多种位置概念，其确切含义如下。

观测位置：用天文仪器直接测定并消除仪器误差所得到的天体位置。

视位置：观测位置做过大气折射、周日视差和光行差改正后所得到的地心坐标，即参考观测瞬间的真赤道和真春分点所确定的真赤道系坐标。

观测瞬间的平位置：真位置做了章动改正后所得的日心坐标，就是该瞬间的平赤道与平春分点所得的平赤道坐标系坐标。

年首平位置：恒星在某儒略年首的平赤道坐标系的日心坐标。它由观测瞬间的恒星平位置加岁差改正和恒星自行改正而得出。

星表历元的平位置：星表中所有恒星都用同一年首的历元，大多公历纪元为 25 的整数倍的年首，如 1 950.0、1 975.0、2 000.0。根据 1976 年 IAU 大会决议，从 1984 年起，天文年历和新编星表采用标准历元 2000 年 1 月 1.5 日，即儒略日 JD＝2 451 545.0，记为 J2000.0。某儒略年首与标准年首的间隔为 365.25 天的倍数。

总之，从星表历元的恒星平位置出发，可用下式计算恒星的视位置：

视位置＝年首平位置＋岁差＋章动＋周年光行差＋周年视差＋自行。

第3章 天体的运动和质量与大小

地球既有自转运动,又有绕太阳的公转运动,"坐地日行八万里,巡天遥看一千河"。天体运动总是相对于某种参考系的运动。从地球上可以观测到天体相对于地球参考系的视运动或相对于遥远恒星的视运动,再借助理论来推算天体的真实运动规律。本章主要阐述太阳系天体的情况,其他天体情况另在有关章节叙述。

3.1 太阳和行星的视运动

自古以来,人们除了观测到第2章所述的天体周日视运动,还认识到太阳有每年相对于遥远恒星的循环运动——周年视运动以及行星的长期视运动。

3.1.1 太阳的周年视运动

太阳的周年视运动是地球绕太阳公转的反映,虽然由于地球大气散射太阳光而造成白昼天光很亮,看不见太阳视运动所经过的背景恒星;但在日全食时,天光暗淡了,可以看到背景的一些亮恒星,从而确认背景星空。太阳周年视运动依次经过天球上十二个黄道星座附近(见图3-1),夜间看到另侧的星座,从而可以确定太阳相对于遥远恒星的周年视运动。例如,三月份太阳位于双鱼座附近,夜间看到另侧的室女座;五月份太阳位于金牛座附近,夜间看到另侧的天蝎座。

地球公转轨道面(黄道面)交天球的大圆称为黄道。黄道面对赤道面的倾角(简称黄赤交角)为$23°26'21.4''$,一年中太阳赤纬变化于$\pm23°26'21.4''$之间。在公转中,作为近似,地球自转轴平动,保持空间方位不变。太阳赤纬为$0°$(春分,秋分)时,太阳光直射地球赤道,除了两极,其他地方昼夜等长。当地球北半球倾向太阳时,太阳的赤纬大,太阳每天照射北半球的时间长,昼长夜短,气温高,北

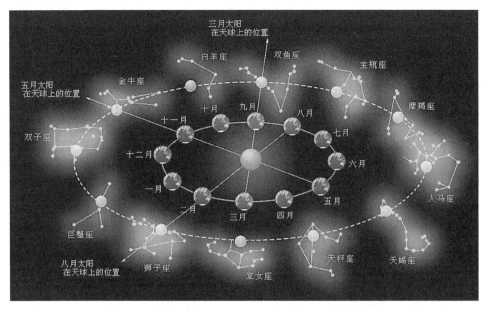

图 3-1 在地球绕太阳公转中,地球上看到的星座循环变化

半球为夏季,而南半球则相反地为冬季;过了半年,地球公转到太阳另一侧,南半球倾向太阳,太阳每天照射南半球的时间长,南半球为夏季,而北半球则为冬季。地球季节变化如图 3-2 所示。

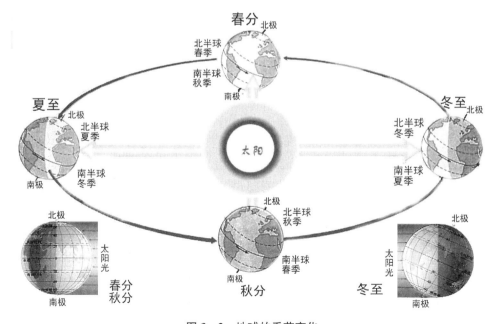

图 3-2 地球的季节变化

3.1.2　内行星的视运动及其解释

由于地球和行星在各自轨道上绕太阳公转,相对于地球轨道而言,轨道半径小的水星和金星称为**内行星**,而轨道半径大的火星、木星、土星、天王星、海王星称为**外行星**。从地球上观测,行星除了周日视运动外,还呈现相对于太阳及遥远的恒星的视位置长期变化的视运动。

由于内行星的轨道比地球轨道小,我们看到它们与太阳的角距离总是在一定范围内变化[见图 3-3(a)],或黎明前见于东方("晨星"),或黄昏后见于西方("昏星")。实际上,由于地球和内行星各自在不同轨道上绕太阳公转,我们观测的是"会合运动"[见图 3-3(b)]。

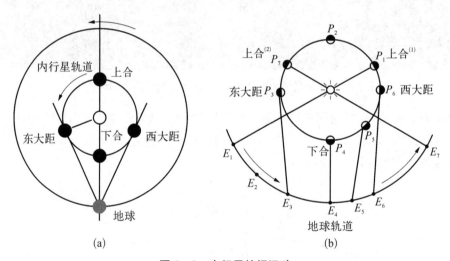

图 3-3　内行星的视运动

1) 上合与下合

内行星和太阳的地心黄经相同时称为**合**,内行星介于太阳和地球之间称为**下合**,而内行星和地球分别在太阳两侧称为**上合**。内行星在合及其附近时与太阳同时升落,在强烈的太阳光下很难看到它们。

2) 东大距和西大距

上合之后,内行星向太阳东侧运行,成为昏星,与太阳的角距逐渐增大,达最大角距时称为**东大距**。下合之后,内行星向太阳西侧运行,成为晨星,与太阳的角距逐渐增大,达最大角距时称为**西大距**。显然,内行星在大距时与日、地构成直角三角形,内行星与太阳的最大角距 $\theta_{\max}$ 取决于它的日心距 r_p 和地球的日心距 r_e:

$$\sin\theta_{\max} = r_{p}/r_{e} \tag{3-1}$$

由于行星轨道是椭圆,水星的 $\theta_{\max}$ 为 $18°\sim28°$,而金星的 $\theta_{\max}$ 为 $45°\sim48°$。

　　3) 顺行、逆行和留

　　由于内行星和地球各自在自己的轨道上绕太阳公转,且它们的轨道面有一定夹角,地球上观测到内行星相对于恒星的视运动就呈现出(上合前后)向东**顺行**、(下合前后)向西**逆行**以及顺逆转折时的**留**,视运动路径呈打折圈形状(见图 3-4)。

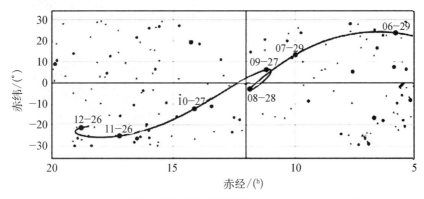

图 3-4　水星在恒星间的视运动路径(2016 年 6—12 月)

　　4) 位相变化

　　由于我们只看到行星被太阳光照射的部分,与月球的圆缺变化类似,内行星在视运动中也呈现位相变化,金星的位相变化相当明显,甚至肉眼可见,如图 3-5 所示。

　　5) 凌日

　　若内行星在下合时又恰在黄道面附近,地球上就可以看到它从太阳圆面前经过,日面上出现一个移动的小黑点,这称为**凌日**。显然,内行星凌日发生的必要条件是:它与地球都位于轨道交点附近,即水星凌日可能发生在 5 月 8 日和 11 月 10 日左右,而金星凌日可能发生在 6 月 8 日和 12 月 10 日左右,平均每世纪发生 13 次水星凌日,例如,近几次水星凌日发生或将发生在 2003 年 5 月 7 日、2006 年 11 月 7 日、2016 年 5 月 9 日、2019 年 11 月 11 日、2032 年 11 月 3 日、2039 年 11 月 7 日。金星凌日更少,从公元 902 年到 2012 年共发生 34 次,近两次发生在 2004 年 6 月 8 日、2012 年 6 月 6 日;未来两次将发生在 2117 年 12 月 11 日和 2125 年 12 月 8—9 日。内行星凌日是稀奇天象,有一定的观测意义。例如,俄国人米哈伊尔·罗蒙诺索夫(Mikhail Lomonosov)观测 1761 年的金星

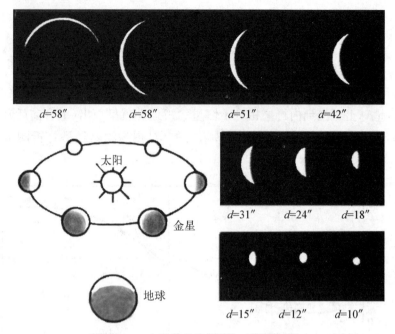

图 3-5　金星的位相变化(d 为角直径)

凌日而证明它有大气,曾观测日面黑点来寻找水星轨道之内的行星,但至今却没有发现推想的这颗水内行星。

3.1.3　外行星的视运动及其解释

由于外行星的轨道大于地球轨道,外行星的视运动(见图 3-6)除了有类似于内行星视运动的顺行、逆行、留和折圈路径等特征外,还有一些差别:外行星视运动中只有**上合**,而没有**下合**;它们与太阳的角距变化很大而没有**大距**限制;它们也没有**凌日**及明显的位相变化。

1) 冲日

外行星与太阳的地心黄经相差 180°时,称为**冲日**或**冲**。在冲日附近,外行星离地球近,整夜可见,是有利的观测时期。由于地球和外行星的轨道都是椭圆,外行星与地球的距离在每次冲时不同,距离最小的冲称为**大冲**。火星大冲每 15 年或 17 年发生一次。例如,火星近年的冲发生或将发生的是在 2012 年 3 月 4 日、2014 年 4 月 9 日、2016 年 5 月 22 日、2018 年 7 月 27 日(大冲)、2020 年 10 月 14 日、2022 年 12 月 8 日、2025 年 1 月 16 日、2027 年 2 月 19 日、2029 年 3 月 25 日、2031 年 5 月 4 日、2033 年 6 月 28 日、2035 年 9 月 15 日、2037 年 11 月 19 日、2040 年 1 月 2 日(见图 3-7)。

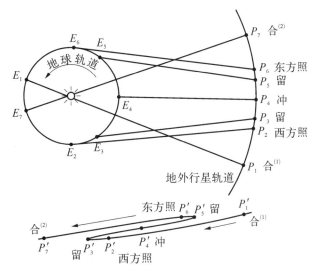

图 3 - 6　外行星的视运动

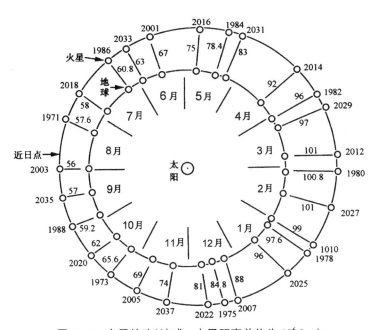

图 3 - 7　火星的冲(地球—火星距离单位为 10^6 km)

2）方照

外行星与太阳的地心黄经相差 90°时,称为**东方照**;而相差 270°时,称为**西方
照**。东方照时外行星在太阳之东,外行星在日落时中天,前半夜可观测。西方照
时外行星在太阳之西,外行星在子夜东升,后半夜可观测。

《天文年历》载有行星的合、冲、大距、方照、凌日以及合月(与月球的黄经相同)、被月掩等的情况预报。

3.1.4　行星的会合周期

地球和其他行星在各自的椭圆轨道上绕太阳公转,应该相对于遥远的恒星背景来计量公转一圈的时间间隔——**公转周期**,因而也常称为**恒星周期**。地球上观测到的是行星公转和地球公转的复合运动,常称为**会合运动**。地球上观测到行星的连续两次上合或冲的时间间隔则称为**会合周期**,它不同于**恒星周期**。

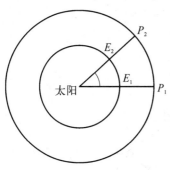

图 3-8　外行星的会合运动

以一颗外行星为例,讨论会合周期和恒星周期的近似关系。图 3-8 的小圆和大圆分别代表地球和一颗外行星的轨道。某次冲日时,地球在 E_1,外行星在 P_1。下一次冲日时,地球在 E_2,外行星在 P_2。由于地球公转角速度比外行星快,所以,在地球经过一个恒星周期公转一圈又回到 E_1 时,外行星还没有公转一圈而仅走了一段圆弧。设地球再转过角 ϕ,即地球转过 $360°+\phi$ 时,发生下一次冲日,而外行星仅转过角 ϕ。以 E 和 P 分别表示地球和外行星的公转恒星周期,S 表示会合周期,则地球和外行星的平均公转角速度分别为 $360°/E$ 和 $360°/P$。那么,地球和外行星在 S 时间内转过的角度分别为

$$\frac{360°}{E} \cdot S = 360° + \phi ; \quad \frac{360°}{P} \cdot S = \phi \tag{3-2}$$

消去 ϕ 后,便得

$$\frac{1}{S} = \frac{1}{E} - \frac{1}{P} \tag{3-3}$$

同样地,对于内行星(公转恒星周期为 P)可以得到

$$\frac{1}{S} = \frac{1}{P} - \frac{1}{E} \tag{3-4}$$

式(3-3)和式(3-4)称为**行星会合运动方程式**。在精确计算时,需要考虑行星和地球在椭圆轨道上不均匀运动以及轨道变化,用复杂的天体力学进行计算。

3.2　行星的轨道根数和星历表

　　轨道根数与星历表是研究行星运动的两个重要手段。行星的轨道根数是用来描述行星轨道运行状态的一组参数,星历表则是推导过去与未来数个世纪内天体位置的重要参考。

3.2.1　开普勒定律和万有引力定律

　　1) 开普勒定律

　　第谷·布拉赫(Tycho Brahe)做了大量的行星位置准确观测,开普勒用这些资料来改进哥白尼日心体系理论。他用哥白尼的匀速圆轨道算出的火星位置与观测偏差 $8'$。"就凭这 $8'$ 的差异,引起了天文学的全部革命。"经过大量计算分析,他在 1609 年发现火星轨道不是正圆,而是椭圆(见图 3-9),且运动不是匀速的。他把一系列研究结果总结成行星运动三大定律:

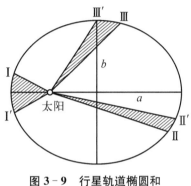

图 3-9　行星轨道椭圆和面积定律

　　(1) 行星绕太阳运动的轨道是椭圆,太阳位于椭圆的一个焦点上(椭圆定律);

　　(2) 连接太阳到行星的直线(向径 r)在相等的时间扫过的面积相等(面积定律);

　　(3) 行星公转周期 P 的平方与轨道半长径 a 的立方成正比,即对下标 $i=1, 2, 3, \cdots$ 表示的各行星有

$$\frac{P_1^2}{a_1^3} = \frac{P_2^2}{a_2^3} = \frac{P_3^2}{a_3^3} = K \tag{3-5}$$

式中,K 为常数。当公转周期 P 以恒星年为单位,半长径 a 用天文单位时,

$$\frac{P_i^2}{a_i^3} = \frac{P_\oplus^2}{a_\oplus^3} = 1$$

由此可见,由测定行星公转的周期,用式(3-5)就可得出行星公转轨道的半长径。

　　2) 万有引力定律

　　1687 年,牛顿发表名著《自然哲学的数学原理》,提出物体运动的三定律:

(1) 无外力作用于物体时,它保持静止或匀速直线运动状态(惯性定律);

(2) 物体受外力 $\boldsymbol{F}$ 作用,就在外力方向得到加速度 $\boldsymbol{a}$,加速度的大小与外力成正比、与物体的质量 m 成反比,即

$$\boldsymbol{F}=m\boldsymbol{a} \tag{3-6}$$

(3) 第一个物体受到第二个物体的作用力,同时第一个物体对第二个物体有反作用力,作用力与反作用力总是大小相等、方向相反。

牛顿从这三定律和开普勒定律出发,用微积分理论推演出**万有引力定律**:两个物体之间的引力大小 F 与它们质量(M_1 和 M_2)的乘积成正比,与它们距离(r)的平方成反比,即

$$F=\frac{GM_1M_2}{r^2} \tag{3-7}$$

式中,$G=6.672\times10^{-8}$ dyn[①] • cm^2/g$^2=6.672\times10^{-11}$ N • m^2/kg^2 为引力常数。

3.2.2　轨道根数

令 $M_1=m$ 为行星质量,$M_2=M$ 为太阳质量,分别以行星与太阳为研究对象,应用式(3-6)和式(3-7),则可以得到如下方程:

$$\frac{\mathrm{d}^2\boldsymbol{r}_m}{\mathrm{d}t^2}=-\frac{GM\boldsymbol{r}}{r^3}$$

$$\frac{\mathrm{d}^2\boldsymbol{r}_M}{\mathrm{d}t^2}=\frac{Gm\boldsymbol{r}}{r^3}$$

其中,$\boldsymbol{r}_m$ 与 $\boldsymbol{r}_M$ 分别为行星与太阳在给定惯性坐标系下的位移矢量,上两式相减,就得到太阳-行星向径 $\boldsymbol{r}(\boldsymbol{r}=\boldsymbol{r}_m-\boldsymbol{r}_M)$ 的二阶微分方程

$$\frac{\mathrm{d}^2\boldsymbol{r}}{\mathrm{d}t^2}=-\frac{G(M+m)}{r^3}\boldsymbol{r} \tag{3-8}$$

这就是**行星的运动方程**。它的解有 6 个独立的积分常数,可以取为 6 个轨道根数。因此,行星轨道运动便完全由 6 个轨道根数决定。

行星的运动方程(3-8)的积分结果表明,行星运动轨道在一个平面上,轨道是圆锥曲线。

圆锥曲线的一种较普遍形式是椭圆,用平面解析几何的极坐标方程表示为

---

① dyn(达因)为力的非法定单位,1 dyn=10^{-5} N。

$$r = \frac{a(1-e^2)}{1+e\cos\theta} \qquad (3-9)$$

式中，a 是轨道半长径，e 是轨道偏心率，θ 是近点角（从近日点算起的极角）。于是，行星的 6 个轨道根数（见图 3-10）如下：

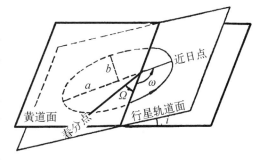

图 3-10　行星轨道根数

（1）轨道半长径 a，即椭圆的半长轴（$a>0$），它表示轨道的大小，常称为行星到太阳的平均距离。

（2）轨道偏心率 e，即焦点到椭圆中心的距离 $(a^2-b^2)^{1/2}$（b 是半短轴）与半长径 a 之比，$0<e<1$，它表示轨道形状。若 $e=0$，则是正圆。

（3）轨道（面）倾角 i，常取行星轨道面对黄道面的夹角。$i<90°$ 表示行星与地球的轨道运动同向。有些小行星和彗星的轨道运动方向与地球的轨道运动相反，$180°>i>90°$。

（4）升交点黄经 Ω，行星轨道面与黄道面的交线称为**交点线**，行星从南到北运动经过交点线的点称为**升交点**，太阳-春分点方向与太阳-行星轨道升交点方向的夹角称为**升交点黄经**。轨道倾角 i 和升交点黄经 Ω 确定行星轨道面的空间位置。

（5）近日点角距 ω，这是太阳-（行星）近日点方向与太阳-（行星）升交点方向的夹角，它确定行星轨道椭圆长轴的方位。一般常用近日点黄经代替近日点角距。

（6）过近日点时刻 τ，可取行星任何一次过近日点的时刻，由它往前后计算行星的位置。

除了椭圆，从行星的运动方程还可得到另两种圆锥曲线（见图 3-11）：抛物线（$a=\infty$，$e=1$）和双曲线（$a<0$，$e>1$），其特性如表 3-1 所示。常用近日距代替轨道半长径作为它们的轨道根数。此外，还常用另一些量表示轨道特征，但它们可以由上述 6 个轨道根数计算出来，例如：

$$近日距\ q=a(1-e)；远日距\ Q=a(1+e) \qquad (3-10)$$

表 3-1　三种轨道的特性

类　型	a	e	能量 E
椭　圆	$a>0$	$0<e<1$	$E<0$
抛物线	$a=\infty$	$e=1$	$E=0$
双曲线	$a<0$	$e>1$	$E>0$

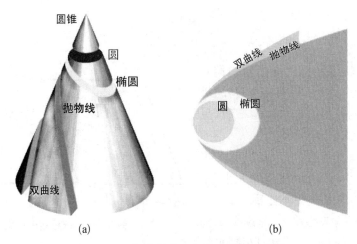

图 3‑11   圆锥的截面与相应的三种轨道

(a) 圆锥的截面;(b) 三种轨道

由运动方程得出修正的开普勒第三定律:

$$\frac{a^3}{P^2} = \frac{G}{4\pi^2}(M+m) \tag{3-11}$$

考虑到 $m \ll M$,则开普勒第三定律就是它的近似。

修正的开普勒第三定律常用于计算天体的质量。当 $m \ll M$ 时,例如,行星的质量远小于太阳质量,则由式(3‑11)可得出:

$$M = \frac{4\pi^2}{G}\frac{a^3}{P^2} = 5.917 \times 10^{11}\frac{a^3}{P^2} \tag{3-12}$$

3.2.3   日地距离的测定

日地平均距离(更确切地说,地球公转椭圆轨道半长径)是"量天尺"的一种基准——天文单位(AU),因此,日地距离的测定是十分重要的。

法国天文学家 J. D. 卡西尼(J. D. Cassini)在 1672 年火星大冲时,用三角视差法测定日地距离,其原理如图 3‑12 所示,S、E、M 分别表示太阳、地球和火星的中心,a 为日地距离,a_1 为火星与太阳的距离,$p_\odot$ 和 p 分别为太阳和火星的视差,R 为地球半径,不难看出,

$$a\sin p_\odot = R = (a_1 - a)\sin p \tag{3-13}$$

由于 $p_\odot$ 和 p 都很小,则有 $\sin p_\odot \approx p_\odot$ 和 $\sin p \approx p$,所以可得

$$p_\odot = (a_1 - a)p/a \tag{3-14}$$

式中，p 从观测得出，a_1/a 可用公转轨道周期资料由开普勒第三定律算出，于是，由式(3-14)可算出太阳的视差 $p_\odot$，进而算出日地距离 $a = R/\sin p_\odot$。由于火星是有视面天体，不能很准确地观测其视差，后来改用小行星。1931 年爱神星(433 号小行星)大冲时，国际天文学联合会(IAU)组织 24 个天文台协同观测，集中处理观测资料，得出 $p_\odot = 8.798\,4'' \pm 0.000\,4''$。现在使用 IAU 天文常数系统，$p_\odot = 8.794\,18''$，相应地 1 AU = $1.495\,979 \times 10^{11}$ m。

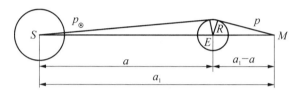

图 3-12　测定太阳视差的原理

3.2.4　活力公式和宇宙速度

由运动方程积分，可以得到行星轨道运动速度 v 的公式，称为**活力公式**：

$$v^2 = G(M+m)\left(\frac{2}{r} - \frac{1}{a}\right) \tag{3-15}$$

由于行星轨道近于正圆，$r \approx a$，所以近似有轨道运动平均速度

$$v^2 \approx GM/a \tag{3-16}$$

由此可见，行星公转轨道半长径 a 越大，轨道运动平均速度越小。

对于地球人造卫星或火箭，M 应为地球质量 M_E，而卫星或火箭的质量 $m \ll M_E$，因此，要发射卫星或火箭绕地球上空做圆轨道飞行，就必须有最小速度：

$$v_c = \sqrt{\frac{GM_E}{R_E}} = 7.9 \text{ km/s} \tag{3-17}$$

式中，R_E 是地球半径，v_c 称为**第一宇宙速度**或**环绕速度**。

要发射行星探测器，则至少应进入抛物线轨道，即 $a \to \infty$，就必须有速度

$$v_e = \sqrt{\frac{2GM_E}{R_E}} = 11.2 \text{ km/s} \tag{3-18}$$

v_e 称为**第二宇宙速度**或**脱离速度**、**逃逸速度**。

一般人造卫星绕地球做椭圆轨道运动,运行速度介于第一和第二宇宙速度之间。

1) 定点通信卫星的轨道

当代信息网络遍布世界,主要靠定点通信卫星的快捷传输。定点通信卫星高悬在赤道上空约 36 000 km 处,与地面是相对静止的[见图 3 - 13(a)]。实际上,这种卫星是在圆轨道上绕地球转动的,轨道周期与地球自转周期相同——称为**同步卫星**。定点通信卫星高度的推算如下。

卫星在半径为 r 的圆轨道上每恒星日 P(86 164.1 s)环绕地球一周,速度 $v = 2\pi r/P$。另一方面,由活力公式(3 - 15)可得 $v^2 = GM_E/r$。因此,$(2\pi r/P)^2 = GM_E/r$,计算得出,r=42 159 km,减去地球赤道半径(6 378 km),得出卫星离地面高度为 35 781 km。上述是简化估算,考虑地球的实际引力场后通信卫星的轨道运动更复杂。例如,1964 年 8 月 19 日美国国家航空航天局(National Aeronautics and Space Administration, NASA)发射的世界上第一颗同步卫星(Syncom - 3)轨道对赤道的倾角为 0.08°,偏心率为 0.002 8,周期为 1 436.2 min。

原则上,只要有 3 颗定点卫星均匀分布在赤道上空,就可以实现全球通信(两极盲区可用其他方法转发),但实际上,往往根据需要而发射很多通信卫星。它们的使用寿命一般为十年左右。早期的定点通信卫星主要是反射地面通信台的信号,后来发射装备调制和放大信号设备的"有源通信卫星",并载有动力装置,在地面中心指令下实现状态和轨道控制。

2) 卫星定位导航系统

卫星定位与导航系统[见图 3 - 13(b)]的结构包括空间段,2~3 颗静止卫星;地面段,地面中心(主控站和计算中心)、测轨站、校准站等;用户终端(接收机)。

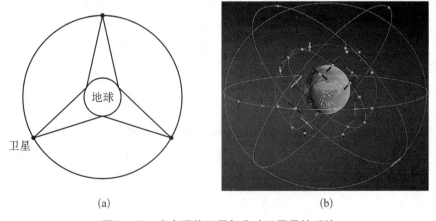

(a)　　　　　　　　　　　(b)

图 3 - 13　定点通信卫星与北斗卫星导航系统

(a) 定点通信卫星;(b) 北斗卫星导航系统

卫星定位与导航系统提供的服务有定位、导航、授时、通信,广泛应用于军事、民用(航空、海运、大地勘测、气象、农林渔业、交通及商业网络等)。卫星定位导航系统采用地球坐标系:以地心为原点,地球自转轴为 Z 轴,以地球赤道面为基准平面的地心固定坐标系,以平均地级作为基准点的国际协议(坐标)原点 CIO。

目前国际上卫星定位导航系统有如下几种。

(1) 美国的 Navstar GPS 系统:全球定位系统 GPS 是 Global Positioning System 的缩写。它有 24 颗 GPS 卫星分布在高度为 20 200 km 的 6 条轨道上绕地球运行,每条轨道上拥有 4 颗卫星,在地球上任何一点,任何时刻都可以同时接收到至少来自 3 颗卫星的信号。GPS 用户接收机接收卫星定位信号,进行解码和计算,便可确定该接收机的位置。它是目前国际上通行的卫星定位系统。

(2) 俄罗斯的 GLONASS 系统:其英文全称是 Global Navigation Satellite System。24 颗工作卫星均匀分布在 3 个倾角为 64.8°的轨道上,相邻轨道面的升交点赤经差为 120°,平均高度为 19 390 km。

(3) 欧盟的伽利略定位系统(Galileo):计划发射 30 颗卫星,卫星将均匀地分布在三个倾角为 56°的轨道面上,每个轨道面上均分布有 9 颗工作卫星和 1 颗备用卫星,卫星轨道半径为 29 600 km。其实施进展不很顺利,目前还在测试和初步运行中。

(4) 中国北斗卫星导航系统(BeiDou Navigation Satellite System,BDS):BDS 是中国自主建设、独立运行的卫星导航系统,为全球用户提供全天候、全天时、高精度的定位、导航和授时服务的国家重要空间基础设施。按照"三步走"战略,实施北斗一号、北斗二号、北斗三号系统建设,先有源后无源,先区域后全球,走出了一条中国特色的卫星导航系统建设道路。北斗系统相关产品已广泛应用于交通运输、海洋渔业、水文监测、气象预报、测绘地理信息、森林防火、通信系统、电力调度、救灾减灾、应急搜救等领域,逐步渗透到人类社会生产和生活的方方面面,为全球经济和社会发展注入新的活力。卫星导航系统是全球性公共资源,多系统兼容与互操作已成为发展趋势。2018 年完成 10 箭 19 星发射(共计 43 颗北斗导航卫星),创下世界卫星导航系统建设和我国同型号航天发射的新纪录。2018 年 12 月 27 日北斗公开服务性能规范(2.0 版)发布。全球系统服务区定位精度:水平 10 m、高程 10 m(95%置信度);测速精度:0.2 m/s(95%置信度);授时精度:20 ns(95%置信度);系统服务可用性:优于 95%。其中,亚太地区,定位精度为水平 5 m、高程 5 m(95%置信度)。

另外,还有区域性导航与定位系统,如,欧洲的 GEOSTAR,美国高通公司的 OmniTRACS。

3.2.5　轨道运动的能量和角动量

行星轨道运动的动能为 $mv^2/2$，引力势能为 $-G(M+m)m/r$，而总能量 E 为动能与势能之和，再利用活力公式(3-15)，可得

$$E = \frac{mv^2}{2} - \frac{G(M+m)m}{r} = -\frac{G(M+m)m}{2a} \qquad (3-19)$$

由此可见，轨道运动的总能量与位置或时间无关，而与轨道半长径有关：椭圆轨道 $(a>0)$ 运动的总能量是负的 $(E<0)$，抛物线轨道 $(a=\infty)$ 的总能量 $E=0$，双曲线轨道 $(a<0)$ 的总能量是正的 $(E>0)$。

由运动方程积分可得到轨道运动的角动量大小 J（矢量 $\boldsymbol{J}=m\boldsymbol{r}\times\boldsymbol{v}$）：

$$J = \frac{mM}{m+M}\sqrt{G(M+m)a(1-e^2)} \qquad (3-20)$$

矢量 $\boldsymbol{J}$ 垂直于轨道面，指向 $\boldsymbol{r}\times\boldsymbol{v}$。由此可见，轨道运动的角动量也与位置或时间无关，而与轨道半长径和偏心率有关。考虑到行星的情况，$m\ll M$，$e\ll 1$，则有近似式

$$J = m\sqrt{GMa} \qquad (3-21)$$

实际上，开普勒第二定律(面积定律)的物理意义就与轨道角动量有关。

以上结果同样适用于卫星绕行星的轨道运动，只需把太阳的有关量改为行星的有关量，把行星的有关量改为卫星的有关量，例如，卫星的轨道倾角改为对行星赤道面的倾角。

3.2.6　引力摄动和海王星的发现

在前述的行星绕太阳公转轨道运动中，只考虑了太阳对行星的引力作用，这称为**二体问题**。实际上，任何一颗行星不仅受到太阳的引力作用，而且还受到其他行星的引力作用，同时考虑多个天体之间相互引力作用下的运动则称为**多体问题**。迄今为止，只有二体问题在理论上完全解决了，而多体问题还没有解决，但在某些特殊情况下可以得到近似解。

实际上，由于行星的质量比太阳小得多，而且它们之间的距离又很远，不难估算出行星之间的引力远小于太阳对行星的引力，因此，在一级近似中，忽略行星之间的引力，分别考虑每颗行星受太阳引力的二体问题，可以得到各行星轨道

运动主要的和基本的规律。在二级近似中,考虑太阳以外的其他天体引力影响,对一级近似做较小的修正。

一般把二体问题之外的所有作用力称为**摄动力**,把摄动力对二体问题的轨道影响(修正)称为**摄动**。例如,在讨论卫星绕行星的轨道运动时,太阳对卫星的引力(因距离远)就比行星对卫星的引力小很多,因而把太阳引力作为摄动力。准确计算人造卫星轨道时,地球大气的阻力以及地球形状和引力场分布也是摄动力。

考虑摄动力作用时,行星轨道受到哪些影响呢?一般地说,行星轨道不再是严格的椭圆,而是近于椭圆的复杂轨道。在某一时刻(称为**历元**)附近,行星的实际轨道可以用很接近的椭圆轨道(称为**吻切轨道**)代替。在每年的《天文年历》中给出特定历元的各行星吻切轨道根数(见表 3 - 2)。

表 3 - 2　行星的吻切轨道根数(历元: ① 2007 年 1 月 20 日 0 时; ② 2007 年 9 月 8 日 0 时)

行星	轨道半长径/AU	偏心率	倾角/(°)	升交点黄经/(°)	近日点黄经/(°)	恒星周期/d	会合周期/d
水星①	0.387 098 9	0.205 637 8	7.004 58	48.322 4	77.466 4	—	—
②	0.387 097 8	0.205 646 1	7.004 52	48.321 8	77.470 3	87.968	115.88
金星①	0.723 327 7	0.006 777 5	3.394 61	76.662 0	131.222	—	—
②	0.723 340 3	0.006 763 9	3.394 55	76.661 3	131.458	224.965	583.92
地球*①	0.999 992 1	0.016 701 2	0.000 91	175.6	102.948 8	—	—
②	0.999 994 1	0.016 723 7	0.000 93	175.1	103.065 9	365.242	—
火星①	1.523 738 1	0.093 357 8	1.849 15	49.538 6	336.081 6	—	—
②	1.523 676 8	0.093 319 5	1.749 07	49.536 8	336.120 0	686.930	779.94
木星①	5.202 082	0.048 931 9	1.303 78	100.509 7	14.681 3	—	—
②	5.202 360	0.048 917 1	1.303 78	100.509 7	14.621 9	4 330.60	398.88
土星①	9.547 533	0.054 241 8	2.487 39	113.631 5	93.410 2	—	—
②	9.541 089	0.053 850 4	2.487 69	113.635 7	92.856 8	10 746.94	378.09
天王星①	19.186 39	0.047 561 1	0.771 94	73.978 7	172.678 4	—	—
②	19.204 51	0.046 592 2	0.771 94	74.003 9	172.914 7	30 588.7	369.66
海王星①	30.121 00	0.007 149 9	1.770 66	131.782 9	30.420	—	367.49
②	30.158 62	0.007 825 2	1.770 12	131.780 4	22.300	59 799.9	—

* 地-月系质心值。

研究结果表明,各行星的 6 个轨道根数都有周期摄动,这较容易理解,因为行星都绕太阳做周期性会合运动,所以产生周期摄动。行星轨道根数也有长期摄动,主要是**交点后退(西移)**和**近日点进动**;轨道半长径和偏心率的长期摄动涉及太阳系的稳定性问题,但仍不很确定,至少几十万年内不会有很大的变化。

海王星的发现是天体力学摄动理论的重大成就。1781 年威廉·赫歇耳发现天王星后,1821 年法国天文学家 A. 布瓦尔德(Alexis Bouvard)计算它的轨道和位置,发现其总与观测位置不符,他说"究竟是远期观测不准确,还是受到另外的力作用,让将来研究吧"。到 1830 年偏差达 20″,到 1845 年达 2′,有人怀疑引力理论的正确性,有人认为这是由于未知行星的引力摄动。英国青年大学生约翰·亚当斯(John Adams)经两年的思考和计算,于 1845 年算出这个未知行星的位置和质量,他报告给几个天文学家,但未被重视。同年,法国青年助教 U. 勒威耶(Urbain Le Verrier)独立进行了计算,1846 年发表报告,并写信告诉柏林天文学家 J. G. 伽勒(Johann Gottfried Galle),伽勒在 9 月 23 日收到信的当夜就在离计算位置 1″处找到了它,后被命名为海王星。实际上,早在 1612 年 12 月 26 日伽利略已看到过它,只不过误认为移动的恒星,真是遗憾!

3.2.7 星历表

从天体实际观测的位置资料来推算其轨道根数的过程称为**轨道计算**,如果仅在二体问题近似范围内进行轨道计算则称为**初轨计算**。如前所述,二体问题的轨道根数有 6 个,而每次观测得到的一般是地心赤经和赤纬两个坐标值,因此,原理上至少需要 3 次观测才能求得 6 个轨道根数。当然,实际计算也是很复杂的。

如果已知某天体的轨道根数,就可以计算它在不同时刻的位置(一般是地心赤道坐标——赤径和赤纬),并以表的形式编制出来,称为**星历表**,有时也给出星等或其他预报资料。

3.3 行星和卫星的轨道特征、引力范围和洛希限

行星及卫星的运动规律完全由引力所决定。人们通过仔细观察行星和卫星的轨道特征,总结规律后利用数学方法加以描述,还可以进一步预言未知天体的存在。以法国数学家、天文学家 E. 洛希(Edouard Roche)的名字命名的**洛希限**(Roche limit),就是利用简单数学公式表示一个天体自身的引力与第二个天体对它形成的潮汐力相等时两个天体的距离。

3.3.1　行星的轨道特征

综合考察和分析行星的轨道根数(见表 3 - 2),可以得出行星轨道有以下四种特征。

1) 共面性

行星的轨道面对黄道面的倾角 i 都不大,除了离太阳最近的水星有较大 i 值外,其他行星的 i 值都小于 $3.5°$。更合理的是采用**不变平面**(垂直于太阳系总角动量矢量的平面)代替黄道面做基准,那么,行星轨道面对不变平面的倾角还要小。可见,行星的轨道面大致在共同的不变平面附近,这一特征称为**共面性**。而且,太阳的赤道面对黄道面的倾角也不大($7°15'$),对不变平面的倾角为 $5°56'$。

2) 近圆性

除了水星的轨道偏心率 e 较大外,其他行星的 e 值都小于 0.1,与正圆的差别不大,这一特征称为**近圆性**。

3) 同向性

地球与其他行星沿轨道运动的方向都相同,而且太阳自转方向也如此,这一特征称为**同向性**。行星的轨道与自转如图 3 - 14 所示。

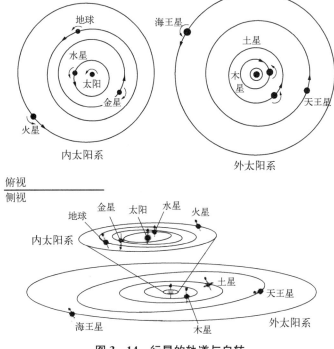

图 3 - 14　行星的轨道与自转

　　4）提丢斯-波得定则

　　1766 年，德国中学教师戴维·提丢斯(Johann Daniel Titus)得出，水星、金星、地球、火星、木星、土星的轨道半长径(以 1/10 AU 计)形成简单的数列：4，$4+2^0 \times 3, 4+2^1 \times 3, 4+2^2 \times 3, 4+2^4 \times 3, 4+2^5 \times 3$。1781 年，柏林天文台长约翰·波得(Johann Elert Bode)加以宣传，进一步总结成经验规律：a_n(AU) $=0.4+2^{n-2} \times 0.3$(水星 $n=-\infty$，金星 $n=2$，地球 $n=3$，火星 $n=4$，木星 $n=6$，土星 $n=7$)，因此称为**提丢斯-波得定则**或**波得定律**。1871 年，赫歇耳发现天王星，其轨道半长径(19.2 AU)与提丢斯-波得定则 $n=8$ 算出的结果(19.6 AU)接近。于是，激起人们寻找位于火星和木星的轨道之间、对应于 $n=5$ 的未知行星，结果发现了一些小行星。然而，1846 年发现的海王星 a 为 30.2 AU，与提丢斯-波得定则计算结果 $a_9=38.8$ AU 相差较大。1930 年发现的冥王星 $a=39.5$ AU，与提丢斯-波得定则 $a_{10}=77.2$ AU 相差更大。后来，提丢斯-波得定则也写成$a_{n+1}/a_n \approx 1.73$ 及更复杂的形式。

3.3.2　卫星的轨道特征

　　除了水星和金星之外，其余 6 颗行星都有卫星，其中木星、土星、天王星和海王星各有多颗卫星组成的卫星系。卫星主要受其主行星的引力作用而绕主行星转动，它们相对于主行星的轨道运动类似于行星绕太阳的公转轨道运动，作为近似，可用天体力学二体问题的结果和公式；但是，卫星的绕转实际轨道运动比行星更复杂，这是因为其他行星和卫星的引力摄动作用较大，从而卫星的绕转轨道变化较大。同时，卫星又随主行星绕太阳公转。综合考察和分析卫星的轨道根数，可以大致划分出轨道特征不同的**规则卫星**和**不规则卫星**。

　　规则卫星有类似于行星的轨道特征，即它们的轨道(对行星赤道面)倾角和偏心率小，也有共面性、近圆性、同向性以及轨道半长径有类似的提丢斯-波得定则($a_{n+1}/a_n \approx$ 常数)。不规则卫星或者轨道倾角 i 大，以 $i>90°$ 的逆向(与行星自转方向相反)绕行星转动，或者偏心率大。有些不规则卫星的轨道相似甚至共轨，木星和土星的不规则卫星可划归为几群。

3.3.3　圆限制三体问题——洛希瓣和拉格朗日点

　　在三体问题中，如果其中一个天体的质量很小，以致可以忽略它对另两个天体的引力作用，这类所谓限制性三体问题可以有很好的近似解。例如，太阳系的一颗小行星(或彗星)在太阳和另一颗行星作用下的运动、飞船在地球和月球引力作用下的运动，都可以作为近似的限制性三体问题。若两个质量大的天体在圆形轨道上绕它们质量中心转动,则称为圆形限制性三体问题。

圆形限制性三体问题求解的简便方法是选取与两个大质量天体同步旋转的共转坐标系 (x, y, z):取它们的质量中心为原点, x 轴和 y 轴在轨道平面上,它们保持相对静止于 $(x_1, 0, 0)$ 和 $(x_2, 0, 0)$。在它们的引力场中,一个小质量天体的运动方程积分,得到其速度为

$$v^2 = 2U - C = x^2 + y^2 + \frac{2m_1}{r_1} + \frac{2m_2}{r_2} - C \qquad (3-22)$$

式中, C 是积分常数。因为 $v^2 \geqslant 0$,所以 $2U - C \geqslant 0$, C 可以由初始位置和速度确定。利用式(3-22),可以讨论小天体的运动区域。对于极限 $v = 0$ 情况,就得出零速度面方程:

$$x^2 + y^2 + \frac{2m_1}{r_1} + \frac{2m_2}{r_2} = C \qquad (3-23)$$

且 C 总是大于 0 的。不同的 C 值对应于一组零速度面,即(引力)等势面,限制小天体的运动区域。最简明情况是在 xy 平面显示的代表性等势线(见图 3-15):等势线划分出大天体邻近区域内和远离大天体的区域外为小天体的可运行区,而它们中间的区域是小天体运行受限制区域。随着 C 值从大到小,可运行区扩大;当 C 到临界值时,两个大天体邻近的可运行区界面——临界等势面接触于内拉格朗日点 L_1,该界面(图 3-15 中横写 8 字形)又称为**洛希面**,它所包围的两个区域称为"**洛希瓣(Roche lobe)**"; C 值小的等势面连通成哑铃

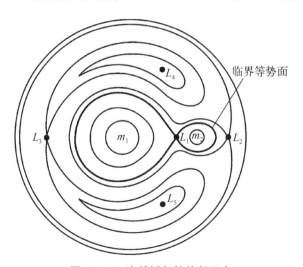

图 3-15　洛希瓣与拉格朗日点

形的小天体可运行区,小天体可以从一个大天体附近流到另一个大天体附近;C值再小时,大天体的等势面与远处的等势面相交于拉格朗日点 L_2 和 L_3;L_1、L_2 和 L_3 都在两个大天体的连线上,它们是圆限制性三体问题的特殊解;还有另两个特殊解是拉格朗日点 L_4 和 L_5,它们处于与两个大天体成等边三角形顶点位置,对应于更小的 C 值。研究表明,在 L_1、L_2 和 L_3 处的小天体虽然可以处于静态,但不稳定,受扰动就离开。L_4 和 L_5 是稳定的。那里的小天体受扰动偏离后仍会返回。近似的理论计算得出,若 $m_2 < m_1$,$\mu = m_2/(m_1+m_2)$,a 是它们的距离,则 m_2 的洛希瓣近于球,其半径近似为

$$R = (\mu/3)^{1/3}a \qquad\qquad (3-24)$$

对于两个大天体在椭圆轨道运动的椭圆形限制三体问题,小天体运动也有 5 个拉格朗日点。洛希瓣的概念广泛用于双(恒)星系统的讨论(见本书下册第 11 章)。

3.3.4　引力作用范围

由于天体运动并不完全是纯二体问题,需要给近似二体问题处理的适用范围一个大致的界限,常用"引力作用范围"概念。相对于太阳的引力而言,行星有一定的引力作用范围(见图 3-16),在此范围内的物体受行星的引力为主,而受太阳的引力是次要的;在此范围外的物体受太阳的引力为主,而受行星的引力是次要的。

应用式(3-24),相对于太阳(质量为 $M_{\odot}$)引力而言,行星质量 M_P 远小于 $M_{\odot}$、公转轨道半长径为 a 的行星的引力范围近似为半径为 χ 的圆球:

$$\chi = [M_P/(3M_{\odot})]^{1/3}a \qquad\qquad (3-25)$$

例如,地球的引力范围半径为 1.5×10^6 km。卫星都在其主行星的引力范围内。

太阳

引力范围

行星

图 3-16　行星的引力范围

3.3.5　引潮力和洛希限

地球上不仅有海潮,还有大气潮和固体潮,主要是由于月球(或太阳)对地心

和对地球某点的引力之差所致。例如,质量为 M 的月球对地心和地表的月下点 A 或其背面点 B(见图 3 - 17)上单位质量引力差——引潮力最大:

$$F_t = GM\left[\frac{1}{(D-r)^2} - \frac{1}{D^2}\right] \approx \frac{2GMr}{D^3} \qquad (3-26)$$

式中,D 是地球中心与月球中心的距离,r 是地球半径。相对于地心 O 而言,A 点所受引潮力的方向指向 M 的中心 O',而 B 点所受引潮力的方向则相反。于是,在地球的向、背天体 M 的两侧形成潮汐隆起。地球表面上其他点受到的引潮力应当是该点与地心 O 受到月球引力的矢量差。简单的计算得出,月球对地球引潮力是太阳引潮力的 2.2 倍,在阴历初一或十五恰好是太阳和月球的引潮力叠加的最大值,发生大潮。

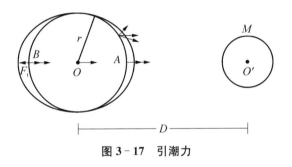

图 3 - 17　引潮力

由式(3 - 26)可见,如果两天体距离 D 足够小,引潮力可能大于某天体 M_1 的内聚力,从而导致天体 M_1 瓦解破碎。若天体 M_1 的内聚力只是其各部分之间的引力,可导出天体 M 的引潮力使天体 M_1 瓦解的最大极限距离 D_R,称为**洛希限**(Roche limit):

$$D_R = 2.455\,39(\rho/\rho_1)^{1/3}R \qquad (3-27)$$

式中,ρ 和 R 是天体 M 的平均密度和半径,ρ_1 是天体 M_1 的平均密度。一般说来,在行星的洛希限内的卫星会被行星的引潮力瓦解为碎块。因此,行星的洛希限内一般不存在卫星,而可能存在由小物体组成的环系。实际上,使天体 M_1 瓦解的最大极限距离与洛希限的理论值有些差别。

3.4　行星和卫星的自转

天体普遍有自转。各行星的自转情况可以由观测它们表面特征的运动、光谱线及雷达回波的多普勒位移等资料来推算。而卫星的自转资料相对很少。

3.4.1　行星的自转

行星的自转特性常用两个参量来表征：① 自转周期；② 行星赤道面对其轨道面的倾角。

类似于行星绕太阳公转的会合运动，由于地球在公转和自转，地面观测到的是行星的"视"自转，需要做修正才能得出行星本身的真实自转。行星的自转周期一般是指相对于遥远恒星而言的，即以天球上春分点为基准来度量行星自转一圈的时间间隔。行星自转的周期列于表 3-3。各行星的自转情况有很大的差别。

类地行星(水星、金星和火星)是和地球一样的固体行星，呈刚体式的整体自转。地球的自转是时间计量的基准，有长时期的大量精确观测和研究，已得出其变化。其他行星的自转情况了解得很不够，甚至直到近年才得到较准确的结果。

例如，金星的自转周期长达 243.018 5 d，恰是地球公转周期的 $\frac{2}{3}$，而且自转方向与地球自转相反。水星的自转周期是 58.646 2 d，约为其公转周期的 $\frac{2}{3}$。火星的自转与地球相似，它的自转周期(1.025 956 75 d)接近于地球的自转周期(0.997 269 68 d)。

木星、土星、天王星、海王星都没有固态表面，观测到的只是其大气云层顶部，它们的自转不是刚体式的，而是不同纬度及内部和外部不均匀的较差式自转。木星和土星的赤道区自转快(自转周期短)，高纬区慢，而内部自转周期(从磁场资料分析得出)略小于高纬区。天王星和海王星的情况又有所不同，由于观测相当困难，至今各个观测结果还有差别。天王星的赤道区自转周期为 16.8 h，高纬区自转周期为 14 h。海王星的高纬区自转周期为 19.22 h。冥王星的自转又是刚体式的，自转周期为 6.387 2 d。

行星赤道面是垂直于其自转轴的平面。除了水星和木星的赤道面对它们的轨道面倾角很小之外，其他行星的赤道面对它们的轨道面倾角都较大，即它们的自转轴不垂直于它们的轨道面。金星、天王星和冥王星的轨道面倾角大于 90°，表示它们的自转方向与地球自转相反。金星的赤道面(对轨道面的)倾角近于 180°，几乎与地球自转逆向，因而常说金星"逆向自转"。天王星的赤道面倾角近于 90°，即其自转轴几乎躺在其轨道面上，因而常说它"侧向自转"。一般按照螺旋的旋进方向规定自转轴北极，表 3-3 中也给出各行星自转轴北极指向的赤经和赤纬。

表 3-3　行星自转参量(历元 1999 年 1 月 1 日 0 时)

行　星	自转周期/d	赤道面对轨道面倾角/(°)	自转轴北极指向/(°)	
			赤经	赤纬
水星	58.646 2	0.01	281.01	61.45
金星	243.018 5	177.36	272.76	67.16
地球	0.997 269 63	23.45	—	90.0
火星	1.025 956 75	25.19	371.67	52.88
木星*	0.413 54(Ⅲ),0.405 45(Ⅰ),0.413 66(Ⅱ)	3.13	268.05	64.49
土星*	0.444 01(Ⅲ),0.426 39(Ⅰ),0.444 44(Ⅱ)	26.73	40.54	85.53
天王星	0.718 33	97.77	257.30	−15.17
海王星	0.671 25	28.32	299.32	42.95
太阳	25.38	—	286.13	63.87

* Ⅰ—赤道区;Ⅱ—高纬区;Ⅲ—内部

　　行星自转的上述两个特征也常以自转角速度矢量 $\boldsymbol{\omega}$ 或自转角动量矢量 $\boldsymbol{L}$ 来表示,其方向就是自转轴北极所指方向,也反映于行星赤道面对轨道面的倾角 ε 值上。如果已知行星的自转周期 P_r,那么易算出自转角速度的大小为

$$\omega = 2\pi/P_r \qquad (3-28)$$

在半径为 R 的行星表面纬度 φ 处的自转线速度为

$$\upsilon = \omega R\cos\varphi \qquad (3-29)$$

　　行星自转角动量矢量 $\boldsymbol{L}$ 和自转角速度矢量 $\boldsymbol{\omega}$ 的关系为

$$\boldsymbol{L} = I\boldsymbol{\omega} \qquad (3-30)$$

$$I = \alpha_p m R^2 \qquad (3-31)$$

I 是行星的转动惯量,α_p 是与各行星内部质量实际分布有关的转动惯量系数(其值在 0.21~0.376 范围内)。

　　行星自转的动能 E 为

$$E = \frac{I\omega^2}{2} = \frac{L\omega}{2} \qquad (3-32)$$

3.4.2 卫星的自转

卫星的自转资料甚少,一般说来,多数卫星的自转周期与它们绕行星轨道运动的周期相同,卫星的自转轴大致垂直于其轨道面,因此,在卫星绕行星的轨道运动中,卫星几乎总是同一个半球朝向行星,这称为**同步自转**。最显著的例子是月球,我们在地球上总是看到月球的"正面",而看不到它的"背面",只是在探测器飞过去才拍摄到它的背面。火卫一和火卫二、木卫一到木卫五、木卫九,土卫一到土卫六、土卫八、土卫十、土卫十一,天卫一到天卫五,海卫一、冥卫一都是同步自转的,即总是一个半球朝向行星。少数卫星不是同步自转,木卫六和土卫九的自转周期为 0.4 天,木卫七的自转周期为 0.5 天。

3.5 行星和卫星的质量和大小

天体距离是最重要的基本数据,知道了天体的距离才可以进而了解天体的空间分布和运动、它们的大小和质量,以及它们产能的规模等性质。很多重要的天文资料是不易或无法直接观测的,须设法做出逻辑推理,把需求资料与某种可观测资料联系起来,建立需求资料与可观测资料之间的对应关系,由可观测资料导出需求资料,这可谓"天文观测量转换法"。天体距离的测定就是这样,用三角法把距离测定转移为角度测量。在三角法不能测定太遥远天体的距离时,人们又提出其他测定距离的一些方法,且利用由近而远的外推法而不断扩展测定距离的范围。

3.5.1 地球半径的测定

地球的外形近似于圆球。早在公元前 250 年左右,埃拉托斯特尼(Eratosthenes)首先估测了地球的大小。他认为,夏至日正午太阳在塞恩(今埃及阿斯旺)的天顶和在(其北的)亚历山大的天顶距(1/50 圆周角)就是两地的纬度差,地球的圆周长则是两地距离(弧长)的 50 倍,其结果相当于 39 600 km。这一测量的原理如图 3-18 所示。位于同一地理经度的两地 A 与 B,它们的天顶方向在地心 O 的夹角

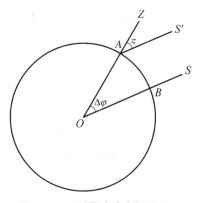

图 3-18 测量地球半径的原理

$\angle AOB$ 就是纬度差 $\Delta\varphi$。由于天体 S(太阳)很遥远,足够近似地有 $BS \parallel AS'$,因而天顶距差 $\angle z = \Delta\varphi$。 在半径 R 的圆上,对应于 $\Delta\varphi$ 弧度的弧长 $L(=AB) = R\Delta\varphi$,因而,半径 $R = L/\Delta\varphi$ 及圆周长 $2\pi R = 2\pi L/\Delta\varphi$。

18 世纪以来,全世界开展了天文大地测量,近代又利用人造卫星测量,结果表明地球平均半径为 6 371.0 km,其形状较好地近似于旋转椭球体(见第 5.1 节)。

3.5.2　月球距离的测定

公元前 3 世纪,古希腊的阿利斯塔克(Aristarchus)曾测量月球 M 在上、下弦时与太阳 S 的角距 $\angle MES$($\triangle MES$ 为直角三角形,见图 3-19 左),虽然其测量误差很大,但证明了月球比太阳近得多。约一个世纪后,伊巴谷由两地观测同一次日食,算出地月距离为地球半径的 59~67.3 倍。

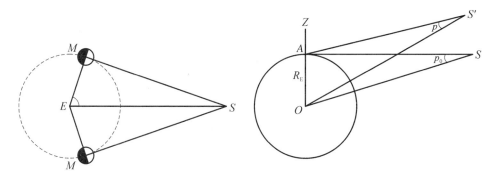

图 3-19　月球上、下弦与太阳的角距(左)以及天体的周日视差(右)

直到 18 世纪中期,人们才采用周日视差法测出月球距离。其原理与地面上的三角测距法一样:以地球半径 R_E 为基线的 OA 与天体 S' 组成的 $\triangle AOS'$ 中,端点 A、O 到 S' 视线的交角 p(即 $\angle AS'O$)称为**视差**(见图 3-19 右)。由于 p 值随天体的周日视运动而变化,故称为**周日视差**。当天体恰在点 A 的天顶时,$p = 0°$。 当天体 S 处于地平面时,其视差 p_0 最大,称为**地平视差**,显然,$\triangle OAS$ 为直角三角形,天体 S 到地心距离 $D = OS$ 为

$$D = \frac{R_E}{\sin p_0} \tag{3-33}$$

于是,地月距离的测定转移为测定其地平视差 p_0。最简单的方法是在同一子午圈上、地理纬度 φ_1 和 φ_2 的两点 A、B 观测月球的视赤纬 δ_1 和 δ_2,以点 A 为例(见图 3-20),月球对 A 的天顶为 z_1,对地心的天顶距为 z,在 $\triangle AME$ 中,由

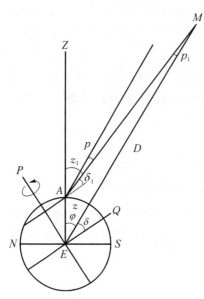

图 3-20 地月距离测定

角关系和正弦定理得

$$p_1 = z_1 - z; \quad \frac{R_E}{\sin p_1} = \frac{D}{\sin z_1}$$

$$(3-34)$$

将式(3-33)代入式(3-34),可得

$$\sin p_1 = \sin p_0 \sin z_1$$

同理可得 $\sin p_2 = \sin p_0 \sin z_2$ $\quad(3-35)$

相减可得

$$\sin p_0 = \frac{\sin p_2 - \sin p_1}{\sin z_2 - \sin z_1} \quad (3-36)$$

用式(3-34)及 $z_1 = \varphi_1 - \delta_1$ 和 $z_2 = \varphi_2 - \delta_2$,并考虑到下角近似 $\sin(\delta - \delta_1) \approx \delta - \delta_1$(弧度数),就得到

$$\sin p_0 \approx \frac{\delta_1 - \delta_2}{\sin(\varphi_2 - \delta_2) - \sin(\varphi_1 - \delta_1)} \quad (3-37)$$

自 1957 年以来,科学家先后用雷达和激光测距法测定地月距离。其原理很简单:测量从信号发射到月面反射回来的时间间隔 Δt,则距离 $d = c\Delta t/2$(c 是光速)。虽然激光测距可准确到 ±8 cm,但还需进行信号发射点与地心距离和月面反射点与月心距离,以及月球轨道椭圆的有关改正。现在采用的地月距离平均值为 384 401 km。

3.5.3 测定天体大小的三角测量法

我们一般无法直接测量天体的真实大小,因而需要根据不同天体的实际可观测情况采用某些观测量转移的间接方法来测定其大小。

对于可观测到视面、且其距离已知的天体(如月球、大行星、星云),可测定它的视角径 θ,又已知它的距离 D,则易由三角公式算出它的真实半径 R(见图 3-21):

$$R = D\sin(\theta/2) \quad (3-38)$$

例如,观测得到月球的视角径 θ 为 $31'5.2''$ 和距离 D 为 384 401 km,则可用式(3-38)算得月球半径 $R = 1\,738$ km;现代更准确的测量得出,月球形状近似

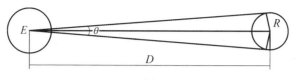

图 3 - 21　天体大小的测定

于椭球,其赤道半径为 1 738.14 km,极半径为 1 735.97 km。又如,木星的视面呈椭圆形,其赤道半径为 71 495 km,极半径为 66 845 km,扁率为 0.064 9。

3.6　月球的运动、月食和日食

月球是地球的天然卫星,它在绕地球转动的同时,也随地球一起绕太阳公转,还做"同步自转",显示圆缺的盈亏月相变化。有时在农历初一,耀眼的太阳开始被黑影侵吞,缺口很快扩大,甚至整个日轮被吞掉,天空变暗,如同黑夜降临,然后又逐渐显露出来。有时在满月的夜晚,巨大的黑影慢慢地侵吞明亮的月轮,月轮变残缺,以至完全失去光辉,然后,月轮又逐渐恢复出来。这两种奇异天象分别称为**日食**和**月食**,曾令古代人惊恐,认为"天狗吃太阳"和"蟾蜍食月"。在古代,我国和巴比伦等文明国家都有很多日食和月食的记载及研究,逐渐了解到日食和月食的原因和发生规律,并且进行预报。

3.6.1　月球的运动

月球是离地球最近的天体。古代人用月球的运动周期变化来计量时间,从而对月球的运动进行了大量研究。影响月球运动的因素很多,其中最主要的是地球和太阳的引力。

1) 月球绕地球的轨道

月球绕地球做轨道运动,同时又随着地球绕太阳公转。月球在天球上相对于众恒星的视运动很显著。月球绕地球转动的轨道面交于天球的大圆,即月球在天球上的视运动轨迹,称为**白道**。月球绕地球转动轨道是半长径为 384 400 km、偏心率为 0.054 9 的椭圆,月地距离在 356 400 km(过近地点时)到 406 700 km(过远地点时)之间变化,白道与黄道交角为 5.145°,与地球赤道面交角变化为 18.29°~28.58°(见图 3 - 22)。

由于太阳和其他行星的引力摄动等影响,月球轨道发生复杂的变化(见图 3 - 23)。

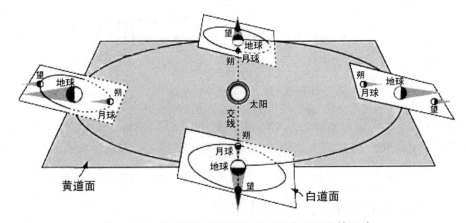

图 3-22　月球绕地球轨道和地月系绕太阳公转运动

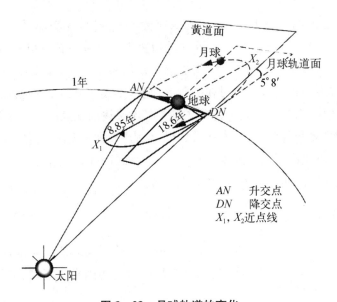

图 3-23　月球轨道的变化

月球轨道半长径大约以每年 3.52 cm 的速率在增大，逆推它在 12 亿年前离地球仅 18 000 km；轨道偏心率变化范围为 $\frac{1}{23} \sim \frac{1}{15}$；白道与黄道的交角以 173 天的周期变化 $\pm 9'$；月球轨道"拱线"（即近地点与远地点连线）向东进动，8.849 年进动一圈；白道与黄道的升交点西移，18.61 年转过一圈。

按不同的基准来计量，月球的轨道运动周期有以下几种：

（1）**恒星月**是以恒星为基准，月球沿白道视运动一圈，实际上是月球绕地球转动一圈的时间间隔，1 恒星月为 27.321 661 d（平太阳日）；

（2）**近点月**是月球连续两次经过近地点的时间间隔，1 近点月为 27.554 55 d；

（3）**交点月**是月球连续两次经过升交点的时间间隔，1 交点月为 27.212 22 d；

（4）**朔望月**是月相变化的周期，它是以太阳为基准的会合运动周期，月球与太阳的地心黄经连续两次相同（朔）或相差 180°（望）的时间间隔，1 朔望月为 29.530 589 d。

一般按照需要来选用"月"周期，例如，日常生活常用的农历（阴历）"月"是朔望月；地震发生周期与近点月有关。

由于月球绕地球转动的同时还和地球一起绕太阳公转，因而月球在天球上相对于太阳的视运动是一种**会合运动**（见图 3 - 24）。在"朔"时，月球 M 和太阳 S 的地心黄经相同。经过一个恒星月，地球和月球运行到 E_1 和 M_1 处，月球的地心黄经又达同样值，E_1M_1 平行于 EM，但月球还需要再运行一段时间才达到太阳 S 与地球 E_1 之间而与太阳的地心黄经相同——下次朔，因而朔望月比恒星月长。

以 T 表示恒星月、S 表示朔望月，E 表示恒星年，则不难导出会合方程式：

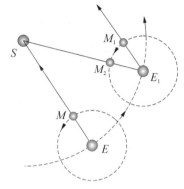

图 3 - 24　地球和月球与太阳的会合运动

$$\frac{1}{S} = \frac{1}{T} - \frac{1}{E} \tag{3-39}$$

2）月相和月龄

苏东坡写了脍炙人口的词句"月有阴晴圆缺，此事古难全"，它表述的就是月相不以人的意愿而客观地周期变化。月相周期变化的原因有二：一是月球、地球和太阳的周期性会合运动，它们的相对位置呈现周期性变化；二是月球本身不发射可见光，而我们看到的只是月球被太阳照亮的部分。

在月球、地球和太阳的周期性会合运动中（见图 3 - 25），当月球运行到地球与太阳之间、月球与太阳的地心黄经相同之时（定为农历月的初一），当天月球与太阳几乎同时从东方升起，又几乎同时从西方落下，由于月球未被太阳光照的暗半球对向地球，"视而不见"，这称为**朔月**或**新月**。随后，月球与太阳的黄经之差逐渐增大，向东偏离太阳，日落后在西方看到月球被太阳照亮的小部分呈弯向西的镰刀形"娥眉月"。当月球与太阳的黄经之差达 90°时，我们看到月球被太阳照亮半球的一半而呈半圆形，称为**上弦月**。其后，我们看到月球被太阳照亮的部分更多的"凸月"。到月球与太阳的黄经之差达 180°（农历每月十五或十六）时，我们可以看到月球被太阳照亮的全部半球呈圆形，成为**满月**或**望**。望之后，我们看到月球被太阳照亮的部分逐渐减少的"凸月"。当月球与太阳的黄经之差达 270°时,我们看到被太阳照亮的月球另半球而呈半圆形,称为**下弦月**,而后在黎明前看到呈弯向东的镰刀形"残月"。经过一个**朔望月**,又开始下次新月和重复的月相变化。

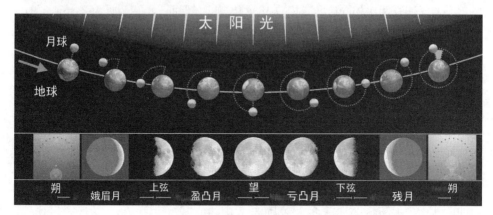

图 3-25　月球的会合运动与月相变化

　　虽然在月相变化中,我们看到的只是月球被太阳照亮的部分,月球没有被太阳照亮的其余部分也不是完全黑暗的,而是被地球大气反射或散射的太阳光照到,仍依稀有"灰光",尤其用强光力望远镜可以观测到月球的灰光部分。月球的灰光是由于地球反射少量太阳光照到了月球背太阳的部分。

　　3）月球的同步自转

　　月球绕地球转动的同时还在自转,月球自转轴与白道面法线交角为 6.687°,自转方向与绕地球的轨道运动方向相同,自转周期等于恒星月,这称为**同步自转**。白道面与黄道面保持着 5.145°的夹角,因而月球自转轴与黄道面的法线成 1.542°的夹角,导致月球基本上总以一侧对着地球,从地球上看到的只是月球的"正面",而看不到"背面",如图 3-26 所示。

　　可以用图 3-27 说明同步自转,图平面为月球轨道面,大圆表示月球轨道。当月球在轨道上 M_1 时,地球上看到月球上的 a 点正位于视面中心;当月球沿轨道绕地球转 $\frac{1}{4}$ 圈到达 M_2 时,月球自转 $\frac{1}{4}$ 周,因而月球上的 a 点仍在视面中心;类似地,当月球绕地球转 $\frac{1}{2}$ 圈到达 M_3 时,月球自转 $\frac{1}{2}$ 周;当月球绕地球转 $\frac{3}{4}$ 圈到达 M_4 时,月球自转 $\frac{3}{4}$ 周,a 点都在视面中心。

　　确切地说,"月球总以一侧对着地球"这句话只是近似的。实际上,由于月球

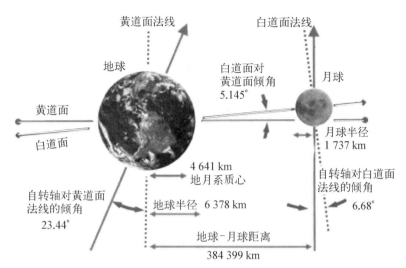

图 3-26 地球-月球系统的自转及轨道面的相对关系

自转轴并不完全垂直于白道面,月球沿其椭圆轨道运动不均匀而发生"摆动",我们有时可以看到月球背面边缘部分,因而能够看到月球表面总面积的 59%。这种现象称为**天平动**,根据成因而分为**光学天平动**和**物理天平动**。

光学天平动是因月球相对于地球的位置变化所致,又称为几何天平动或视天平动,有如下三种。

(1)**经(度)天平动** 由于月球绕地球运动的轨道是椭圆,轨道运动速度不均匀,从处于其轨道焦点的地球上看,不同时间垂直视向的月面经度范围有

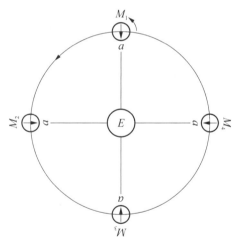

图 3-27 月球的同步自转

差别,如图 3-28 所示。当月球过近地点 M_1 时,轨道速度最快;过远地点 M_3 时,速度最慢;由于月球自转,其表面 b 点总是对向轨道中心 O。当月球在 M_1 时,b 点对向地球 E 的视向,地球上看见月球的 abc 半球;月球运动到 M_2 时,其自转恰经轨道周期 P 的 $\frac{1}{4}$,b 点还未自转到视向,地球上看见月球 c 点后面的小部分(图上最暗)明显的"露出";月球运动到 M_3 时,其 b 点又自转到视向;然后,反向摆动;月球运动到 M_4 时,地球上却看见月球 a 点后面的小部分明显的"露

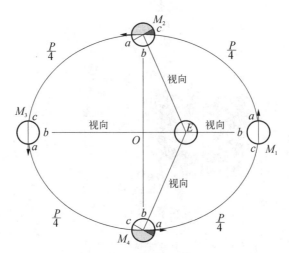

图 3‒28　月球的经天平动

出"。月球可见表面的这种变化表现为经度方向的摆动,故谓之经(度)天平动,平均摆动可达 $7°54'$,摆动周期为近点月。

(2) **纬(度)天平动**　由于月球的赤道面与白道面平均有 6.41° 的交角,而自转轴的指向几乎不变,所以月球轨道运动到不同位置,地球上看到月球表面有纬度范围的摆动,如图 3‒29 所示。当月球运动到 M_1 时,地球 E 看见月球的近南极区;而到 M_2 时,则看见月球的近北极区。这种可见月球表面的纬度摆动谓之纬(度)天平动,显然,在月球轨道运动到其赤白交点时不见这种摆动,而与交点角距 90° 时(图中 M_1,M_2)纬天平动幅度最大,摆动周期为交点月。

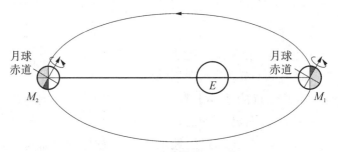

图 3‒29　月球的纬天平动

(3) **周日天平动**　由于月球离地球较近,地面上不同经纬度或不同时间观测到的月球表面因视差而有些差别,谓之周日天平动或视差天平动,其幅度较小,仅约 1°。

物理天平动是由于月球不是理想的球体,物质分布不均匀,其几何指向与质量中心偏离,加上受地球的引力摄动,月球本身在空间绕其质量中心的晃动表现为月球自转轴的空间指向和自转速率的微小变化,幅度约为 $2'$,当代精密的月球激光测量需要改正其影响。

3.6.2　月食

早在我国的战国时代,天文学家石申就提出,日食和月食是由于月球和地球相互遮掩太阳光而产生的。汉代天文学家张衡在《灵宪》中说:"月,光生于日之所照……当日之冲,光常不合者,蔽于地也,是谓虚。在星星微,月过则食",即月食是地球挡住太阳光造成的。

月食发生于太阳、地球和月球大致在一条直线上时,即必定在农历十五或十六的"望"且月球位于白道-黄道交点附近时。在太阳光的照射下,地球的背侧形成太阳光不能直接照到的**本影锥**,其外围还有部分太阳光可照到的**半影锥**(见图 3-30)。当月球仅部分地进入本影锥就发生**月偏食**;当月球完全进入本影锥就发生**月全食**;当月球仅经过半影锥时,只是被部分太阳光照射而发生半影月食,月球仅变暗些,一般不称为月食。

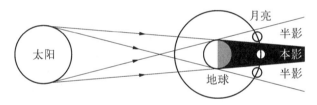

图 3-30　月食发生在月球进入地球影锥时

由于月球自西向东视运动,且运动速率比太阳及地球影锥快,总是月球东边缘先进入地球影锥,被食部分逐渐增大。由于地球本影锥在月球轨道处的直径大约是月球直径的 2.5 倍,月全食可持续一二小时,而月全食前后的月偏食时间更长。由于月食是月球进入地影的现象,所以朝向月球的半个地球上的人们都同时可看到月食。

如图 3-31 所示,月全食的整个过程可分为五个阶段:

(1)初亏,月球边缘与地球本影锥第一次外切时称为初亏,月食开始,而后被食部分逐增。

(2)食既,月球边缘与地球本影锥第一次内切时称为食既,月全食开始。

(3)食甚,月球中心离地球本影轴最近时称为食甚。

(4)生光,月球与地球本影锥第二次内切时称为生光,月全食结束,而后被食部分逐减。

(5)复圆,月球边缘与地球本影锥第二次外切时称为复圆,月食过程全部结束。

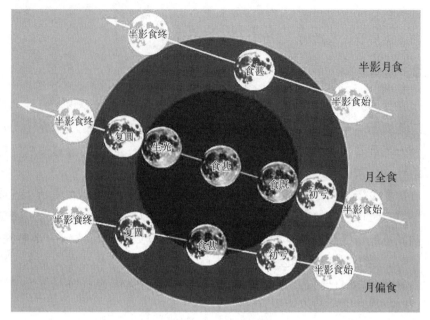

图 3 - 31　月全食过程

月全食时,月轮并不完全黑暗,只是比满月暗得多,依稀可见铜红色的月面特征。这是因为地球大气折射的太阳光照到地影中的月球,称为**地照**。

月食程度以**食分**表示,定义为月球在食甚时进入地球本影的部分与月球视直径之比,月全食的食分大于 1 或等于 1(食甚时月球边缘与地球本影锥内切),月偏食的食分小于 1。

表 3 - 4 列出了 2019—2040 年发生或将发生的月食情况。

表 3 - 4　2019—2040 年发生或将发生的月食(北京时间)

日　　期	食分	初亏	食既	食甚	生光	复圆	全食持续时间/min	月食持续时间/min
2019. 01. 21	1. 201	11:33	12:41	13:12	13:44	14:51	63. 0	197. 4
2019. 07. 17	0. 658	04:01	—	05:30	—	07:00	—	178. 7
2021. 05. 26	1. 015	17:44	19:09	19:18	19:28	20:53	18. 6	188. 2
2021. 11. 19	0. 978	15:18	—	17:03	—	18:47	—	209. 0
2022. 05. 16	1. 419	10:27	11:28	12:11	12:54	13:55	85. 6	207. 9
2022. 11. 08	1. 364	17:09	18:16	18:59	19:42	20:49	85. 7	220. 5
2023. 10. 29	0. 127	03:34	—	04:14	—	04:53		79. 1

（续表）

日　　期	食分	初亏	食既	食甚	生光	复圆	全食持续时间/min	月食持续时间/min
2024.09.18	0.091	10:11	—	10:44	—	11:16	—	64.9
2025.03.14	1.183	13:09	14:25	14:58	15:32	16:48	66.4	218.9
2025.09.08	1.367	00:26	01:30	02:11	02:53	03:56	82.9	210.1
2026.03.03	1.156	17:49	19:04	19:33	20:03	21:17	59.4	207.8
2026.08.28	0.935	10:33	—	12:13	—	13:52	—	198.9
2028.01.12	0.072	11:44	—	12:13	—	12:42	—	58.4
2028.07.07	0.394	01:08	—	02:19	—	03:31	—	142.5
2028.12.31	1.251	23:07	00:16	00:52	01:28	02:36	72.2	209.5
2029.06.26	1.849	09:32	10:30	11:22	12:13	13:12	102.5	220.2
2029.12.21	1.122	04:55	06:14	06:42	07:09	08:29	54.7	213.9
2030.06.16	0.508	01:20	—	02:33	—	03:46	—	145.4
2032.04.25	1.196	21:27	22:40	23:13	23:46	00:59	66.5	211.9
2032.10.19	1.108	01:24	02:38	03:02	03:26	04:40	48.5	196.6
2033.04.15	1.099	01:24	02:47	03:12	03:37	05:00	50.5	215.7
2033.10.08	1.355	17:13	18:15	18:55	19:35	20:36	79.6	203.1
2034.09.28	0.020	10:30	—	10:46	—	11:02	—	31.4
2035.08.19	0.109	08:31	—	09:11	—	09:50	—	78.4
2036.02.12	1.305	04:30	05:34	06:11	06:49	07:53	75.3	202.6
2036.08.07	1.459	08:55	10:03	10:51	11:39	12:47	96.0	232.0
2037.01.31	1.213	20:21	21:28	22:00	22:32	23:39	64.7	198.2
2037.07.27	0.814	10:32	—	12:08	—	13:45	—	193.2
2039.06.07	0.891	01:23	—	02:53	—	04:23	—	180.1
2039.11.30	0.947	23:11	—	00:55	—	02:38	—	206.6
2040.05.26	1.540	17:59	18:58	19:45	20:31	21:30	93.0	211.4
2040.11.19	1.402	01:12	02:19	03:03	03:47	04:53	88.5	221.1

3.6.3　日食

日食发生于太阳、月球和地球大致在一条直线上时,即必定在农历初一"朔"

且月球位于白道-黄道交点附近时。日食有三类:日全食、日偏食和日环食。日全食时整个太阳圆面被月球遮住。日偏食时仅部分太阳圆面被月球遮住。日环食时仅太阳圆面中间被月球遮住,而外缘仍显露。为什么会出现三类日食呢?在太阳光的照射下,月球的背侧形成太阳光不能直接照到的"本影锥",其外围还有部分太阳光可照到的"半影锥";此外,在本影锥会聚点之后还有延伸的"伪本影"(见图 3-32)。由于月球绕地球转动轨道和地球绕太阳公转轨道都是椭圆,月球—地球距离和太阳—地球距离都在变化,因而月球和太阳的视角径及月球影锥情况也在变化。日食时实际月影只扫过地球表面局部地带——日食带。地球上处在月球半影区的人只看到日偏食;处在月球本影区的人才可以看到日全食;若日食时仅伪本影(及半影)扫过地球,处于伪半影区的人可看到日环食。

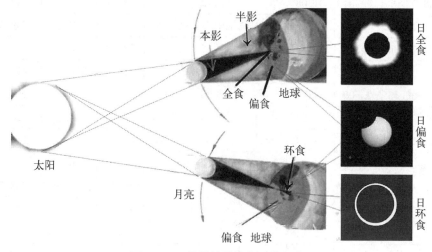

图 3-32 月影的结构和三类日食

因为月球自西向东视运动比太阳快,日食总是先从太阳西边缘开始向东增大被食部分。由于月影在地球处自西向东扫过的速度(约 1 km/s)比地球表面自转速度(赤道上也不到 0.5 km/s)快,月影在地面上大致从西向东移动,因而地面日食带不同地点看到日食发生的时间就不同,西部比东部先见到日食。由于月球影锥在地面的截面较小,全食带的宽度仅二三百千米,日全食持续的时间很短,最长为 7 min,而短的仅 20 s。月球半影扫过的地区只能看到日偏食。

日全食的整个过程也可分为五个阶段(见图 3-33):

(1) 初亏,月球东边缘与太阳圆面西边缘外切时称为初亏,日食开始,而后被食部分逐增。

(2) 食既,月球西边缘与太阳圆面西边缘内切时称为食既,日全食开始。

（3）食甚，月球中心离太阳圆面中心最近时称为食甚。

（4）生光，月球与太阳圆面的东边缘内切时称为生光，日全食结束，而后被食部分逐减。

（5）复圆，月球西边缘与太阳圆面东边缘外切时称为复圆，日食过程全部结束。

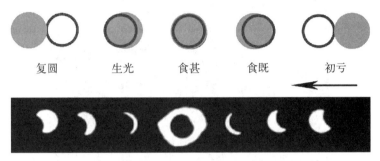

图 3 - 33　日全食过程

日环食的整个过程也可分为五个阶段（见图 3 - 34）：

（1）初亏，月球东边缘与日轮西边缘外切时称为初亏，日食开始，而后被食部分逐渐增大。

（2）环食始，月球西边缘与日轮西边缘内切时称为环食始，日环食开始。

（3）食甚，月球中心离日轮中心最近时称为食甚。

（4）环食终，月球东边缘与日轮的东边缘内切时称为环食终，日环食结束，而后被食部分逐渐减小。

（5）复圆，月球西边缘与日轮东边缘外切时称为复圆，日食过程全部结束。

图 3 - 34　日环食过程

日偏食的整个过程可分为三个阶段（见图 3 - 35）：

（1）初亏，月球东边缘与日轮西边缘外切时为初亏，日偏食开始，而后被食部分逐渐增大。

（2）食甚，月球中心离日轮中心最近时称为食甚。

（3）复圆，月球西边缘与日轮东边缘外切时称为复圆，日食过程全部结束。

日食程度也以**食分**表示，定义为食甚时日轮被遮部分与太阳直径之比。日全食的食分略大于 1，而日偏食的食分小于 1。

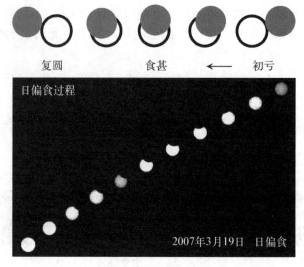

图 3-35   日偏食过程

日全食的景观非常壮观。从初亏起,日轮逐渐变为弯月状,天色变暗,仿佛夜晚来临,飞鸟归巢。从食既始,黑暗突然降临,月球遮住的日轮周围显现出淡红色光圈——这是太阳大气色球层,常有几处火舌状的日珥,再仔细看,日轮外呈现银灰色的光辉——这是太阳的外层大气——**日冕**。临近生光,日轮边缘突然显现像珠宝般耀眼的"贝利(因他最先描述)珠",这是明亮的日轮光辉从月轮边缘的山口穿出的缘故,令人惊呼。很多人远道奔赴日全食地方,以目睹罕见的日全食景观为快。

2019年12月26日和2020年6月21日将发生日环食,我国先后可见日偏食和日环食带从西藏西部到台湾。

3.6.4   日食和月食发生的规律

日食和月食是因地球和月球相对于太阳的会合运动而发生的交食现象。地球和月球的运动都是有规律可循的,因而日食和月食的发生时间和情况是可以推算和预报的。当然,推算日食和月食是很复杂的,这里仅简介一些有趣结果。

一年内可能发生多少次日食和月食呢?对全地球而言,一年内最多发生7次交食,最少发生两次日食。例如,1935年发生5次日食和2次月食,1919年和1982年都发生4次日食和3次月食,1980年只发生2次日食而没有月食。发生7次交食的年份很少,一般是一年发生日食和月食各2次。由于日食带范围不大,仅在月影扫过地球的局部地区可看到日食。就久居某一地方的人而言,甚至一生中看不到日全食,但月食却是半个地球都可看到的。因此,虽然对全球来说日食次数比月食多,但实际上人们看到月食的机会多。图3-36为世界日食地图。

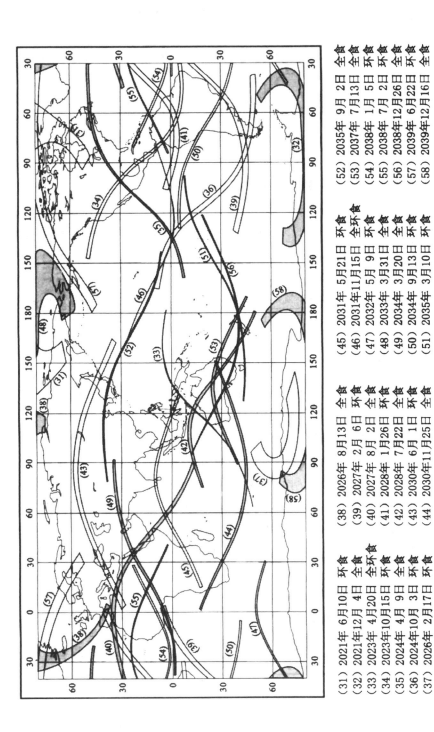

（31）2021年 6月10日　环食
（32）2021年12月 4日　全食
（33）2023年 4月20日　全环食
（34）2023年10月15日　环食
（35）2024年 4月 9日　全食
（36）2024年10月 3日　环食
（37）2026年 2月17日　环食

（38）2026年 8月13日　全食
（39）2027年 2月 6日　环食
（40）2027年 8月 2日　全食
（41）2028年 1月26日　环食
（42）2028年 7月22日　全食
（43）2030年 6月 1日　环食
（44）2030年11月25日　全食

（45）2031年 5月21日　环食
（46）2031年11月15日　全环食
（47）2032年 5月 9日　环食
（48）2033年 3月31日　全食
（49）2034年 3月20日　全食
（50）2034年 9月13日　环食
（51）2035年 3月10日　环食

（52）2035年 9月 2日　全食
（53）2037年 7月13日　全食
（54）2038年 1月 5日　环食
（55）2038年 7月 2日　环食
（56）2038年12月26日　全食
（57）2039年 6月22日　环食
（58）2039年12月16日　全食

图 3 - 36　世界日食地图（2021—2040 年）

古代巴比伦人就发现日、月食发生的周期,称为**沙罗周期**(Saros,是重复的意思),周期为6 585.32 d(223个朔望月),即在此周期后会发生另一次类似的日食。我国古代也提出过类似的日月食规律,如汉代的《太初历》记载的交食周期为135个朔望月(986.63 d),各次发生的交食情况不尽相同。近代,美国天文学家西蒙·纽康(Simon Newcomb)从天体力学推算交食"纽康周期"为358个朔望月(10 571.85 d)。

3.7　行星会聚和掩食现象

在行星和卫星绕太阳公转的会合运动中,地球上有时会看见特别有趣的天象,主要有多颗视位置靠近的所谓"会聚"或"连珠"、月球掩行星或恒星、行星及其卫星交食等。有人把这些奇异天象与地球上的灾祸牵强地联系起来,妖言惑众,制造迷信。实际上,这些天象都是按一定的自然规律发生和可以预报的,与灾祸无关。

3.7.1　行星会聚

"九星连珠"是指太阳和行星在天球大致排列在一条线上,这也是少见的,说行星位于太阳或地球的一侧,在一定范围内"会聚"更恰当。以地球为一端的"地心会聚"有百余年的准周期(可短到约130年,长到180年)。1962年2月5日是春节,那天发生日食,且五颗行星"地心会聚",可谓"日月合璧,五星连珠,七曜同宫。"常见的是少数行星以及月球会聚,例如,2016年1月末的五星连珠(见图3-37)。在人类文字记载的几千年中,会聚已发生很多次,地球并没有出现过什么劫难。对地球起潮力最大的是月球,其次是太阳,其余行星对地球起潮力总和还不及它们的十万分之一,而行星对地球的其他作用(如辐射)更小。

应当指出,行星对地球的影响虽然很小,但在仔细研究各种影响中也是考虑的一种因素,例如,有人统计历史上的大地震,认为"会聚"前后地震频次高些,但没有定论。

1555年,法国医生诺查丹玛斯(Nostradamus)发表了《诸世纪》诗集,用晦涩难解的词句预测未来千年的吉凶事件。其中一首诗写道:"1999年7月,恐怖魔王从天而降⋯⋯"20世纪70年代,日本的五岛勉推算出,1999年8月(法国旧历为7月)18日,行星和太阳排列成以地球为交叉点的"十字"形。1988

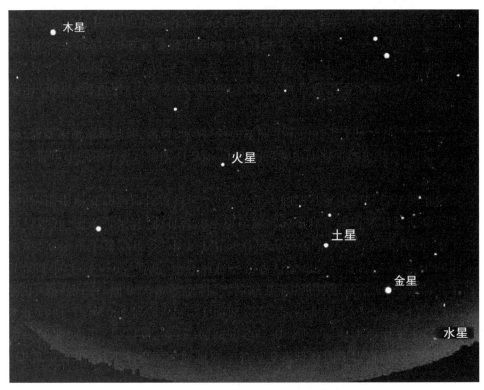

木星

火星

土星

金星

水星

图 3-37　2016 年 1 月末的"五星连珠"

年以来,《大劫难》《恐怖大预言》之类的书流传,更有一些文章推波助澜,渲染地球将遭遇大劫难、世界末日来临,令一些不明科学真相的人们恐惧,造成很坏的影响。

天文学家用科学道理批驳了"大劫难"的荒谬预言。实际上,把行星和太阳的排列看成十字很牵强,与实际情况差别甚大,实际上也根本没有造成灾难。而且,天王星、海王星和冥王星分别是 1781 年、1864 年和 1930 年发现的,诺查丹玛斯在世时不可能知道它们,更无所谓十字形排列。除了太阳的辐射、太阳和月球的引力以及引潮作用对地球有较大影响外,其他行星对地球的影响很小,不会引起地球和人类的灾难。据推算,类似这样所谓十字形排列约五百年就可发生一次,上推五百年和一千年,地球都没有发生什么劫难。

3.7.2　掩食现象

类似于日食和月食现象,在行星和卫星的轨道会合运动中,还发生一些有趣的掩食现象。"掩"是离我们近的天体经过远的天体前面而完全遮挡住远的天体,例如月球掩行星或恒星,行星掩恒星,行星掩它的卫星(即卫星绕到行星后面,常简称"卫星掩");但若近的天体没有远的天体视面大,就不能完全遮住远的天体,则称为"凌",如前面谈到的水星和金星凌日,木卫凌木(星)。"卫星食"则是指卫星运行到行星背太阳方向的影锥而我们看不到的天象,如木卫食。此外,还有卫星互掩和卫星互食。这些掩食现象提供了某些天文观测研究的有利机会。

　　光的速度(光速)是最重要的物理常数之一。光速最初就是丹麦天文学家奥勒·罗默(Ole Rømer)在 1676 年观测木卫食时测定的。其原理是:在地球和木星绕太阳公转的会合运动中,在地球离木星远时比近时观测的木卫食时刻较预报时刻更迟,由地球—木星距离的变化量除以所迟的时间差就得出光速。

　　在行星掩恒星过程的开始和终了阶段,行星大气减弱(恒星的)星光,由星光减弱情况可以分析出行星大气的性质。通过对天王星和海王星本身掩恒星之前和之后发生的次级掩情况分析发现了它们的行星环。

　　冥王星沿很扁的椭圆轨道绕太阳公转(见图 3-38),它在过近日点前后各 10 年期间比海王星离太阳还近。在轨道投影于黄道面的图上,似乎它们的轨道交叉,但实际上它们的轨道就像立交桥的上下道路那样,它们不会接近到 17 AU。冥王星的自转很慢,自转周期为 6.387 3(地球)日,自转轴与轨道面的交角为 120°,即侧(倾斜)着逆(轨道运动)方向自转,在冥王星上看,太阳是西升东落的。

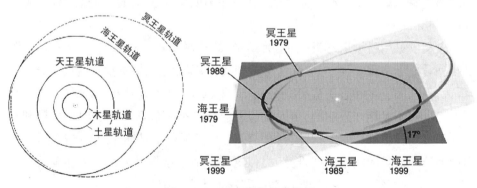

图 3-38　冥王星的公转轨道

　　1978 年偶然发现它的卫星——冥卫一,人们才利用开普勒第三定律算出冥王星较准确的质量。在冥卫一绕冥王星的轨道运动中,当它们轨道面侧向地球时(在公转周期 248 年中,只有两段期间),就会观测到冥卫一"凌"冥王星或冥王星"掩"或"食"冥卫一,有时它们也"掩"恒星(见图 3 - 39)。这时观测它们的亮度变化,尤其是哈勃太空望远镜的观测因不受地球大气扰动而可以粗略分辨冥王星和冥卫一的表面,进而推算它们的大小、质量及表面性质。

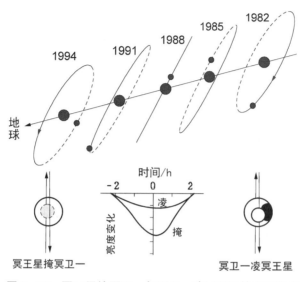

图 3 - 39 冥王星掩冥卫一与冥卫一凌冥王星的亮度变化

第4章 天体辐射和天文观测

天体的信息是由天体的辐射传来的。除了人眼看到的可见光,天体还有射电(无线电)、红外、紫外等波段的电磁波(光子)辐射,这些辐射来自天体发射或反射与散射的其他天体辐射以及宇宙背景。自 1609 年伽利略始用光学望远镜观测天体以来,性能越来越精良的各种天文观测仪器不断地为探测研究天体奥妙作出新贡献。而近年来对引力波的成功探测以及各种中微子辐射探测技术的发展,标志着人类窥探宇宙的手段已经开始超越电磁辐射的范畴,为人类认识宇宙打开了一扇新的窗口,进入了所谓的"多信使时代"。

4.1 天体的辐射

遥远的天体通过辐射向外传递信息,人类则通过对辐射的观测了解这些天体。自发展天文观测的几个世纪以来,电磁辐射几乎是唯一的信使。空间电磁辐射是指宇宙空间各种不同波长的电磁辐射的总称。除星等较大的恒星、星云外,行星、卫星以及它们的大气、彗星和星际物质也都有电磁辐射。

4.1.1 电磁辐射和大气"窗口"

电磁辐射可按波长范围划分为几个波段(见图 4 - 1):可见光波段(390~770 nm);红外波段(0.77~1 000 μm);射电波段(>1 mm);紫外波段(10~390 nm);X 射线波段(0.01~10 nm);γ 射线波段(<0.01 nm)。

波长也常用单位埃(Å,1 nm=10 Å)表示。电磁辐射的特性也常用频率(每秒钟电磁场振动次数,Hz)表示,频率 ν 和波长 λ 的换算公式(式中,c 为光速)为

$$\lambda\nu = c \tag{4-1}$$

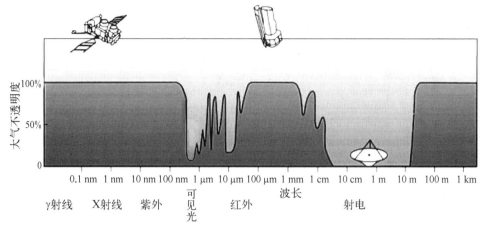

图 4-1　电磁辐射和大气"窗口"

电磁辐射有波和粒子(光子)两重性,光子能量 E 为

$$E = h\nu \qquad (4-2)$$

h 为普朗克常数($h = 6.626\,070 \times 10^{-34}$ J/s)。光子能量也用电子伏特(eV)表示:

$$1\text{ eV} = 1.602\,177 \times 10^{-19}\text{ J}$$

与 1 eV 相应的波长是 12 398.428 $\times 10^{-10}$ m,相应的频率是 2.417 988 $\times 10^{14}$ Hz。

由于地球大气有选择性地吸收天体辐射,只透过某些波段的天体辐射而到达地面,因此,地面观测到的只是通过大气"窗口"波段的辐射,而观测天体的其他波段辐射则须到高空和太空进行。大气"窗口"主要有两个:① 光学窗口,波长为 300～700 nm;② 射电窗口,波长为 1 mm～20 m,但毫米波段还有水气和二氧化碳的一些吸收带;此外,在红外波段除了一些水气和二氧化碳的吸收带外还有几个小窗口。

电磁波是在空间传播的交变电磁场,是横波,振动的电场和磁场总是相互垂直的,并且都垂直于传播方向[见图 4-2(a)]。电场只限于某一确定方向振动的称为线偏振光或完全偏振光。如果电场在各方向都振动,但振幅不同,称为部分偏振光。如果电场振幅矢量末端轨迹是椭圆或圆的,称为椭圆偏振光或圆偏振光[见图 4-2(b)]。实际光源包含大量原子或分子发射的光,电磁场振动各方向都有,因而自然光是不偏振的;某些天体的条件约束那里的物质状态,发出的辐射有偏振,由观测天体辐射的偏振特性可以反推天体的情况。例如,从月球表面物质反射太阳光的偏振特性来了解月面物质情况。

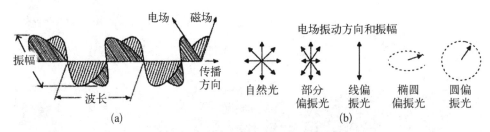

图 4-2　电磁波的传播方向与偏振

(a) 传播方向；(b) 偏振

4.1.2　天体的光谱

1666 年，牛顿发现太阳光通过三棱镜后展开成红、橙、黄、绿、青、蓝、紫的彩带，称为**光谱**。1814 年，约瑟夫·冯·夫琅和费（Joseph von Fraunhofer）用分光仪观测到太阳光谱上有一些暗线，这些谱线称为**夫琅和费线**。他用分光仪观测恒星光谱，发现恒星光谱还有不同于太阳的谱线。1858—1859 年，物理学家古斯塔夫·基尔霍夫（Gustav Kirchhoff）和化学家罗伯特·本森（Robert Bunsen）合作，进行了很多物质的光谱实验研究，提出基尔霍夫定律：① 每种元素都有其特征谱线；② 每种元素都可以吸收它能够发射的谱线。炽热的固体和液体发射连续光谱。人们后来发现高压气体也发射连续光谱。从夫琅和费线和实验光谱的对比，人们认证出太阳上有氢、钠、铁、钙、镍等元素，后来又认证出其他元素，如图 4-3 所示。

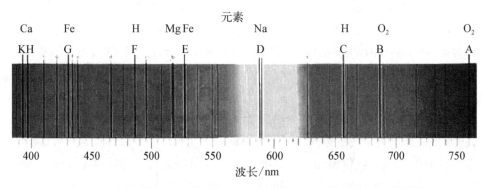

图 4-3　太阳光谱的夫琅和费线与认证的元素（O_2 是地球大气吸收线）

各种天体的光谱都显示有一定的连续光谱并叠有暗谱线（吸收线）或亮谱线（发射线）。不仅可见光波段，而且红外、紫外、射电等波段（更广义的）辐射谱都显示这样的特征，只是连续光谱的强弱、谱线的多少和强弱及波长有差别。辐射按波长的能量分布(或辐射能谱)蕴含着很多重要信息,通过理论分析研究可以得到天体的成分、温度等性质。

4.1.3 热辐射定律

与任何物质一样,天体物质既发射辐射,也吸收辐射。实际的发射和吸收过程是很复杂的,科学上相当有效的方法总是先从简化的理想情况进行研究。

1) 黑体和热辐射

考虑理想辐射体,它发射电磁辐射的效率最高;它又是理想的吸收体,可以吸收入射到它的一切波长的全部电磁辐射,因而它是"黑"的。所以,常称理想辐射体为**黑体**或**绝对黑体**。黑体从周围吸收辐射能量,转换为热能,温度升高。俗话说,有一分热发一分"光",热的黑体必然发射辐射而损失能量。当吸收与发射的能量达到动态平衡时,黑体就处于热动平衡温度,因而它的辐射只与温度有关。这样的辐射称为热辐射。

2) 普朗克定律

黑体的辐射能谱首先由德国著名物理学家马克斯·普朗克(Max Planck)在1901 年用能量不连续的假设得出,故称为**普朗克定律**,它表述为普朗克函数:

$$B_\lambda(T) = \frac{2hc^2}{\lambda^5} \frac{1}{e^{hc/k\lambda T} - 1} \qquad (4-3)$$

式中,B_λ 是波长 λ 处的辐射强度,其单位为 J·m^{-3}·s^{-1}·sr^{-1}(sr 是立体角);c 是光速;h 是普朗克常数;$k=1.380\,66\times10^{-23}$ J/K 是玻耳兹曼常数;T 是黑体的绝对温度(K)。利用波长和频率的换算公式(4-1),普朗克定律可以写为

$$B_\nu(T) = \frac{2h\nu^3}{c^2} \frac{1}{e^{h\nu/kT} - 1} \qquad (4-4)$$

B_ν 的单位是 J·m^{-2}·s^{-1}·Hz^{-1}·sr^{-1} 或 erg·cm^{-2}·s^{-1}·Hz^{-1}·sr^{-1}。各种温度的黑体辐射能谱绘于图 4-4。

3) 维恩定律

早在 1893 年,威廉·维恩(Wilhelm Wien)就提出了辐射能谱的一种公式——维恩定律:

$$B_\lambda(T) = b\lambda^{-5} e^{-a/\lambda T} \qquad (4-5)$$

式中,a 和 b 是两个常数。实际上,这就是普朗克定律式(4-4)在短波方面 $\left(\lambda \ll \dfrac{hc}{kT}\right)$ 的近似,$a=hc$,$b=2hc^2$。由式(4-5)还可导出辐射强度 B_λ 最大值

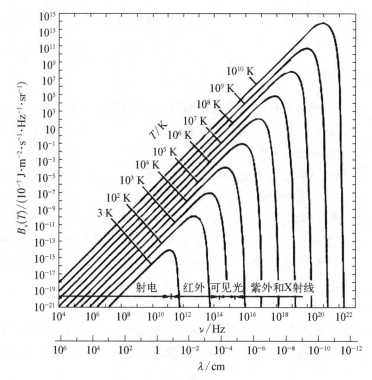

图 4-4 几种温度的黑体辐射能谱

的波长 λ_{max} 与温度成反比，称为"维恩位移定律"。

$$\lambda_{max} T = 2\,897.2\ \mu\text{m} \cdot \text{K} \tag{4-6}$$

应指出，B_ν 和 B_λ 的量纲是不同的，B_ν 最大值的频率 ν_{max} 由另一公式确定：

$$T/\nu_{max} = 1.700 \times 10^{-11}\ \text{K/Hz} \tag{4-7}$$

或相应波长

$$\lambda(\nu_{max}) = 50\,994\ \mu\text{m} \cdot \text{K} \tag{4-8}$$

由此可见，辐射体的温度越高，它的短波辐射越强，颜色越蓝；这样，我们就知道蓝色恒星比红色恒星温度高。

4）瑞利-金斯定律

维恩定律在长波方面与实验结果不符。20 世纪初，J. W. S. 瑞利（J. W. S. Rayleigh）和 J. H. 金斯（J. H. Jeans）提出辐射能谱的另一种公式——**瑞利-金斯定律**：

$$B_\nu = 2\nu^2 c^{-2} kT \quad \text{或}\ B_\lambda = 2c\lambda^{-4} kT \tag{4-9}$$

实际上,瑞利-金斯定律是普朗克定律在长波方面 $\left(\lambda \gg \dfrac{hc}{kT}\right)$ 的近似。

5) 斯忒藩-玻耳兹曼定律

黑体的所有波长的总辐射 B（更确切说,是**总辐射流 Φ**）只与温度有关。早在 1979—1884 年,约瑟夫 · 斯忒藩(Josef Stefan)和路德维希 · 玻耳兹曼(Ludwig Boltzmann)就得出黑体的总辐射 B 与(绝对)温度 T 的四次方成正比的规律——**斯忒藩-玻耳兹曼定律**：

$$\Phi = \pi B = \sigma T^4 \tag{4-10}$$

式中,$\sigma = 5.670\,5 \times 10^{-5}$ erg · cm^{-2} · s^{-1} · K^{-4} 为斯忒藩-玻耳兹曼常数。由普朗克定律也可以导出斯忒藩-玻耳兹曼定律：

$$B = \int_0^\infty B_\lambda \, \mathrm{d}\lambda = \int_0^\infty B_\nu \, \mathrm{d}\nu = \frac{\sigma T}{\pi} \tag{4-11}$$

对于半径为 R 的恒星,表面积为 $4\pi R^2$,有效温度为 T_e,总辐射流 L（总功率）为

$$L = 4\pi R^2 \sigma T_e^4 \tag{4-12}$$

在天文学上,称之为**光度**,常取太阳光度 $L_\odot$ 做单位,$1\,L_\odot = 3.828 \times 10^{26}$ W。

4.1.4 非热辐射

如果辐射源不处于热动平衡状态,则其辐射就不是热辐射(不符合普朗克定律),而称为**非热辐射**。近年来发现的很多新型天体,如类星体、星际分子射电源、X 射线源、γ 射线源等,它们的辐射能谱特性与热辐射有显著差别,甚至太阳和木星的某些射电爆发也是非热辐射。有多种"机制"产生非热辐射,这里仅举两例。

1) 回旋加速辐射

在外磁场中沿圆轨道或螺旋轨道运动的非相对论性（速度远小于光速）电子产生的辐射称为**回旋加速辐射**。它有线谱,谱线频率等于电子绕磁场运动的回旋频率（$\nu = \dfrac{eB}{2\pi m_e}$,$B$ 为磁场强度,e 和 m_e 为电子的电荷和质量）。这种辐射机制可以说明太阳耀斑、白矮星的光学辐射及中子星的 X 射线。

2) 同步加速辐射

在外磁场中沿圆轨道或螺旋轨道运动的相对论性（速度接近光速）电子产生的辐射称为**同步加速辐射**,因最早在同步加速器中发现而得名。它有连续谱。很

多有幂律谱(ν^α,α是谱指数)和偏振的相对论性电子,其宇宙非热辐射电辐射是同步加速辐射,某些射电星系和类星体也有可见光和 X 射线的同步加速辐射。

4.1.5　粒子辐射和引力辐射——引力波

天体除了电磁辐射外,还有太阳的高能粒子流及宇宙的高能粒子流(一般称为**宇宙线**),包括质子(氢原子核)、α 粒子(氦原子核)、少量其他原子核(锂、铍、硼、碳、氮、氧等)及电子、中微子(**统称为初级宇宙线**),而它们与地球大气作用后的粒子及作用中产生的各种粒子称为**次级宇宙线**。地面探测到的除了中微子外,几乎都是次级宇宙线。

引力波是广义相对论预言存在的,以波动形式传播的时空引力辐射。引力波一般是极弱的时空涟漪,其性质完全不同于电磁波,新兴的引力波天文学将揭示前所未知的宇宙奥秘(见本书下册第 11.7 节)。2015 年 12 月以来,因探测双黑洞合并触发的引力波,R. 韦斯(R. Weiss)、K. S. 索恩(K. S. Thorne)、B. C. 巴里什(B. C. Barish)获 2017 年诺贝尔物理学奖(见图 4 - 5)。

韦斯　　　　　　　　　索恩　　　　　　　　　巴里什

图 4 - 5　2017 年诺贝尔物理学奖获得者

4.1.6　原子与光谱

天体光谱的观测研究可以得到很多重要信息,如天体的化学成分、温度、磁场等。原子是天体的主要成分,这里简述原子结构及其光谱。

1) 原子结构和光谱

原子由原子核和电子组成。原子核由若干个带正电的质子和不带电的中子组成,其结构紧密,体积微小,但占原子的绝大部分质量。若干个带负电且质量小的电子在相当大的范围内绕原子核运动。不同元素的原子核有一定数目的质子(因而一定的正电荷数)从而确定其原子序数。中性原子的电子数等于原子核中的质子数。例如,氢的原子核只有一个质子,原子序数为 1,只有一个核外电子;氦的原子核有两个质子和两个中子,原子序数为 2,有两个核外电子。当原子中的电子获得足够的能量,就可以克服原子核的吸引力而逃离出去,于是该原子"电离"而成为**离子**。天文学上,中性原子常以元素符号后加罗马字母Ⅰ表示,一次电离(失去一个电子)的离子加Ⅱ,二次电离的加Ⅲ……例如,HⅠ表示中性氢原子,HⅡ表示氢离子,HeⅠ表示中性氦原子,HeⅡ表示一次电离的氦离子。与电离过程相反,自由电子与离子结合的过程称为**复合**。

原子的能量状态主要由核外电子的空间分布状况决定。原子的能量状态是量子化的,只有某些确定的**能级**。当原子从较高的能级跃迁到较低能级时,就辐射相应能量的光子。当原子吸收一个光子时,它从较低能级跃迁到较高的能级。能级之间的这种跃迁称为**束缚态-束缚态跃迁**,它遵守一定的量子力学规则,产生线谱。电子从束缚态获取足够的能量也可以发生在束缚态-自由态跃迁过程。自由电子在原子核场作用下也可以改变能量,从一种能量的自由状态变到另一种能量的自由状态。原子中的电子处于最低能级称为**基态**(**量子数** $n=1$),由基态跃迁到某一较高的能级——**激发态**(量子数 $n=2,3,\cdots$)所需的能量称为**激发电势**;而由基态电离所需最小能量称为**电离电势**。束缚态-自由态跃迁及复合的能量变化范围较宽或连续的,产生连续谱。

2) 氢原子光谱

氢是最简单的原子,也是宇宙中最丰富的元素,下面以它为例用简单图像说明原子光谱。在正常状态下,核外电子处于基态。原子获得能量(如受高能光子作用)时,其电子会从基态跃迁到激发态。

电子从高能级 E_j 跃迁到低能级 E_i 所发射的光子能量为 $h\nu=E_j-E_i$。氢原子的核外电子从量子数 $m>n$ 的一系列轨道跃迁到 n 轨道时,发射的一系列谱线称为**线系**。这些谱线的波长可用下面公式计算:

$$1/\lambda = R(1/n^2 - 1/m^2) \tag{4-13}$$

式中,$R=109\,677\ \mathrm{cm^{-1}}$ 为里德伯常数。$n=2$ 为**巴耳末线系**,头几条谱线的符号和波长分别为 $H_\alpha 656.3\ \mathrm{nm}$,$H_\beta 486.1\ \mathrm{nm}$,$H_\gamma 434.0\ \mathrm{nm}$,$\cdots$线系限为 $364.6\ \mathrm{nm}$;$n=1$ 为**赖曼线系**,头一条谱线的符号和波长分别为 $L_\alpha 121.5\ \mathrm{nm}$,线系限为 $91.2\ \mathrm{nm}$;$n=3$ 为**帕邢线系**,$n=4$ 为**布喇开线系**,$n=5$ 为**普丰德线系**……,这些线系都在红外波段。原子之外的自由电子跃迁到某 n 值轨道就产生线系限外的连续光谱,如图 4-6 所示。

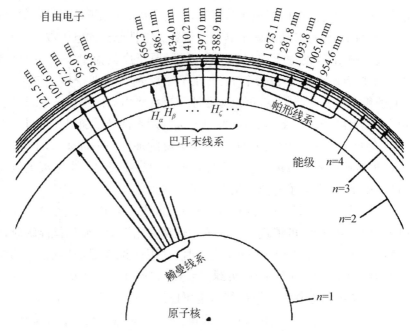

图 4-6　氢原子能级和光谱线系

大多激发态是不稳定的，很快（10^{-6} s，甚至 10^{-9} s）就跃迁返回基态而发射辐射。那么，吸收线是怎么产生的？这是因为大量原子中总有相当多从基态跃迁到激发态，总的效果是既有发射，又有吸收，因而产生不完全黑的吸收线。

3）类氢离子和其他原子的光谱

如果离子只剩下一个核外电子则称为**类氢离子**，它们的光谱有相似于氢原子光谱的谱线系，但里德伯常数改为与其原子核质量和原子序数有关的值。例如，氦离子（He Ⅱ）的皮克林线系是电子从 $n=5,6,\cdots$ 跃迁到 $n=4$ 的能级时发射的，头四条谱线波长为 1 012.4 nm，656.0 nm，5 421.2 nm，480.2 nm，线系限为 364.5 nm。

多电子原子的光谱问题很复杂，光谱实验和量子力学研究取得很多成果。例如，氢和碱金属（铍、镁、钙等）的光谱线都分为两套：一套为单层能级结构（单重态），产生单线的线系，并因电子组态不同而分为主线系、漫线系、锐线系、基线系等；另一套为三重能级结构（三重态），产生更复杂的线系。

1868 年在太阳色球光谱上发现当时未知元素的谱线（波长为 587.562 nm），25 年后才在地球上找到这种元素——氦；在星云的光谱中发现波长为 500.7 nm 和 495.9 nm 等未知谱线，后来认识到它们不是新元素，而是二次电离氧（OⅢ）产生的"禁线"。"禁线"是实验室条件下产生概率非常小的谱线，但易产生于星云环境。

4）分子光谱

分子由多个原子组成，其结构复杂。双原子分子的总能量 E 为三部分（电子能量 E_e、两原子相互作用的振动能量 E_v、两原子核绕它们重心轴的转动能量 E_r）之和，$E = E_e + E_v + E_r$。这些能级都是量子化的。从高能级跃迁到低能级发射光子能量。

$$h\nu = E' - E = (E'_e - E_e) + (E'_v - E_v) + (E'_r - E_r) \qquad (4-14)$$

一般来说，$(E'_e - E_e)$ 为 $1\sim20$ eV，$(E'_v - E_v)$ 为 $0.05\sim1$ eV，$(E'_r - E_r)$ 小于 0.05 eV。纯电子能级跃迁的发射在紫外到可见光波段，纯振动跃迁的发射在红外波段，纯转动跃迁的发射在远红外波段，三种叠加一起仍在紫外到可见光波段，振动和转动叠加一起则在红外波段。分子光谱的谱线常密集成一段段的带组，各带组含几个带。每一带的各谱线相当于 $(E'_e - E_e)$ 和 $(E'_v - E_v)$ 不变，而 $(E'_r - E_r)$ 不同，即转动能级跃迁的谱线组成一带；$(E'_e - E_e)$ 决定几带。实际上，有些带彼此交错或重叠，较难识别。作为例子，图 4-7 给出彗星的光谱，可认证出 CN、C_2 等分子及 CO^+、CO_2^+、H_2O^+ 离子。

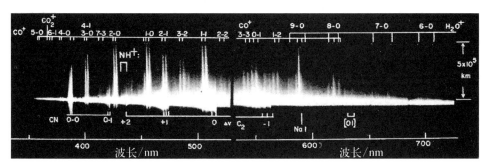

图 4-7 威斯特(West)彗星的光谱

4.2 光学望远镜

光学望远镜是进行可见光以及近红外、近紫外波段天文观测的光学仪器系统。它聚集天体来的辐射并成像，通过目视或摄像等观测手段获得天体的信息资料。

4.2.1 光学天文观测仪器系统

天文观测仪器系统包括望远镜、辐射分析器、探测器和计算机等部分，如图 4-8 所示。望远镜用于收聚天体来的辐射，辐射分析器和探测器用于测量天

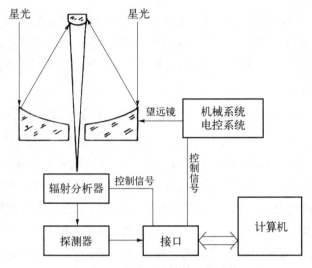

图 4 - 8   光学望远镜的总体结构

体辐射，计算机用于记录和处理天体信息及仪器控制。

光学望远镜有三方面作用：一是物镜增加聚光，人眼瞳孔很小（最大直径仅8 mm），收聚天体辐射很少，望远镜的大物镜可收聚上亿倍于人眼的天体辐射；二是提高分辨能力，人眼直接看不清的月球表面细节，望远镜则可分辨出来；三是望远镜机械装置容易对准天体并进行较长时间跟踪观测。

光学望远镜总体结构可分为光学系统、机械装置、电控设备三部分。

光学系统是光学望远镜的最基本部分，其主件是物镜。与照相机镜头作用一样，物镜收集从天体来的更多辐射并聚焦成天体像，以便观测。天体摄像可直接在物镜的焦面上进行，或者再用镜头把物镜焦面的天体像进行二次（放大或缩小）成像。目视观测还需用目镜来观看物镜焦面的天体像。物镜及目镜装在一个镜筒上。常把两三个用途不同的望远镜以光轴平行地并装，小的寻星望远镜视场大，而大的主望远镜可加载观测仪器。

机械装置包括基座及其上面两个相互垂直的转轴、刻度盘及指标，以便于望远镜灵活地对向天体。机械装置按转轴方向不同常采用地平式和赤道式。

赤道式装置的两个轴是**极轴**和**赤纬轴**。极轴平行于地球自转轴，而赤纬轴平行于赤道面。望远镜绕赤纬轴转动可对向天体的赤纬，绕极轴转动可对向天体的时角（因而赤经）且易跟踪天体的周日运动，如图 4-9 所示。多数望远镜采用这类装置，因而常称为"**赤道仪**"。具体型式又分为德国式、英国式、框架式、马蹄式、叉式、地平式，如图 4-10 所示。

图 4 - 9　光学望远镜示例

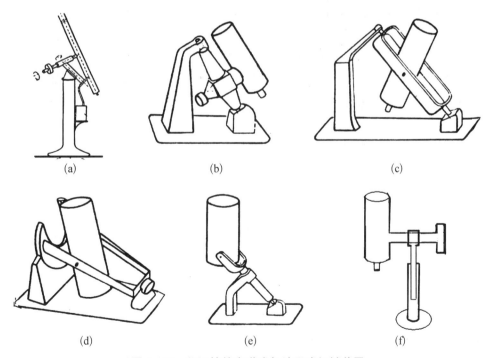

图 4 - 10　望远镜的赤道式与地平式机械装置

(a) 德国式；(b) 英国式；(c) 框架式；(d) 马蹄式；(e) 叉式；(f) 地平式

地平式装置的两个轴分别在垂直和水平方向。望远镜绕垂直轴转动可对向天体的地平经度(方位角),绕水平轴转动可对向天体的地平纬度(高度角)。天体测量仪器(如经纬仪)和人造卫星观测仪常用地平式装置,重量大的望远镜也用这类稳定性较好、造价较低的装置。

电控设备用于控制望远镜的指向并跟踪天体视运动。由钟控电机驱动传动系统带动极轴转动(常称为转仪钟),而自动或手控设备控制电机的运行状况。

4.2.2　光学望远镜的性能

为了更有效地使用光学望远镜,需要很好地了解其性能。光学望远镜的性能由以下六个物理量表征。

1) 口径

望远镜口径一般指物镜的有效通光直径,常以符号 D 表示。物镜收集星光的能力与其面积($\pi D^2/4$)成正比,因此,物镜的口径越大就越容易观测到更暗的天体,望远镜就可以观测到人眼直接看不到的暗天体。

2) 分辨本领

望远镜的分辨本领以最小分辨角来表征;分辨角越小,分辨本领越高。恒星遥远且视角径微小,在望远镜中恒星像仍呈点状,这样的光源称为**点光源**。太阳、月球、行星和星云等天体的视角径较明显,用望远镜可以看出视面,统称**有视面天体**或**延展天体**。最小分辨角是指望远镜刚好可分辨的两个点光源(如双星)的角距或延展天体视面细节的角距。由于物镜的光衍射效应,点光源的像不是理想的点,而是小衍射斑,因而限制了望远镜的分辨角。高品质物镜的分辨角 θ(弧度)与物镜口径 D 和波长 λ 有关:

$$\theta = 1.22 \frac{\lambda}{D} \qquad (4-15)$$

目视观测最敏感波长为 $0.55\ \mu m$,当 D 以毫米为单位时,分辨角(角秒)为

$$\theta_v'' = \frac{140''}{D} \qquad (4-16)$$

例如,物镜口径为 $10\ mm$ 的望远镜最小分辨角为 $1.4''$。作为对比,人眼瞳孔直径最大时(黑暗中)为 $8\ mm$,白昼时仅为 $2\ mm$,人眼的分辨角为 $18''\sim70''$,由于人眼不是理想的"物镜",实际分辨角约为 $2'$。黑白照相观测最敏感波长一般为 $0.44\ \mu m$,照相观测分辨角的角秒值为

$$\theta''(照相) = \frac{110''}{D} \tag{4-17}$$

由于物镜的缺陷和大气的扰动,望远镜的实际分辨角要大些。

3) 放大率和底片比例尺

目视望远镜可以观测**延展天体**的放大像,实际上是视角放大。放大倍数或放大率实际是"角放大率"。

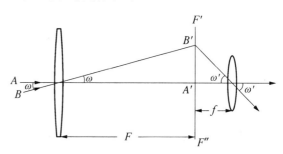

图 4-11　望远镜的角放大率和底片比例尺

在图 4-11 中,若行星中心 A 在望远镜光轴方向上,其边缘一点 B 在与光轴成 ω 角的方向上(即行星的角半径为 ω),焦距为 F 的物镜成行星半径 AB 的像 $A'B'$ 于其焦面上,从焦距为 f 的目镜看到像 $A'B'$ 的角距为 ω',由于物镜和目镜的焦点重合,所以角放大率 G 为

$$G = \frac{\tan\omega'}{\tan\omega} = \frac{A'B'/f}{A'B'/F} = \frac{F}{f} \tag{4-18}$$

这表明,物镜的焦距越大和目镜的焦距越小,角放大率越大。若 A 和 B 为两颗恒星,则在目视望远镜中看到它们的角距就显得大多了。望远镜常配有几个不同焦距的目镜更换使用,从而有几种(角)放大率。实际上,目镜的出射光束(出射光瞳)直径为 $d = \dfrac{Df}{F}$,如果 d 超过人眼瞳孔直径 d_0,则出射光束就白白损失掉一部分,由此角放大率的下限取等瞳孔放大率 $G_0 = D/d_0$。另一方面,望远镜的最大分辨本领受物镜的最小分辨角 θ'' 的限制,若取目镜看到的角距为人眼分辨角 $60''$,则**分辨放大率** $G_r \approx 60''/\theta''$。例如,口径 140 mm 物镜的分辨角 $\theta'' = 1''$,仅需 $G_r \approx 60$ 就达到了分辨限,一般可取 $2\sim 4\,G_r$[或 $2D$(单位为毫米)]作为角放大率的上限。此外,物镜和目镜的光学成像质量以及地球大气扰动导致分辨角常大于 $1''$,目视望远镜观测一般使用的放大率为 $30\sim 300$ 倍,虽然使用很大的放大率看起来星像大了,但并不能提高分辨本领,星像反而变模糊了,且有效视场变小了。某些望远镜销售广告吹嘘 500 倍甚至 1 000 倍的高放大率是不切实际的!

一般观剧用的或军用的双筒望远镜也可以用来观测较亮(亮于 9^m)的天体,如观测彗星。双筒望远镜都标有放大倍率×物镜口径(单位为毫米)的数字。例如,6×30 表示放大倍率为 6 倍、物镜口径为 30 mm ;10×50 表示放大倍率为 10 倍、物镜口径为 50 mm。

当直接在望远镜物镜焦面进行天体摄像时,用**底片比例尺**作为望远镜性能指标,它定义为底片中央每 1 mm 所对应的星空角距。从图 4 - 11 可见,若天体像的线距离 $A'B'$ 对应于角距 ω,则底片比例尺为

$$\phi = \frac{\omega}{A'B'} = \frac{1}{F}\left(\frac{\mathrm{rad}}{\mathrm{mm}}\right) = \frac{206\ 265''}{F(\mathrm{mm})} \tag{4 - 19}$$

4) 相对口径

相对口径也称为**光力**,是口径 D 和焦距 F 之比,以符号 A 表示:

$$A = D/F \tag{4 - 20}$$

它的倒数(F/D)称为**焦比**,常写为 $F/($焦比$)$,例如 $F/10$(即焦距是口径的 10 倍)。照相机镜头的光圈数就是焦比。物镜所成延展天体像的亮度与其相对口径的平方(A^2)成正比,观测暗的延展天体应当用相对口径大的望远镜。

望远镜的增益 F_g 定义为

$$F_g = \frac{\eta D^2}{dF^2} \tag{4 - 21}$$

式中,η 为通光(反射或透射)效率;d 为星的像斑直径(由于物镜的光学衍射效应及地球大气湍流的影响,恒星的像也不是理想的点状,而是小斑)。可见,增益除了与相对口径密切相关外,还与大气宁静度有关,因而应选择大气宁静度和透明度良好的观测地点。

5) 视场

由于物镜总有像差等缺点,仅其光轴附近区域成像良好,此区域对应的星空角径称为**工作视场**。目视望远镜仅能观测到星空的小部分区域,若目镜的工作视场角半径为 ω',实际视场 2ω 可用 $\tan\omega = \dfrac{\tan\omega'}{G}$ 计算。照相观测的实际视场 2ω 则与物镜焦距和底片大小(边长为 $2L$)有关,$\tan\omega = \dfrac{L}{F}$。寻星望远镜的物镜口径和放大率都较小,工作视场一般大于 $2°$,容易参考周围星空来寻找和辨认欲观测的天体,但不易看到很暗天体。而目视主望远镜则用于高分辨及暗天体的观测。

目视望远镜的视场与所用的目镜或放大率有关,放大率越大,视场越小。实用中,常由下述方法测定视场:把望远镜对向天赤道附近一颗赤纬为 δ 的恒星,

调到视场中心,固定望远镜并停掉转仪钟,星像就沿时角改变的方向运动,记录下星像从视场中心到边缘经过的时间 t(以时秒为单位),则视场的角直径(以角分为单位)为

$$\omega' = 0.5t\cos\delta \tag{4-22}$$

6) 贯穿本领(极限星等)

贯穿本领指的是望远镜可以观测到最暗天体的能力。它常以理想条件下,望远镜可观测到天顶处最暗恒星的**极限星等**表示。它与很多因素(物镜口径与光学质量、地球大气透明度、天空背景光等)有关,其中最主要的是物镜口径。目视望远镜的极限星等 m_v 粗略估计为

$$m_v = 2.1 + 5\lg D \tag{4-23}$$

式中,D 以毫米为单位。例如,口径 $D = 100$ mm 时,极限星等 $m_v = 12.1^m$;$D = 400$ mm 时,极限星等 $m_v \approx 15.1^m$;$D = 5\,000$ mm 时,极限星等 $m_v \approx 20.6^m$。

光学望远镜性能的总评价常用**品质因子 Q** 表示:

$$Q = \Phi\omega^2\Delta\lambda \tag{4-24}$$

式中,Φ 为辐射流量密度,ω 为视场,$\Delta\lambda$ 为观测的波长范围。

4.2.3　光学望远镜的类型

按所用物镜的类型不同,光学望远镜可分为以下三类。

1) 折射望远镜

用透镜当物镜的望远镜称为折射望远镜。为了减少各种像差,物镜常由两块,或三四块组合而成。这类望远镜一般焦距较长、相对口径较小,但工作视场大。世界最大的折射望远镜在美国叶凯士(Yerkes)天文台$\left(D = 101.6 \text{ cm}, A = \dfrac{1}{19.4}\right)$(见图 4 - 12),第二大的在美国里克(Lick)天文台$\left(D = 91.4 \text{ cm}, A = \dfrac{1}{20}\right)$,

图 4 - 12　叶凯士天文台的世界最大折射望远镜

第三大的在法国默冬(Meudon)天文台$\left(D=83\,\mathrm{cm}, A=\dfrac{1}{19.5}\right)$。一般较大望远镜组中的寻星(小)望远镜乃至导星望远镜常用折射望远镜。

2) 反射望远镜

物镜以凹面(常为抛物面)反射镜为主镜的望远镜称为反射望远镜。除主镜外,还常有较小的副镜以改变光路、焦距和改善像差。这类望远镜的口径可以很大,但视场小,实际常见的有如下几种类型(见图 4-13)。

(1) 牛顿式,副镜是平面反射镜。

(2) 卡(塞格林)式,副镜是凸双曲面镜,改进为主、副镜都是准双曲面的则称为 R-C 系统,主、副镜组合的等效焦距比主镜焦距大。

(3) 折轴系统,大型望远镜还用平面反射镜把从副镜出来的光束转向空心极轴射出而成为折轴系统,以进入固定的大型分析探测系统。例如,我国国家天文台的 2.16 m(口径)望远镜有卡式和折轴两种焦点,卡式 R-C 系统焦距为 19.44 m、视场为 $10.61''$(加改正镜后达 $50'$),折轴系统焦距为 97.20 m、底片比例尺为 $2.12''/\mathrm{mm}$[见图 4-13(c)]。

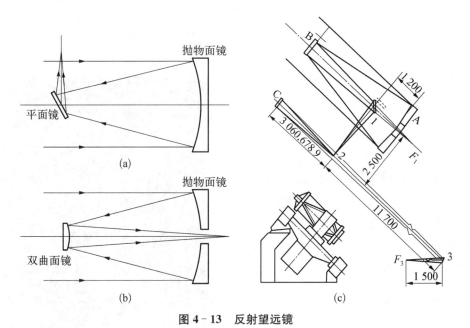

图 4-13 反射望远镜

(a) 牛顿式;(b) 卡式;(c) 折轴系统

3) 折反射望远镜

这是改正透镜和反射镜组合物镜的望远镜。由于改正透镜修正了像差,所以这类望远镜的相对口径和视场都很大。实际常用类型有如下几种(见图 4 - 14)。

(1) 施密特望远镜,在球面反射镜的球心处加一个前表面平、后表面中央及外部凸的特殊改正透镜,其焦面是弯的、位于两镜之间。如果在反射镜前加组合改正透镜,则构成视场更大(达 55°)的超施密特望远镜,更适于拍摄流星和人造卫星及搜寻新天体。

(2) 马克苏托夫望远镜,在球面反射镜的球心处加一个剖面为弯月形(前后面都是球面)的改正透镜,其焦面也是弯的、位于两镜之间。

(3) 马克苏托夫-卡塞格林望远镜,在马克苏托夫改正镜的后表面中央镀铝或另粘一个副镜,以使光束从主反射镜中央的圆孔出来在后面成像。

折反射望远镜的口径常标有两个值,第一个是改正透镜直径,第二个是反射镜直径,例如,北京天文台的施密特望远镜的口径是 60/90(cm)。

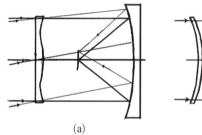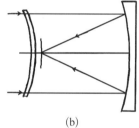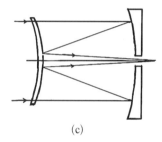

| (a) | (b) | (c) |

图 4 - 14　折反射望远镜

(a) 施密特望远镜;(b) 马克苏托夫望远镜;(c) 马克苏托夫-卡塞格林望远镜

4.2.4　现代大型望远镜及主动/自适应光学

望远镜的集光能力随着口径的增大而增强,望远镜的集光能力越强,就能够看到更暗更远的天体。因此,天文学的发展需要更大口径的望远镜。但是,随着望远镜口径的增大,一系列的技术问题会接踵而来。自 20 世纪 70 年代以来,在望远镜的制造方面发展了许多新技术,其中涉及光学、力学、计算机、自动控制和精密机械等领域,特别是主动光学和自适应光学技术的出现和应用,使望远镜的设计思想有了一个飞跃。

1) 现代大型望远镜

现代已使用的大型望远镜多数是反射望远镜和折反射望远镜,表 4 - 1 列出它们的情况。欧洲南方天文台(简称"欧南台",ESO)的等效口径为 16 m 的甚大望远镜(VLT)由 4 个直径为 8.2 m 的反射镜(R - C)组成。两架 Keck 望远镜都是由 36 个口径为 1.8 m 的反射镜(每个都是口径为 10 m 的抛物面的一部分)拼镶的。光谱巡天 Hobby‑Eberly 望远镜是美国和德国合作的,由 91 个球面反射镜组合,等效口径为 9.2 m。美国、英国、加拿大、智利、阿根廷和巴西合作的双子(Gemini)望远镜有两架口径为 8.1 m 的望远镜,放在南、北半球各一架。日本的等效口径为 8.3 m 的(R‑C)昴星团望远镜(Subaru)安装在夏威夷。

表 4‑1　口径大于 3 m 的反射望远镜

望远镜名	口径/m	焦　比	地址(国家)	建成年
VLT(甚大望远镜)	16	F/13.5,15	Cerro Paranal(智利欧南台)	2001
Keck I、Keck II	10	F/1.75,15,25IR	Mauna Kea(美国)	1996
HET	10	(F/1.4)F/4.7	Davis McDonald(美国)	1996
Subaru	8.2	F/2.0,12.2,12.6	Mauna Kea(日本)	1999
Gemini(北)	8.1	F/1.8,16IR,19.6	Mauna Kea(美国)	1999
Gemini(南)	8.1	F/1.8,6	Cerro Paranal(智利)	2000
MM	6.5	F/1.25,5.4,9,15	Mount Hopkins(美国)	1999
Magelln I	6.5	F/1.25,11,15	Las Campanas(智利)	1999
Bol' sho	6.0	F/4.3	Mount Pastukhov(俄罗斯)	1975
Hale	5.08	F/3.3,16,30	Palomar Mountain(美国)	1948
LAMOST	4	F/5.0	北京天文台(中国)	2008
Herschel	4.2	F/2.5,11	La Palma(Canaryy 岛)	1987
CTIO	4.001	F/2.8,8.0	Cerro Tololo(智利)	1976
AAT	3.893	F/3.3,8,15,36	Siding Spring(澳大利亚)	1975
Kitt Peak	3.81	F/2.7,8,15.7IR,190	Kitt Peak(美国)	1973
UKIRT	3.802	F/2.5,36IR	Mauna Kea(美国)	1978
CFHT	3.58	F/3.8,8,20,35	Mauna Kea(美国)	1979
Galileo	3.58	F/2.5,6,11	La Palma(Canaryy 岛)	1988
ESO 3.6‑metre	3.57	F/3.0,8.1,3,35IR	La Silla(智利)	1977
NTT	3.5	F/2.2,11	La Silla(智利)	1989

（续表）

望远镜名	口径/m	焦　比	地址（国家）	建成年
Schmidt 3.5-metre	3.5	F/3.5,3.9,10,35	Calar Alto（西班牙）	1984
ARC	3.5	F/1.75	Apache Point（美国）	1994
WIYN	3.5	(F/1.75)F/6.3	Kitt Peak（美国）	1994
Shane	3.05	F/5,17,36	Mount Hamilton（美国）	1959
NASA IRTP	3.0	F/2.5,35,120IR	Mauna Kea（美国）	1979

另外，美国和意大利合作的等效口径为 11.8 m 的哥伦布（Columbus）大双筒望远镜（LBT）为 2 个 8.4 m 卡式反射镜。西班牙的等效口径为 10.4 m 的 GTC（Gran Telescope Canarias）类似于 Keck 组合。南非大望远镜（SALT）是孪生的 Hobby-Eberly（多球面组合）望远镜，由 91 个六角形（内径为 1 m）反射镜合并为 11.1 m×9.8 m 的球面，等效口径为 9.2 m。

改正镜口径大于 1 m 的折反射望远镜列于表 4-2。

表 4-2　改正镜口径大于 1 m 的折反射望远镜

口径/m	焦　比	地址（国家）	建成年
1.34/2.0	F/3.00	Tautenberg（德国）	1960
1.24/1.86	F/2.47	Palomar（美国）	1948
1.24/1.83	F/2.5	Siding Spring（澳大利亚）	1973
1.05/1.50	F/3.1	Kiso（日本）	1975
1.05/1.50	F/3.00	Kvistaberg（瑞典）	1963
1.00/1.62	F/3.06	La Silla（智利，欧南台）	1972
1.00/1.50	F/3.00	Llano del Hato（委内瑞拉）	1978
1.00/1.32*	F/2.13	Burakan（亚美尼亚）	1961

* 这里是马克苏托夫望远镜，其余都是施密特望远镜。

图 4-15 为六个大型望远镜实物图。

我国自主设计建造的郭守敬望远镜（见图 4-16）——大天区面积多目标光纤光谱天文望远镜（LAMOST）是南北向的中星仪式反射施密特望远镜。两个反射镜由 1.1 m 六角镜并合，第一反射镜 MA（24 镜并合 5.72 m×4.4 m 矩形）是主动光学控制施密特校正板，大转道到更大球面反射镜 MB（37 镜并合 6.67 m×

图 4-15　六个大型望远镜

(a) GTC；(b) Keck；(c) SALT；(d) Subaru；(e) VLT；(f) LBT

6.09 m 矩形)，聚焦到直径为 1.75 m 的焦平面，等效口径达 4 m，视场达 5°。焦面有 4 000 个光纤单元，各自传输光到后面 16 个 250 通道的光谱仪之一，各光谱仪有两个 CCD 相机同时获得它们的(波段为 510～540 nm，830～890 nm)光谱，成为光谱获取率最高的望远镜。

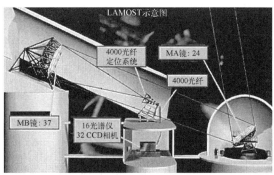

图 4 - 16　郭守敬(LAMOST)望远镜

2) 主动光学和自适应光学

建造现代大型望远镜的目的是提高聚光能力和分辨本领,以便观测更暗天体和分辨细节。提高聚光能力就要增大物镜的口径。实际分辨本领主要受两方面因素限制:一方面望远镜组件受温度和自重变化影响而使星像畸变;另一方面地球大气湍流的扰动使星像质量变坏。前一因素变化比后一因素慢得多。两因素导致的分辨本领下降可分别用主动光学(active optics)和自适应光学(adaptive optics)校正;后一因素可用斑点成像技术校正。

主动光学是矫正望远镜组件变化所致星像畸变的波面校正技术。它是 20 世纪 80 年代以来发展的,用计算机控制智控器主动改正(多镜组合)反射镜面的变化,以较慢频率(1 Hz)消减星像畸变。

自适应光学是实时快速(100~1 000 Hz)控制和补偿大气扰动所致星像质量变坏的光学技术。1953 年,美国天文学家 H. D. 巴布科克(H. D. Babcock)首先提出补偿大气折射不均匀所致视宁度变坏的设想,原理是利用一套光学系统,由波前传感器测量星光的瞬时波前畸变,并传输驱动改正器件所需的信号,以达到和保持最佳的视宁度。20 世纪 70 年代人们发展了用于军事目的的自适应光学技术。1989 年法国成功地建成第一套自适应天文观测的实验装置,并于 1994 年安置于欧洲南方天文台(ESO)的 3.6 m 望远镜上,取得满意的效果。如今大型地基光学望远镜已普遍采用自适应光学技术以提高成像质量和观测效率,使得最小分辨角达 0.3″。

斑点成像(speckle imaging)是提高光学成像质量,使之达到或接近望远镜设计和制造所固有的分辨率的天体物理技术和方法。典型的恒星像的直径在最佳条件下取决于衍射斑的大小,但较长时间的照相曝光下,地球大气的湍流扰动使星像在成像点上连续而又无规律地运动,最终形成远比衍射斑大的模糊星像。采用斑点成像技术,在光学波段和红外波段都可取得无畸变星像,分辨率可提高 50 倍。

此外,几架望远镜同时做光的干涉测量,瞬间观测到的星像实际是很多复杂斑点构成的干涉图像,可通过电脑进行"傅里叶变换"消除畸变,提高分辨,重现良好星像,用这种方法甚至可以观测到恒星视面上的大黑子和恒星周围的"行星凌恒星"现象。

4.3 辐射分析器和探测器

物镜所成的天体像只是天体各波长辐射的混合("总辐射"或"白光")特征,为了从观测得到天体性质和现象的信息,还需用辐射分析器和探测器来"破译"。

4.3.1 辐射分析器

将天体总辐射"分解"是破译天体信息的重要一步。辐射分析器的作用就是分解和分析天体的辐射性质。自牛顿发现太阳光谱后,人们研制出多种光谱仪器来观测天体光谱(见图 4-17)。最简单的是在目镜中加个特制小棱镜作目视分光镜来观测恒星光谱。一个小顶角的大三棱镜加在物镜前构成**物端棱镜**系统或**棱镜照相机**,可在其焦面上用照相底片同时摄下很多恒星的光谱,恒星光谱分类表正是由这样的资料编出的。为得到更好的天体光谱,科学家研制出了专门的天体摄谱仪。

原则上,天体摄谱仪与普通的实验室光谱仪是相同的。光谱仪可分为三部分:准直系统、色散系统和摄谱系统。准直系统由入射狭缝和聚光镜组成,其作用是使从光源来的光变为平行光束再入射到色散系统。色散系统常用三棱镜或光栅,它使各波长混合的辐射按不同波长分解(色散)开来。摄谱系统的照相镜把色散后的光聚焦形成光谱,最后摄录下来。

小型的天体摄谱仪直接装在转动的望远镜上,让望远镜物镜所成天体像落在入射狭缝处。大型天体摄谱仪不直接装在望远镜上,而是固定的,由"折轴"光路把天体像呈现在其入射狭缝处。

天体摄谱仪常用反射光栅,它有很多相互平行、等宽、等距的细刻线槽,由于反射光的干涉和衍射而分解成光谱。光栅一般每毫米有 600 条刻线槽,色散度比三棱镜大很多。

拍摄暗天体的光谱(尤其是大色散光谱)是极其困难的,有些天文研究可以用一些较窄波段的天体辐射资料来替代,于是根据需要和可能而使用各种**滤光器**做辐射分析器。因为人眼只对可见光敏感,所以人眼实际上就是可见光波段的滤光器。各种颜色的技术玻璃磨制的滤光片用于天体的多色光度测量。镀多层干涉膜的滤光片可达到透射带(波段)10 nm 以下,用于拍摄天体的很纯单色像。太阳色

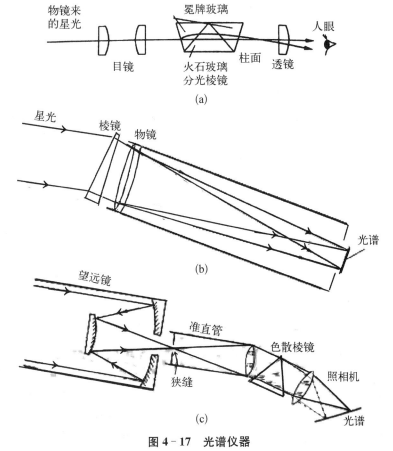

图 4-17　光谱仪器

(a) 目视分光镜；(b) 棱镜照相机；(c) 天体摄谱仪

球望远镜中的干涉偏振滤光器的透射带小于 0.1 nm，用于拍摄色球的氢等元素发射线的单色图像。此外，天文研究中还用另一些辐射分析器，例如偏振片等。

天体摄谱仪的主要性能指标如下：

(1) **色散度**　色散度表示分解各波长的能力。棱镜或光栅的分解能力是"角色散度"，即单位波长间隔的光被分解的角度 $d\theta/d\lambda$(rad/Å)；而实际使用"线色散度"，即单位波长间隔的光被分解的长度 $dl/d\lambda$(mm/Å) 或 $d\lambda/dl$(Å/mm)。

对于顶角 A，玻璃常数 c、λ_0，折射率 n 的三棱镜，其角色散度为

$$\frac{d\theta}{d\lambda} = -\frac{2\sin\left(\dfrac{A}{2}\right)}{\sqrt{1 - n^2\sin\left(\dfrac{A}{2}\right)}}\frac{c}{(\lambda - \lambda_0)} \tag{4-25}$$

对于反射光栅,其角色散度为

$$\frac{\mathrm{d}\theta}{\mathrm{d}\lambda} = \frac{m}{b\cos\theta}$$ (4-26)

式中,$m = 0, 1, 2, \cdots$是光谱级;b 是光栅常数。

(2) 分辨本领(R)定义为 $R = \dfrac{\lambda}{\Delta\lambda}$,即可分辨的最小波长差 $\Delta\lambda$ 的能力。棱镜摄谱仪的分辨本领主要受准直镜口径 D 限制,其分辨本领为

$$R = D\frac{\mathrm{d}\theta}{\mathrm{d}\lambda}$$ (4-27)

光栅摄谱仪的分辨本领主要受光栅的总刻槽数 N 和光谱级 m 限制:

$$R = Nm$$ (4-28)

4.3.2　辐射探测器

天文观测的目的是把通过望远镜、辐射分析器出来的天体辐射记录下来,以供进一步分析研究。天文观测的辐射探测器有多种,人眼就是最简便的探测器,用得更多的还有照相底片、光电倍增管及其他光电器件等,它们各有其特点和局限。这里先讨论辐射探测器的一般性能,然后介绍几种常用的探测器。

(1) **灵敏度**(或**响应**)定义为单位辐射能所引起的探测器输出信号强度,即输出信号强度与入射辐射能之比。有些探测器(光电器件)是"线性的",即输出信号强度与入射辐射能成正比(或灵敏度为常数)。很多探测器(人眼、照相底片)是"非线性的",灵敏度与入射辐射能不成正比,这就需要实验测出输出信号强度与入射辐射能的关系——**特性(定标)曲线**。

(2) **光谱响应**又称**分光敏度**,即探测器对不同波长辐射的响应特性,多数探测器是有选择性的,即对一定波段辐射更灵敏,例如,人眼对波长为 $0.55~\mu\mathrm{m}$ 的辐射灵敏度最大,而对红光和紫光的灵敏度小,更不能观测红外和紫外辐射;某些光电倍增管则对紫外线的灵敏度很高。

(3) **量子效率**定义为探测器可记录的光子事件数目和入射光子数之比,它表征探测器接收并记录信息的能力。常采用**可探测量子效率**(DQE),定义为输出的信噪比 $(S/N)_{\text{out}}$ 和输入的信噪比 $(S/N)_{\text{in}}$ 平方之比,即 $DQE = \dfrac{\left(\dfrac{S}{N}\right)^2_{\text{out}}}{\left(\dfrac{S}{N}\right)^2_{\text{in}}}$。

一般照相底片的 DQE 为 $0.1\%\sim1\%$,敏化处理后可达 4%;光电倍增管的 DQE 峰值可达 30%;某些光电器件的 DQE 可超过 60%。

(4) **时间分辨率**和**空间分辨率**分别表征探测器对天体辐射的响应快慢和鉴别天体像细节的能力。

(5) **探测器的动态范围**是指可探测的辐射有最大值和最小值。因为探测器有噪声,所以可探测的辐射有下限;因为很强的辐射作用会使探测器出现饱和乃至损坏,所以可探测的辐射有上限。因此,探测器有一定的可用动态范围。

4.3.3 常用的探测器

常用的探测器有人眼、照相底片和光电探测器。

1) 人眼和目镜

人眼虽然有因人因时而异等缺点,但仍方便常用,熟悉眼睛性能才会更好发挥其效用。眼瞳孔直径在白天约为 $2\,mm$,黑夜可扩大到 $6\sim8\,mm$,虽然用眼直接观测的极限星等只有 6^m,分辨角仅 $1'$,但借助目视望远镜则可以看到很暗天体及分辨细节。人眼有选择性,对可见光,尤其黄绿光和黑暗环境很敏感,甚至可以觉察出几个光子的作用,从黑暗到光亮环境适应较快,但从光亮环境到黑暗需约 $15\,min$ 时间才能适应,因此在观测中应避免强光照射眼睛。目视观测的时间分辨率较高,可以观测到天体的变化现象,但视觉反应要慢 $0.1\sim0.25\,s$,而且光作用停止后还有"视觉暂留",不能辨别快于 25 次/秒的闪现现象。

眼睛的分光响应和适应如图 $4-18$ 所示,其中 V 为视见函数,表示人眼对不同波长的光的视觉灵敏度。

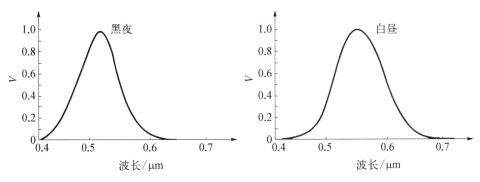

图 4-18 眼睛的分光响应

虽然现代天文观测大量使用光电仪器,但目视观测仍是最基本的工作。用望远镜进行天体的目视观测需要目镜,目镜起两种作用:一是放大天体像的视角,这对观测延展天体(月球、行星、彗星、星云)表面的细节和分辨近距恒星(双星、聚星、星团)是很重要的;二是目镜的前焦点调节在物镜(焦面)所呈的天体像上,因而使从目镜出射的光束变为平行光,用人眼观测很方便。显然,目镜的光学质量会影响观测效果。目镜有多种:① 惠更斯(Huygens)目镜(H 或 HW),由两个同型号玻璃的平凸透镜组成,凸面都朝向物镜,主焦点在两透镜之间,工作视场为 $25°\sim40°$;② 冉斯登(Ramsden)目镜(R 或 SR),由两个同型号玻璃的平凸透镜组成,两个透镜的凸面都朝内,工作视场为 $25°\sim40°$,由于它的第一主焦点在前透镜之前,易安置十字丝或分划板,也易磨制而较价廉,改进型的冉斯登目镜的视场为 $40°\sim50°$;③ 消畸变目镜,由于透镜有各种像差,导致横向(视场不同区域)放大率不同,结果使像的几何形状改变,这种现象称为“畸变”。用复合透镜组成的目镜可以更好地减少像差,尤其是减少畸变,扩大工作视场,这类目镜称为消畸变目镜。

惠更斯目镜和冉斯登目镜因成像质量差和视场小,已逐渐淘汰。为完善目镜的性能,增大视场,提高成像质量,科学家已研制出多种现代目镜。例如,Radian 系列目镜:结构为 6 或 7 个镜片的视场为 $60°$;超广角(Super Wide Angle, SWA)系列目镜的视场为 $67°$;Nagler 系列目镜的视场可达 $82°$,大视场要转动眼球才可看遍,有所谓“太空漫游”的感觉,但其结构复杂,价格昂贵。

2) 照相底片

照相底片作为探测器对天文学发展起过重要作用,有多种类型照相底片供选用,虽然彩色底片可以拍摄出天体的美丽图像并有一定的科学价值,但天文观测上更有分析价值的是各种光谱响应的黑白专用天文底片。照相底片的特点是:① 底片尺寸足够大(如 30 cm×30 cm),可配合大视场望远镜使用;② 底片颗粒细小,可配合长焦望远镜使用,分辨本领好;③ 长时间感光可拍摄很暗天体;④ 底片的信息容量大,可达 10^8 bits 甚至 10^{10} bits。照相底片的缺点是:① 可探测量子效率低,仅为 4%;② 响应的非线性,测量需定标特性曲线——“照相密度”(即黑度)与露光(能)量关系;③ 动态范围(“宽容度”)小,一般几十倍;④ 底片各部分不均匀,有像晕等缺陷。

3) 光电探测器

利用金属或半导体受辐射作用而发生电性变化的现象(**光电效应**),人们已制成多种光电器件,天文观测常用的光电探测器有以下几种。

光电倍增管由光阴极、几个次极和阳极的真空管组成,在各极间加电压。光阴极的光敏物质受到辐射作用就飞出电子(称为**光电子**),受电场加速和聚集而轰击第一次极,击出更多的二次电子再依次从各次极击出更多(“倍增”)电子,最后轰击阳极，于是在最后次极和阳极间形成可测的电流（称为**光电流**）。光电倍增管的光谱响应取决于光阳极的光敏物质和窗口材料，而次极增益与其材料和结构有关。光电倍增管灵敏度高且线性好，时间分辨率好，但不能用于空间分辨，需检测暗电流及灵敏度变化。

　　电荷耦合器件（CCD）（见图 4 - 19）是一种新型广泛应用的多元光敏（半导体）二极管面阵的固体探测器，兼具照相底片和光电倍增管的优点。每个二极管（**像素**）都是外加电压的电荷储存电容器，受辐射作用就产生并储存电子，电子数正比于入射光子数。通过一定方式耦合读出于电脑中，并显示天体图像。CCD 的量子效率高达 50% 甚至可达 90%，响应的线性好，动态范围为 $10^4 \sim 10^5$，像素间距一般小于 $30~\mu m$ 甚至可小到 $11~\mu m$ 以下，各像素的不同响应及暗流等都可由电脑统一处理。CCD 的像素从早期 500×500 增到 $2\,048 \times 2\,048$ 乃至更多。

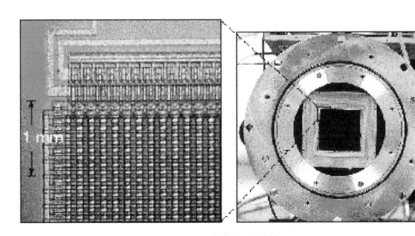

图 4 - 19　电荷耦合器件 CCD

4.4　天体光度测量

　　天体光度测量（简称**测光**）就是量度天体的亮度，由于早期从可见光的测量开始而习用**光度测量**，在广义上应理解为**辐射测量**。测光依据的基本原理是：在相同条件下，等同的辐射流能使探测器产生同样的响应。根据这一原理将待测星和已知星等的星进行比较，从探测器对它们的响应便可推算出待测星的星等或星等变化。

4.4.1　天体光度学概念

人们通常说的天体"亮度"是较含糊的概念,就是天文书刊上也有天体光度学概念不一的情况,因此有必要简述几个天体光度学概念。

1) 辐射流和天体光度

单位时间经过某面的辐射能量称为**辐射流量**或简称**辐射流**,也称**辐射通量**,常用符号 F 或 Φ 表示,一般使用的是功率单位瓦(W,即 J/s)或尔格/秒(erg/s)。通过空间单位体积的辐射能量称为**辐射密度**,单位为 J/m^3。

天体的辐射本领应是其各波长辐射的总功率——**光度**(常用符号 L 表示),有时用一般功率单位;常用**太阳光度** $L_\odot$ 为单位,$1\,L_\odot = 3.828 \times 10^{26}$ W。

2) 辐射强度

天体的单位面积在其法线方向、单位立体角内发出的辐射流定义为**辐射强度**,又称**明度**或**面亮度**。考虑天体的面元 dS(见图 4 - 20),在与其法线 ON 夹角 θ 方向的立体角 $d\omega$ 发出辐射流 dF,则定义辐射强度 I 为

$$I = \frac{dF}{\cos\theta \, dS \, d\omega} \tag{4-29}$$

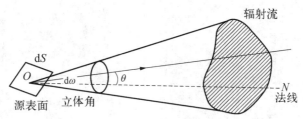

图 4 - 20　辐射强度概念

3) 照度

对于接收天体辐射的人眼或仪器来说,入射到其单位面积的辐射流称为**照度**,这就是一般感觉的亮度或"视亮度"。若天体光度 L 的辐射在传播中无吸收,则离天体 r 远处的照度 E 为

$$E = \frac{L}{4\pi r^2} \tag{4-30}$$

实际上,天体的辐射在传播中(尤其经过地球大气和仪器)受到选择性吸收,而人眼等探测器对不同波长辐射的灵敏度("光谱响应")不同,因此,需要考虑各波长的"单色"辐射。上述表示辐射的物理量都是各波长辐射累加的"全波"量,与按波长(下标λ)或频率(下标ν)的"单色"量有如下关系:

$$F = \int_0^\infty F_\lambda \mathrm{d}\lambda = \int_0^\infty F_\nu \mathrm{d}\nu \; ; \; I = \int_0^\infty I_\lambda \mathrm{d}\lambda = \int_0^\infty I_\nu \mathrm{d}\nu \quad \cdots\cdots \qquad (4-31)$$

4.4.2　星等和星等系统

1) 视星等

前面已讲过**视星等**。严格说,人眼感觉的只是可见光波段辐射,而且对不同波长(颜色)光的响应不同,人眼的光谱响应称为**视见函数** V_λ(见图 4-18)。人眼实际感觉的辐射流 F_ν 或照度 E_ν 为

$$F_\nu = \int_0^\infty F_\lambda V_\lambda \mathrm{d}\lambda \; ; \; E_\nu = \int_0^\infty E_\lambda V_\lambda \mathrm{d}\lambda \qquad (4-32)$$

光学中,F_ν 称为**光通量**或**光流**,其单位是流明(lm,1 lm=1.470×10⁻³ W);E_ν 称为**光照度**,单位是勒克司(lx, 1 lx=1 lm/m²)。实验测出:1 lx 相当于视星等为 −13.98ᵐ 的恒星产生的光照度;0ᵐ 星在地球大气外产生的光照度为 2.54×10⁻⁶ lx。

2) 星等系统

由于观测仪器系统不同,尤其探测器的光谱响应不同,而观测到的主要是其最敏感波段的辐射,所以不同仪器系统对同一颗星测出的星等值不同,于是就有不同的**星等系统**或**光度系统**。人眼对黄绿光波段最敏感,所观测的星等称为**目视星等**,记为 m_v。早期的照相底片对蓝紫光波段最敏感,所观测的星等称为**照相星等**,记为 m_p。为了用照相术测定目视星等,用黄绿色滤光片配合正色底片,所观测的星等称为**仿视星等**,记为 m_pv;正色底片不加滤光片所观测的照相星等记为 m_pg。1922 年,国际天文学联合会综合各天文台观测结果,归化为国际二色系统,记为 IP_v 和 IP_g。

H. L. 约翰逊(H. L. Johnson)和 W. W. 摩根(W. W. Morgen)用锑铯光阴极的光电倍增管和特定的紫、蓝、黄三种滤光片(见表 4-3)的光电光度计测光,建立 **UBV 星等系统**,其中 V 星等与目视星等相近。他们测出近 400 颗一级标准恒星的 UBV 星等。标准 UBV 星等系统的分光响应如图 4-21 所示。

表 4-3　UBV 星等系统

星等名称	U(紫)	B(蓝)	V(黄)
波段/nm	300～400	390～550	480～680
最大透射波长/nm	350	430	550

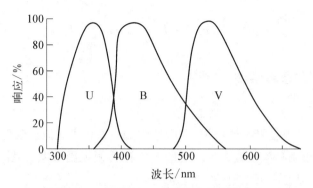

图 4‑21   标准 UBV 星等系统的分光响应

此外,还有用其他各种宽带或窄带滤光片和探测器建立的一些多色星等系统,主要是近红外和红外波段系统。

4.4.3   大气消光改正

我们看见恒星视运动中从天顶到近地平时就变得暗红,这是因为星光被地球大气吸收和散射而减弱的缘故。星光经过大气而发生的减弱及颜色变化称为**大气消光**。因此,观测的星等应当归算到大气外星等。

大气的透射率 P 与波长 λ 和天顶距 z 有关, $P_\lambda(z) = P_\lambda(0)M(z)$, $M(z)$ 称为"大气质量"。由理论计算出"大气质量表"供查用。$z < 60°$ 时, $M(z) = \sec z$ 。某颗星在不同天顶距的观测星等 $m(z)$ 应归算到大气外星等 m_0 ,因为星光照度从大气外(下标0)到地面变为 $E = E_0 P_\lambda(z)$:

$$m(z) - m_0 = -2.5 \lg P_\lambda(z) = k_\lambda M(z) \qquad (4-33)$$

式中, $k_\lambda = -2.5 \lg P_\lambda(0)$ 称为**消光系数**。显然, $m(z)$ 与 $M(z)$ 的关系式(4‑33)是直线方程,常称为**布格直线**。观测某颗星一系列天顶距 z 的星等 $m(z)$ 和相应的 $M(z)$,可用作图法得到一条直线,其斜率就是消光系数,而 $m(z)$ 轴上对应于 $M(z) = 0$ 的截距就是大气外星等 m_0 。在不同波段测光就可得到消光系数按波长的变化 k_λ 。这里所述的只是天体光度测量的基本原理,为了得到更准确的星等值,实际测光要制订更好的观测和处理方案。

4.4.4   色指数和色温度

恒星的辐射能谱主要由恒星表面温度决定,普朗克公式表明:温度高,辐射能量主要在短波区;温度低,辐射能量主要在长波区。因此,表面温度不同的恒星呈现不同颜色,而同一颗恒星在不同波段的测光星等与其表面温度有关。

同一颗恒星在不同波段的测光星等之差称为**色指数**。常用的色指数 C 是照相星等与目视星等之差：

$$C = m_p - m_v \quad 或 \quad C = m_{pg} - m_{pv} \tag{4-34}$$

研究得出,恒星表面温度 $T(K)$ 与色指数的近似关系为

$$C = \frac{7\,200}{T} - 0.64 \quad 即 \quad T = \frac{7\,200}{C + 0.64} \tag{4-35}$$

所以,人们将恒星表面温度称为色温度。对于 UBV 星等系统,色指数直接写为 $B - V$：

$$T = \frac{7\,090}{(B-V) + 0.71} \tag{4-36}$$

4.5　天体光谱测量

天体光谱测量是获得天体物理资料的重要方法。其步骤首先是用天体摄谱仪来获得天体光谱,然后进行测量分析,再结合理论研究而揭示天体的性质。

4.5.1　光谱线波长测定与认证

获得天体光谱后,需要证认出各光谱线是属于哪种元素的,首先就可以确定谱线的波长。常在同一摄谱仪上于天体光谱的两旁拍摄实验室光源[铁(电)弧、铁-氖和铁-氩-氖空阴极灯]的比较光谱。

天体谱线波长测定的原理很简单。对于比较光谱的已知波长 $\lambda_i (i = 1, 2, 3, \cdots)$,一系列谱线(例如,C. E. Moore 编的谱线表"A Multiplet Table of Astrophysical Interest"包括 $295 \sim 1\,300$ nm 波段 5 780 条多重线；R. W. B. Pearse 和 A. G. Gaydon 编的分子谱线表"The Identification of Molecular Spectra"包括 $200 \sim 942$ nm 波段的分子谱线)在"比长仪"或其他坐标量度仪上测出其位置 X_i,可得到 λ_i 与 X_i 的经验关系；测出天体谱线位置 X_j,用该经验关系算出其波长 λ_j。所测谱线与标准波长的差别很大时,在不同元素谱线或不同线系的谱线波长差别很小或混合时,谱线认证更要慎重。只有排除了可能的误认后,才能最后确定谱线所属的元素及其对应的标准谱线,得到观测的与标准的波长差——谱线位移。

4.5.2　分光光度测量

　　为了从天体光谱揭示天体性质，需要进行分光光度测量。前节所述的光度测量是宽波段的，而这里的分光光度测量则是极窄波段"单色"的，即各波长的辐射强度或辐射能谱。天体光谱是连续谱上叠加吸收线或发射线（见图 4-22），因此分为连续谱和谱线的两种测量。

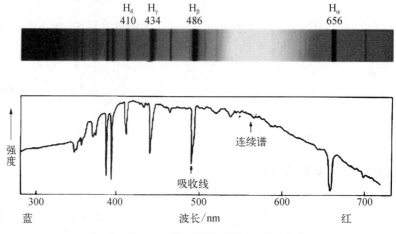

图 4-22　天体的光谱及其强度-波长分布

　　1）天体连续光谱能量分布的测量

　　天体摄谱仪记录下来的是各波长天体辐射强度 I_λ 的响应量 S_λ。由于天体辐射受大气消光、望远镜和光谱仪选择性减弱的影响，尤其是探测器的光谱响应也与波长有关，需要把这些因素都测定准确后，才能由观测的 S_λ 归算出 I_λ。显然，实际处理是很复杂和困难的。光谱能量分布测量一般有绝对测量和相对测量两类，都需要用已知辐射强度按波长分布的比较源。

　　绝对分光光度测量的结果以绝对单位（$J \cdot m^{-2} \cdot s^{-1}$）表示。用同一摄谱仪拍摄实验室已知可求出摄谱仪的光谱响应。利用摄谱仪的光谱响应，由天体光谱的响应量加以大气消光及望远镜减弱的改正，就可求出天体辐射按波长的能量分布。用这样的方法已测定出太阳和织女星及一些"标准星"的辐射强度按波长分布的绝对值。类似地，其他待测天体的绝对分光光度测量可以用标准星做比较源，用同一仪器系统、在同样观测条件下（如同样天顶距等）拍摄它们的光谱，从它们在各波长的响应量之比就可得出待测天体的辐射强度按波长分布的绝对值。

　　相对分光光度测量只求出各波长辐射强度的相对比值。

天体辐射按波长的能量分布曲线总是含有发射线或吸收线并有起伏的,求天体连续光谱的辐射能量按波长分布时,应避开谱线而取其光滑的连续光谱平均连线。多数恒星的连续光谱辐射能量按波长的分布与黑体相近,因此,可以由其连续光谱能量分布求出其表面有效温度。由于恒星连续光谱能量分布与黑体有差别,但在一定波段内可以用黑体近似,因而可求出相应的温度,这称为**分光光度温度**或**色温度**。实际上,前节所述的通过色指数求色温度与此同理,但精度差些。对于连续光谱能量分布与黑体有很大差别的天体,需另做专门研究。

2) 天体光谱线的分光光度测量

实际上,谱线不是绝对细的,而是较宽且有精细结构的。在天体分光光度图上,吸收线呈现为连续光谱能量分布背景上的凹陷(见图 4 - 23),而发射线则突起。在实际研究中,谱线的强度按波长分布常以连续光谱强度为单位而归算成相对的强度分布——剩余强度。若谱线在波长 λ 的强度为 I_λ,而由附近连续光谱内插的强度为 I_λ^0,剩余强度定义为

$$r_\lambda = \frac{I_\lambda}{I_\lambda^0} \tag{4-37}$$

剩余强度 r_λ 按波长变化的曲线称为**谱线轮廓**。$R_\lambda = 1 - r_\lambda$ 称为**谱线深度**,谱线深度最大处为**线心**。线心深度一半处两个波长之差称为谱线的**半宽**,记为 FWHM。吸收(谱)线的总吸收或发射线的总发射由**等值宽度**表示,定义为

$$W = \int_0^\infty R_\lambda \, \mathrm{d}\lambda \tag{4-38}$$

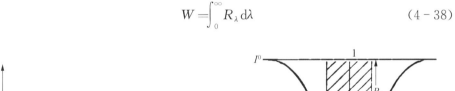

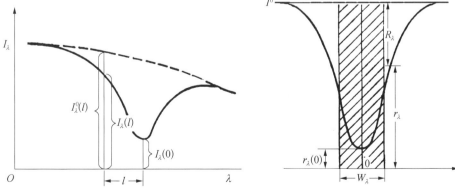

图 4 - 23　谱线的剩余强度和等值宽度

实际积分限只是谱线轮廓所在范围。谱线轮廓和等值宽度与形成谱线的物理条件(温度、密度、压力、磁场等)有关,可通过理论研究来得到有关物理参数。

4.6　射电望远镜

1932 年,捷克裔美国无线电工程师卡尔·央斯基(Karl Jansky)发现宇宙射电。第二次世界大战后射电天文学很快发展,研制出很多射电望远镜,观测从毫米到千米波长的各种天体射电。射电波可以透过云雾,射电望远镜可以"全天候"观测。

4.6.1　射电望远镜的基本结构和性能

因为射电辐射和光学辐射都是电磁辐射,射电望远镜的基本结构和工作原理与光学望远镜类似,但因工作波段不同而又有差别。射电望远镜可分为

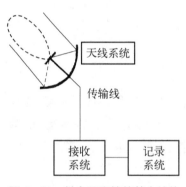

图 4-24　射电望远镜的基本结构

天线系统、接收系统和记录系统三部分(见图 4-24)。**天线**相当于光学望远镜的物镜,包括反射器和拾取器,大的盘状反射器用于收集天体的射电辐射并聚集到拾取器,再经传输线送入**接收机**。接收机相当于光学望远镜的分析器和探测器,对微弱的射电波进行放大和检测,并转换成可供记录的信息,由记录设备处理,以图或表的形式显示。射电望远镜有类似于光学望远镜的机械装置和电控设备把天线对向天体并跟踪天体。

任何一种天线、传输线和接收机都有其一定的工作频率范围,即只对整个射电波段中的很窄频带进行接收、传输和放大,相当于光学望远镜加了窄带滤光(波)器。每架射电望远镜都有其特定的工作波长或频率。

天线系统有三种类型:旋转的抛物面天线、固定的抛物面天线、组合天线系统。与光学望远镜一样,旋转的抛物面天线又有赤道式和地平式两种装置。固定的大抛物面天线附着于山谷,可减少加工难度和重力变形,造价低。美国阿雷西博天文台的 Arecibo 305 m 固定天线[见图 4-25(a)]曾多年冠世界之首,如今逊位于我国的 500 m 口径球面射电望远镜(FAST)[见图 4-25(b)]。组合天线系统是把多个较小的天线排成阵列而组成干涉仪,利用干涉原理得到一个巨大天线的效果。

(a)

(b)

图 4 - 25　固定天线

（a）Arecibo 305 m 固定天线；（b）我国的 FAST 500 m 固定天线

天体射电的基本量是**射电流量密度**（或简称**流量**）S 和**射电亮度**（也称**强度**）B，两者的关系为

$$S = \iint\limits_{4\pi} B(\Omega)\mathrm{d}\Omega \qquad (4-39)$$

式中，Ω 为立体角。频率 ν 处、单位频宽的射电流量和亮度记为 S_ν 和 B_ν。射电流量密度单位为**央**，记为 Jy，1 Jy $= 10^{-26}$ W/m^2 · Hz。射电亮度单位则为 W/m^2 · Hz · sr。太阳射电常用**太阳射电流量单位**，记为 s.f.u，1 s.f.u $= 10^4$ Jy $= 10^{-22}$ W/m^2 · Hz。射电天文也用**射电源的亮温度** T_b，它是射电亮度 B 对应的等效绝对黑体温度，由**瑞利-金斯定律**得到：

$$B_\nu = 2\nu^2 c^{-2} kT \quad \text{或} \quad B = 2kT_b/\lambda^2 \qquad (4-40)$$

应指出，天体射电往往不是热辐射，而是"非热辐射"，因此亮温度未必是射电源的实际温度，只是射电亮度的一种表征。

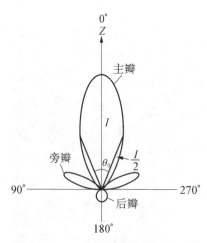

图 4-26   天线的接收功率"方向图"

射电望远镜有两个基本性能指标：**灵敏度**，指可探测的最小流量；**分辨角**，取决于天线接收功率"方向图"（见图 4-26），它有"主瓣""旁瓣"和"后瓣"。取主瓣半极大功率点的夹角 $2\theta_0$ 为分辨角，对于简单天线，有

$$2\theta_0 = 1.02\lambda/D \qquad (4-41)$$

式中，λ 和 D 为工作波长和天线直径。如 $\lambda = 3$ cm 和 $D = 2$ m，$2\theta_0 = 0.015\,3$ rad $\approx 0.876\,6°$。由于射电望远镜的工作波长大，射电望远镜分辨角大，因而甚至大的单天线分辨本领也是不高的。

4.6.2   射电干涉仪和综合孔径射电望远镜

根据电磁波的干涉原理，常使用组合天线系统来减小分辨角，提高分辨本领。这类射电望远镜称为**射电干涉仪**。以最简单的**双天线射电干涉仪**为例（见图 4-27）。两个同样的天线 A 和 B 放在某方向（如东西方向）长度为 D 的基线上，用同样长的传输线接到同一接收机。当射电辐射从与基线的垂线成 α 角的方向入射，到达 B 与 A 的程差 $d = D\sin\alpha$。若 d 是半波长的偶数倍，两个信号同相，发生累加；若 d 是半波长的奇数倍，两个信号反相，相互抵消。在射电源的周日运动中，α 角不断改变，接收机的输出呈现强弱相间的周期性变化干涉

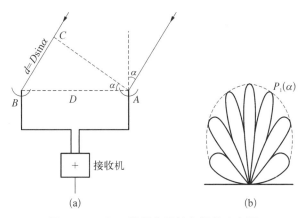

图 4‑27 双天线射电干涉仪及其方向图

(a) 干涉仪；(b) 方向图

图，其分辨角 $\varphi \approx \lambda/D$，而干涉图的包络(虚线)是单个天线的方向图。

为了满足不同的观测需要，人们研制了多种形式的射电干涉仪。例如，"米尔斯(Mills)十字"射电干涉仪可以提高两维的分辨本领；**甚长基线干涉仪**(VLBI)采用原子钟控制的高稳定性独立本振系统和磁带记录，如图 4‑28 所

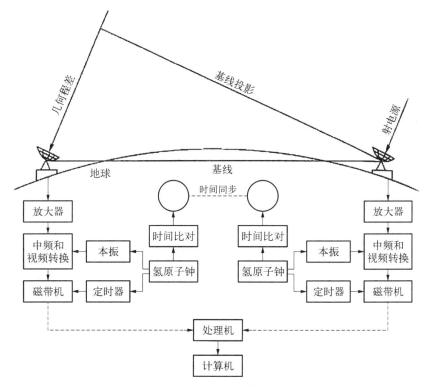

图 4‑28 VLBI 工作原理

示,由多个天线在同一时刻分别接收同一射电源信号并各自记录在磁带上,然后把磁带一起送入处理机做相关运算来得到最后结果,这就避免了超长传输线的问题,可用基线长达数千千米,使分辨本领大为提高。例如中国和德国在1981年的一次甚长基线(8 200 km)干涉仪测量分辨角为0.002″,洲际甚长基线干涉仪的分辨角小到0.000 2″。通信和天文高级现代实验室(HALCA)用绕地球轨道上8 m射电望远镜与地面射电望远镜组成干涉仪,可得到相当于直径为32 000 km射电望远镜的高分辨射电图。

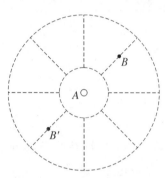

图4-29 综合孔径射电望远镜工作原理

英国射电天文学家M. 赖尔(M. Ryle)研制成一种灵敏度高、分辨角小、能够成像的"综合孔径射电望远镜"。由于这项重大突破,赖尔获得1974年的诺贝尔物理学奖。它的工作原理简述如下(见图4-29):任何一幅图像都可以分解成很多亮度分布的正弦和余弦成分;反之,如果知道这些正弦和余弦成分,就可以综合成原来图像。可以用A、B两个小天线,A为不动的参考天线,B可以移动,把两者的信号接在一起就形成双天线射电干涉仪,记录下它们的相关信息,从其相关输出的振幅和相位中可得到亮度分布的正弦和余弦成分。把B逐次放在各位置进行测量,就可得到所有方向和距离上的相关信号振幅和相位的一组数据。对这组数据进行傅里叶变换的数学处理,便得到观测天区的射电天图。观测天区的范围取决于各单天线的视场(主瓣宽度),而分辨角取决于大圆直径。实用上以多个天线系统代替移动的B。例如,美国国家射电天文台的**甚大天线阵**(Very Large Array, VLA)有27个直径为25 m的天线,排成"Y"形,北臂长19 km,西南臂和东南臂各长21 km(见图4-30),在厘米波段工作8 h得到一幅分辨达角秒的射电天图。

射电望远镜除了被动地观测天体射电辐射之外,有的还有发射设备、作为**雷达**而主动向金星、一些小行星和彗星发射电波,接收它们反射的回波,探测它们的大小和表面性质。

表4-4列出了世界著名的射电望远镜。

表4-4 世界著名射电望远镜

所属天文台或地点	方 式	口 径	工作频率或波长
中国贵州南平塘(FAST)	固定球面	500 m	70 MHz～3 GHz
美国阿雷西博天文台(Arecibo)	固定抛物面	305 m	6 cm

（续表）

所属天文台或地点	方　式	口　径	工作频率或波长
德国马克斯·普朗克射电天文研究所(Efflsberg)	全动抛物面	100 m	0.6～49 cm
美国国家射电台(Green Bank)	全动抛物面	100 m	0.7～90 cm
英国贾达班克(Jodrell Bank)	全动抛物面	76 m	5～200 cm
西班牙深空网站(Robledo)	—	70 m	3.6～13 cm
美国深空网站(Goldstone)	—	70 m	3.6～13 cm
澳大利亚深空网站(Tidbinbilla)	—	70 m	3.6～13 cm
中国上海天文台（天马）	全动抛物面	65 m	1～50 GHz
澳大利亚帕克斯(Pakers)	全动抛物面	64 m	0.7～75 cm
印度 Ooty 射电望远镜	可动赤道式天线阵	等效 530 m×30 m	90 cm
巴黎天文台 Nancay 工作站	子午式天线阵	等效 299 m×35 m	9～21 cm
加拿大 Dominion 射电台	东西阵 600 m	9 m	1 420 MHz
荷兰韦斯博克射电天文台	综合孔径 25 m×14 个	—	6～90 cm
英国穆拉德射电天文台(AMI LA)	综合孔径 12.8 m×8 个	—	12～18 GHz
英国穆拉德射电天文台(AMI SA)	综合孔径 3.7 m×10 个	—	12～18 GHz
美国索科罗观测站	综合孔径 25 m×27 个	—	0.7～90 cm

图 4-30　美国国家天文台的甚大天线阵

4.7　空间望远镜

　　空间望远镜或空间天文台是运行于外空的天文观测仪器,它们可以避免诸如光污染、大气吸收对观测波段的扰动等地基天文台的缺陷。它们种类颇多（见图 4 - 31）,这里先简述著名的几例。

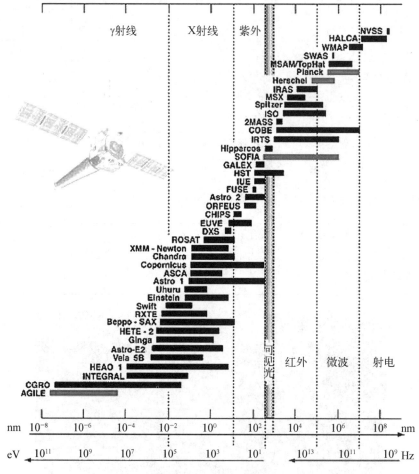

图 4 - 31　空间望远镜

4.7.1　哈勃空间望远镜与韦伯空间望远镜

　　经十多年研制的、进行从红外到紫外宽波段观测的哈勃空间望远镜

(Hubble Space Telescope，HST)（见图 4 - 32)在 1990 年 4 月 24 日由"发现号"航天飞机运载升空。它的总质量为 11.6 t,轨道半径约为 7 000 km,绕地周期约为 96 min。它是 R - C 系统的望远镜,主、副口径分别为 2.4 m 和 30 cm,焦比为 $F/24$,指向精度为 $0.01''$。它有 5 套仪器：① 宽视场/行星照相仪；② 暗弱天体照相仪；③ 暗天体光谱仪；④ 高分辨光谱仪；⑤ 精细导星传感器。它最初的天体图像模糊,因光学系统有像差,属于失误,1993 年 12 月载人航天维修成功,以后每隔几年由宇航员安装新仪器,2002 年 4 月安装新的高效太阳能电池阵等电力系统、新的可见光/紫外照相仪-高级巡天照相仪取代暗弱天体照相仪、修复的近红外照相仪/多对象光谱仪。它的优良性能有分辨本领高（分辨角为 $0.05''$),工作波段宽（波长为 105 nm～1.1 μm),灵敏度高。它获取了丰富的珍贵资料和精彩图像,近期将完成使命后陨落。

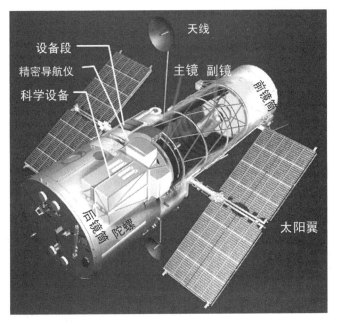

图 4 - 32　哈勃空间望远镜

　　詹姆斯·韦伯空间望远镜（James Webb Space Telescope，JWST）（见图 4 - 33)是美国宇航局、欧洲航天局和加拿大航天局十多年联合研发的新一代大型空间望远镜,以高精度和高灵敏度用于天文学和宇宙学多领域,尤其最远事件和天体的可见光到红外（0.8～27 μm)观测研究,近年将发射到日-地空间拉格朗日点 L_2 运行 5～10 年。它的主镜是由 18 个六角形反射镜并合的,直径为 6.5 m(聚光面积为 25 m²),焦距为 131.4 m。它有 1 个导航相机和 4 种仪器（近

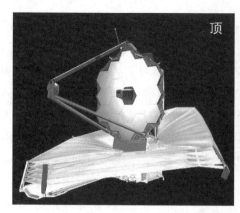
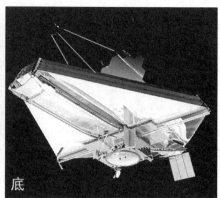

图 4-33　詹姆斯·韦伯空间望远镜

红外相机、近红外摄谱仪、中红外仪器-摄像机与成像光谱仪、精细导航传感器-近红外摄像仪-无缝摄谱仪)以及多种先进科技。

4.7.2　依巴谷卫星和盖娅飞船

依巴谷卫星,全称"依巴谷高精视差测量卫星"(High Precision Parallax Collecting Satellite,HIPPARCOS)[见图 4-34(a)],是欧洲空间局发射的一颗天体测量卫星,用以测量恒星(暗到 12^m)视差和自行,发射于 1989 年 8 月,运行到 1993 年 8 月,主要仪器是口径为 28 cm、焦距为 1.4 m 的施密特望远镜。由它 4 年的精确(位置达 0.002 弧秒)观测数据,人们出版了依巴谷星表(118 200 多恒星)和第谷星表(250 多亿恒星),供恒星和星系研究。

盖娅飞船(Gaia Spacecraft)[见图 4-34(b)]是欧洲空间局于 2013 年 12 月

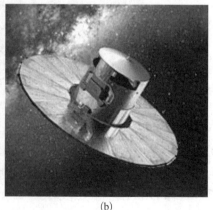

(a)　　　　　　　　　　　　　　(b)

图 4-34　依巴谷卫星与盖娅飞船

(a) 依巴谷卫星;(b) 盖娅飞船

发射的天体测量空间天文台,观测的天体主要是恒星,也包括行星、彗星、小行星及类星体。它载荷两架望远镜,关键特性如下:各望远镜的主反射镜为1.45 m×0.5 m;焦面阵为1.0 m×0.5 m,有106个CCD。主要仪器有天体测量仪器,能更准确测定 $5.7^m \sim 20^m$ 星的位置、视差和自行;测光仪器,在波段320～1000 nm进行蓝(330～680 nm)和红外(640～1050 nm)测光,以确定它们的诸如质量、年龄和化学成分等;视向速度光谱仪(RVS)。

4.7.3 开普勒空间天文台

开普勒空间天文台(Kepler Space Observatory)(见图4-35)专用于发现绕其他恒星的类地行星,2009年3月7日发射升空,运行在日-地的拉格朗日点 L_2 轨道,计划工作3.5年,实际延续8年多。它的主要仪器是改正镜为0.95 m、主反射镜为1.4 m的施密特望远镜(视场为115平方度)和42个50 mm×25 mm的CCD相机阵。到2017年10月,它观测了5011颗候选的系外行星,确定的有2512颗,有4颗处于宜居带轨道,其中3颗(Kepler-438b,Kepler-442b,Kepler-452b)的大小接近地球。

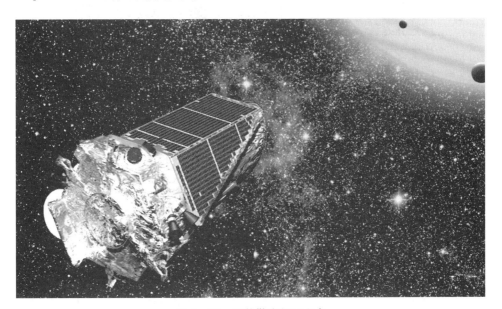

图4-35 开普勒空间天文台

4.7.4 红外望远镜

表面温度低于1000 K的天体主要发射红外波段辐射。早在1800年赫歇耳就发现太阳的红外辐射,但天体的红外观测进展很慢,这是因为地球大气吸收和散射天体的红外辐射而只有几个透射"窗口"(见图4-36),而且受大气和仪器本身的热辐射背景影响以及观测技术三方面困难。近半个多世纪以来,红外技术发展很快,除了地面红外观测外,还用飞机、气球、火箭、人造卫星及飞船进行高空和太空红外线观测。

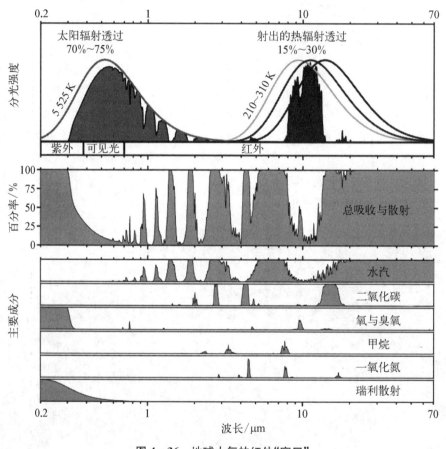

图4-36　地球大气的红外"窗口"

红外望远镜的基本结构与一般光学望远镜类似,包括光学系统、机械装置、电控设备三部分,但为了克服上述困难而采用专门技术。地面红外观测主要受大气中 H_2O,CO_2,O_3,CH_4,N_2O,CO 等吸收影响,所以要选水汽少、海拔高的台址,在几个红外"大气窗口"进行观测。国际上通用的红外线观测波段列于表4-5。除了专制的红外望远镜,大型光学望远镜加以改善也可以进行红外观测。

表 4-5　国际上通用的红外线观测波段

波　段	R	I	J	H	K	L	M	N	Q
有效波长/μm	0.70	0.90	1.25	1.65	2.2	3.6	4.8	10.4	20.0
半宽/μm	0.22	0.44	0.3	0.4	0.6	1.2	0.8	6.0	5.5

地面的大型红外望远镜有如下几种。

(1) VISTA——可见光和红外望远镜,2008 年安装在智利 Paranal 天文台(欧洲南方天文台),它是口径为 4.1 m 的大视场反射望远镜,用 VIRCAM-Vista 红外照相仪 16 个红外探测器在波段 0.85～2.3 μm 巡天,约在 2020 年安装二代的 4MOST-2400 对象光纤储多体摄谱仪。

(2) UKIRT——联合王国(英)红外望远镜,1978 年安装在夏威夷 Mauna Kea 天文台,它是口径为 3.8 m 的大视场反射望远镜,用于红外巡天,观测类星体。

(3) NASA IRTF——红外望远镜,1979 年也安装在 Mauna Kea 天文台,它是口径为 3.2 m 的经典卡式反射望远镜,曾用于支持旅行者飞船使命,至少一半时间用于行星科学。

为克服地球大气的吸收和干扰,扩展观测波段,人们还开展高空和空间红外观测。

(1) 高空飞机可到 10～20 km 高度,例如,美国 NASA 的机载观测台 LJO(Lear Jet Observatory)和 KAO(Kuiper Airborne Observatory)多次飞行,LJO 载口径为 30 cm 的红外望远镜、指向稳定 10″,KAO 载 90 cm 红外望远镜和红外光谱仪、指向稳定 6″,波音 747 飞机载红外天文台(SOFIA)的 2.5 m 望远镜。

(2) 高空气球飞到 40～45 km 高度,除了在 14 μm 附近有百分之几的 CO_2 吸收外,对 1 μm～1 mm 的辐射几乎完全透明,大气自身发射降低 3 个数量级,多个小组从事气球红外观测,携带口径几十厘米到 1 米多的红外望远镜。

(3) 火箭飞行常到 150 km 的高空,完成首次 5～20 μm 的红外观测,但有飞行时间短和指向精度低的局限。

(4) 红外卫星和太空飞船脱离大气层的干扰影响,对红外观测更重要。美、英、荷兰联合于 1983 年 1 月 25 日发射高度为 900 km、太阳同步轨道的红外天文卫星"IRAS(Infrared Astronomical Satellite)"[见图 4-37(a)],工作到当年 11 月,其主体是口径为 57 cm、焦比为 $F/9.56$ 的 R-C 望远镜和红外光度计及光谱仪(波段为 10～100 μm)。1996 年发射太空的红外卫星"ISO(Infrared Space Observatory)",其主体是口径为 60 cm、焦比为 $F/15$ 的 R-C 望远镜和红外照相机、光度计及光谱仪,灵敏度提高 2 个数量级,波段为 3～200 μm。多次搭载于航天飞机飞行的 SL2 – IRT(Spacelab 2 Infrared Telescope)和日-美合作的 IRTS(Infrared Telescope in Space)是 15 cm 望远镜。美国于 2003 年 12 月发射的斯必泽空间望远镜"SST(Spitzer Space Telescope)"[见图 4 – 37(b)]曾称为 SIRTF(Space Infrared Telescope Facility),是口径为 85 cm、焦距为 10.2 m 的红外望远镜,包括三种仪器:摄像和测光(波段为 3.6～160 μm)、光谱仪(5.2～38 μm)、分光光度测量(5～100 μm),使用制冷的高性能红外阵列器件,在完成计划的主要任务 5 年 8 个多月后,又延续工作到 14 年 5 个月,获得很多重要观测研究成果。赫歇尔空间天文台(Herschel Space Observatory)[见图 4 – 37(c)]是欧洲空间局于 2009 年 5 月 14 日发射的,工作到 2013 年 6 月 17 日,主要仪器是远红外和亚毫米波望远镜 FIRST(Far Infrared and Sub-millimeter Telescope),口径为 3.5 m、焦距为 28.5 m 的红外 R – C 望远镜,工作波段为 55～672 μm,用于观测研究宇宙早期星系的形成和演化,恒星的形成及其与星际物质的相互作用,太阳系天体的大气和表面的化学成分以及宇宙的分子化学。

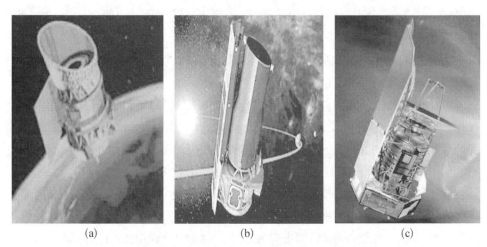

(a)   (b)   (c)

图 4 – 37　天文卫星 IRAS、Spitzer 空间望远镜与 Herschel 空间天文台

(a) 天文卫星 IRAS;(b) Spitzer 空间望远镜;(c) Herschel 空间天文台

4.7.5　紫外望远镜

因为恒星的紫外辐射很强,发射线很多,所以可从紫外观测得到它们的很多重要信息。近紫外观测可在地面用光学望远镜进行,但波长短于 300 μm 的远紫外辐射完全被大气的臭氧层吸收,需要用紫外望远镜到高层大气或太空进行。紫外望远镜的结构与一般光学望远镜类似,但由于一般光学材料的紫外透射率很低,所以折射望远镜不适于紫外观测,而使用反射望远镜且镀紫外反射率高的膜(如镀铝再加镀氟化锂或铂或硫化锌等,并经其他技术处理),也需热效应小及性能稳定的材料加工反射镜。探测器则选用紫外敏感的照相底片、光电倍增管、摄像管及电离室。

1946 年科学家用 V‐2 火箭携带仪器飞到 100 km 高空拍摄太阳紫外光谱,而后,火箭多次升空进行紫外天文观测,但观测时间短及稳定性不好。紫外天文观测主要用卫星进行。1962 年以来,"轨道太阳观测台 OSO"系列和"天空实验室 Skylab"系列观测太阳的紫外线、X 射线和 γ 射线,"轨道天文台 OAO"系列观测宇宙的紫外线、X 射线和 γ 射线。OAO‐2 于 1968 年 12 月 7 日发射,携 1 架 32 cm 望远镜、1 架 41 cm 望远镜及 4 架 20 cm 望远镜,分别进行紫外光度和光谱观测。1972 年 8 月 21 日发射的 OAO‐3 为纪念哥白尼 500 周年诞辰而命名为**哥白尼卫星**,携带 1 架 81 cm、$F/20$ 的卡式望远镜和光谱仪观测热星紫外光谱,正常运行 9 年。最成功的是 1978 年发射的国际紫外探测者 IUE,主体是口径为 45 cm、焦距为 6.74 m 的卡式望远镜和光谱仪,工作波段为 115～320 μm,一直用到 1996 年。1992 年 6 月发射的极紫外探测器(EUVE)[见图 4‐38(a)]有 4 架望远镜和现代探测器,工作波段为 10～100 μm。1999 年发射的远紫外光谱探测器(FUSE)如图 4‐38(b)所示。

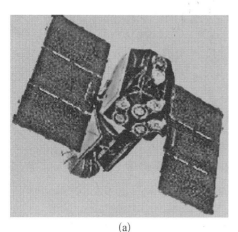
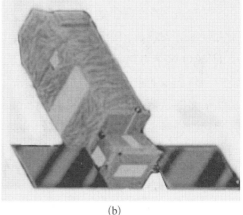

|(a)|(b)|

图 4‐38　极紫外探测器 EUVE 与远紫外光谱探测器 FUSE

(a) EUVE;(b) FUSE

4.7.6　X 射线望远镜和 γ 射线望远镜

天体的 X 射线和 γ 射线完全被地球大气吸收,因此需要进行太空探测。虽然在 20 世纪 40 到 50 年代末,太空探测是用气球和火箭先后开始进行 X 射线和 γ 射线观测的,但 70 年代后则主要用人造卫星进行观测,首先观测了太阳的 X 射线和 γ 射线,接着发现宇宙中的 X 射线和 γ 射线辐射。

　　一般光学望远镜不能用于观测天体的 X 射线辐射。1960 年美国人 R. L. 布莱克(R. L. Blake)等用针孔照相机获得太阳的 X 射线照片,1973 年用两个互补的多孔径针孔板获得分辨角小于 1′的太阳(0.8～2 nm 波段)像。同时期,利用掠射光学原理研制出 **X 射线望远镜**,它由嵌套的柱面组合的反射物镜成像(见图 4-39),分辨可达几角秒。

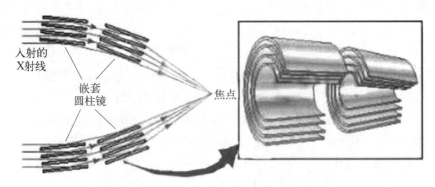

入射的 X 射线

嵌套 圆柱镜

焦点

图 4-39　X 射线掠射成像望远镜原理

　　1970 年,美国研制的名为 Uhuru(意为"自由")的人类历史上第一颗 X 射线天文卫星进入轨道,它探测到近 170 个分立 X 射线源。后来,三个高能天文卫星 HEAO 携带更灵敏的仪器,探测到数百个 X 射线源,其中 HEAO-2 为纪念爱因斯坦诞辰百年而命名为爱因斯坦天文台,用专门光学方法得到 X 射线像。功能最多的是德-英 1990 年 6 月 1 日发射的 ROSAT 卫星,它测绘 X 射线天图并指向选择对象。1999 年 7 月,美国发射新型 X 射线天文台 AXAF,后为纪念诺贝尔奖获得者钱德拉塞卡而改名为钱德拉(Chandra)X 射线天文台[见图 4-40(a)],4 个主镜的口径为 1.2 m,焦距为 1.2 m,工作能量为 0.5～8.0 keV,可探测比以前暗 50 倍的天体,分辨角为以前的 $\frac{1}{10}$,可得 X 射线像;同年 12 月,欧洲空间局发射"MM-Newdon"X 射线天文台[见图 4-40(b)],它有三个内/外直径为 70 cm/30.8 cm,焦距为 7.5 m 的主镜和光子成像照相机及光栅分光仪,工作于 0.15～15 keV,还有可见光监视相机,良好工作延续到 2016 年,发表 5 000 多篇有关论文。2012 年 6 月美国发射"NuStar(核谱仪望远镜阵列)"X 射线空间望远镜,工作能量为 3～79 keV,可直接摄取 X 射线像。2017 年 6 月 15

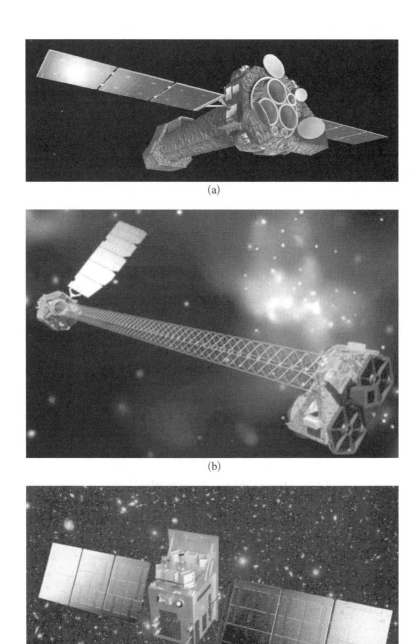

图 4 - 40　X 射线望远镜

（a）Chandra；（b）MM - Newdon；（c）慧眼 HXMT

日,我国发射"慧眼"X 射线天文卫星——HXMT(硬 X 射线调制望远镜)[见图 4-40(c)],载高能、中能、低能 X 射线望远镜和空间环境监测器 4 个探测有效载荷,可观测 1~250 keV 能量范围的 X 射线和 200 keV~3 MeV 能量范围的 γ 射线。卫星采用直接解调成像方法,通过扫描观测可完成宽波段、高灵敏度、高空间分辨 X 射线巡天、定点和小区域观测。

γ 射线更难探测,因为 γ 射线光子能量高于 500 keV,无法使用物镜聚焦成像,实际上以光子探测器(电离室或其他类型光子计数器)为主,并为确定 γ 射线源的方位和角大小而在前面加"准直器"屏蔽。三个重要的 γ 射线望远镜载于 NASA 的 SAS 2 等小天文卫星。γ 射线望远镜也载于苏联的两颗卫星和欧洲空间局的 COS B 卫星。美国 1991 年 4 月发射的康普顿 γ 射线天文台(CGRO)[见图 4-41(a)]在绕地球低轨运行到 2000 年 6 月,它有 4 个主望远镜,探测能量为

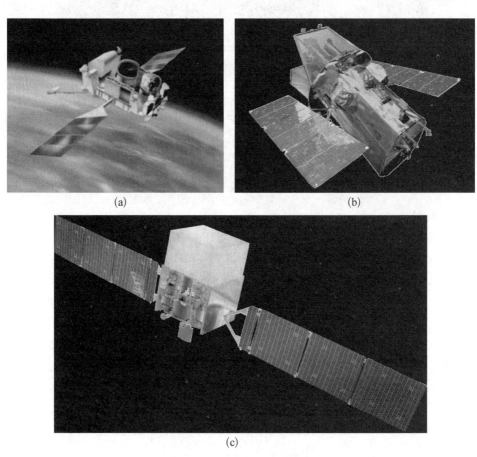

(a)

(b)

(c)

图 4-41 γ 射线望远镜

(a) CGRO;(b) Swift;(c) Fermi

20 keV～30 GeV 的高能光子,灵敏度比以前提高 10～50 倍,先巡天,再观测选定目标。NASA 于 2004 年 11 月发射雨燕天文台(Neil Gehrels Swift Observatory)[见图 4-41(b)],延续工作到 2018 年,它用三架(暴预警、X 射线和紫外/光学)望远镜一起观测 γ 射线暴及其在 γ 射线、X 射线、紫外和可见光波段的余晖。2008 年 6 月发射的费米 γ 射线空间望远镜(Fermi Gamma-ray Space Telescope)[见图 4-41(c)]延续工作十多年,由主要仪器大面积望远镜(探测光子能量为 20 MeV～300 GeV)和 γ 射线暴检测器(14 个闪烁计数器)巡天,研究诸如活动星系核、脉冲星等高能天体和暗物质。

4.8　行星探测器

1957 年 10 月 4 日第一颗人造地球卫星上天,标志着航天时代开始,天文学不仅进入全波观测,而且有很多行星探测器飞往太阳系的行星和卫星进行勘察。限于篇幅,下面仅简述某些概况,大量的发现和成果将在后面介绍。

第一个飞往的对象是月球。1959—1976 年,苏联发射 24 颗月球号(Луна)和 6 颗勘察者(Зонд)月球探测器,获得月球的高分辨图像,还有月球车登陆并取回月球样品。60 年代以来,美国成功地发射 5 个系列月球探测器,除了获得月球的高分辨图像、取回多种样品、测量月球重力场和磁场等之外,1969 年阿波罗(Apollo)11 号的两名宇航员首次登月,加上 12 号、14～17 号一起共有 12 名宇航员登月。近年,日本和印度也发射了月球探测器。我国的嫦娥探月工程"绕、落、回"三步走已在实施,2007 年 10 月 24 日发射的嫦娥一号卫星成功地完成绕月勘察,2012 年 10 月 1 日发射的嫦娥二号卫星验证了月面软着陆部分关键技术,12 月 2 日发射的嫦娥三号携带月球车"玉兔号"实现月面软着陆(见图 4-42)。2018 年 12 月 8 日,我国嫦娥四号在西昌卫星发射中心由长征三号乙运载火箭成功发射。2019 年 1 月 3 日,人类首个在月球背面软着陆的探测器——中国嫦娥四号探测器自主着陆在月球背面,实现人类探测器首次在月背软着陆。

第二批飞往金星和火星及水星。20 世纪 60 年代以来,苏、美先后发射多个金星探测器和火星探测器。由于浓厚云层笼罩而不能直接拍摄金星表面,探测器携带的雷达测绘了金星表面地形。火星探测器拍摄了火星及其两颗卫星表面的高分辨图像,着陆器及火星车做实地摄像勘察。水手 10(Mariner 10)于 1974 年以及 MESSENGER 于 2004 年 8 月飞近水星探测。

第三批飞往木星、土星、天王星和海王星。先驱者(Pioner)10 号和 11 号于

图 4－42　玉兔号月球车行走在月球表面

1973 年末和 1974 年末先后飞近木星及其卫星,后者又于 1979 年 9 月飞近土星及其卫星。旅行者(Voyager)1 号和 2 号先后飞越外行星(木星、土星、天王星和海王星)探测它们及其卫星(见图 4 - 43),伽利略(Galileo)号于 1995 年 12 月飞近木星及其卫星。卡西尼-惠更斯飞船探访土星及其卫星,尤其是惠更斯探测器穿入土卫六大气拍摄其表面(见图 4 - 44)。

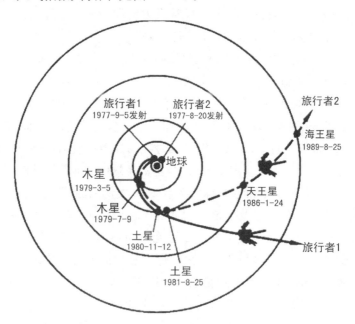

图 4－43　旅行者 1 号和 2 号探测外行星及它们的卫星

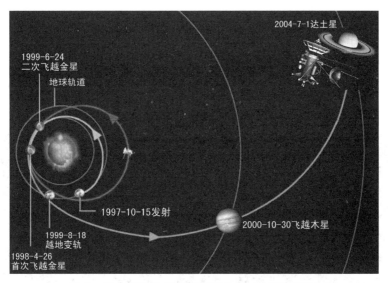

图 4-44 卡西尼-惠更斯飞船探访土星及其卫星

在哈雷彗星 1985—1986 年回归期间,有 6 个飞船莅临哈雷彗星进行了摄像和多种探测(见图 4-45)。多个飞船探访彗星,例如,深空 1 号飞船摄录 Borrelly 的彗核与喷流,深撞击(Deep Impact)飞船与 Resetta 飞船分别近距清晰地拍摄 Tempel 与 Churyumov-Gerasimenko 的彗核表面,还投出了撞击器撞击彗星并采样送回地球,后者在飞行中顺访小行星 Steins 和 Lutetia。还有飞

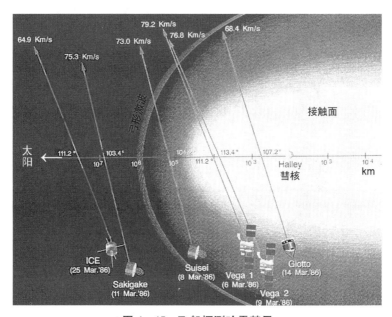

图 4-45 飞船探测哈雷彗星

船专访选定小行星。此外,有几个飞船探测行星际物质,包括太阳风粒子流和磁场及行星际尘。

2006 年 1 月发射的新视野(New Horizon)飞船历经 9 年(见图 4-46),在最接近目标的 5 个月期间摄到冥王星及其卫星的真面貌。而 2007 年 9 月 27 日发射的黎明(Dawn)号飞船先后探测到小行星主带的灶神星和谷神星(见图 4-47)。

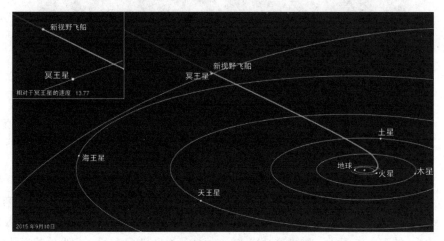

图 4-46 新视野飞船的航行路径

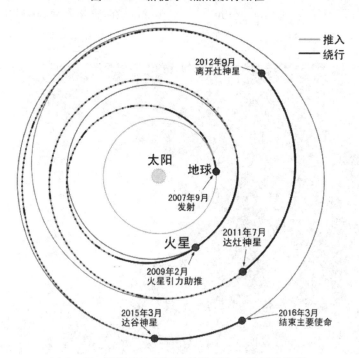

图 4-47 黎明号飞船探访灶神星和谷神星的航程

第5章　行星地球和月球

地球是我们人类的家园行星,经过世代人的考察研究,科学家建立了地球科学的一系列分支学科——地理学、地质学、地球物理学、地球化学、大气科学等,内容极其广泛。地球既是人类探测宇宙的基地,又是宇航员在太空看到的最美丽天体,地球科学的一些知识是学习行星科学的基础。因此,本章先从地球作为最重要行星的角度来概述地球知识。

月球是地球的天然卫星,它绕地球转动的同时,又随地球绕太阳公转,地球与月球组成"地月系"。月球与地球和人类生活密切相关,又是航天第一站。由于月球比地球的演化程度小得多,所以保留下很多早期演化遗迹,月球的资料可为探讨地球和行星的早期性质和演化提供重要线索。

5.1　固体地球

地球可分为三部分:固体地球、水圈和大气圈。地球质量 $M_\oplus$ 为 $5.973\,7\times10^{24}$ kg,固体地球占 99.9% 以上;水圈质量为 1.35×10^{21} kg,约占地球质量的 $\frac{1}{4\,400}$;大气圈质量为 5.136×10^{18} kg,约占地球质量的 $\frac{1}{1\,000\,000}$。此外,地球还有生物圈。虽然水圈和大气圈所占质量比率很少,但它们对生物至关重要,而生物也影响水圈和大气圈的演化。

5.1.1　形状和大小

固体地球是地球的本体,包括地表(大陆和洋底)以下的地球各部分,以下简称地球。

18 世纪以来,全世界开展了天文大地测量,现代又利用人造卫星测量,结果表明地球的外形较好地近似于旋转椭球体,赤道半径 $R_e=6\,378.16$ km,极半径(地心到北极或南极的距离) $R_p=6\,356.76$ km,平均半径 $R_\oplus=6\,371.0$ km;扁

率 $(R_e - R_p)/R_e = 0.003\ 352\ 8 = \dfrac{1}{298.257}$；体积为 $4\pi R_e^2 R_p/3 = 1.083\ 21 \times$ $10^{12}\ \text{km}^3$；表面总面积为 $5.100\ 72 \times 10^8\ \text{km}^2$。

地球的质量除以体积,就得到其平均密度为 $5\ 514\ \text{kg/m}^3$ 或 $5.514\ \text{g/cm}^3$。

实际上,固体地球表面是高低起伏的,卫星探测得到的最新地球形状示于图 5-1,显示表面起伏与地心的距离,可看到南美的安第斯山脉。在大地测量中,用大地水准面作为最好的近似。这是一个假想的表面,它与平均海水面重合并延伸到大陆所构成的不规则封闭曲面(见图 5-2),也就是海面的重力等位

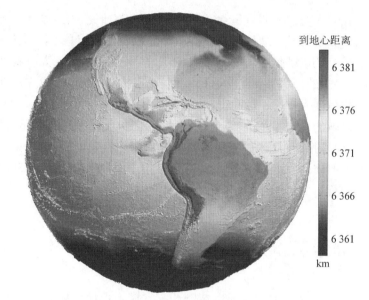

图 5-1 卫星探测得到的最新地球形状

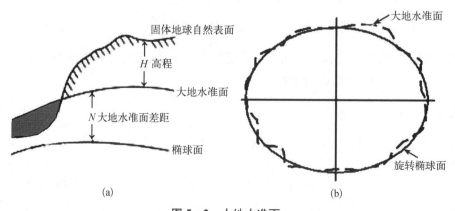

(a)   (b)

图 5-2 大地水准面

(a) 大地水准面示意；(b) 大地水准面与旋转椭球面

面。大地水准面也多处有起伏,相当不规则,甚至南北两半球不对称,北极区约隆起 18.9 m,南极区凹陷 24～30 m,夸张地说,有点像梨形。实际地表与大地水准面的高度差简称"高程",即常说的"海拔高度"。偏离大地水准面最大的有高为 8 848 m 的珠穆朗玛峰、深为 1 0911 m 的马里亚纳海沟。

按照万有引力定律,在质量为 M 的天体外,离其中心距离 R 处的单位质量受到的引力称为重力加速度或简称重力 g_0:

$$g_0 = \frac{GM}{R^2} \qquad (5-1)$$

地表物体还受到(垂直于自转轴的)惯性离心力,更确切地说,重力则是所受引力和离心力的合力。地球自转的平均角速度 $\omega = 7.292\ 115 \times 10^{-5}$ rad/s $=$ 15.041 067″/s,赤道表面的自转速度为 465.10 m/s。若取地球为球体,则可证明地面纬度 φ 处的重力为

$$g(\varphi) = g_0 - \omega^2 R \cos^2 \varphi \qquad (5-2)$$

对于旋转椭球形地球,重力还要加小的修正,赤道表面的重力最小(9.780 31 m/s²),两极的最大(9.832 17 m/s²)。地球形状不规则和内部质量分布不均匀也导致各地重力不同于"正常"理论值——重力异常(见图 5-3)。重力测量广泛地用于测绘、地质勘探、地球物理及空间科学等方面。

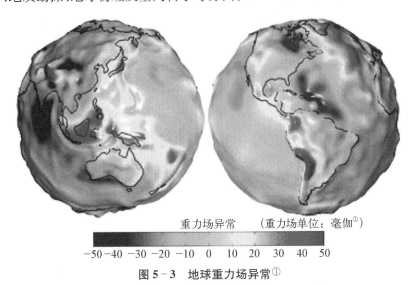

重力场异常　　(重力场单位:毫伽①)

−50 −40 −30 −20 −10　0　10　20　30　40　50

图 5-3　地球重力场异常①

---

① 1 毫伽=1 厘米/秒²

5.1.2 地球的内部结构

由于地球表层的最深钻井仅 15 km,约为地球半径的 $\frac{1}{400}$,尚缺乏地球内部的直接资料。但是,根据地球科学和天文学的资料和方法,可以借助行星内部结构的基本微分方程组,由数值计算来建立其内部结构模型,即得到地球内部的物质密度、成分等的深度分布以及圈层构造。一般地,行星内部物质以不同程度向中心密集,形成核、幔(中间层)、壳(外层)的圈层构造。

地震波是震源(大小为几千米到上百千米,深 100～750 km)产生的弹性波,有体波和面波两类。体波又分为纵波(P 波)和横波(S 波),波长大于几十千米,在地球内部各层的传播状况与物质密度及其弹性模量有关。综合全球地震资料,可推算出地球内部的波速-深度分布(见图 5-4),显示地球内部温度分布(见图 5-5)和地核、地幔、地壳三大圈层(见图 5-6)。地核又分固体内核(以下按半径计,0～1 221.5 km)和液态外核(1 221.5～3 480 km)。地幔分为下幔(3 630～5 701 km)和上幔(4 701～6 346.6 km),地幔有底部 D″层(3 480～3 630 km)、中部过渡带(4 701～5 971 km)。地壳平均厚度为 33 km,各处厚度不均匀,海洋地壳平均厚度约为 6 km,而大陆地壳厚度为 30～50 km。地壳和地幔顶部(半径 6 291 km 以上)由刚性岩石组成,一起称为**岩石圈**,厚度约为 60～120 km。岩石圈下面是软流圈,深度为 100～700 km。地幔内的结晶结构变化发生于表面下 410 km 和 660 km,跨越分隔上、下地幔的过渡带。

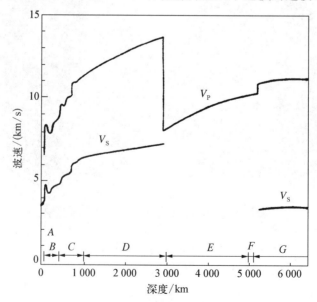

图 5-4 地震波速的深度分布

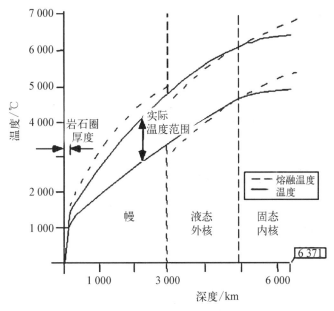

图 5 - 5　地球内部的温度分布

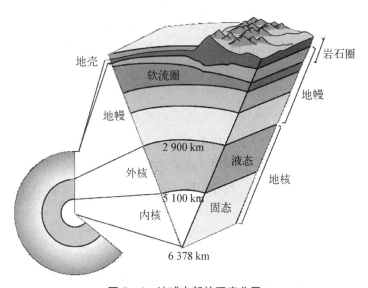

图 5 - 6　地球内部的深度分层

地壳约占地球总体积的 1.55%,占总质量的 0.8%。地壳下有波速间断面——M(莫霍)面与地幔分界。地幔占总体积的 82.3%,占总质量的 67.8%,地幔底有古登堡间断面与地核分界。地核占总体积的 16.2%,占总质量的 31.3%。

面波仅在地表或界面附近传播,用于研究地壳和上地幔。大地震可以激发地球的整体自由振动,周期为 70～3 200 s,可持续几天。更准确的**参量地球模型(PEM)**在深度小于 420 km 时分为 PEM-O(海洋)、PEM-C(大陆)、PEM-A(平均),图 5-7 给出它们的波速和密度分布。

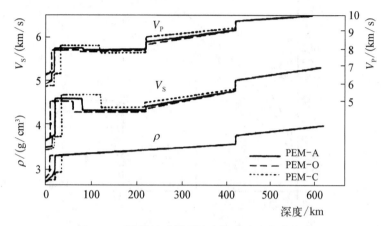

图 5-7　参量地球模型给出的波速和密度分布

过去,人们曾推测地核自转较快。直到 1996 年,宋晓东和 G. P. Richards 研究地震波资料时才发现内核自转是不均一的,有些小的系统变化,使内核对称轴比自转轴向东偏移 1.1°/a,其后有人认为内核比地幔自转快 0.1°～0.5°/a。这样,液态外核就成为缓冲圈,而核-幔边界形成复杂的、不均匀的过渡层。

5.1.3　地质过程

地表特征(地貌)是各种地质过程长期综合作用的结果。就成因而言,地质过程可分为内成过程和外成过程两大类。内成过程包括火山活动和构造活动。外成过程包括大气圈和水圈的各种作用(风化、剥蚀、侵蚀、搬运、沉积)以及地外天体的陨击作用。

1) 内成过程

20 世纪初,德国地质学家 A. 魏格纳(Alfred Wegener)发现大西洋两岸的大陆轮廓相似,可拼接起来,而且两岸的地层、古生物化石等地质和古气候也有惊人的相似性和连续性,提出**大陆漂移假说**(continental drift hypothesis),认为约 2 亿年前有统一的泛大陆——联合古陆,后来分裂为几块并各自漂移开。限于当时的水平,这一假说遭反对而冷落 20 多年。到 20 世纪 50—60 年代发现**洋脊**扩张带、洋脊两侧磁异常条带对称分布等海洋地壳运动后,美国人 H. 赫斯(Harry Hess)和 R. 迪茨(Robert Dietz)分别提出**海底扩张假说**(seafloor

spreading hypothesis)，认为热的地幔物质从洋脊处涌出形成隆起，造成岩石圈破裂，地幔对流循环的水平运动带动顶部岩石圈离散（扩张），从洋脊涌出的物质形成新海底，而海沟是对流的下降处（见图 5 - 8），进而发展为**板块构造假说**（plate tectonics hypothesis)，认为岩石圈裂成一些板块（见图 5 - 9）。板块边界是四类构造活动带。

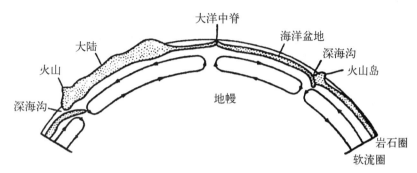

图 5 - 8　地幔对流与洋底扩张

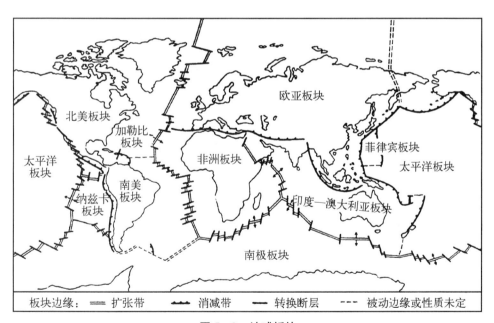

图 5 - 9　地球板块

（1）洋脊扩张带，其两侧板块离散，而上涌的软流圈物质增生为新的洋底。

（2）海沟及共生岛弧的俯冲消减带，两板块会聚，一个板块俯冲潜入另一板块下面（一般是海洋地壳俯冲到大陆地壳下面）而消减，也是地震和火山活动带。

（3）两大陆板块会聚的碰撞带，常造成大型褶皱山脉带并伴有强烈构造变形、岩浆和变质作用，如喜马拉雅山脉。

（4）转换断层，其两侧板块剪切水平滑动，常与洋脊或海沟共生。

现在利用全球（卫星）定位系统和激光测量等方法已测出不同板块运动典型速度为几厘米每年，其高度也可以发生几毫米每年的变化。板块活动始于何时很难逆推，一般认为始于 25 亿年前。洋底扩张和板块构造终究是地幔物质运动的内因所致（但机制仍是未解之谜），内成过程的主要能源是放射性核素（铀、钍、钾）的衰变能。

地幔内部不是均质的，某些部分积聚的热量较多，可能成为上升的地幔羽（或热柱），甚至深达核-幔边界，在其上方板块上形成火山或熔岩台地，当板块移过热柱就形成火山链，喷发玄武岩呈盾形火山（如夏威夷的火山）。

地质记录表明，一个超级大陆块约在 7 亿年前（前寒武纪晚期）开始破裂为几个主要大陆。但到 2.5 亿年前（三叠纪将开始），这些大陆连续漂移，导致它们再融为一个单一的超级大陆块——"联合古陆（Pangaea，来自希腊语'全陆地'）"。7 000万年后，联合古陆开始分裂，逐渐产生现在的大陆布局（见图 5-10）。

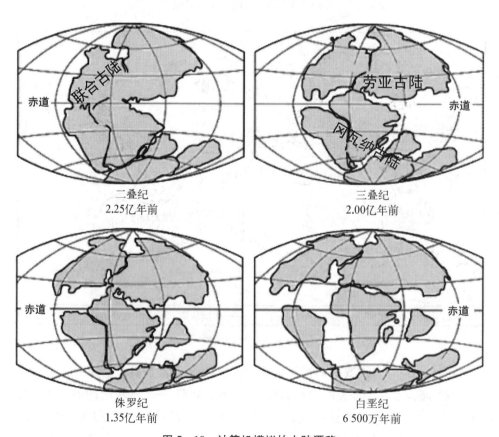

二叠纪
2.25亿年前

三叠纪
2.00亿年前

侏罗纪
1.35亿年前

白垩纪
6 500万年前

图 5-10　计算机模拟的大陆漂移

2）外成过程

内成过程导致地貌的大格局，而外成过程则严重改造它。外成过程的主要成因或能源是太阳辐射和重力作用。暴露于大气、水和生物作用的岩石发生风化，风化产物被媒质（风、流水、冰川、波浪）以及坡移搬运和沉积，形成新的地貌。

3）陨击作用

行星际运行的某些小天体（小行星、彗星、流星体）可能陨落到地球上，乃至在地表撞击出**陨击坑**（我国地质文献常称为陨石坑）。例如，半径为 100 m 的铁陨石以速度 10 km/s 陨击地表的动能为 1.6×10^{15} J，相当于 7 级地震或 38 万吨 TNT 炸药或 19 颗广岛原子弹爆炸的能量。简单陨击坑呈碗形，例如，美国亚利桑那的巴林杰陨石坑（Barringer Meteorite Crater）是第一个被确认的陨击坑，其直径约为 1 200 m，深为 180 m，曾认为是死火山口，后来从那里找到铁陨石碎屑和陨击构造特征，才获得确认（见图 5-11）。据研究，它是约 25 000 年前被一个直径约 30 m、重约 1.5 万吨的铁陨石撞击成的，撞击能量约 500 万吨 TNT 炸药爆炸的能量。直径大于 4 km 的复杂陨击坑常有中央隆起和坑围断裂，更大的陨击盆地有高低交替的环状构造。地球上已发现 150 多个陨击坑（见图 5-12），都是近 20 亿年来陨击的，更老的陨击坑已完全破坏无遗了。

图 5-11　美国的亚利桑那陨击坑

陨击作为重要地质过程只是近半个世纪才被人们认识到的。陨击造成区域性熔融、溅射物沉积、断裂和构造活动，以及触发火山活动。例如，加拿大的萨德

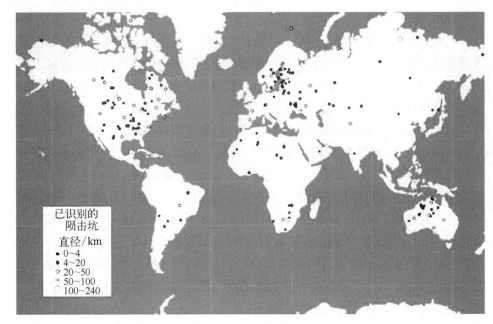

图 5 - 12　地球的陨击坑分布

伯里(Sudbury)盆地,其直径为 140 km,年龄为 18.4 亿年,那里有大量贵金属矿,矿体在几十千米的火山杂岩盆地内,自 1883 年发现它以来,已找到价值几十亿美元的矿产。陨击、火山活动及矿体的关系值得深入研究。

陨击事件与生物绝灭

1994 年 7 月发生的苏梅克-列维 9 号(Shoemaker—Levy 9)彗星分裂碎块依次撞击木星的事件,使人们更关心彗星是否会撞击地球的问题。在地球 46 亿年的漫长演化中,遭受过多次彗星和小行星的陨击,将来也还会受到撞击。

1908 年 6 月 30 日晨,西伯利亚的通古斯河地区上空出现一个大火球呼啸飞坠,方圆 100 km 都能看到,在一片密林上空发生强烈爆炸,爆炸声传到 1 000 km以外,地震台记录下爆震波。这次爆炸破坏了 1 600 km^2 的森林,估计爆炸能量为五亿亿焦耳,相当于一千多万吨 TNT 炸药,约为广岛原子弹威力的 2 倍,这就是**通古斯事件**(Tunguska Event)。有人提出这是一颗小彗星,也有人认为是一颗小行星的陨击。

6 500 万年前,地球上恐龙等 70% 物种大量绝灭。20 世纪 80 年代,在白垩纪到早第三纪(6 500 万年前)地层(K/T)界面发现铱异常富集,阿尔瓦雷斯父子(Luis Alvarez and Walter Alvarez)等提出,一颗直径为 10 km 的小天体撞击地球,溅出的尘埃包围全球,中断植物的光合作用而造成了生物绝灭。许靖华提出,彗星陨落大海可能是这次生物绝灭的原因。直到 10 年后,科学家才在墨西哥尤卡坦半岛(Yucatan Peninsula)的希克苏鲁伯(Chicxulub,当地玛雅语意思是魔鬼尾巴)附近找到直径大于 200 km 的相应陨击构造(见图 5-13),其产生年代恰为 6 500 万年前,估计这次撞击的能量在百万到千万兆吨 TNT。此外,在地质史上还曾发生过多次类似的物种大量绝灭。生物大量绝灭可能有一定的周期性,有人曾提出周期性"彗星雨"——很多彗星进入太阳系内区,周期性陨击地球。

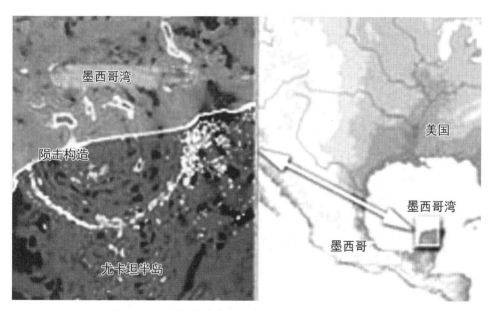

图 5-13　墨西哥尤卡坦半岛的希克苏鲁伯陨击构造

　　近年来,在太湖花岗岩中发现多种宇宙尘(微球粒)。世界范围的(晚泥盆世,约 3.65 亿年)弗拉斯-法门(F/F)界线的微球粒皆可与它们类比。在太湖的泽山岛发现岩石的震裂锥及矿物的冲击特征,说明受到过地外天体陨击,陨落过程中的烧蚀物形成多种微球粒,后来被花岗岩浆捕房而留在花岗岩内。研究得出,这些微球粒可能是彗星陨落爆炸的烧蚀产物,而太湖可能是彗星陨落过程中在近地面爆炸或陨击而形成的。

　　1981 年,L. A. 弗兰克(L. A. Frank)等在动力学探测者 1 号(Dynamics Explorer 1)卫星拍摄的地球白昼气辉紫外像上发现一些暂现暗斑,称之为**大气洞**(Atmospheric Holes),直径约为 50 km。他们推断,小彗星从行星际闯入地球大气,在白昼气辉的上空(高度约为 1 000 km)瓦解,并很快蒸发为水汽云,吸收气辉的紫外辐射,从卫星上看就呈现为暗斑——大气洞。进而推算出小彗星的质量约为20吨,大小约为10米,每分钟陨落5～30颗。通过设计巧妙的方法,他们用地面望远镜搜寻到小彗星的陨落。第一篇论文发表于1986年4月1日的地球物理通讯上,那天恰是愚人节,很多学者提出一个接一个的质疑,争论持续10年。直到20世纪90年代,低轨飞船(Polar Spacecraft)拍摄的连续图像上很清楚显示陨落过程(见图5-14),因而得到广泛赞同。估计每(1～2)万年的小彗星陨落可在全球沉积约1英寸水,足以提供地球同时期的大部分甚至全部的水。因此可以说,地球之水彗星来!

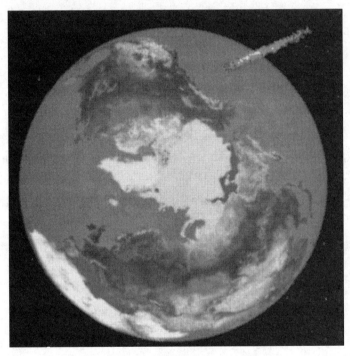

图5-14　小彗星陨落轨迹(图的右上方)

曾有奇闻:斯威夫特-塔特尔彗星(109P/Swift—Tuttle)下次回归时,在2012年8月4日可能与地球相遇乃至碰撞,但后来的仔细计算表明不会撞击。彗星和小行星确有撞击地球的潜在危险,因此,搜索和监视这些可能的近地小天体,预报可能的撞击地球事件并采取防卫措施,成为全世界关心的问题。虽然同样大小的彗星数目只有小行星数目的百分之几,但彗星的撞击速度(30～60 km/s)比小行星的撞击速度(20 km/s)大,所以彗星撞击危害更大。

实际上,每年都有相当于日本广岛原子弹能量(0.015兆吨TNT)的小天体闯入地球大气中烧蚀而呈现为火流星现象。兆吨 TNT 能量的陨击每世纪可能有几次,但由于仍在高空就烧蚀和爆炸("空暴"),虽然监测卫星常观测到这些空暴事件,而地面上的人们一般感觉不到;千万吨 TNT 能量的陨击才穿入到低层大气空暴,可造成类似于同样能量原子弹爆炸的危害,破坏区的面积 A 正比于爆炸能量 Y 的 $\frac{2}{3}$ 次方,即 $A \propto Y^{\frac{2}{3}}$,低空空暴比地面爆炸破坏的面积大,通古斯事件就是一例。$50\sim300$ m 大小的天体类似撞击事件平均约 250 年才会发生一次,其能量为千万吨到 10 亿吨 TNT,其破坏区的面积达几万平方千米或地表总面积的十万分之几,这样的撞击危害基本是区域性的,可造成几千人伤亡,大多居民不会受多大影响。

造成全球性灾难的撞击事件是很少的。兆亿吨 TNT 能量的大撞击灾难平均约 1 亿到 10 亿年发生一次。虽然能量比它小些的陨击未必造成物种大规模绝灭,但仍然会像核爆炸或火山喷发那样把尘屑抛到平流层并散布到全球,造成严重灾难,农作物大量减产,人类饥饿死亡,有些学者形象地称之为 **核冬天**(nuclear winter),这仍是准全球性灾难,比大地震和洪水及旱灾的危害严重得多。如果有某颗小天体可能会撞向地球,那么,现代天文观测有可能及早发现并预报,可用发射导弹等方法去把它撞离开或在外空击毁。

5.2　地球大气和水圈

固体地球外面包围着地球大气和水圈。多种气体受地球引力场约束而形成地球大气圈,气体主要集中于低层,随高度而稀疏,气体成分也发生变化。地球水圈是存在于地表及其上下的三种形态水体总称。

5.2.1　地球大气

地球大气圈是包围着海洋和陆地的一层混合气体。虽然地球大气只占地球质量的微小部分,但与人类生活息息相关。人类呼吸大气中的氧而生存。大气屏蔽太阳紫外辐射和高能宇宙线及流星体的高速轰击,保护地表生命,又通过气象和风化过程改造地表,影响生命。

1) 气压定律和大气成分

地球大气的 99.9% 质量集中在海拔高度 50 km 以下的低层,随高度增加而越来越稀疏。海平面气压 $p(0)$ 为 1 个大气压(1.013 25 bar 或 101 325 Pa),气压

p 随高度 h 按气压定律变化：

$$p(h) = p(0)e^{-h/H} \qquad (5-3)$$

$$H = kT/mg \qquad (5-4)$$

式中，H 称为"**标高**"，可以代表大气的有效厚度；T 为绝对温度(K)；g 为重力加速度；m 为平均相对分子质量；k 为玻耳兹曼常数。取 $T=15℃$，$H \approx 8.43$ km。气体密度也如式(5-3)指数规律变化。

在高度 100 km 以下的低层大气中，各种成分混合均一。主要气体成分的体积混合率(所占体积或数目的百分比)列于表 5-1。

表 5-1　地球大气的主要成分(体积百分比)

氮(N_2)	78.08%	二氧化碳(CO_2)	0.04%	氙(Xe)	0.087 ppm
氧(O_2)	20.95%	氖(Ne)	18.2 ppm*	氢(H_2)	0.5 ppm
水汽(H_2O)	0.001%~5%	氦(He)	5.24 ppm	氧化氮(NO_2)	0.31 ppm
氩(Ar)	0.934%	氪(Kr)	1.14 ppm	甲烷(CH_4)	1.79 ppm

　　* 1 ppm=0.0001%=10^{-6}。

水汽随地域和时间变化，二氧化碳和甲烷随人类活动而增加。此外，臭氧(O_3)层(0.03~0.063 ppm)主要存在于高度为 15~35 km 的范围内。臭氧层吸收太阳的紫外辐射，保护人类不受其危害。但含氟的制冷剂物质会破坏臭氧层，造成**臭氧洞**(见图 5-15)，因此禁用含氟制冷剂。大气中还有一氧化碳(CO，0.15 ppm)、二氧化硫(SO_2)等微量成分。此外，大气中还有称为**气溶胶**的悬浮微粒，包括硫酸(主要是火山喷发的，高度为 20~30 km)、硫酸盐、硅酸盐、海盐、水滴和冰晶、有机物、陨落的宇宙尘及陨石烧蚀物。

　　2) 地球大气的性质和分层

地球大气的温度和成分等性质主要随高度变化(垂直分布)，也随纬度或区域以及时间而变化，可以根据大气温度、成分、电离程度的垂直分布进行大气的结构分层。

根据大气温度的垂直分布，常把大气分为四个圈层：对流层、平流层、中层、热层(见图 5-16)。热层以上是气体极稀疏的(密度不到 10^7 分子/厘米^3，海面 10^{19} 分子/厘米^3)**外大气层**。高度 1 000 km 以上，一直延展到 60 000 km，主要是氢和氦，受太阳的赖曼 α 辐射激发而有微弱辐射，此气晕称为**地冕**。

按气体混合状况，大气分为两大层：以高度 85 km 为界，下面为**均质层**，上

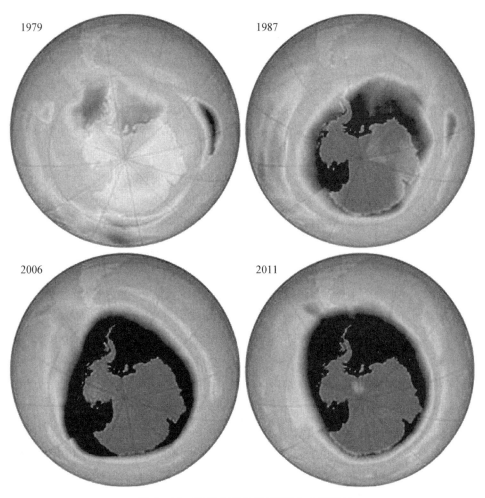

1979

1987

2006

2011

图 5 - 15　南极上空的臭氧洞(中央暗区)

面为**非均质层**。据气体电离程度,地球大气分为两层:以高度 70 km 为界,下面为中性层,上面为电离层。高层大气的气体被太阳 X 射线离解为离子和电子而形成电离层,按电子密度的垂直分布又分为 D、E、F1、F2 层,它们依次反射长波、中波到短波的无线电信号。只有频率为 30 MHz 以上的超短波和微波才可以穿过电离层而用于宇航通信及天体射电观测。

3) 大气环流

大气中各处温度和压力的差别驱动空气运动,空气不同规模运动总称为**大气环流**,成为影响各种天气和气候的主要因素。地球大气环流可分为如下四种。

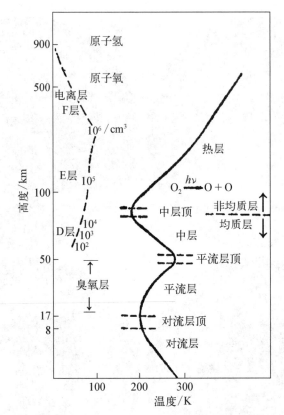

图 5‑16　地球大气的温度分布与结构分层

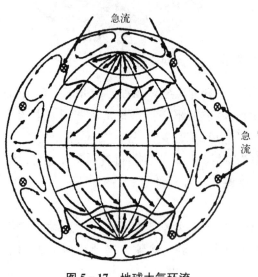

图 5‑17　地球大气环流

（1）**哈德莱环流**（**Hadley cell**）哈德莱环流由不同纬度的温差驱动。在赤道区,近地表的热空气上升到高空,转而流向高纬冷区下降,再从低处流回赤道区。地球南、北两半球各有三个环型(见图 5‑17)。如果地球没有自转,哈德莱环流仅沿经圈进行;实际上,地球自转使北半球气流偏向右,而南半球气流偏向左,表现为低纬区近地表的**贸易风**(因此航海和航空可以"借东风"),而在中高纬甚至导致东西风。

（2）**斜压涡流**　斜压涡流是因

流体力学不稳定性使大尺度运动变为小尺度的涡流,对天气变化很重要的气旋(低气压区)和反气旋(高气压区)就是这种涡流。典型的气旋有六对,对于向上和向极区转移热量起主要作用,也往对流层上部转移动量来维持高速的东西向**急流**。

(3)**稳态涡流**或驻波 稳态涡流由地形(如大的山脉脊)或海陆温差产生,绕纬度圈有 2～3 个典型波长。它们把动量从对流层转移到平流层,影响平流层的环流。

(4)**热力潮** 热力潮由太阳直接照射区与未照射区之间的温差产生。地球大气的热力潮较弱。

4)温室效应

如果没有大气层,地球的白天温度会很高,而夜间温度会很低。假如仅靠太阳光直接照射,地表平均温度只达 −18℃,那么,水就要结冰,生命难以存在! 实际上,地表温度约 15℃。原因何在? 这是由于地球大气的水汽、二氧化碳、甲烷、氧化氮和臭氧有类似温室玻璃的作用,即它们透过太阳可见光而加热地表,但它们吸收地表的红外热辐射而加热大气,再返回加热地表,因此热量积累而温度增高,称为**温室效应**。于是地表平均温度提高,变得温暖而适于生命。但随着人类活动排放到大气中的二氧化碳增加,全球变暖,两极冰融化,将导致海面上升,乃至淹没沿海地区,造成灾难! 因此,国际协议节制二氧化碳排放。

5.2.2 水圈

水圈(Hydrosphere)是地表水体总称,包括海洋、河流、湖泊、冰川和地下水。其中主要是海洋,占地球表面积的 70.8%,平均深度为 3 682 m。海洋占水体体积的 96.538%。陆地表面水仅占水体的 1.75%,包括冰川占 1.736 3%、湖泊占 0.012 7%、沼泽占 0.000 8%、河流占 0.000 2%。地下水占水体的 1.714 7%,包括浅层和永冻层地下水(分别占 1.688 3%和 0.021 6%)及土壤水(占 0.001 2%),此外,还有大气水(占 0.000 9%)。虽然水圈的总质量仅占地球质量的 $\frac{1}{4\,400}$,但对人类和生物的生存至关重要,水又在地质过程中起重要作用,使得地球演化为人类休养生息的美好家园。

《庄子·秋水》有"天下之水,莫大于海。万川归之不知何时止,而不盈。尾闾泄之,不知何时已而不虚"。水在地表各处不断变动,但为什么保持上述的各处分配比例呢? 这是因为水在各处的不断变动过程中大致保持动态平衡的**水循环**(见图 5 - 18)。大规模水循环发生在海洋-大气-陆地之间:海水不断蒸发出水汽到大气中,随大气运动到大陆上空,凝结为云而降水落地,一部分经河流回到海洋,一部分渗入地下或被生物吸取,另一部分又蒸发到大气中。每年进入大气的水和降水基本保持平衡(各约 $505\,000\ \text{km}^3$)。同时,还有很多小循环,如地表水与地下水之间的、海洋与大气之间的循环等。此外,水圈还与地球内部进行水交换,岩浆和热液喷出把内部水升到地表,而地表水也会沿断裂层渗透到内部,只是这种交换的时间漫长(几十万年以上)。

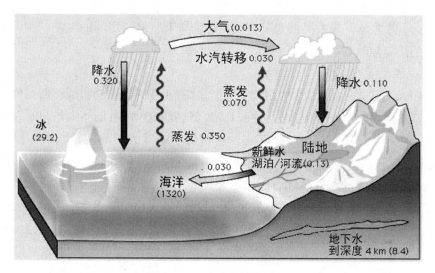

图 5‑18　地球上的水循环

太阳辐射可以使水分解出氢,氢易逃逸到太空,因而导致地球上的水总量减少,这就需要有水的补充才可以使地球保持温湿至今。那么,地球之水是那里来的呢? 一种来源是地球形成时保持在地幔的水通过火山岩浆释放出来的;另一种是富含水冰的彗星陨落带来的。

5.3　地球的磁场和磁层

地球磁场是源自地球内部,并延伸到太空的磁场。形象地说,地球磁场是一个与地球自转轴呈 $11.5°$ 夹角的磁偶极子,相当于地球中心放置了一个倾斜了的磁棒。磁层指的是地球磁场在电离层以上的影响空间,能够向太空延伸几万千米,阻止太阳风和宇宙射线中的带电粒子破坏地球大气上层,因此使阻挡紫外线的臭氧层不致消失。

5.3.1　地球磁场

我国古代发明指南针（磁针）来确定方向，并认识到地球是个大磁体。地球磁场（简称地磁）大致像条形磁石周围那样的偶极磁场（见图 5-19），现在的磁轴与自转轴有 11.5°交角，且磁场的对称中心偏离地心南约 460 km，南、北磁极的磁场强度为 0.68 Gs 和 0.61 Gs（1 Gs=10^{-4} T，Gs 为高斯，T 为特斯拉符号），磁赤道的磁场强度 H_0=0.31 Gs。行星的总体磁性常用**磁矩** μ 表示，它与行星半径 R 和 H_0 的关系为

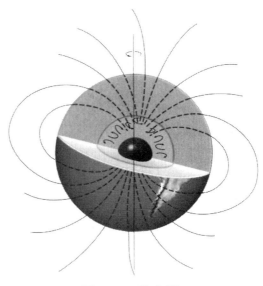

图 5-19　地球磁场

$$\mu = H_0 R^3 \qquad\qquad (5-5)$$

地球的磁矩为 7.906×10^{10} Gs·km^3。

地磁的实际情况相当复杂。地磁的主要部分是**基本磁场**，包括偶极磁场（占 90%）、非偶极磁场（约占 10%）及地磁异常，有缓慢的长期变化：① 偶极磁矩减少，近百年来约每年减少 0.05%，如此下去，2 000 年后将减到零，但距今 12 000 年的古地磁资料显示磁矩呈波状周期变化；② 极性倒转，近 350 万年至少发生九次南北磁极颠倒，在一、二千年的过渡期偶极场很弱；③ 非偶极磁场西向漂移，平均每年 0.2°；④ 偶极绕自转轴西向旋进，每年 0.05°。基本磁场起源于地球内部（内源磁场），热驱动导电的液态核对流运动加上地球自转作用而形成电流，电流与"种子"磁场相互作用，这类似于发电机过程而称为"磁流体发电机"，导致磁场增强和变化。地磁的短期变化有日变化、季节变化、与太阳活动有关的干扰变化（**磁暴**等），变幅可达百分之几高斯，主要由太阳风与地球磁层和电离层作用产生的电流系统而形成外源磁场所致。

5.3.2　地球磁层

地球磁层概念是英国数学家暨地球物理学家 S. 查普曼（Sydney Chapman）在 20 世纪 30 年代提出的。从太阳出来的带电粒子流（即太阳

风)与地球磁场相互作用,在地球周围形成太阳风带电粒子包围的地球磁场控制区域称为**磁层**。20世纪50—60年代,科学家从理论上和人造卫星探测证实了太阳风和磁层。

太阳风的动压把地球磁力线往背太阳方向推斥,使磁层形成复杂结构(见图5-20)。太阳风带电粒子流与地磁的交界面是磁层的外边界,称为**磁层顶**。磁层顶的位置和形状主要由太阳风动压和地球磁场磁压平衡来决定:宁静太阳风时,磁层顶在朝太阳侧离地心约 $10\,R_{\oplus}$;太阳活动剧烈时,磁层顶在朝太阳侧离地心 $5\sim7\,R_{\oplus}$。在背太阳方向,磁层顶呈筒状的延展几百 $R_{\oplus}$ 的**磁尾**,其截面半径约 $20\,R_{\oplus}$。

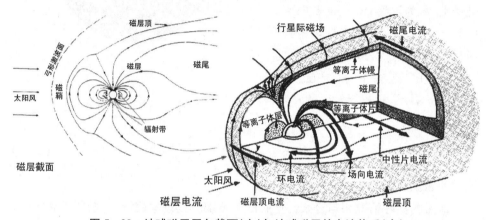

图5-20　地球磁层子午截面(左)与地球磁层的电流体系(右)

太阳风粒子流受磁层阻碍,如航船前方的水波那样,在磁层顶上游形成**弓形(船首)激波面**,它离地心约 $14\,R_{\oplus}$。弓形激波面与磁层顶之间的过渡区称为**磁鞘**。在磁尾中央,被拉伸的反向磁力线之间存在**等离子体中性片**。地球磁场和磁层随地球自转,带电粒子与磁场相对运动而形成大的电流体系:磁层顶电流、中性片电流、环电流、场(磁力线方向)电流。这些电流成为地球外部磁场的源,太阳活动剧烈时,强太阳风扰动磁层电流系统而造成地磁磁扰。

极光是近地磁极区高层大气出现的彩色发光现象(见图5-21)。我国北方可见北极光。早在两千多年前就有关于极光的陆续记载。极光多出现在地磁纬度为65°～70°范围的"极光椭圆带",发光区离地面约100 km或更高,常呈黄绿色、偶有红色等的变幻光带或光弧。极光是沿磁力线沉降的高能带电粒子(主要是电子)激发大气原子和分子而发光。极光与(磁)场向电流有密切联系。

图 5 - 21　北极光(彩图见附录 B)

5.3.3　辐射带

太阳风、宇宙线与地球高层大气相互作用而产生大量带电粒子,它们绕地球的磁力线做螺旋运动而产生电磁辐射。因此,地球磁场捕获的大量带电粒子所在区域称为**辐射带**,辐射带先由理论预言,后由美国空间物理学家詹姆斯·范爱伦(James van Allen)在 1958 年用探测者卫星上的仪器发现,故又称为**范爱伦带**(van Allen belt)。辐射带呈环状在低、中纬高空环绕地球,截面为两瓣相对的月牙形(见图 5 - 22)。地球辐射带主要有两个:内辐射带主要集中高能(MeV 以上)质子,高度为 600~12 700 km,介于磁纬±45°;外辐射带主要集中高能电子,高度为 3~4 $R_\oplus$,介于磁纬±(50°~60°)。后来人们又发现更内的第三辐射带,集中来自太阳系之外的高能氧、氮和氖的离子。实际上,带电粒子分布范围很广,而且辐射带情况也随太阳活动变化。辐射带的高能粒子会伤害航天器上的宇航员和仪器。

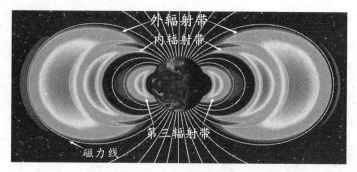

图 5 - 22   地球辐射带

5.4   地球系统科学

地球系统科学（Earth System Science）就是从整体论（Holism）观点出发,研究地球这个大系统内的各个子系统,即各圈层内部及圈层之间的运动变化全过程、形成机制以及预报未来变化趋势。过去,地球科学的各分支学科只侧重研究各子系统,限于特定的时间和空间范围。地球系统科学则把地球作为一个行星整体来研究各种尺度的演变,这是更广泛和全面的新地球观。

地球是一个动力系统,地球的大气、海洋、地壳以及内部都在运动和演变,不同物质的运动都有其特殊的动力机制,它们不同程度上受地球重力场、自转及其变化等各种地球自身内因影响,也受天文因素影响。这些动力作用使地球成为最富有生机的行星。图 5 - 23 给出地球动力系统的各种特征时间和空间尺度的作用过程。除了前面概述的内容,下面不再叙述地球各子系统及各圈层相互作用,仅简述影响地球系统的某些天文因素。

5.4.1   开放的地球系统

地球系统虽然在相当大程度上主要由其自身的内因而演变着,但它不是孤立的封闭系统,而是开放系统。且不说地球本身就是由太阳系原始星云中的星子聚集形成的,地球形成以来仍与外界有物质、能量和动量的交换。

前面已讲过小天体的陨击作用,地球早期很可能遭遇严重陨击,不仅其地质作用显著,而尤其是彗星陨落带来大量的水及有机物,对地球大气和海洋的演变乃至生物起源至关重要。虽然现在平均几十万年才有一次较大陨击,但其危害也很大,甚至造成全球性灾难;就是每年陨落到地球的宇宙尘就有 1 万多吨,它

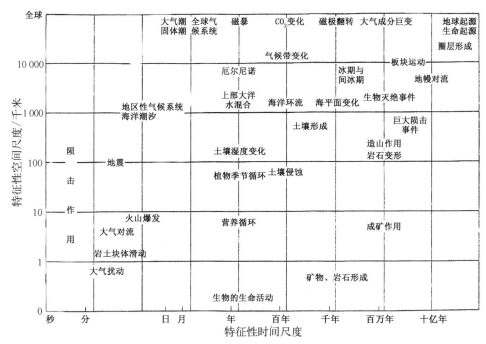

图 5-23　地球动力系统的各种特征时间和空间尺度的作用过程

们在大气中的烧蚀物可以成为水汽凝核而影响降水。

太阳供给地球光和热,照耀万物生长。除了放射衰变能,地球上的能源归根结底来自太阳辐射能(见第 8 章)。宇宙线高能粒子对大气的影响也较明显。太阳、月球及行星对地球的影响尤其对地球自转的影响也很重要。

地球的一些演变过程常表现出一定的周期性韵律或旋回,它们与天文因素相关(见表 5-2)。

表 5-2　地球演变的周期性

周　　期	天文因素	气温(气候)	电磁场	海面升降 (海水温度)	生物圈	岩石圈
(280 ± 25) 百万年	银河年、太阳系引力场变化、大陨击	+(+)	磁极倒转周期	+(+)	物种绝灭	"代"、板块运动、岩浆活动
(33 ± 3) 百万年	太阳穿越银道面、太阳系引力场变化、大陨击	+(气候带变迁)	磁极倒转周期	+(+)	物种绝灭	"纪"、板块运动、岩浆活动

(续表)

周　期	天文因素	气温(气候)	电磁场	海面升降 (海水温度)	生物圈	岩石圈
(2.17,4.1,9.5) 万年	地球近日点 进动、黄赤交 角、轨道偏 心率	＋(冰期、间 冰期)	磁极倒转 周期	＋(＋)	生态变迁	沉积韵律
1 000～1 400 年	九星会聚长 周期	＋(＋)	磁极倒转 过程	＋(＋)	人类文明	固体潮、地 震、火山
140～180 年	九星会聚准 周期	＋(＋)	—	＋(＋)	—	固体潮、地 震、火山
60 年	轨道半径 变化	＋(厄尔尼 诺)	—	＋(＋)	干支	固体潮、地 震、火山、核- 幔
29.8 年	自转速率、 极移	＋(＋)	—	＋(＋)	—	内核震动 周期
11 年	太阳黑子活 动、自转速率	＋(厄尔尼 诺)	磁暴	＋(＋)	—	地震活动短 周期
1 年	地球公转	＋(＋)	日射	＋(＋)	生长季节	固体潮
13.1～14.76 天	月球半月潮	＋(＋)	大气超长波	(＋)	—	固体潮、余震
1 天	自转	＋(＋)	—	(＋)	生物钟	固体潮

　　例如,2 亿多年的周期相应于太阳绕银河系中心转动的周期(**银河年**),3 300 万年的周期相应于太阳两次穿越银道面的时间,太阳经过银河系物质密聚区可以使太阳系的引力场变化,导致更多的小天体陨击地球,造成大气、水圈、生物圈和岩石圈的剧烈变化,如最近银河年对应地质的中、新生代,前一银河年对应古生代。地球绕太阳公转轨道长轴旋进,近日点进动平均周期约为 2.17 万年,黄赤交角在 22°00′～24°30′范围变化、周期约为 4.1 万年,轨道偏心率变化(日地距离最大时达 5.7%)周期约为 9.5 万年,对应有沉积旋回、海平面升降、冰期与间冰期周期,造成生态迁移及气候环境变化。但很多相关的机制还有待深入研究。

　　地球系统不断接收外界的物质、能量和动量的同时,也在不断地把物质、能量和动量转移到外界。例如,地球不断地以红外辐射形式把热量损失到太空,尤其是火山喷发等加速了地球的热量损失;从外大气层逃逸出氢等气体;地球与月球相互作用,地球把自转角动量转移给月球,因而地球自转减慢,而月球轨道变大。因此,地球可以说是一个耗散系统。

5.4.2　地球自转变化

在地球内部和外界的各种因素作用下,地球自转发生复杂变化,主要表现在三方面:自转速率或日长的变化;自转轴在地球本体内的变动或极移;自转轴在空间的进动导致岁差和章动。虽然地球自转变化的相对量很小,但长期累积效应是显著的,现代科学技术需要地球自转变化的精确资料。

5.4.2.1　地球自转速率的变化

20 世纪初以来,天文学的一个重大发现是确认地球自转速率不均匀,从而动摇了以地球自转作为时间计量基准的概念。地球自转速率有以下三种变化。

1) 长期减慢

由月球、太阳和行星的观测资料及古代日月食资料的分析,人们确认地球自转长期减慢。这使日长在每世纪平均增长 1～2 ms,2 000 年来累积慢 2 个多小时。从古珊瑚化石生长线研究得出,3.7 亿年前,每年约有 400 日,这基本与天文得出的地球自转减慢结果符合。

地球自转长期减慢的主要原因是潮汐摩擦。月球和太阳的引潮力使海水涨落而形成潮汐。由于地球自转角速度比月球轨道运动快,随地球自转的水隆起超前于月球运动,受月球引力扭矩而如"刹车"的制动作用(称为潮汐摩擦)(见图 5 - 24)。理论模型计算结果基本上可以解释地球自转的长期减慢,当然还存在有待深入研究的问题,包括理论模型的精度不够高,是否存在非潮汐作用(太

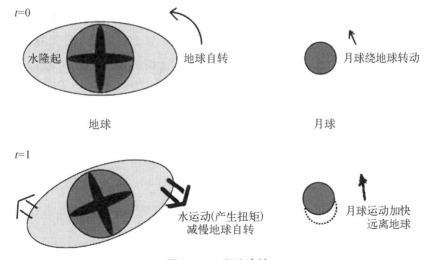

图 5 - 24　潮汐摩擦

阳辐射、地球磁场变化)影响地球自转的问题。

地球自转减慢意味着地球自转角动量减少,这部分角动量转移为月球绕地球转动的轨道角动量,导致月球远离地球;逆推过去,则月球离地球要近得多。

类似地,地球和太阳对月球也有引起潮作用,月球的潮汐摩擦长期作用结果导致月球的自转周期变为与绕地球轨道运动周期相同(同步自转)。

2) 周期性变化

20 世纪 50 年代人们发现地球自转有周年变化,春天变慢,秋天变快,变幅为 20~25 ms,主要是由风的季节性变化引起的。半年周期变化的变幅约 9 ms,主要由太阳的引潮作用所致;1 个月和半个月的周期变化,变幅约 1 ms,主要由月球的引潮作用所致。

3) 不规则变化

在月球、行星、太阳等观测中,发现地球自转还存在时快时慢的不规则变化,大致分三种:几十年或更长时间内有约每年不到 $\pm 5 \times 10^{-10}$ 的相对变化;在几到十年期间有约每年不到 $\pm 8 \times 10^{-9}$ 的相对变化;在几星期到几个月期间有约每年不到 $\pm 5 \times 10^{-8}$ 的相对变化。前两种变化较平稳,可能由地核与地幔之间交换角动量或海平面变化所致。最后一种变化相当剧烈,可能由风作用所致。

5.4.2.2　地球自转轴在本体的运动——极移

地球的瞬时自转轴在地球本体内的运动称为**极移**(polar wandering)。1765 年,近代数学先驱 L. 欧拉(Leonhard Euler)从理论上预言,如果没有外力作用,刚体地球的自转轴在本体内绕形状轴自由摆动,周期为 305 恒星日。直到 1888 年,极移的存在才从纬度变化的观测中被证实。1891 年。美国天文学家 S. C. 张德勒(Seth Carlo Chandler)指出,极移包括两个主要周期成分:周期约 14 个月的非刚体地球自由摆动(又称张德勒摆动);周年的受迫摆动由大气作用所致。张德勒摆动的幅度在 $0.06''\sim 0.25''$ 范围内缓慢变化,周期变化于 410~440 日范围,受迫摆动幅度约 $0.09''$。此外,还有月球和太阳引力所致的幅度为 $0.02''$ 的周日受迫摆动,地球核-幔耦合所致的幅度为 $0.02''$ 的近周日自由摆动,以及长期极移。

5.4.2.3　地球自转轴在空间的运动——岁差和章动

由于地球的形状和密度分布不是完全球对称的,太阳、月球以及行星对突出部分有附加引力作用,导致地球像陀螺一样发生自转轴在空间的复杂运动。

地球自转轴在空间运动的最主要表现是绕垂直于黄道的轴线做圆锥旋动,

即**地轴进动**。锥角是黄赤交角的两倍(见图 5 - 25 左,图 2 - 30),进动方向与地球自转方向相反,西旋 50.37″/a,周期为 25 800 年。于是北天极绕黄极打圈,北天极指向星空的位置发生变动(见图 5 - 25 右),公元前 3 000 年的北极星是天龙座 α,现在是小熊座 α(附近),公元 7 000 年是仙王座 α,13 000 年是织女星。

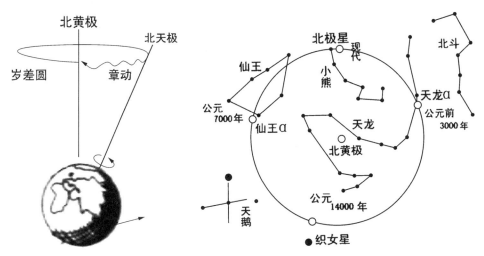

图 5 - 25　地轴的进动(左)与北天极指向星空的位置变动(右)

　　地轴进动的一种重要结果是黄道与赤道交点——春分点和秋分点沿黄道西移,以致太阳周年视运动通过春分点的时刻比回到恒星间同一位置的时刻早些,即回归年短于恒星年,这一现象称为**岁差**。

　　由于月球、太阳和行星不在黄道面上以及日地、地月距离的变化,还引起黄道面的小变动,导致天极和春分点的更复杂运动。天极相对于黄极的很多短周期微小变化称为章动,主要章动的周期为 18.6 年、幅度为 9.211″/a。

5.5　地球的起源演化简史

　　地球已经历了"沧海桑田"的剧烈演化,地球表面积的 98% 是后半期形成的,90% 是近 6 亿年内形成的,那么,怎样知道地球的年龄有多大?地球的起源演化历史是怎样的?

5.5.1　地球年龄和地质年代

　　地球历史记录在一些岩石中。岩石地层单元的相对年龄可由叠置原理、切割关系、生物化石层序及陨击坑密度(单位表面积上的坑数)等得出。按照叠置原理,未扰动的岩层序列总是下层老、上层年轻,例如,后来的陨击或火山抛出物总是沉积在较老的岩层上面。按照切割关系,总是年轻特征者切割较老特征者,例如断层比所错动的岩石年轻。陨击坑密度一般随时间而增加,因而陨击坑密度大的区域是老的,但是,新陨击坑及其他地质过程破坏掉老陨击坑而难于确定相对年龄,陨击坑的形态对比也可用于估计相对年龄。相对年龄较容易确定,但显然是不够的,更需要知道绝对年龄(距现在多久)。岩石或地质事件的绝对年龄用放射性同位素衰变"钟"来测定。

有些同位素(母核)是不稳定的,自发地发生放射性衰变,生成新的同位素(子核)。放射性同位素有严格的衰变规律,不受外界条件(温度、压力、化学变化等)影响,它从母核一生成就开始有规律地衰变,好像上了发条的钟有规律地走动一样。

若母核生成时数目为 P,经过时间 t 衰变后生成子核数目为 D,则衰变规律给出

$$D = P(e^{\lambda t} - 1)$$

式中,λ 为衰变常数。半数母核衰变所需时间 $\tau = \dfrac{\ln 2}{\lambda} = \dfrac{0.693\,15}{\lambda}$ 称为半衰期。

以下所列为常用的放射性衰变及半衰期。

$^{87}\text{Rb} \rightarrow {}^{87}\text{Sr} + e$	4.81×10^{10} 年;	$^{232}\text{Th} \rightarrow {}^{208}\text{Pb} + 6\,{}^4\text{He}$	1.40×10^{10} 年
$^{235}\text{U} \rightarrow {}^{207}\text{Pb} + 7\,{}^4\text{He}$	7.04×10^{8} 年;	$^{238}\text{U} \rightarrow {}^{206}\text{Pb} + 8\,{}^4\text{He}$	4.47×10^{9} 年
$^{40}\text{K} \rightarrow {}^{40}\text{Ar} + e^{+}$	1.25×10^{9} 年;	$^{147}\text{Sm} \rightarrow {}^{143}\text{Nd} + {}^4\text{He}$	1.07×10^{11} 年
$^{129}\text{I} \rightarrow {}^{129}\text{Xe} + e$	1.57×10^{7} 年;	$^{26}\text{Al} + e \rightarrow {}^{26}\text{Mg}$	7.17×10^{5} 年

对两个以上有不同母核的样品(如同一岩石中的几种矿物),由测定的子核与母核数可得年龄。若衰变后的子核全部封闭于岩石内,则得到的是岩石形成年龄;若后来受到加热事件而丢失子核,则得到的是加热事件的年龄。

地质学"讲今论古",从岩石地层的相对年龄和绝对年龄分析逆推了地球过去的演化史。但由于严重地质的演化,越早的遗迹越少,现在已知的最古老地球岩石年龄为 38 亿年,最古老的锆石大致追溯到 44 亿年前,说明 40 亿年前已开始形成地壳。地球最早期几亿年的遗迹大多丧失殆尽,很难从地球自身研究得到它的完整演化史。另一方面,太阳系小天体的演化程度小,保留了很多早期遗迹。近半个世纪以来,尤其是从月球和类地行星的空间探测得到它们的演化信息,通过比较行星学及理论的研究,可以推测地球演化的初步轮廓。

科学家综合绝对年龄和相对年龄的研究结果，建立了地质年代表。地质年代单位从大到小分为宙、代、纪、世，相应的地层单位为宇、界、系、统。地球演化的重要时间序列"钟"示于图 5-26。以距今 5.41 亿年划分，其前是隐生宙（Cryptozoic Eon），具体情况还不很清楚，甚至对细分的冥古宙（Hadean Eon）、太古宙（Archean Eon）、元古宙（Proterozoic Eon）还有疑义；而其后的显生宙则有公认的年代表，包括古生代（Paleozoic）、中生代（Mesozoic）和新生代（Cenozoic），它们再分为几个纪，将在后面讲述。

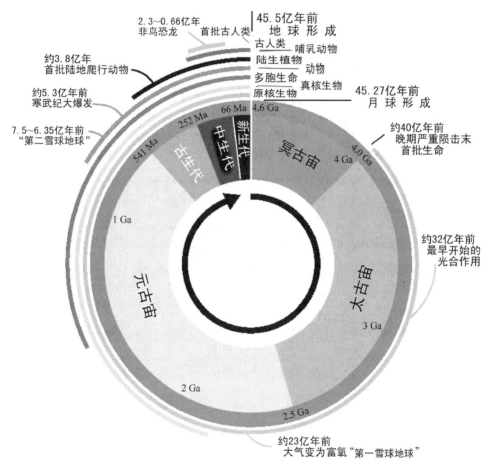

图 5-26　地质演化的重要时间序列"钟"（Ga＝10 亿年前，Ma＝百万年前）

5.5.2　地球的起源

由地球、陨石和月球样品分析得出，太阳系最老物质的年龄为（45.672±0.006）亿年，结合地球放射性同位素衰变测定推算，现在公认地球形成于

(45.4±0.4)亿年前。

　　按照行星形成的四个阶段标准模型(见图5-27),在原始太阳星云的盘中,凝集物质聚集为**星子**,逐步吸积结合为一些行星胎。经1千万～2千万年,可能是十个或更多的行星胎碰撞结合而形成原地球。约在45.3亿年前,一个约$10\%M_{\oplus}$的行星胎"忒伊亚(Theia,传说中月球女神的母亲)"斜撞地球而破碎,其部分物质并入地球,而抛出的物质很快聚集为月球。

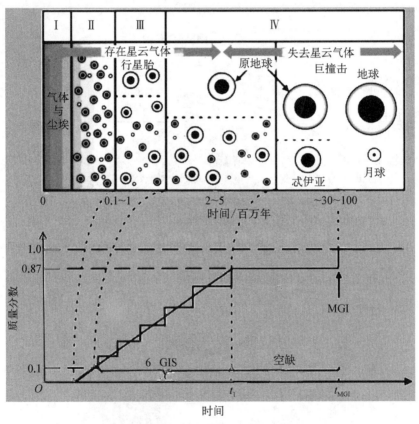

图5-27　地球形成过程的四个阶段(MGI——形成月球的巨撞击;GIS——系列巨撞击)

　　随着行星胎生长较大,由于撞击释放的动能和短寿命放射同位素(如^{26}Al、^{60}Fe)的衰变能的加热作用,地球胎温度升高,可以发生熔融和分异。铁与亲铁元素沉降到中心区而形成地核,而较轻的硅酸盐形成地幔。由于后来继续吸积物质(约占总质量的1%),所以地球外部有亲铁元素。

　　地球形成的时标可以从放射同位素资料推算出来。^{182}Hf-^{182}W(铪-钨)系特别有用,因为母核^{182}Hf是亲石的,而子核^{182}W是亲铁的。大多钨在地核形成期地幔移到地核,而铪仍在地幔。因此,分异的地幔的 Hf/W 比例大于太阳系总体的(从原始球粒陨石测出)(见图 5 - 28)。对^{182}Hf –^{182}W 的年龄测量表明,地球、火星和陨石等形成于太阳系头几百万年内,行星胎可能就有分异。地球在 1 千万年吸积其总质量的 63% 和 3 千万年形成地核(见图 5 - 29)。

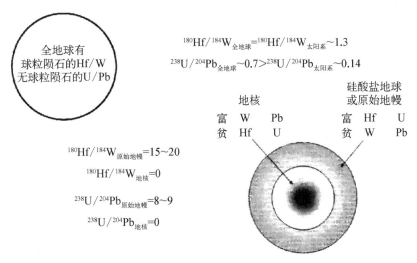

$$^{180}\text{Hf}/^{184}\text{W}_{全地球}=^{180}\text{Hf}/^{184}\text{W}_{太阳系}\sim 1.3$$

$$^{238}\text{U}/^{204}\text{Pb}_{全地球}\sim 0.7 > ^{238}\text{U}/^{204}\text{Pb}_{太阳系}\sim 0.14$$

$$^{180}\text{Hf}/^{184}\text{W}_{原始地幔}=15\sim 20$$

$$^{180}\text{Hf}/^{184}\text{W}_{地核}=0$$

$$^{238}\text{U}/^{204}\text{Pb}_{原始地幔}=8\sim 9$$

$$^{238}\text{U}/^{204}\text{Pb}_{地核}=0$$

图 5 - 28　地球的^{180}Hf/^{184}W 和^{238}U/^{204}Pb 分馏

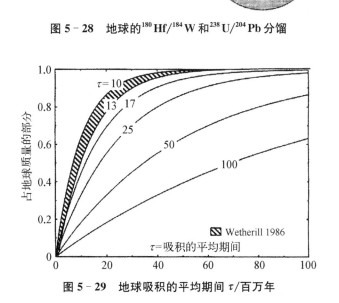

图 5 - 29　地球吸积的平均期间 τ/百万年

5.5.3　地球的地质演化

地球的地质演化经历了隐生宙与显生宙。隐生宙从地球形成起延续到 5.41 亿年前,约占地球历史 90% 的时间,通常依次分为冥古宙、太古宙和元古宙。

1) 冥古宙

隐生宙的最初是冥古宙(距今 40 亿年前),在地球形成期,尤其受行星胎忒伊亚的巨撞击,引力势能转化为热能,地球外部起初是熔融的;随着地球表层向外空的热辐射耗能而降温,逐渐凝结而形成的地壳增厚。但由于仍有残余星子撞击,尤其是 41~38 亿年前的晚期严重陨击,大部分地壳仍不够坚实和均匀,陨击成坑也触发火山活动和岩浆喷发与排气,仅少部分地方可以保留少量难熔矿物。

2) 太古宙

太古宙(40 亿~25 亿年前)可能有不同的构造态势。此时期地壳足够冷,开始形成岩石和大陆板块。有些学者认为,由于地球较热,板块构造活动比今天剧烈得多,导致地壳物质的循环率更大。这可能阻止克拉通化(Cratonisation)和大陆形成,直到地幔冷却和对流减慢;另一些学者主张,次大陆岩石圈地幔太活跃而不俯冲,且太古代岩石的缺乏是因侵蚀及随后的构造事件所致。

太古代岩石常是严重变质的深水沉积物,诸如杂砂岩、泥岩、火山沉积物和条带状含铁构造。绿岩带是典型的太古代地层,由交替的高、低级变质岩组成。高级变质岩来自火山岛弧,而低级变质岩代表来自邻近火山岛弧剥蚀的和弧前盆地的深水沉积物。总之,绿岩带代表缝合原始大陆。

地球的磁场建立于 35 亿年前。太阳风通量是现代的 100 倍,所以磁场的存在有助于防止地球大气的剥离。然而,场强低于现在的,而磁层约为现在的一半。

3) 元古宙

元古宙(25 亿~5.41 亿年前)的地质遗迹比太古宙更完整。许多元古特征地层是广泛的浅陆缘海下面的,而且其很多岩石的变质程度不如太古岩石,许多是未改变的。研究表明,元古宙岩石特征是大规模快速大陆增生(独有)的、超大陆循环和完全现代造山活动的。约 7.5 亿年前,最早期超大陆(Rodinia)开始解体。6.0 亿~5.4 亿年前,大陆重组而形成泛大陆(Pannotia)。

元古宙时期形成第一批已知冰川,一次冰川是在此期开始后不久形成,近元古宙至少形成四次冰川,与 Varangian 冰川的"雪球地球"一同改变气候。

4) 显生宙

显生宙(5.41 亿年前至今)是现今演化时期。在此时期大陆漂移,终于聚合为泛古大陆,而后约 2 亿年前,破裂分离为现今的漂移板块。约 4 000 万年前,开始现今的冰期,约于 200 万年前增强。高纬地区经历了多次冰川和解冻循环,每 4 万年～10 万年重复一次。1 万年前最后一个冰期结束。显生宙分为古生代、中生代和新生代。

（1）**古生代**　古生代(5.41 亿～2.52 亿年前)从泛大陆解体后不久开始到全球冰期结束。它分为六个纪：寒武纪(5.41 亿～4.85 亿年前)、奥陶纪(4.85 亿～4.43 亿年前)、志留纪(4.43 亿～4.19 亿年前)、泥盆纪(4.19 亿～3.59 亿年前)、石炭纪(3.59 亿～2.99 亿年前)、二叠纪(2.99 亿～2.52 亿年前)。

（2）**中生代**　中生代(2.52 亿～0.66 亿年前)在古生代后期的剧烈会聚板块造山后。中生代构造变形较温和，然而，有泛大陆抬升特征。中生代分为三个纪：三叠纪(2.52 亿～2.01 亿年前)、侏罗纪(2.01 亿～1.45 亿年前)、白垩纪(1.45 亿～0.66 亿年前)。

（3）**新生代**　新生代(6 600 万年前～现在)开始时，大陆就抬升接近现在状况，并演化到现在格局。新生代分为三个纪：古近纪(6 600 万～2 300 万年前)、新近纪(2 300 万～258.8 万年前)、第四纪(258.8 万年前至今)。

上述各纪演化的繁杂内容在地球科学中有详细论述。

5.5.4　大气和海洋的演化

大气和海洋把太阳热量转移到全球，造成有益于生命的长久温和环境。但是，大气和海洋受生物进化的影响而随时间变化，又影响生物进化。地球生物的未来取决于大气-海洋系统的命运。

在地球形成时，可以吸积一些星云气体而成为原始大气。但那时的地球很热，气体很易逃逸到太空。随着地球冷却，主要是火山活动排出的气体(CO_2、水、甲烷、氨、氢、氮及惰性气体)形成次生的大气。彗星、小行星-陨石的陨落带来的挥发物也是大气的重要来源。太阳的紫外辐射把水汽分解为氢和氧，也分解甲烷和氨，因而地球早期大气是富氢和富二氧化碳的。生命出现后，植物的光合作用吸收二氧化碳、排出氧，结果大气演化为富氧的，地质证据表明，这样的转变发生在 20 多亿年前。约 6 亿年前开始，氧增加到现在水平。

地球形成时，表面热到几千度，没有海洋。随着表面向太空的热辐射损失而冷却，到温度 100℃ 时就开始有少量水凝聚在海洋盆地。富集水冰的彗星陨落到地球，带来大量的水。火山喷发把地球内部的水和二氧化碳带到大气和表面，这可能是海洋最重要的水源。从上述的地球演化看，可能 45 亿年前就有了海洋。另一方面，海水随气候变化而减少或增多。由于板块构造，海洋分布情况也随着改变。

5.6　月球概况

　　虽然就月球绕地球转动并随地球一起绕太阳公转的轨道特征而言,月球是地球的卫星;但就月球的大小、质量及结构等物理性质而言,它是与地球及类地行星相似的类地天体。

　　自16世纪初伽利略用望远镜首先观测月球以来,尤其是航天时代的飞船和登陆器探测,以及12名宇航员登月,取回月球表面样品到地球上实验室分析,揭示了月球的奥秘和演化史。

5.6.1　月球的大小、形状和质量

　　月球的平均半径为 1 737.1 km,仅是地球赤道半径的 27.236%。月球形状也不是完全正球,月球的形状是一个南北极稍扁、赤道稍许隆起、近似于扁率为 0.001 25 的椭球,其赤道半径为 1 738.14 km,极半径为 1 735.97 km。月球的固态表面总面积为 3.793×10^{7} km²,是地球表面积的 7.4%;月球的体积为 $2.195 8 \times 10^{10}$ km³,是地球体积的 2.0%。实际上,月球表面有相当大的高低起伏,相对于平均半径而言,最低约 -9.1 km[在南极-艾特肯盆地(South Pole-Aitken Basin)],最高约 10.77 km(在背面高地);而且物质密度分布也不均匀,月球的形状中心与质量中心不重合(见图 5 - 30),质量中心偏向地球约 2 km。

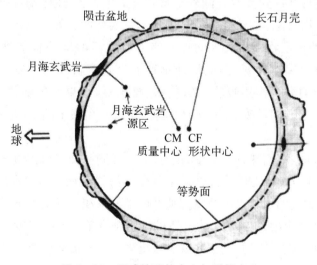

图 5 - 30　月球的形状中心与质量中心

月球质量为 7.342×10^{22} kg,仅为地球质量的 1.2%。月球平均密度为 3.344 g/cm³,仅为地球平均密度的 60.6%,这说明月球的总体成分和内部结构与地球的差别较大。月球赤道表面的重力加速度为 1.62 m/s²,只有地球表面重力加速度的约 $1/6$,宇航员在月球上毫不费力就可打破奥运会的跳高纪录。

5.6.2　月球的大气、水和磁场

月球是人类登陆的第一个地外星球。从是否适于人类居住的角度来看,月球的大气、水和磁场分布一直是人们关心的话题。

1) 月球的大气

月球表面的逃逸速度为 2.38 km/s,比地球表面逃逸速度(11.2 km/s)小得多,因此,月球上的气体易逃逸到太空,月球大气就像真空实验室那样非常稀疏,几乎观测不出来,故常说月球几乎没有大气。但近年来在月球掩蟹状星云时,探测到后者的光线略被月球大气折射而弯曲;观测到个别陨击坑气体喷发,光谱分析证实有稀少气体存在。月球大气的来源包括微流星、太阳风和太阳辐射轰击月球表面("溅射"过程)而释放出的气体(钠和钾);捕获太阳风的氦^{4}He;月核和月幔内放射性物质衰变的氩^{40}Ar、氡^{222}Rn 和钋^{210}Po。飞船探测表明,月球表面的平均气压仅 3×10^{-15} bar(1 bar $= 10^5$ Pa),大气总质量低于 10 t,且昼夜变化明显,昼大气的元素平均丰度(1 cm³ 内的原子数目):氩 $40\,000$、氦 $2\,000 \sim 40\,000$、钠 70、钾 17、氢少于 17,总计约 $80\,000$ 个原子每立方厘米;黑夜则可达 $200\,000$ 个原子每立方厘米。

绕月人造卫星"月船 1 号"在月球大气中发现存在有水蒸气,其含量随着月球纬度的不同而改变,水蒸气在纬度 $60° \sim 70°$ 处的含量最高。这些水蒸气可能是由月表岩屑的水冰升华而生成的。月球大气的气体有些被月球重力吸引而回到月表岩屑,有些由于太阳辐射压或者被太阳风电离而逃逸到太空。

2) 月球的水

月球上是否有水是人们很关注的问题,尤其对于旅居和开发月球来说更为重要。过去的很多观测研究得到的初步结果是,月球的表面不存在液态水,而水蒸气会很快被太阳光分解并逃逸到太空。1971 年 3 月 7 日,在阿波罗 14 号(Apollo 14)登月点附近月面的质谱仪观测到一系列水蒸气离子爆发,这是月球水汽的首次直接证据。1978 年 2 月,科学家分析"月球 24 号"取回的月球样品的红外吸收谱,发现其含有约 0.1% 质量的水。1994 年,克莱门汀探测器

(Clementine,正式名称是 Deep Space Program Science Experiment，DSPSE，意为外太空计划科学实验)的资料符合月球南极暗区(见图 5-31)有 14 000 km² 冰表面。1998 年发射的"月球勘测者飞船"(Lunar Prospector)用中子谱仪测出月球的南、北极区月壤有过量氢,这可能是陨击坑内永久阴暗的月壤存在数米水冰、也可能是羟基(OH)所致。基于克莱门汀和月球勘测者的资料,如果真的存在水冰,推算总量为 1～3 km³。

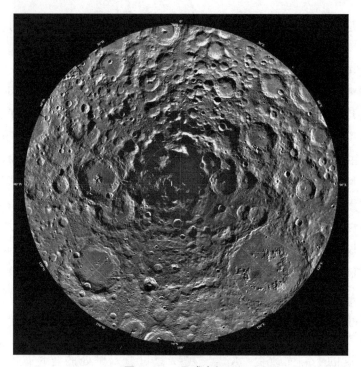

图 5-31　月球南极区

2008 年 11 月 14 日,印度的首颗绕月人造卫星"月船 1 号"释放月球撞击探测器,它撞击月球南极的苏梅克坑,分析所释放的碎屑显示存在水冰。2009 年 9 月 25 日,美国宇航局宣布,搭载于"月船 1 号"的月球矿物测绘仪确证月球大面积存在氢,虽然其浓度很低且在化学上以羟基(OH)形式束缚于月土。2009 年 11 月,美国宇航局报告,"月球坑观测和遥感卫星(LCROSS)"探测到撞击抛出物质中有显著数量的羟基,可以归属为含水矿物——似乎是"近于纯结晶水冰",并且从喷出的羽状物质中至少检测到 100 kg 的水,另一个实验的数据显示,侦测到的水量近 155 kg±12 kg,后来的分析得出:水浓度占质量的(5.6±2.9)%。2010 年 3 月,"月船 1 号"的微型合成孔径雷达发现月球北极附近有 40 多个永久的暗坑,估计含 6 亿吨水冰。

月球矿物测绘仪探测到月球表面反射的太阳光谱在 $2.8\sim3.0\ \mu m$ 范围内有吸收特征,对于硅酸盐体,这样的特征典型地归属为含羟基或含水的矿物。这些分布广泛的吸收特征在较冷的高纬度和几个新鲜的长石质陨击坑显得最强。这些特征与中子谱仪的氢丰度资料缺乏普遍相关,提示 OH 和水的形成和保留是一种持续的表面过程。产生的 OH 和水可以迁移到处于永久阴影处的极区冷陷阱,并使月壤成为人类探索的挥发物候选源。月球科学家现在更加确信:水不仅锁定于矿物内,而且散布于破裂表面,在深处潜在有冰块或大片的冰。

月球上的水是由富集水冰的彗星、小行星和流星体经常陨落而带来的,或者太阳风的氢离子(质子)撞击原处含氧矿物而连续生成的。最近的细致分析发现,月球样品内有含水比例相当多的包裹体。总之,月球不仅表面有水,而且内部有足够的水,可以覆盖表面 1 m 深。

3) 月球的磁场

飞船探测表明,月球有 $1\sim100\ nT$(纳特)的外部磁场,小于地球磁场的百分之一。地球的偶极磁场是地核的"磁流体发电机"产生的。月球几乎没有全球的偶极磁场,因而难以推测月核的状况。月球的磁性几乎完全起因于月壳,一般地说,月海的磁场很弱(小于 50 nT)且磁化比高地均匀,高地(尤其背面高地)的磁场较强(常大于 300 nT)。陨击坑是磁场最小之处,可能是陨击作用导致了退磁。月球样品的天然剩磁一般为 $600\sim3\ 000\ nT$,最大达 $1.6\times10^{5}\ nT$,由此推算出 40 亿年前的月球磁场约 1.3 Gs,36 亿年前降为 0.3 Gs。

月球磁场的成因尚无定论,若源自内部,则 32 亿年前月球应有对流的金属月核;但也有其他可能的成因,或太阳强磁场的磁化,或过去月球离地球近而被地球磁场所磁化;也可能是大型陨击事件产生瞬时磁场,其线索是月壳最大磁化区位于巨型陨击盆地的对趾区,例如,"月球 1 号"飞船测绘了危海对趾区(月球背面)的"微磁层",其月面大小约 360 km,太阳风流过此"微磁层"周围,造成 300 km 厚的增强等离子体流区域。

因受静电斥力而从月球表面抛出的细尘粒实际上是漂浮的,这就造成月球夜间的临时尘埃"大气",它本身也得到一种模糊风。受全球电荷堆积差别的驱使,漂浮的尘自然地从很强的负电夜侧飞到很弱的正电昼侧,这种"尘暴"效应在昼夜界面最强。虽然其细节仍是推测的,但月球勘测者飞船在穿过磁尾期间,探测到月球夜侧电压变化,从-200 V跳到$-1\,000$ V。等离子片是动力学结构,处于经常运动状态,以致飞船经过"尾腔"(见图5-32)时,等离子片有很多时间袭击它,持续几分钟到几小时,甚至几天。

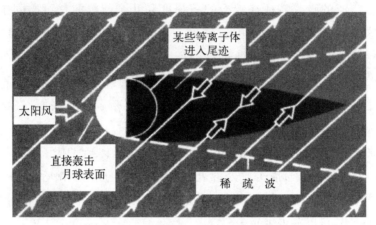

某些等离子体
进入尾迹

太阳风

直接轰击
月球表面

稀　疏　波

图5-32　太阳风直接流向月球表面,背后形成尾腔
并填充太阳风等离子体

5.7　月球的表面

1609年,伽利略开始用望远镜观测月球表面的亮暗特征,注意到暗区平坦和亮区崎岖。17世纪初,天文学家以为这些特征类似于地球上的大陆和海洋,称崎岖的较亮区为"月陆"(拉丁文单数 terra,复数 terrae),暗的平坦区称为"月海"(拉丁文单数 mare,复数 maria)。

把地球的地理学方法用于观测研究月球表面,就产生了月球地理学,简称"月理学",也称为月球表面学或月球学(Selenography),它研究月球表面的特征,主要是编制月海、陨击坑、山脉等特征的测绘图,并予以命名。起先人们只是依据望远镜对月球正面的目视观测素描,后来大量依据摄像,肉眼仅能分辨约200 km的特征,望远镜约分辨1 km细节,绕月球飞船可分辨几米细节。

5.7.1　月陆

月陆又常称为高地(highland),一般高于月海1～3 km,占月球表面总面积的 84%,因反照率较大(0.09～0.12)而显得亮,是斜长岩组成的古老月壳,由于长期受外来小天体陨击而凹坑(crater)累累,且覆盖有陨击抛出物沉积。实际上,月球表面普遍覆盖多种成因产生的细粒物质——月壤(lunar regolith)。意大利天文学家乔瓦尼·里奇奥利(Giovanni Riccioli)在 17 世纪命名月球特征时赋予一些月陆名称,诸如 Terra Nivium(亚平宁山脉到汽海)、Terra Mannae(丰富海与酒海之间)等,但后来都没有正式采用,现在一般不单独使用个别月陆名称,而代以使用附近其他特征名称。

5.7.2　月海与盆地

现在知道,月海缺少水,实际是低地平原,由于其反照率较小(0.05～0.08)而显得暗,它们是由外来天体的大陨击先开掘盆地(basin),后由下面喷发的玄武岩填充其底部而成为"月海"。有些月海区因质量和重力更大而称为"质量瘤(mascon)"。月球上已识别的月海有 100 多个,其中大型月海有 22 个,占表面积的 16%,大多(19 个)在朝向地球的半个月球(正面)(见图 5-33 上)。最大的月海是风暴洋(面积约为 500 万千米²),其次是雨海(面积为 88.7 万千米²)。有的小月海称为湖(拉丁文 lacus),如夏湖、死湖等;月海深入月陆的部分称为"湾(sinus)"和"沼(拉丁文 palus)",如露湾、暑湾、中央湾、梦沼、腐沼等。月面还有些大的圆形陨击凹地,多在背面(见图 5-33 下),它们形如月海,但底部没有填充月海物质,曾称为**类月海**,应是**盆地**。

大多数月海是近似于圆形的。圆形月海有环形或弧形的边界,通常是多山脉的月陆边缘。圆形月海所在的地形构造称为"多环盆地(ringed basin)",或简称为"盆地"。术语"月海"和"盆地"常混淆。盆地是月陆的结构,以巨大山脉(拉丁文 mons,montes)环为特征,更多地以开掘大凹坑为特征;而月海是某些盆地内后来发生岩浆喷发而形成的,这些月海与所在的盆地有直接演化关系。有些盆地内却没有发生岩浆喷发,未形成月海。有些盆地与月海同名,例如 Imbrium 常指雨海(月海),强调盆地性质时就用"雨海盆地"(见图 5-34)。

月海在大尺度上是平坦的,但局部地形起伏。月海脊[拉丁文 Dorsun(dorsa),英文 Mare ridge]是月海表面上的长而复杂的隆起带。月溪[拉丁文 Rima(rimae),英文 Rille]是广延而漫长的窄沟槽;它们包括蜿蜒的、弧曲的和直向的变化。很多弧曲的和直向的月溪切割月陆以及月海,而脊不切割。暗覆盖物质与月海一样暗或更暗,显示下部的地形。

图 5-33 月球表面的主要特征

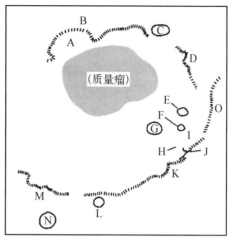

图 5 - 34　雨　海

A—虹湾；B—侏罗山脉；C—柏拉图陨击坑；D—阿尔卑斯山脉；E—Aristillus 陨击坑；F—Autolycs 陨击坑；G—阿基米德陨击坑；H—腐沼；I—Hadley 月溪；J—Apollo 15 登月点；K—亚平宁山脉；L—爱拉托逊陨击坑；M—喀尔巴阡山脉；N—哥白尼陨击坑；O—高加索山脉

5.7.3　陨击坑

月球表面布满大大小小的坑，小到岩屑上的微米坑，大到数百千米的大型坑。一般把多数直径大于 300 km 的称为盆地。这些坑的成因是什么？从伽利略时代到现代已争论 300 多年，有人认为它们是火山口，有人认为它们是外来天体陨落的陨击坑（impact crater），过去、甚至当前的中国书刊上仍不确切地称为"环形山"。从外观形貌很难区分火山口和陨击坑，近年来更多证据（尤其是含外来陨击天体的成分）说明绝大多数坑是陨击坑，仅少数有火山特征。

大多月球陨击坑有高于周围地形的边缘和低于周围地形的底部。陨击坑的形态取决于：① 坑的大小；② 表面的流变性质；③ 剥蚀的和退化的过程。几米以下的仅是浅坑而无隆起的外缘。直径 1 千米以上的可分为小的简单坑和大的复杂坑两大类，以直径约 18 km（15～25 km）划界。

新鲜的简单坑呈碗形，内部较缺乏特征，边缘较尖锐，外面的抛出物沉积延展到坑直径的 1～2 倍远，近有同心的多丘脊，还有抛出物再撞击表面产生的"次生坑（Secondary-impact crater）或次生坑链"；雨海区的高分辨图像测量得出，新鲜简单坑的深度与直径的比率 $d/D = 0.14$，小于其他区以前测量值（$d/D = 0.2$）；退化的简单坑的 d/D 约为 0.02。在某些选定高地和月海区

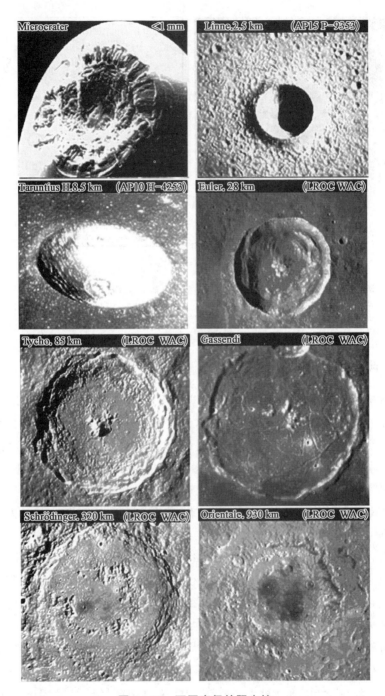

图 5 - 35　不同直径的陨击坑

月岩样品的微坑(Microcrater)、碗形的简单坑(Linne，Tarutius H)到复杂坑
(Euler，Tycho，Cassendi)和薛定谔(Schrödinger)盆地及东海盆地(Orientale)

域,新鲜的简单坑的 d/D 范围为 $0.12\sim0.2$。剥蚀和退化过程大多与陨击有关,导致抹去坑缘和抛出物以及物质坡移。此外,月海熔岩的沉积填充可能掩埋原来的碗形坑。

复杂坑有平的底部,坑的深度与直径的比率 d/D 小于上述简单坑的值,且有形式 $d=aD^b$(a 与 b 为常数),有中央峰及弧形的壁阶梯,坑内有淤积和抛出而固结的陨击熔融物。复杂坑也遭遇表面改造过程,使得坑缘、中央峰或抛出物部分退化,部分甚至完全被后来的玄武熔岩物质沉积填充。较年轻($\leqslant 10$ 亿年)的复杂坑常保存抛出物沉积,呈放射状的长而亮的"辐射纹(Rays, radiating ridge)",有些延展几百千米。满月时,第谷坑和哥白尼坑的亮辐射纹尤为壮丽。直径大于 100 km 的(如图 5-35 的薛定谔盆地)发生转变的形式,显示峰环。直径约 300 km 以上的大型坑称为盆地,特征是有两个或多个同心的脊或陡坡面向坑中心(如图 5-35 的东海盆地)。

5.7.4　火山特征

由于缺少地球那样的后期板块构造活动,月球保留有早期火山活动的历史证据。月球的玄武岩集中于正面,呈现为陨击盆地的填充物,覆盖月球表面的 17% 或 7×10^6 km^2,约占月球体积的 1%。火山成因的月海形态特征包括熔岩流、蜿蜒月溪、火山穹和火山锥、火山碎屑沉积(见图 5-36)。在陨击盆地内,大量喷发低黏度的高温玄武岩熔岩。这些月海的暗沉积覆盖月球正面近 30%。放射性元素(主要是钾、铀、钍)衰变的加热造成深度为 $60\sim500$ km 的超铁镁质月幔物质部分熔融,也因陨击成坑过程而退化。月海的蜿蜒月溪是弯曲的熔岩渠道,宽几十米到约 3 千米,长几千米到 300 千米,平均深为 100 米。

广延月海的部分区域覆盖有火山地形特征,包括火山穹、火山锥、盾形火山,它们的大小范围为 $3\sim17$ 千米、高几百米,成分为玄武岩。风暴洋的马里乌斯丘陵(Marius Hills)复合体由 100 多个穹和盾形火山组成。有几处独特的火山成因特征,包括陡于月海穹、反照率大和紫外强吸收特性的火山穹,一般称为"红斑(red spots)",它们由更具黏性的熔岩形成。飞船的新资料揭示了诸如非月海的格罗特胡森陨石坑(Gruithuisen)和 Hasteen α 穹及背面钍异常的 Compton-Belkovich 穹的形态和光谱。

全月球地形资料揭示,月海内的很大区域存在地形隆起,连绵几十米到几十千米,高几百米到几千米,它们对应于地球、金星和火星的盾形火山;已识别出 6 个主要的和 2 个次要的地形隆起——大型盾形火山,它们在大的、深填充的雨海和澄海外围,说明它们有演化关系。这些隆起有密集的小尺度(km)火山特征,

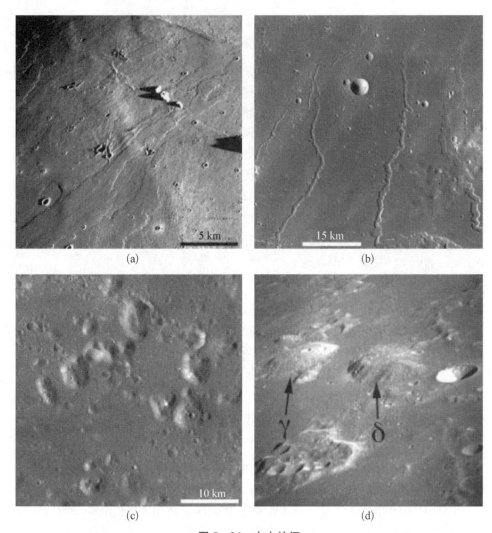

图 5 - 36　火山特征

(a) 雨海内的玄武岩流锋;(b) 雨海内的蜿蜒熔岩槽(Prinz 月溪);(c) 雨海内的玄武岩(火山)穹;
(d) 黏滞熔岩形成风暴洋北部的 Gruithuisen 的 γ 和 δ 穹

生成于月海火山活动主期(39 亿~30 亿年前)。它们显示多种发育状态,从几乎完全盾形发育(如马里乌斯丘陵)到原盾区火山更新表面,例如,阿里斯塔克斯盾(Aristarchus shield)。

可以用高分辨图像仔细研究月海玄武岩的层次。在很多月海区,可识别月海表面 100~150 m 大小的穴或凹坑,在陨击坑的陨击熔融池也可观测到这些特征。这些凹坑或是表面火山熔融物下塌形成的空洞,或是源于月海火山活动关联的构造活动。凹坑特征显示多重玄武岩层(厚几米到 15 米),指示月海区域的玄武岩喷发造成多重流事件，个别岩流约 10 m 厚。在"阿波罗 15"登月处的哈德莱(Hadley)月溪和几个陨击坑边缘内壁也观测到这样的玄武岩层。火山碎屑喷发造成暗覆盖物沉积。火山碎屑沉积可覆盖诸如巨大的 Bode 裂隙、Sulpicius 脊带和 Aristarchus 高原超过 2 500 km^2 的面积，但大多集中在较小区域。

5.7.5　构造特征

月球的构造特征与陨击和火山活动有关，表现为诸如断层、地堑、堤堰和褶皱脊等扩张的和挤压的特征(见图 5 - 37)。与地球比较，月球上的构造应力所形成的地形不丰富，月球是"单一板块"或演化停滞的行星体。早在全月球岩浆洋固结的历史早期就形成低密度的月壳。结合内部对流迟缓，月球的内部热量大多经传导而损失。

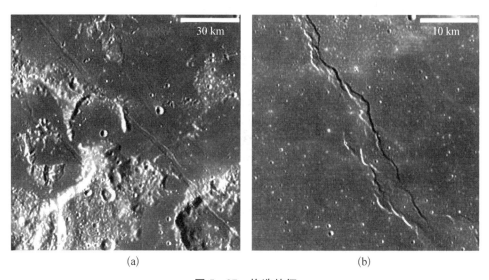

(a)　　　　　　　　　　　　　　　(b)

图 5 - 37　构造特征

(a) 丰富海内的延展地堑(Goclenlus 月溪)；(b) 风暴洋内的月海脊(Whiston 脊)

月球的构造特征主要归因于：① 陨击产生的应力；② 陨击盆地内负荷玄武岩物质所感生的应力；③ 潮汐力；④ 热效应。陨击造成岩石的碎裂随远离陨击点而减小，对于半径为 r 的陨击坑，数量级约为 $r^{-1.5}$，造成径向的或同心的沟槽或地堑。陨击所生的断层可以被月震能量再活化，或许造成其对趾附近形成大盆地的陨击事件。在盆地边缘，由于负荷填充盆地的玄武岩物质发育扩张应力造成弧形沟槽或月溪；向盆地内部发育挤压应力可形成亚径向的和同心的脊。

月震证实月球有内部活动，可能造成月球表面的构造变形。月球背面高分辨像可识别新近的扩张构造结构,它们长为 1~2 km,宽为 500 m,并叠置或交切于直径仅 10 m 的陨击坑,说明这些结构的年龄仅几百万年到五千万年。

月海区常见褶皱脊,宽几千米到 10 千米,长几十千米到几百千米,平均高度约 10^2 m 数量级,可能是沿裂隙侵入的熔岩,或体现构造特征。熔岩填充的坑底断裂可能是底部物质均衡上涌所致。地球-月球相互引力的潮汐效应是现今月震的主因;潮汐应力变形在以前地月距离小的时期更强,但月球正面和反面的空间轮廓分布相似,不支持潮汐力(如潮汐隆起的坍塌)所致。

叶状悬崖(见图 5-38)是月海和高地最年轻的特征,解释为挤压的低角度冲断层及其运动所致,崖高 4~130 m,平均约 25 m,它们是月球背面的普遍构造特征,但现在也可在全月球观测到,包括高纬度区。然而,它们只是高分辨像探测到的小尺度构造特征,从整个月球看这些特征的全貌还不清楚。在叶状悬崖的陨击坑计数得到成坑模式年龄仅几千万年到几亿年。

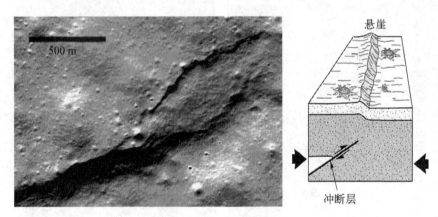

图 5-38　叶状悬崖

5.7.6　空间风化与陨击退化

在较小尺度上,主要有两种过程——"空间风化(space weathering)"与"陨击退化(impact gardening)"。由于月球缺乏全球磁场和大气,其表面的月壤物质经常暴露于外来粒子的轰击。这些粒子有:① 微流星体;② 太阳风高能粒子;③ 太阳辐射的质子;④ 宇宙线。粒子轰击所产生的物理过程和化学过程总括为**空间风化**,由于岩化作用、机械粉碎作用、熔融与升华作用、形成黏合物、植入离子、溅射、合并流星物质,造成月壤物质**成熟度**(maturation)增加。在磁场异常强的某些区域,空间风化减弱,大概是由于磁场偏转了(带电的)太阳风和宇宙线粒子。这种太阳风作用负责诸如赖纳尔伽马(Reiner Gamma)反照率类漩涡特征的形成。捕获太阳风气体数量是月壤成熟度的主要参数。例如,可以用月壤中的气体种类来研究太阳长时期的历史与演化。在较年轻的熔岩流或陨击抛出物覆盖层保护较老的月壤物质(古月壤)免受空间风化,可能再构建太阳风的演化和太阳系的银河环境,这可能成为未来月球探测活动的主要焦点。

陨击退化涉及两种过程:微流星体磨损月壤物质和流星体撞碎岩石物质。陨击剥蚀所形成的细粒月壤大多由分选性差的沙粒大小物质组成,有不同数量的岩石碎块,平均颗粒大小为 $60\sim80$ μm 数量级。剥蚀率随月壤物质成分的尺度增大而增大,增大撞击破坏的可能性。因陨击破坏,质量约 kg 数量级的砾石仅幸存 1 千万年。

5.7.7 月球表面坐标和月面图

类似于地球上建立地理坐标(经度和纬度)来表示表面地点的位置一样,人们为了表示月球表面地点的位置而建立了月球的地理坐标——月球表面的经度 l 和纬度 b(见图 5-39)。天文观测可以定出月球的自转轴两极和赤道,经过月球表面南、北极点的大圆为经圈,平行于赤道的圆为纬圈。起先取月球正面中央指向地球的月面点(地球上看到的月面平均中心)经线为"本初经圈"(经度 0°),向东、西计量经度。由月球赤道(0°)向南、北计量纬度。为了更精确,天文学家以

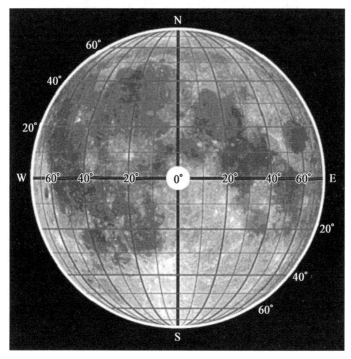

图 5-39 月球表面坐标

小陨击坑"Mösting A"（直径为 13 km）的坐标（$l=3°12'43.2''$S，$b=5°12'39.6''$W）为参照标准。

由"月球激光测距实验（Lunar Laser Ranging Experiment）"可更准确地规定月球坐标系。

月面余经是月球早晨明暗界线的经度，从本初经圈向西以度数计量。在太阳刚升起于月球的地平线时，早晨明暗界线形成交于月球的半圆。在月球轨道运行中，此界线增加经度。月面余经的值在此界线前进方向从 0° 增加到 359°。因此，在望月时，余经增到 90°；在下弦月时，余经增到 180°；在新月（朔）时，余经达 270°。傍晚的明暗界线经度等于余经加 180°。明暗界线附近月球表面特征易显示太阳光照射的影子，利于地球上望远镜观测。

2012 年 2 月 6 日，我国发布"嫦娥二号"月球探测器获得的 7 m 分辨率全月球影像如图 5-40 所示。制成的 7 m 分辨率全月球分幅影像图共 746 幅，同时制成 50 m 分辨率标准分幅和全月球镶嵌影像图品。

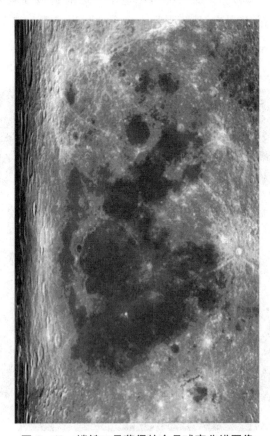

图 5-40　嫦娥二号获得的全月球高分辨图像

5.7.8　人类登月活动

宇航员登上月球,确认那里是寂静不毛之地,天空深黑,视野清澈,散布形状多样的大小岩块,一走动轻飘飘的,足下细尘飞扬,留下棱角分明的靴印(见图 5-41)。月球表面覆盖着的大量陨击抛出的碎岩和细尘称为**月壤**(regolith),这是完全不同于有腐殖质的地球土壤。月球高地上的月壤层厚达 100 m,而月海上的月壤层厚约 10 m。自 1969 年 7 月到 1976 年 8 月宇航员先后共九次取回约 382 kg 月球样品到地球上进行分析研究。这些样品可分为三大类:月土(soils,小于 1 mm 的细尘);结晶岩或火成岩;角砾岩。月土含各种比例的当地结晶岩和角砾岩碎屑、矿物颗粒、玻璃及流星物质。月球矿物仅 100 多种,远比地球矿物(3 000 种以上)少且简单,这是因为月球缺乏水和风化的改造。总的说来,月球匮乏挥发物和亲铁元素(钴、镍等);月海由玄武岩组成,但不同于地球玄

图 5-41　登上月球的月球车、宇航员及其靴印(右下图)

武岩成分,主要是不含水,匮乏碱金属(尤其 Na_2O)及 Al_2O_3 和 SiO_2,有的富含 TiO_2、FeO 和 MgO;月球高地由比月海富含铝钙、匮乏铁镁钛铬的斜长(苏长)岩组成。

人类在地球上看到的是月球正面而看不到其背面。而正是这种未知以及探知深部物质、了解月球演化的好奇心,使人类梦想着探求月球背面的故事。1959年10月4日,苏联成功发射了月球3号探测器飞越月球背面,从高空成功地拍摄了月球背面首幅传真照片,人类才第一次目睹其真实面目。1965年7月,月球8号探测器拍摄了月球背面更详细的照片,又给予其表面一些特征命名。美国从1966年8月开始,先后发射了5颗环绕月球的轨道器,不断地发回月球正面和背面的传真照片,美国据此于1967年8月编制和出版了详细的月球背面地图,又增加了其许多特性命名。

2019年1月3日,我国的嫦娥四号经26天航程,成为人类首个在月球背面软着陆的探测器、稳稳降落在月球南极-艾特肯盆地冯·卡门陨击坑(见图5-42)。随即,玉兔二号巡视器(月球车)驶离嫦娥四号探测器,它们拍摄了月球表面地形地貌,并相互拍摄,清晰的图像经"鹊桥"中继通信卫星传回地球(见图5-43、图5-44)。

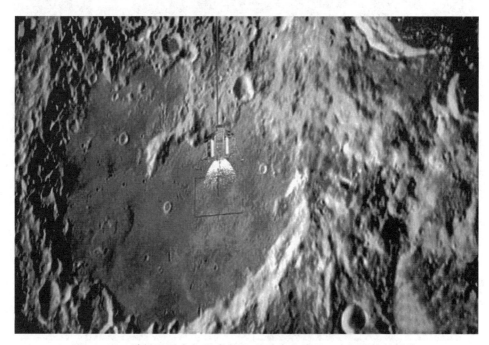

图5-42   嫦娥四号在向月球南极-艾特肯盆地冯·卡门陨击坑降落

图 5 - 43 玉兔二号巡视器驶离嫦娥四号,首次在月球背面留下印迹

图 5 - 44 玉兔二号巡视器全景相机拍摄的嫦娥四号着陆器

5.8　月球的内部结构和演化史

简单地讲,月球的内部结构也可以分为核、幔、壳。而月球的起源与演化一直是人类关注的一个自然科学基本问题。100多年来曾有过多种有关月球起源的假说。近年来,流行的是巨撞击假说,即行星胎与原地球巨撞击的抛出物形成月球,数值模拟取得了重要进展。而且,研究者从综合研究月球的较充分资料大致归结出了月球的演化史。

5.8.1　月球的内部结构

类似于由地震资料及其他资料建立地球内部结构模型,飞船把地震仪放到月球上,记录了很多月震资料,结合轨道飞船的重力测量等其他资料来建立月球的内部结构模型。

月震一般都小于里氏三级,有浅震(震源深小于100 km)和深震(震源深为700~1 100 km),也记录到多次陨击震波。类似于地球的内部,月球的内部结构也可分为核、幔、壳(见图5-45)。用现代处理方法重新分析阿波罗的深月震老资料,确证月球有半径为330 km的富铁月核:内月核半径为240 km,是由固态

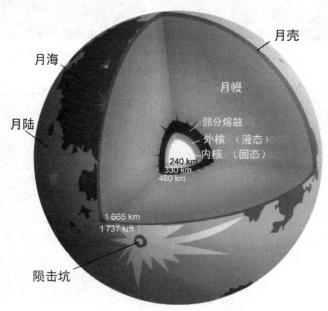

图5-45　月球的内部结构

纯铁组成的;外月核是液态的,密度约为 5 g/cm³,可能还含质量为 6% 的硫。月核的温度为 1 600~1 700 K。月核外面到半径 480 km(厚度约 150 km)是下月幔部分(10%~30%)熔融层。月壳平均厚度为 40~70 km,但很不均匀,正面月海盆地底部月壳厚几十千米,某些大盆地下面的月幔较密物质上涌到月壳成为质量瘤,而背面高地月壳厚 100 多千米。月壳和上月幔构成刚性"岩石圈",厚度为 1 000 km,可以保持上面的陨击盆地和陨击坑。

5.8.2　月球的演化史

由于月球较小且缺乏大气和水圈作用,月球的地质过程较地球简单得多。依据绕月飞船的探测以及采回的月球样品分析等资料的综合研究,月球的主要地质过程是陨击和火山活动,也有构造活动、块体坡移及流星体和宇宙粒子直接撞击的风化。从月球样品的放射性同位素含量可以得出它们的绝对年龄;用地质学的叠置原理和切割关系,可以得出月球表面各地质单元形成的先后次序——相对年龄。于是,可以把样品所在单元的相对年龄标定为绝对年龄,进而推定月球表面各地质单元的年龄。归纳出的月球演化史轮廓示于图 5-46。从其表层遗留下来的片段记录和理论研究,可以概要总结出月球起源演化简史。

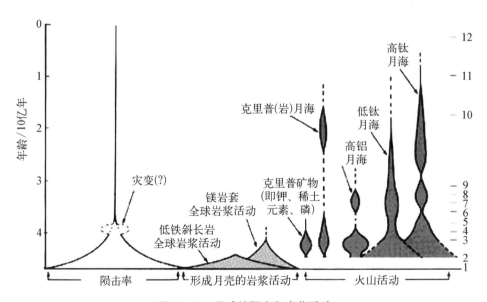

图 5-46　月球的陨击和岩浆活动

　　1—月球形成;2—岩浆洋凝固;3—高地平均年龄;4—东海、雨海盆地形成;5—Appllo 11 与 17 月海;6—Luna 16 月海;7—Luna 24 月海;8—Apollo 15 月海;9—Apollo12 月海;10—晚期雨海流;11—哥白尼陨击;12—第谷陨击

1) 月球的起源

1880 年,乔治·H. 达尔文(G. H. Darwin,著名生物学家 C. Darwin 的次子)提出,月球是从地球分裂出去的。随后,论述月球起源的文献越来越多,在争论中不断发展,概括起来有三类:① 分裂假说(Fission Hypothesis)认为,地球早期呈熔融态,自转快,加上太阳的引潮作用,地球赤道区物质出现隆起,发生自转不稳定性而分裂出去的一部分聚集而形成月球,2010 年初又提出了一种新的分裂假说——核爆炸说(论述地球自身的一次核爆炸而从地球分离出去的);② 俘获假说(Capture Hypothesis)认为,地球和月球各自形成于太阳星云的不同部位,当月球运行到地球附近被地球俘获而成为地球的卫星;③ 共同吸积假说(Coaccretion Hypothesis)认为,在地球吸积期形成环绕地球的盘,盘物质聚集而形成月球,或者通俗地说,地球和月球是共同吸积形成的"双行星"。也有人提出过兼顾的多个假说,这些假说的主要问题是难于解释地月系角动量及月球贫铁,现今已被扬弃。20 世纪 70 年代,有人提出月球起源的巨撞击假说(Giant Impact Hypothesis, GIH),直到 1984 年的月球起源讨论会评论各种月球形成理论后,撞击理论才引起重视,新的撞击模拟在很多关键问题上取得重要进展,开始探索更符合地球和月球的化学和物理性质的模型。

基于行星形成"标准"模型和月球起源的资料(质量、角动量、轨道、成分、年龄等)约束,人们对巨撞击假说进行了一系列计算机模拟。月球起源模型必须符合地球和月球的动力学特性与总成分性质的以下关键约束:① 地球、月球的质量和地月系角动量的大小;② 月球的轨道演化,潮汐相互作用使月球轨道变大和地球自转减慢,暗示月球形成时离地球很近、当时地球自转很快,有效的撞击至少把约 20% 的角动量分配到轨道上的原月球物质;③ 相对于地球而言,月球与地幔成分的相似远多于差异,月球匮乏挥发元素和铁等金属,而富集难熔元素,有效撞击应同时说明它们成分的相似性和差异;④ 低密度的月壳浮在几百千米深的"岩浆海"顶上,因此,在月球起源中必须提供足够热量;⑤ 月球和地球的年龄及形成期间的约束,月球年龄约 44.2 亿年,地球年龄为 45.4 亿年,以及前述 Hf - W 年龄的时标约束——月球形成时间为 2.5 千万~3 千万年。

美国女天文物理学家 Robin M. Canup 的一系列撞击模拟形成月球的一个满意结果如图 5 - 47 所示。弹体和靶(原地球)为 $0.13 M_E$ 和 $0.89 M_E$(M_E 为地球质量),撞击参数 $b \equiv \sin\xi = 0.7$(ξ 是弹体轨迹与靶表面法线的交角);撞击前,原地球逆向自转,自转周期为 18 h。图示几个时间情况,深灰标示温度 $T >$ 6 400 K。最后地球 - 盘系含 $1.01 M_E$,角动量等于现在地月系角动量[见

图 5 - 47(e)]。图 5 - 47(f)是地球最终热状态的特写,深灰环之内是吸积进地核的弹体铁核。弹体原来物质几乎在原轨迹面上形成拉长结构[见图 5 - 47(b)]。这些物质经历开普勒运动,缠绕为旋臂[见图 5 - 47(c)]。弹体的铁核物质再撞入地球,引力矩使得臂外部获得角动量,到达轨道[见图 5 - 47(d)]。绕转盘含 $1.4\,M_M$[M_M 为月球质量,见图 5 - 47(e)],有 7％铁和 85％的弹体物质。50％质点的轨道近地点在洛希限外。最终盘有一个约 $0.5\,M_M$ 的完整独立团从而聚集成为月球前身。近地点在洛希限内的团丛约 20 h 内被潮汐瓦解。

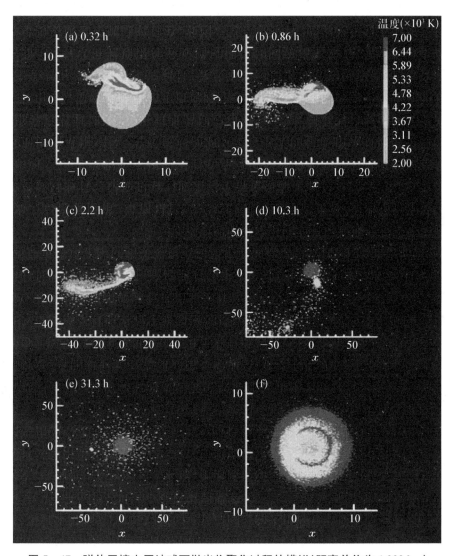

图 5 - 47　弹体巨撞击原地球而抛出物聚集过程的模拟(距离单位为 1 000 km)

　　模拟质点追溯到弹体和原地球,盘物质大多来自弹体前部的撞击交面区。得到满足约束的模拟结果都与此类似,75%~90%盘物质来自弹体。总之,模拟得到以下结果:① 引力矩和撞击几何是原月球物质盘的主导因素;② 巨撞击显示一致的动力学趋势,撞击参数 $b \geqslant 0.5$ 的低速撞击一般产生显著的盘物质,在 $0.5 \leqslant b \sim 0.8$ 范围内,盘质量、角动量和铁都随 b 增大;③ 形成月球的典型情况是 b 约为 0.7 的低速撞击,弹体占总质量的 $0.1 \sim 0.15$,在形成月球事件后,地球还吸积小于等于 $0.05\,M_{\mathrm{M}}$ 的质量;④ 原月球物质大部分(75%~90%)来自轨道接近洛希半径 a_{R} 或其外的弹体物质;⑤ 簇或盘的某些模拟见到了含月球质量相当部分的一些簇。

　　模拟得出,初始盘至少在 1 星期内就扁化和黏滞扩展,不足 1 年后就形成 $0.85\,M_{\mathrm{M}}$、轨道半长径为 $1.4\,a_{\mathrm{R}}$ 绕转的大月球。模拟得到的月球与盘的质量比 $(M_{\mathrm{M}}/M_{\mathrm{D}})$ 普遍符合下式:

$$\frac{M_{\mathrm{M}}}{M_{\mathrm{D}}} \approx 1.9\left(\frac{L_{\mathrm{D}}}{M_{\mathrm{D}}\sqrt{GM_{\mathrm{E}}a_{\mathrm{R}}}}\right) - 1.1 - 1.9\left(\frac{M_{\mathrm{esc}}}{M_{\mathrm{D}}}\right) \qquad (5-6)$$

式中,L_{D} 是盘的角动量,M_{esc} 是逃逸质量。模拟得到月球吸积时间比辐射冷却时间短得多。月球的单位质量吸积能足以加热冷硅酸盐到熔点。因此,月球起初是热熔融的,产生岩浆海。

　　巨撞击的最新模拟允许角动量损失并得到合理的氧同位素,可分为标准的、小的、大的撞击体三类(见图 5-48)。

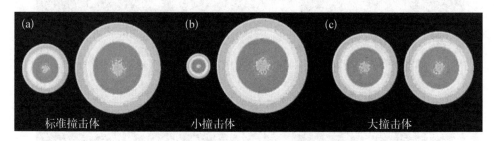

图 5-48　形成月球的巨撞击三种新模型例子

(a) 标准撞击体,地球最终质量的10%;(b) 小撞击体,地球最终质量的5%;(c) 大撞击体,近于地球最终质量

　　Cuk 和 Steward 的一系列模拟采用小弹体撞击快速自转的原地球,产生主要来自地幔物质的盘并形成月球。后来,由共振损失角动量而达现状。他们总结得出,宽范围的撞击角和速度可产生所需特征的月球盘。过多的角动量如何转移掉? 通过模拟地月系的早期潮汐演化,包括相互进动、月球和地球的潮汐及

太阳的摄动,发现当月球近地点进动周期等于地球轨道周期时,发生月球与太阳之间的"出差共振",可以相当多地减少地月系角动量。

Canup 的新模拟产生更热的盘,含 50%～90% 质量的蒸汽,盘质量也大。新模拟可以消除弹体与靶体之间的成分不匹配以及地球与盘在撞击后的平衡问题;但产生的地球与盘的系统角动量大于现在的地月系角动量,这需要月球形成后经俘获到"出差共振"转移走角动量。

巨撞击理论可以最合理地解释地月系的角动量和月球的异常成分特性,得到以下结论:

(1) 现代数值模拟技术继续支持较早的研究结果,发现在形成类地行星体系中可以有形成月球的多种潜在撞击。

(2) 弹体撞击原地球时适当的单次巨撞击而产生原月球盘,近似地具有地月系的、或更大些的总质量和角动量。撞击参数是一个关键约束,可以产生足够大质量的贫铁月球。

(3) 撞击产生的物质吸积到单个月球,中心大致处在洛希限外的绕转物质通常聚集为单个的月球。

(4) 月球轨道倾角起因于太阳共振,盘矩也起一定作用。虽然一些巨撞击模拟很成功,但有相当宽的参数范围,在符合月球和地球的物理性质等方面还有些问题需要深入研究。

2) 月球形成初期——岩浆海

由于月球吸积形成过程很快,尤其后吸积的物质受到增长月球的强引力,释放的更大引力势能转化为热能而积累(吸积热),使月球外部几百千米内的物质发生熔融,成为岩浆海,更易发生重力分异,重成分下沉到内部,轻成分上浮到表层。随着表层向外空的辐射而在 5 000 万～1 亿年逐渐冷却,固结为越来越厚的低密度斜长石月壳,即观测到浅色(亮的)初始高地月壳。月壳深处和月幔含更多的较重物质,如辉石和橄榄石。同时,月球内部也发生分异,月幔岩石中的铁等重物质分离并下沉,形成月核。早期的熔融或部分熔融的月核可以产生相当强的古磁场。

3) 大陨击与盆地

月球的吸积形成过程不是立即终止的,而是逐渐减弱的,月壳基本形成后,仍受到残余星子的陨击,在月壳上产生陨击坑,破坏初始的月壳,尤其是大星子陨击产生盆地,陨击抛出物覆盖大部分古老的月壳,形成月壤。在此时期,木星轨道向内迁移,其引力摄动使小行星区的星子甚至外区的含冰星子轨道发生很大改变,有很多进入地球和月球的引力范围并发生高速撞击,产生陨击盆地,称为"晚期严重陨击(LHB)"。随后，木星轨道向外迁移而大星子的陨击减少，近38亿年以来就没有产生盆地，只有小规模陨击坑。陨击能量使岩石破碎和熔融为角砾岩。飞船采回样品的分析得出，盆地形成于距今40亿～38亿年。由于初期月壳薄和后来陨击及火山活动改造，缺乏更早陨击盆地的遗迹，因而对晚期严重陨击之前的实际陨击情况还有疑义。

4）火山活动与月海填充

虽然月球表面因为向外空的热辐射损失能量而冷却，但下面有铀和钍放射性元素长期衰变的能量加热，还有陨击和重力分异过程释放的势能加热，所以下月壳和月幔至少是部分熔融的，形成一些岩浆库。岩浆沿着陨击造成的裂隙上涌和喷出，形成火山活动，熔岩流泛滥，填充盆地底部，很快冷凝结晶为玄武岩的月海，也填充一些老陨击坑。不同区域、不同时间、不同深度喷出的岩浆在成分上有些差别，因而它们结晶的玄武岩可以分为富钛、低钛、甚低钛、富铝、富KREEP[①]等几类。以"火喷泉"形式喷发的岩浆滴迅速冷凝，生成大量绿色和橙色的火山玻璃球。月球演化过程如图5-49所示。

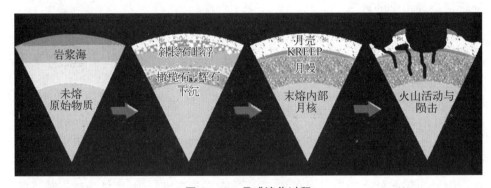

图5-49   月球演化过程

形成盆地的大陨击使月壳变薄并产生裂隙，为大规模火山活动创造了条件，随后在距今38亿到31亿年乃至更晚，下面的岩浆上涌，断续地发生多次火山喷发，延续20多亿年甚至更久。随着月球内部的冷却，火山活动逐渐减弱到停止。

图5-50给出了月球岩浆海、月壳和月幔的演化历程。

5）近期的演化

近十亿年来，月球的地质活动大为减弱，除了几次较大的陨击形成哥白尼

---

① KREEP表示钾(K)、稀土元素(REE)和磷(P)。

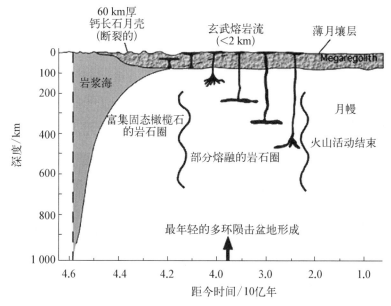

图 5 - 50　月球岩浆海、月壳和月幔的演化历程

月球外部 1 000 km 的简化地质剖面表明：① 岩浆海部分结晶的演化形成富橄榄石的残存月幔和富斜长石的月壳；② 月壳的陨击角砾化（巨月壤和月壤）；③ 约 43 亿年前，由于月幔建立矿物带，较后的部分熔融和形成化学上不同的玄武岩熔岩。注意：时间标度仅是定性的。

坑、第谷坑、开普勒坑等有醒目辐射纹的陨击坑外，主要是小规模的流星体陨击而剥蚀月球表面，以及宇宙线、太阳辐射和太阳风的"宇宙风化"改造，在一些地方，风化层可能超过 15 m，还出现小规模的火山活动迹象和月震。此外，就是近几十年来飞船的造访遗迹，包括宇航员的足迹。

作为概况，月球的地质历史也可以简单地分为四个阶段（见图 5 - 51）：

阶段 I　月球的形成初期

吸积形成的初始月球有岩浆海，外部冷凝为越来越厚的初始斜长岩月壳，残余星子陨落造成月球表面疤痕累累。

阶段 II　前酒海系和酒海系

距今 44 亿年到 39.2 亿年，月壳继续遭受大量陨击。一些大陨击造成大型盆地，破坏初始月壳，促使下面的玄武岩浆喷发，填充盆地内部而成为月海；而小陨击产生陨击坑。较新的陨击破坏和改造先前的月表，留下暴风洋、酒海及大陨击坑等遗迹。

阶段 III　雨海系

距今 39.2 亿年到 32 亿年，陨击很快减弱，仅产生 38 亿年前的雨海、东海几个盆地和很多陨击坑,而玄武岩浆火山活动在很长时期多次喷发,覆盖部分较老表面,包括老的月海。

阶段Ⅳ 爱拉托逊系和哥白尼系

距今 32 亿年以来,玄武岩浆火山活动大为减弱,规模较大的火山到 20 亿年前就终止了,以后仅有小规模活动。陨击也大为减少,仅产生诸如爱拉托逊坑、哥白尼坑、第谷坑、开普勒坑等较大的陨击坑,尤其是最年轻陨击的新鲜抛出物沉积的亮辐射纹甚为醒目。

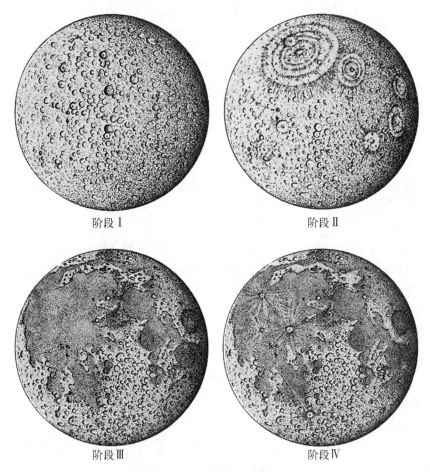

阶段Ⅰ   阶段Ⅱ

阶段Ⅲ   阶段Ⅳ

图 5‐51 月球的地质历史概况

与地球经历严重的演化而丧失其早期遗迹不同,月球的演化程度较小,保存了很多演化遗迹,尤其是月球形成和早期演化遗迹,为探索地球的形成和早期演化提供了重要线索。例如,直到 1946 年科学家才确认和命名地球上第一个陨击坑——美国的巴林杰陨石坑,由于严重的地质过程破坏了地球上的古老陨击坑,现在识别的地球陨击坑还不到 200 个。正是从月球以及水星和火星的大量陨击坑和陨击盆地,尤其是古老的坑和盆地,人们才认识到陨击是类地行星(包括地球)早期的主要地质过程,因而需要修改传统的地质学。地球比月球大且引力场很强,按同样陨击率推算,地球应当有直径为 20 km 以上的陨击坑近 2 万个。

第6章　行星、矮行星及
它们的卫星

　　太阳系是由太阳及绕它公转的行星等成员组成的天体系统。除了太阳之外,由于行星是主要成员,常称为"我们的行星系",而这些公转成员为**行星体**(planetary bodies)。随着近半个多世纪的航天探测,这些过去光学望远镜所见的模糊星斑,展现为风采的大千世界。一门多学科交叉研究的新兴边缘交叉学科——**行星科学**(Planetary Science)方兴未艾,内容极其广泛:从它们的大小、形态、质量、密度、引力场、磁场等宏观物理性质到成分及变化过程;从内部结构到表面特征及大气结构;从极光、闪电、火山喷发等短暂现象到形成演化的长期过程。研究方法从地球上的多种天文观测,发展到高空和大气外的多种观测,飞船莅临近距探测乃至着陆探测和取回样品到实验室分析,所有可用的现代尖端技术都用于取得行星体的资料,相应地进行各种理论的以及实验室和计算机模拟的研究,成为现代热门前沿。本章先讲行星、矮行星及它们的卫星,其他小天体放在第7章介绍。

6.1　行星体分类和它们的结构

　　行星(planet)通常指自身不发光(即自身不能像恒星那样产生核聚变反应)、环绕着恒星运动的天体。历史上行星这个名字来自它们的位置(与恒星的相对位置)在天空中的不固定,就好像它们在行走一般。从古典时代到现在的科学时代,人们对行星的认识是随着历史在不停地进化的。行星的概念已经不仅延伸到太阳系,而且还到达了太阳系外系统。

6.1.1　行星体的分类

　　2006年8月24日,国际天文学联合会(IAU)第26届大会通过的决议中指出,当代的观测正在改变着我们对行星系的认识,重要的是天体的命名反映目前的认识,这特别是用于"行星"这个名称。近年来的发现导致需要用现有科学信息创立新的定义。IAU 决定:太阳系的行星和其他天体按照下列方式明确地定义为以下三类。

(1) **行星** 一个"**行星**"是这样的天体:① 它运行于环绕太阳的轨道;② 它有足够大的质量,靠自身引力抗衡各种刚性彻体力,以致呈流体静力平衡(几乎圆球)形状;③ 它清除了其轨道附近的其他天体。在此定义下,太阳系仅有 8 颗行星:水星、金星、地球、火星、木星、土星、天王星和海王星。

(2) **矮行星** 一个"**矮行星**"(dwarf planet)是这样的天体:① 它运行于环绕太阳的轨道;② 它有足够大的质量,靠自身引力抗衡各种刚性彻体力,以致呈流体静力平衡(几乎圆球)形状;③ 它没有清除其轨道附近的其他天体;④ 它不是一颗卫星。在此定义下,目前确认的太阳系矮行星有 5 颗:谷神星(Ceres)、冥王星(Pluto)、阋神星(Eris)、鸟神星(Makemake)和妊神星(Haumea)。

(3) **太阳系小天体** 其他环绕太阳运行的天体(除卫星外)都属此类,包括小行星、彗星、流行体。由于历史沿革,尤其小行星术语扩展为复杂交叉的多类(见图 6-1)。

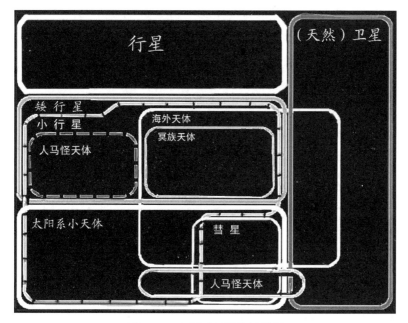

图 6-1 太阳系行星体的类型

　　按照习惯,卫星是行星的伴星,卫星绕行星转动的同时,跟行星一起绕太阳公转。而它们在物理性质上类似于有固态表面的**类地天体**。

　　八颗行星可按其轨道特性或物理性质进行分类:一种分类是以地球轨道为界,把离太阳较近的水星和金星称为"(地)内行星",而把离太阳更远的火星、木星、土星、天王星、海王星称为"(地)外行星";另种分类是以小行星带为界,把水星、金星、地球和火星称为"(带)内行星",而把其余 4 颗行星称为"(带)外行星";第三种分类根据行星的物理性质,把体积和质量小、平均密度大的水星、金星、地球和火星称为"**类地行星**",把体积和质量大的木星、土星、天王星和海王星称为**巨行星**;然而,行星的平均密度反映其物质组成,类地行星主要是由固态岩石物质组成的,巨行星主要由氢氦气体物质组成,而天王星和海王星还含大量冰物质(水、氨、甲烷冰等),因而也常把体积和质量最大,而密度最小的木星和土星称为**类木行星**或**气体巨行星**,而把体积和质量小、密度大又远的天王星和海王星称为**冰巨行星**或**远日行星**。

　　矮行星的物理性质属类地天体,只是谷神星处于内太阳系、更像岩石体的类地行星,而另四颗矮行星处于外太阳系、更像冰巨行星的冰卫星。

　　行星和矮行星的主要特性列于表 6-1 与表 6-2。

表 6-1　行星的主要物理特性(轨道根数见表 3-2)

特性	赤道半径/km	质量/kg	赤道重力/(m/s^2)	逃逸速度/(km/s)	平均表面温度/K	卫星数
水星	2 439.64	$3.302\ 0\times10^{23}$	3.70	4.25	100~440	0
金星	6 051.59	$4.869\ 0\times10^{24}$	8.87	10.36	730	0
地球	6 378.1	$5.972\ 0\times10^{24}$	9.81	11.18	287	1
火星	3 397.0	$6.419\ 1\times10^{23}$	3.71	5.02	227	2
木星	71 492.68	$1.898\ 7\times10^{27}$	23.12	59.54	152*	79
土星	60 267.14	$5.685\ 1\times10^{26}$	10.44	35.49	134*	62
天王星	25 557.25	$8.684\ 9\times10^{25}$	8.69	21.29	76*	27
海王星	24 766.36	$1.024\ 4\times10^{26}$	11.00	23.71	73*	14

　　* 气压为 1 巴高度。

表 6‑2　矮行星的主要特性

名称 (编号) 英文名	谷神星 (1) Ceres	冥王星 (134340) Pluto	阋神星 (136199) Eris	鸟神星 (136472) Makemake	妊神星 (136108) Haumea
轨道特性					
轨道半径/AU	2.77	39.48	67.67	45.79	43.13
轨道周期/a	4.60	248.09	557.0	309.90	283.28
偏心率	0.079	0.249	0.442	0.159	0.195
对黄道倾角/(°)	10.59	17.14	44.19	28.96	28.22
物理特性					
直径/km	946	$2\,372\pm2$	$2\,326\pm12$	$1\,430\pm14$	$1\,240^{+69}_{-58}$
质量/($\times10^{21}$ kg)	0.94	13.05	16.70	<4.4	4.01 ± 0.04
密度/(g/cm³)	2.17	1.87	2.50	>1.40	1.76~1.89
表面重力/(m/s²)	0.29	0.58	≈0.80	<0.57	0.44
逃逸速度/(km/s)	0.51	1.2	1.30	<0.91	0.84
自转轴倾角/(°)	≈3	119.59	—	—	—
自转周期/d	0.38	6.39	≈1(0.75~1.4)	0.32	0.16
表面温度/K	167	44	≈42	≈30	32±3
大气	—	可变的	可变的	—	—
卫星数	—	5	1	0	2

6.1.2　行星体的结构

一般地说,行星体可分为内部、表层和大气三部分,它们的内部和表层一起构成行星的主要本体部分,相对而言,大气是次要的部分。迄今它们内部的直接探测资料仍然缺乏,但是可以从它们的大小、质量、平均密度(物质组成)、引力场、磁场等资料出发,借助行星内部结构的基本微分方程组来计算其内部结构模型。

1) 类地行星的内部结构

地球的内部结构模型可以作为其他类地行星的参考,但它们缺乏地震这样的有利资料,仅能建立某些初步的内部结构模型(见图 6‑2)。一般来说,类地行星的核可能以铁镍成分为主,含有一定量的较轻元素(硅、硫、氧),至少过去熔融过,现在呈固态。它们的幔主要由硅酸盐组成,在上层的压力下可能部分熔融过,现在基本呈固态,可能具有某种程度的塑性对流。幔之上是硅酸盐的固态壳,显示不同程度的地质特征。

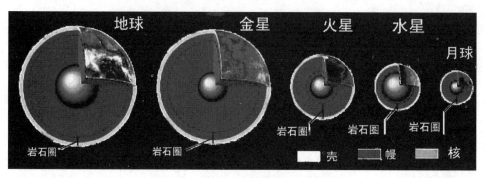

图 6-2　类地行星的内部结构模型

水星的平均密度大,由 70% 金属和 30% 硅酸盐组成。富金属(主要是铁)星核半径为 1 800 km,硅酸盐幔的厚度约为 600 km,外壳的厚度为 100~300 km。

金星的质量、半径、平均密度与地球相似,内部结构也相似,但也有些差别。有估计金星的铁核占总质量的 24.6%、幔的厚度为 3 208 km、壳厚度约为 16 km 的;也有估计铁核占 28% 及不同的幔、壳厚度的。从近年新的金星地质资料,估计壳厚度为 25~40 km,各区域的壳厚度不均匀,有的地方甚至达 50~60 km。

火星的平均密度较小,有两种典型的火星内部结构模型:一种认为有较大的 Fe-FeS 核,另一种认为有较小的 Fe-Ni 核,前者的半径要大 500 km,两种模型的幔厚度也不同;但由表面地质推断壳厚度约为 30 km,而由火星地震资料推算其岩石圈厚度应大于 150 km。

2) 外行星的内部结构

建立木星和土星的内部结构模型有些困难。它们的平均密度小,主要成分是氢和氦,需相应于行星内部高温、高压情况的物态(密度-压力-温度关系)方程;它们自转快而呈椭球形,常采用等效球半径,应计及惯性离心力;没有它的地质资料。因此,研究者只能从有限资料来计算它们的内部结构模型。各研究者得到不同结果,一般来说,它们内部分为三个圈层(见图 6-3):中央是岩石或者还有冰物质的固态岩(冰)核,中间层是高压下呈液态金属相的氢(及氦),而外层是液态分子氢和氦,逐渐过渡到大气。下面作为例子,仅列出一种模型的结果。

木星核的半径约为 $0.15 R_J$(R_J 为木星半径),占木星总质量的 5%~15%,

中心密度约为 20 g/cm³,中心温度约为 25 000 K,中心压力约为几十兆巴(Mbar);中间层的外半径为 0.76 R_J。

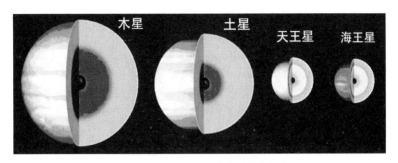

图 6-3　巨行星的内部结构模型

土星核的半径为土星半径的 0.27 倍,约占总质量的 21%,中心密度约为 15 g/cm³,中心温度约为 20 000 K,中心压力约为 50 Mbar;中间层的外半径为土星半径的 0.46 倍。

天王星和海王星的平均密度较小,说明含较多冰物质(水冰以及氨和甲烷冰),各研究者得到结果有很大差别。一般说,它们有岩石-金属核、冰的中间层和液态的氢-氦外层。

天王星约有 15% 的氢氦、60% 的冰物质、25% 的岩石和金属物质。天王星核的半径为 6 500 km、质量约为地球质量的 3.5 倍,中心温度和压力分别为 7 000℃ 和 1.7 亿巴;冰的中间层厚约为 8 000 km,其温度为 2 500℃ 以上;外层主要是液态的分子氢和氦,可能还有甲烷和氨,向外逐渐过渡到气态分子氢和氦的大气。

海王星核的半径为 8 000 km,其质量约为地球质量的 1.4 倍,中心温度和压力分别为 7 000℃ 和 22 Mbar;冰的中间层厚度约为 10 000 km,占总质量的 $\frac{2}{3}$;外层由液态分子氢和氦及甲烷等组成,占总质量的 6%,厚度约为 6 500 km。

6.1.3　行星的反照率和表面温度

可以近似地认为行星处于辐射的能量平衡,即行星将入射的太阳辐射反射掉一部分,吸收另一部分而加热,再以红外热辐射损失掉,因而行星保持一定的温度。严格地说,行星的反射与行星表面的物质成分和结构有关。一般把各波长(主要是可见光)反射的总量与入射的太阳辐射(总量)之比称为"邦德(Bond)反照率"或简称"反照率",以符号 A 表示($A \leqslant 1$)。半径 R 的行星在日心距 r 处,接收太阳辐射 $\Phi_入 = \pi R^2 L_\odot / 4\pi r^2 = R^2 L_\odot / 4 r^2$,反射的辐射为 $\Phi_反 = A\Phi_入$,

吸收的辐射为 $\Phi_{吸} = (1-A)\Phi_{入}$。由于吸收的辐射几乎完全变为红外热辐射 $\Phi_{发}$，即 $\Phi_{发} \approx \Phi_{吸}$，因此，从行星的红外辐射和可见光（反射）面亮度测量，就可由 $\Phi_{发}/\Phi_{反} = \dfrac{(1-A)}{A}$ 计算出反照率 A，进而可计算行星表面温度，分两种情况：

若行星自转快且导热良好，则热辐射总面积为 $4\pi R^2$，因单位表面的辐射为 σT_1^4（斯忒藩-玻耳兹曼定律，σ 为斯忒藩-玻耳兹曼常数），所以有

$$\Phi_{发} = 4\pi R^2 \sigma T_1^4 = \Phi_{吸} = (1-A)R^2 L_\odot/4r^2 \tag{6-1}$$

$$T_1 = \left\{ \frac{L_\odot (1-A)}{16\pi\sigma r^2} \right\}^{\frac{1}{4}} = \frac{278(1-A)^{\frac{1}{4}}}{r^{\frac{1}{2}}} \tag{6-2}$$

若行星自转慢且导热不良，则热辐射有效面积为 πR^2，所以有

$$T_2 = \left\{ \frac{L_\odot (1-A)}{4\pi\sigma r^2} \right\}^{\frac{1}{4}} = \frac{393(1-A)^{\frac{1}{4}}}{r^{\frac{1}{2}}} \tag{6-3}$$

表 6-3 列出了一些行星的反照率与表面温度。

表 6-3 行星的反照率和表面温度

行星	r/AU	A	T_1/K	T_2/K	$T/$(K,实)*	有效温度/K	大气标高/km
水星	0.387	0.106	435	614	440	—	—
金星	0.723	0.650	264	360	750	~230	15
地球	1.000	0.367	258	364	288~293	~255	8
火星	1.524	0.150	213	302	183~268	~212	11
木星	5.203	0.520	105	149	(165)	124	19~25
土星	9.533	0.470	76	106	(134)	95	35~50
天王星	19.190	0.510	54	75	(76)	59	22~29
海王星	30.070	0.410	45	63	(73)	59	18~22
冥王星	39.460	0.300	40	65	58	50~70	—

＊表面实测温度，括号内为气压为 1 bar 的气温。

实际温度情况更复杂，尤其是与行星内部是否有热源以及大气情况有关。例如，偏差最大的金星是因其大气的强**温室效应**导致其表面温度很高（见下面讨论）；四颗巨行星没有固态表面，它们内部有热源，木星、土星、天王星和海王星的

红外热发射能量分别是它们吸收太阳辐射能量的 1.67 倍、1.78 倍、1.1 倍和 2.7 倍(见图 6-4),它们的热能可能来自形成时所释放的引力势能并保留至今。类地行星低层大气是由太阳光直接照热表面而加热的,而外行星的低层大气则由它们内部热源加热。

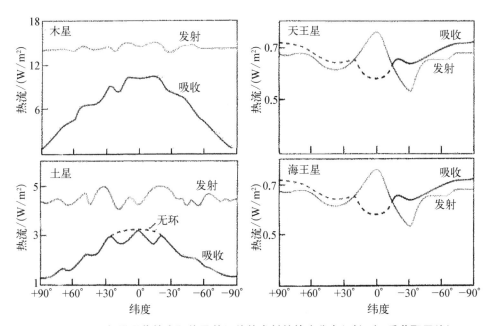

图 6-4　巨行星吸收的太阳能及其红外热发射的纬度分布(对经度、季节取平均)

6.1.4　大卫星和矮行星的内部结构

就物理性质来说,类地行星和卫星及矮行星是相当类似的,矮行星比最大卫星(木卫三、土卫六)还小。从平均密度(因而化学组成)方面来看,谷神星、木卫一和木卫二更像类地行星;而冥王星、阋神星、鸟神星、妊神星和类木行星的其他卫星是以冰为主要成分的类地天体。

建立这些天体内部结构模型中,困难之一是不能确切知道它们的成分及其物态方程。冰物质主要有水、甲烷、氨,但甲烷熔点为 89 K,沸点为 117 K,氨的熔点和沸点分别为 195.8 K 和 239 K,都比水低。它们的内部温度可能超过 300 K,因此,除了外部的幔和壳的有限区之外,甲烷和氨不是其主要的稳定成分,只有水才是其主要的稳定成分。地球上常见的水冰(Ih 相)只是水冰的同质多相形态之一,而它们的水冰中又掺有其他成分,使情况复杂。如同类地行星,它们的表面情况也提供对内部结构的某些约束。

1) 大卫星的内部结构

木卫一可能有铁和硫化铁(FeS)核(约占木卫一半径的 $\frac{1}{2}$)、部分熔融的硅酸盐幔、很薄的岩石壳,其水冰可能早已蒸发和逃逸,现在表面主要是火山沉积物。木卫二可能有直径为 1 250 km 的金属核,其上面是岩石幔,外部 100～150 km 是冰壳,冰下面可能是液态水的海洋。木卫三和木卫四含有较多的水冰(甚至占质量的 60% 以上),但它们表面情况、内部结构和演化程度不同。木卫三的演化程度较大,表面较年轻,外层为冰壳,壳下是冰的上幔,而下幔为硅酸盐,中央是铁核。木卫四的演化程度较小,表面古老,外部为富冰壳,而内部可能是岩冰。一些矮行星和大卫星的内部结构如图 6-5 所示。

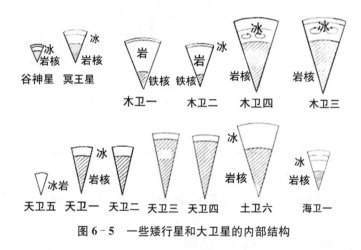

图 6-5   一些矮行星和大卫星的内部结构

土星、天王星、海王星的大卫星可能都有岩石核、冰的幔和壳(主要是水冰)。土卫六有岩石核、水冰(也溶有甲烷和氨)的幔和冰壳。天王星的五颗大卫星(天卫一、二、三、四、五)的密度都与土星的冰卫星差不多,它们主要是由冰及岩石(至少占一半)组成的,内部结构也相似,除了天卫五很不确定外,其余四颗卫星都有岩石核、冰(主要是水冰)幔及壳,只是核的大小不同,幔-壳界线不够确定。海卫一的内部结构可能也与土星的冰卫星相似,即有固态岩石核、冰(水冰以及氨和甲烷冰)的"岩浆"幔和水冰壳。火星的卫星可能是岩石的,而外行星的其他卫星可能主要是冰体的。

2) 谷神星和冥王星的内部结构

由谷神星观测资料和行星内部结构理论,可以建立它的内部结构模型(见图 6-6)。谷神星的扁率符合分异天体,在中心岩石核上面覆盖着冰幔,冰幔上面是薄的多尘外壳。冰幔的厚度为 100 km,占其质量的 23%～28%、体积的

50％,含多达 $2 \times 10^8 \ km^3$ 的水冰,比地球上的淡水数量还多。由于其表面和历史的一些特性(诸如,它离太阳较远,足以允许结合一些相当低冻结点成分),其内部存在易挥发物,冰尘下面可存在一层残余的液态水。

从冥王星的有关资料出发,可以从理论上计算它的内部结构模型。图 6-7 是较新的一种冥王星内部结构模型。由于放射性元素衰变的加热,冥王星内部是分异的,形成核、幔、壳结构:岩石质星核的半径约 850 km;往外是水冰的幔;外壳为冻结的氮,还含甲烷冰及一氧化碳冰。核-幔界面可能有厚为 100~180 km 的液态水海洋层。冥卫一(卡戎)或者是整体都由岩石和水冰及少量氨冰混合物组成而无明显分层,或者是有岩石核和冰幔分层。

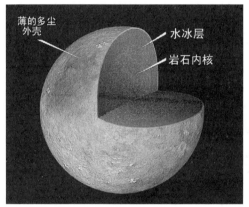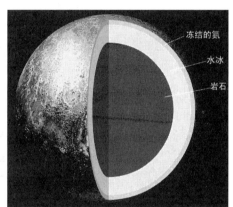

图 6-6　谷神星的内部结构　　　　　图 6-7　冥王星的内部结构

6.2　行星体的大气

各行星体的大气有很大差别。木星、土星、天王星、海王星都有浓厚的大气。金星大气很浓密,地球大气次之,火星大气稀疏,水星大气稀少。冥王星大气也稀少。卫星中,仅土卫六有浓密大气,木卫一和海卫一有稀少的变化大气,其他卫星几乎都没有大气。

6.2.1　行星体的大气成分

行星体的大气成分主要是气体,各种成分所占的体积或数目比率列于表 6-4,大气中还有悬浮微粒或气溶胶(aerosol),大气的多少可以从表面气压或标高反映出来。

表 6-4　行星和卫星的大气主要性质

天体	表面气压/bar	主 要 气 体	次 要 气 体	悬浮微粒
水星	$<2\times10^{-12}$	$K(0.317),Na(0.249),$ $O(0.095),Ar(0.07)$	$He(0.059),H(0.032)$	—
金星	93	$CO_2(0.965),N_2(0.035)$	$Ar,H_2O,SO_2,Ne,CO,$ HCl,HF	硫酸
地球	1	$N_2(0.78),O_2(0.21),$ $Ar(0.0093),$ $CO_2(0.00033),$ $H_2O(0.0002)$	$Ne,He,Kr,Xe,CH_4,H_2,$ N_2,CO,N_2O,NH_3,O_3	水,硫酸,硫酸盐,海盐,尘埃,有机物
火星	$0.007\sim$ 0.01	$CO_2(0.95),N_2(0.027),$ $Ar(0.016),H_2O(0.03)$	$O_2,CO,Ne,Kr,Xe,$	冰,尘埃,CO_2冰
木星	$\gg100$	$H_2(0.86),He(0.14),$ $CH_4(0.003)$	$D,CH_4,NH_3,C_2H_6,$ $H_2O,CO,HCN,PH_3,$ C_2H_2	"雾霾",氨冰,氢硫化氨,水冰
土星	$\gg100$	$H_2(0.90),He(0.10),$ $CH_4(0.002)$	NH_3,C_2H_6,H_2S	(与木星同)
天王星	$\gg100$	$H_2(0.82),He(0.15),$ $CH_4(0.025)$	NH_3,C_2H_6,C_2H_2	与木星同,但雾霾少,有甲烷冰
海王星	$\gg100$	$H_2(0.79),He(0.18),$ $CH_4(0.03)$	NH_3,C_2H_6,C_2H_2	同木星,有甲烷冰
冥王星	10^{-5}	CH_4,N_2	CO	雾霾
土卫六	1.5	$N_2(0.82\sim0.89),$ $CH_4(0.01\sim0.06),$ $Ar(<0.01\sim0.06)$	$H_2,CO,C_2H_6,C_2H_2,$ $C_2H_4,C_3H_8,HCN,C_3H_4,$ C_4H_2,CO_2	—
海卫一	1.5×10^{-5}	$N_2(0.73\sim0.99),$ $CH_4(0.02\sim0.10)$	$Ar,H_2,CO,C_2H_6,$ C_2H_2,C_3H_8	—
木卫一	10^{-6}	SO_2,S	O	—
月球	$\sim2\times10^{-14}$	$Ne(0.4),Ar(0.4),$ $He(0.2)$	—	—

　　金星和火星的大气主要成分都是二氧化碳。水星仅有极少量钠、钾、氧(太阳风轰击岩石蒸发出来的)、氦和氢(从太阳风俘获来的)。冥王星仅有少量氮(N_2)、甲烷(CH_4)和一氧化碳(CO),而且常变化。木星、土星、天王星、海王星大

气都以氢、氦为主,浓厚大气的下层过渡到液态分子氢的(行星内部)外层,都没有固态的表面。

在卫星中,土卫六有浓密大气和云层;木卫一和海卫一的活火山活动排出的气体成为它们的变化大气。海卫一的大气成分是氮及少量甲烷。最大的木卫三却几乎没有大气,伽利略飞船探测到它有稀疏的原子氢大气,表面气压小于 10^{-8} mbar。

6.2.2　类地行星的大气

金星、火星的大气温度随高度变化显著,而在同样高度的大气温度随地域变化较小。

大气中的 CO_2 及水汽有**温室效应**。金星大气的温室效应很强(增温 360 K),其表面温度高达 730 K。地球大气的温室效应较小(仅增温约 30 K)。火星大气的温室效应增温 6 K。

它们的大气温度垂直分布有共同特征:低层与地球对流层相似;高层与地球热层相似(见图 6-8)。这反映了行星大气都有从下部(表面或内部)和外面(太阳辐射)加热,但具体情况不大一样,这与各行星的大气具体过程有关。

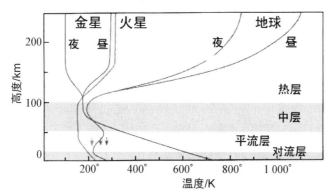

图 6-8　类地行星的大气温度垂直分布

1) 金星大气

金星大气浓厚,表面气压达 93 bar。由于云层浓密,从外面拍摄到的只是它的上云层特征。在高度为 65～40 km 范围内有两个云层,其间还有雾霾层,而 33 km 以下就清澈了。云质点有固体和液体,主要成分有 H_2SO_4、HCl、HF,不像地球的水汽云,而更像褐色烟雾云,含水汽总量少,云可保持几天到几星期不沉降,下沉的云滴因下面温度高而蒸发,因此表面不会落酸雨。高度 100 km 以上是电离层。需指出的是,在金星大气不同高度的成分有些差别,高温表面岩石

可放出 CO_2、H_2O、HF、HCL，它们在大气化学中起重要作用。

金星有复杂的大气环流（见图 6-9），云层吸收太阳辐射而驱动子午（圈）主环流，再驱动其上面和下面的子午环流，在极区则有涡流，而赤道带有从东向西的急流，最大风速约 100 m/s，导致图 6-9 的 Y 或反 C 字形云特征。着陆器降落在金星夜半球中观测到**气辉**，最强在高度 100~120 km 处，这是高速风把昼半球光致离解生成的 NO 吹到夜半球而产生的发光。金星 12 号着陆器记录到多次闪电。

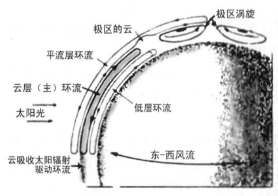

图 6-9   金星的大气环流和紫外照片

2）**火星大气**

火星实际气压随区域、也随季节变化，但表面最大气压仅达 1 000 Pa，在对流层到热层的过渡区有一系列冷暖层，在高度 130 km 附近有电离层。

火星也发生一些气象现象。赤道高地上空常在中午出现对流云（见图 6-10 左），在山脊下坡的波状云可绵延 800 km，一般是水冰云（见图 6-10 右），也有干冰（CO_2）云，但云量比地球少得多。在寒冷的夜晚，H_2O 和 CO_2 都可在谷或坑底凝结成霜，例如，阿基尔（Argyre）盆地在黎明前有霜覆盖，黎明后霜就蒸发了，最持久的是极区上空的秋冬季极冠云。

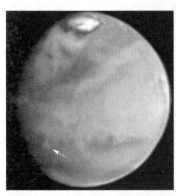

图 6-10   火星的云（亮片）和局部尘暴（箭头）（左）以及水冰云（高为 10~15 km）（右）（火星全貌彩图见附录 B）

火星的大气环流复杂多变，子午方向的单一环流从太阳直射区上升后，分两支流向南、北极冠区再沉降。在冬季半球高纬区，CO_2 凝结，气压下降，导致流向极区的**凝聚流**，还有从太阳直射区上升，向周围低温区的**热潮汐风**。

火星不仅有气旋风暴，而且常发生大的尘暴（见图 6 - 10 左）。当风速达到 $50\sim100$ m/s 时，吹起大量尘沙，形成区域性尘暴，每个火星年发生上百次区域性尘暴。几个区域性尘暴联合，发展成全球性大尘暴，可持续几个星期。尘暴不仅改变气温，而且尘沙也成为水汽和二氧化碳的凝核，最终沉降到极区。

6.2.3　外行星的大气

我们所见的木星、土星、天王星、海王星外貌实为它们的云层。它们的大气高度常用相对值或气压表示。按它们的大气温度的垂直分布（见图 6 - 11），可分为对流层和热层。木星和土星都有三个云层：氨（NH_3）冰晶云、氢硫化氨（NH_4SH）冰晶云、水冰晶或水滴云。天王星和海王星的大气温度更低，大气深层可能也有氨（NH_3）冰晶云、氢硫化氨（NH_4SH）冰晶云、水冰晶或水滴云，但从外面仅见到高层甲烷云及雾霾特征。

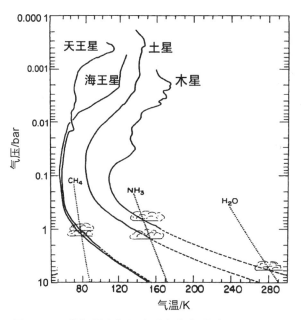

图 6 - 11　外行星大气温度垂直分布（取气压 100 mbar 处为高度零点）

1）木星大气

木星大气高层有电离层，从气压 0.1 bar 高度向上延续 30 000 km 以上，温度为 1 100～1 300 K，主要有氢离子和电子。

　　木星大气有复杂的运动,在尺度 1 000 km 以下的运动似乎极其紊乱,但大尺度上相当有序。其重要特征是交替的东西风流(纬向环流),南、北半球各有五、六对纬向环流,长久维持,甚至 90 年不改变位置,相对于自转系统Ⅲ的风速如图 6-12 左所示,平均风速约 50 m/s,最大约 130 m/s。然而,南北向风却很弱。

　　木星云的亮带(zone)和带纹(belt)分布与纬向环流对应(见图 6-12),但云特征有短时间(几年)变化。除了平行于赤道的东西向主要运动外,也有垂直对流运动。亮带呈白或黄色,是温度较低的较高层云,有上升运动;带纹呈褐色,是温度较高的较低层云,有下降运动。极区云不规则,有些涡流,小的寿命 1～2 天,大的卵形斑寿命达几年或更久。

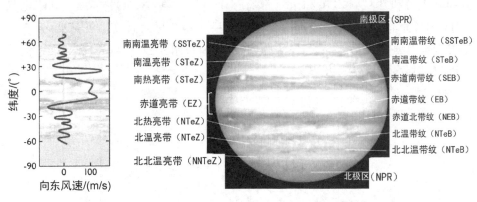

图 6-12　木星的风速(左)及云亮带和带纹(右)

　　大红斑是木星的最显著特征,其中心在南纬 23°,呈东西 26 000 km、南北 14 000 km 的椭圆形(见图 6-13)。从 1664 年发现以来,大红斑已持久存在 350 多年,仅略有变化,为什么存在这么久? 仍是未完全解决之谜。大红斑比周围云顶高 15～25 km,是温度较低的反气旋,反时针旋转,周期约 7 天,也有垂直向上运动。先前出现于大红斑南的三个白色卵形斑,较大的两个在 1998 年初合并了。

　　在木星赤道区有些蓝色或紫褐色云,那里是 3 μm 红外像**热斑**(见图 6-14),显然是从云洞区透出来的内部热辐射。木星夜半球可看到极光,极光弧很亮,长达 3 000 多千米,高于云顶 700～2 300 km。极光区发射出千米波射电,电离层发射分米波射电,高层大气发射厘米波射电。木星射电主要是带电粒子与磁场和电离层作用而产生的非热辐射,但毫米波射电则是热辐射。此外,木星夜半球还出现很强的闪电。

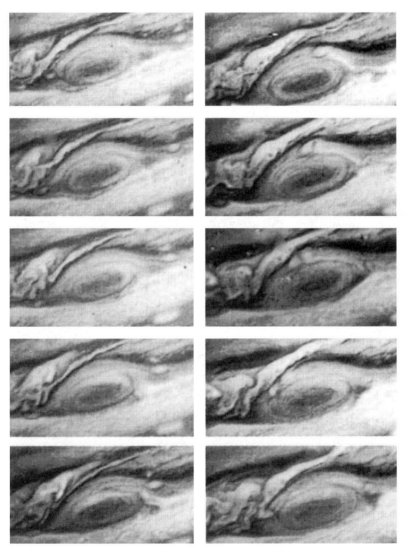

图 6 - 13　木星的大红斑

2）土星大气

土星温度低,有更多的氨和甲烷凝结,形成较厚的雾霾高层,从而使我们难以清晰地看到下层云带特征。土星大气也有交替的东西风流(纬向环流),相对于自转系统Ⅲ的风速更大(见图 6 - 15 左),最大风速为 500 m/s,赤道区急流宽达南北纬度 40°。南北向风也很弱。土星的风流与云带不如木星那么强相关。在风速变化很大处出现很多旋涡和扰动,而两极区的云带也破为波和湍流旋涡。

土星的云也呈类似木星云的交替亮带和带纹图案(见图 6 - 15 右),但土星

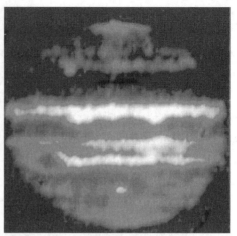

图 6‑14　木星的可见光像(左)(彩图见附录 B)与红外像(右)

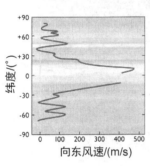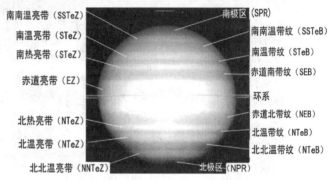

图 6‑15　土星的风速(左)与云带(右)

的亮带和带纹不如木星那么清晰,这是因为土星的云位于其大气更深处,且浓厚的高层大气和雾霾不够透明的缘故。土星云带延续到南北纬度 70°,比木星云带(不超过纬度 60°)范围大。

土星大气也有一些斑纹。在南纬 55° 有一个东西长 6 000 km 的卵形红斑,至少持续 4 个月。在北纬 42.5° 的卵形斑长达 5 000 km,也是反气旋。土星大气偶然发生暴,喷发成为氨冰晶的亮云,甚至在地球上用望远镜也可看到。这些暴的扰动似乎约每 30 年(近于公转周期)发生 1 次,还不知道其原因。1990 年 9 月开始喷发的暴导致赤道北的孤立白斑,很快环绕土星扩展为到北纬 25° 带区,几个月后消失(见图 6‑16)。

旅行者飞船发现可能来自土星极光很强极区的射电,频率为 3 kHz～1.2 MHz,在波长 2 km 左右有强度峰。土星射电变化周期反映土星的内部自转。土星电离层较薄。

**图 6-16　土星的喷发暴扰动亮带(左上)、1994 年 9 月发生的较小暴(左下)
以及南半球出现的龙卷风暴和云带(右)**

3) 天王星大气

天王星和海王星的大气环流有些像地球的大气环流,在低纬有西向气流(贸易风),而中纬有东向急流。

由于甲烷散射蓝绿光多,望远镜中看到天王星呈蓝绿色。甚至飞船所摄的天王星图像也缺乏特征,经计算机增强处理后才显示出其南极区暗冠和高纬雾霾,这是太阳紫外辐射致暗的碳氢化合物。南半球还有四个平行于赤道的稍亮云带,其中两个云带持续两个多星期。云带自转比天王星内部快,说明有类似于木星和土星的纬向环流,最大风速约 130 m/s。1997 年,哈勃太空望远镜所摄天王星已大为改观,赤道北出现一串亮云(见图 6-17)。

令人惊奇的是,在 20 多年漫长时间内,太阳照射的天王星南极和处于黑夜的北极同样气压高度几乎全球"同此凉热",说明大气的热传导很好。国际紫外卫星探测到天王星的紫外(发射)辉光;而旅行者探测到其磁极区有微弱极光,但与紫外卫星所见不同,仅日照半球的强 Lα 发射,称为**电辉光**(electroglow)。

4) 海王星大气

海王星光谱说明其含甲烷更多些。在甲烷云层的上空还有薄的雾霾层,由太阳光离解甲烷所产生的碳氢化合物(C_4H_2,C_2H_2,C_2H_6)组成。海王星有类似木星的云带特征,但因风速随纬度变化、且相对于内部的向西风速达 610 m/s,

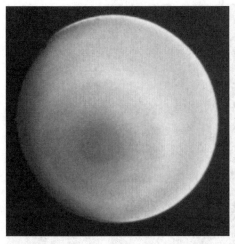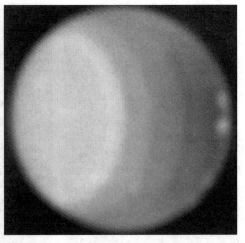

图 6-17　天王星像增强处理略显南极区"暗冠"和高纬雾霾(左,彩图见附录 B)、
　　　　　天王星红外像显示赤道北有亮云串(右)

云特征在几天内就有很大变化。

　　海王星最惊奇的云特征是**大暗斑**(Great Dark Spot,GDS),中心在南纬约 22°,东西约 12 000 km,南北约 8 000 km(见图 6-18),是像木星大红斑一样的反气旋,反时针向转动,转动周期为 15 d,且以速度 300 m/s 相对于内部向西运动,每年向赤道飘移 15°,其大小和形状也有振荡式变化。大暗斑南侧有亮的甲烷冰云(见图 6-18)。在南纬约 55°有称为"D2"的较小暗斑,可能顺时针转动,其中央有亮的甲烷冰云结,一星期内 D2 就向北漂移 4°。在南纬 42°有由很多云纹组成的亮云片,因它运动很快而称为"速克特(Scooter)",形状也有变化。海王星也有亮云带,但不像木星和土星云带那样对称于赤道。到 1995 年后,哈勃太空望远镜所摄海王星已大为改观,不见大暗斑踪迹。

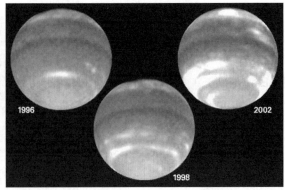

图 6-18　海王星(彩图见附录 B)的大暗斑与云带变化

海王星的波长 27 μm 热发射来自主云层之上气压为 30～120 mbar 的高度，结果显示赤道区和极区比中纬区热些，这是因为中纬大气上升，流向赤道和极区沉降而压缩加热。海王星的特征随时间变化，有时雾霾几乎笼罩全球，但几星期甚至几天后又变得较透明；还发现在太阳活动强时海王星亮度增大，可能是太阳紫外线增强改变了海王星的雾霾层。

5）矮行星的大气

光谱观测显示冥王星表面有甲烷冰，推断它有大气；直到 1988 年冥王星掩恒星时才真正发现它的大气，这是由其大气掩星使星光逐渐减弱显示的。其大气很稀薄，厚度约为 300 km，由氮（N_2）、甲烷（CH_4）和一氧化碳（CO）组成，它们与其表面冰处于平衡。由于冥王星的轨道偏心率大，它在一个轨道周期中离太阳的距离、因而接收的太阳辐射所致冰升华有很大变化，其大气状况也随之变化，表面气压变化于 0.65～2.4 Pa 范围，表面温度变化于 33～55 K 范围。

甲烷气体有很强的温室效应，造成冥王星大气逆转，表面之上 10 km 大气增暖到平均气温 36 K。较低层大气比其高层所含甲烷浓度大。新视野飞船越过冥王星后，在背太阳光侧所摄冥王星像仔细处理（见图 6‐19 右）后，显示出多层雾霾。

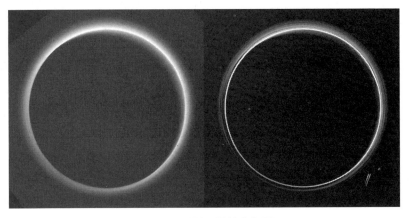

图 6‐19　冥王星的大气层

谷神星表面的水冰是不稳定的，若直接暴露在太阳辐射下就会升华为大气。2014 年初，由赫歇尔空间天文台观测的谷神星资料，发现几个直径为 60 km 以下的中纬度水汽源，每秒各放出约 10^{26} 个分子（或 3 kg）。凯克天文台观测到 Piazzi（123°E，21°N）和 A 区（231°E，23°N）的两个近红外暗区是潜在源。当谷神星在其轨道运动中离太阳更远时，其表面冰的升华会减少，而内部动力排放不应受到其所在轨道位置的影响，类似彗星式的升华。

6.3　行星的磁场和磁层

行星的磁场有相似之处,又有很大差别。类似于地球磁层,由于太阳风与行星磁场相互作用,在太阳风包围中,行星磁场控制带电粒子行为的空间区域称为**行星磁层**,有磁层顶、磁尾、中性片或等离子体片、弓形激波等结构。

6.3.1　行星的磁场

从行星磁场的观测资料,可以得出其偶极赤道处的磁场强度 H_0 及磁矩 $\mu = H_0 R^3$ (R 是行星半径)。各行星磁场和磁层的主要特性汇总于表 6-5 及图 6-20。

表 6-5　行星磁场和磁层的主要特性

行星	磁矩 (地球=1)*	磁赤道场强/Gs	磁轴与自转轴夹角/(°)	偏心 (行星半径)	极性(与地球相比)	磁层顶朝太阳侧 (行星半径)
水星	0.000 7	0.003	14	—	同	1.5
金星	<0.000 4	<0.000 03	—	—	—	(1.3)
地球	1	0.305	10.8	0.076	同	10(5~11)
火星	<0.000 2	<0.000 3	—	—	—	—
木星	20 000	4.28	9.6	0.119	反	80(50~100)
土星	600	0.22	<1	0.038	反	20(16~22)
天王星	50	0.23	58.6	0.352	反	20
海王星	25	0.14	47	0.485	反	25(23~26)

* 地球磁矩为 7.906×10^{25} Gs·cm^3(高斯·厘米^3)。

水手 10 号飞船探测表明,水星有类似于地球的偶极磁场,磁轴与自转轴交角为 $14°$,南北磁场的极性也与地球磁场极性相同。飞船先后多次探测都难以测出金星磁场。多次探测表明,火星仅有很弱的磁场。然而,火星(来的)陨石磁性分析却表明其古磁场达 0.1 Gs(T 即特斯拉,1 T=10 000 Gs),火星全球勘测者探测到局部磁场达 0.004 Gs。

飞船的近距探测确证,木星有很强的磁场。木星表面磁场强度达 3~14 Gs,延展范围达几百万千米,其磁矩为 1.58×10^{30} Gs·cm^3。木星磁场比地球磁场复杂些,木星的偶极磁场轴(偶极轴)与自转轴交角约 $9.6°$,偶极中心位于其赤道面上、偏离质心约 $0.1 R_J$(R_J 为木星半径),且南北极性与地球磁场相反。木星

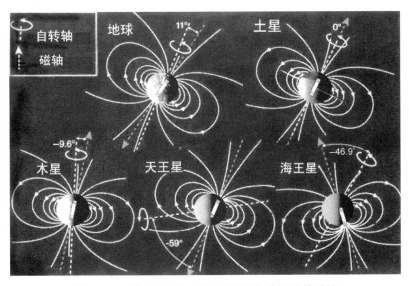

图 6‐20　地球、木星、土星、天王星和海王星的磁场

的非偶极磁场主要在 $10 R_J$ 以外范围。

　　土星有较强的磁场,但比木星磁场弱些,南、北极区表面(气压为 1 bar)磁场强度分别为 $0.7 Gs$ 和 $0.6 Gs$,赤道表面磁场为 $0.2 Gs$。土星的磁场类似于偶极磁场,南北极性与木星磁场相同,而与地球磁场极性相反,磁矩为 $4.7 \times 10^{28} Gs \cdot cm^3$。土星磁轴与自转轴交角很小($< 1°$),偶极中心接近其质量中心(仅沿自转轴偏北 4% 土星半径)。土星的外部磁场对称于磁轴,而地球、水星和木星的外部磁场则相当不对称。

　　旅行者 2 号先后探测到天王星磁场和海王星磁场。天王星磁场很奇特,磁轴与自转轴夹角近 $60°$,偏心达天王星半径的 $\frac{1}{3}$。

　　海王星赤道表面的磁场强度为 $0.14 Gs$,主要部分是偶极磁场,其极性与地球磁场相反,磁轴与自转轴交角达 $46.9°$,而且偶极磁场中心(源)不在海王星的岩核,它向南半球偏离约为海王星半径的 0.485 倍,因而云顶表面各处的磁场强度大不一样。这样高度偏心和倾斜的复杂磁场是如何产生的? 这是仍在探讨的问题,海王星的磁场可能源于其内部的较外层。

6.3.2　行星的磁层

　　水星的磁层较简单(见图 6‐21),磁层顶朝太阳一侧离水星中心的距离为水星半径的 1.5 倍,但没有辐射带。

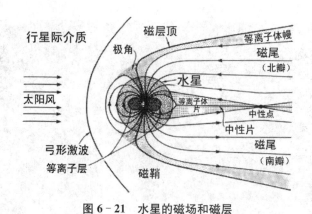

图 6-21　水星的磁场和磁层

金星虽然没有可测出的磁场，但有浓厚大气和电离层，仍阻碍太阳风，因而有弓形激波面；还在太阳风中形成一个特别空间区域，也以"磁层"称之，代替磁层顶而有"电离层顶"，其高度为 200～300 km，背太阳侧有截面半径约为 4 个金星半径的磁尾(见图 6-22)。

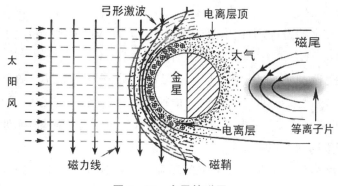

图 6-22　金星的磁层

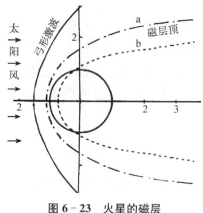

图 6-23　火星的磁层

火星的磁场弱、大气稀疏，火星磁层范围更小，磁层顶更近火星表面，弱的弓形激波面离火星中心为 1.59～1.74 个火星半径(见图 6-23)。

由于木星处的太阳风动压较小、行星磁场很强，它的磁层延展范围很大(见图 6-24)，磁层顶朝太阳侧离其中心的距离随太阳活动而改变。由于它们自转快而惯性离心力大，形成扁长的等离子体电流片。木卫一的火山喷发物及其离子散布在轨道附近,形成轮胎状等离子体云环。木星辐射带的辐射比地球辐射带强 5 000～10 000 倍。类似于地球的极光,沿木星极区磁力线流入的高能离子使木星大气分子和原子被激发或电离而产生极光。

木星有多种射电:峰值特强的 22 MHz"躁暴(noise burst)"、稳定的分米波射电、千米波射电、毫米波射电。

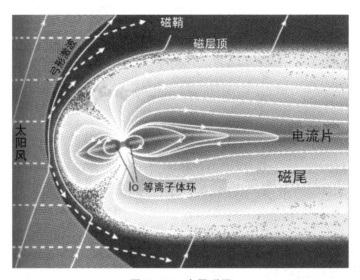

图 6‑24 木星磁层

土星磁层大体上与木星磁层相似,但又有差别。土星磁层范围比木星磁层小。图 6‑25 表明土星磁层内的特征,其中的电子和离子因"走失"到广延的环系中而数密度较小。土星磁层含有中性气体和等离子体,也含有高能带电尘粒(在环系面),它们大多在图中所示的轮胎状环和等离子片中,只是分布不均匀,边界不像图中那么明锐。巨大的氢原子环从土卫六轨道之外向内到土卫五轨道,氢原子大部分来自土卫六的大气,土卫六可能也供给磁层氮原子和氮离子。氢分子环形成光环上下的稀疏大气,氢分子可能是太阳紫外辐射离解了光环的水冰而产生的。

土星也有类似于木星的辐射带(图 6‑25 中未画出),从辐射带漏出的等离子体形成土星的内、外两个等离子体片。在 7 倍土星半径外,等离子体片的磁场与土星偶极磁场是同数量级的。

土星的外部磁场和磁层显示很大变化,且受土星自转、等离子体源、太阳风影响,磁层内的电流片较薄且更延展。一个新辐射带恰在云顶上空延展达 D 环(土星环之一,由大量以水冰为主的众多小颗粒组成、绕土星运转的环状带)内

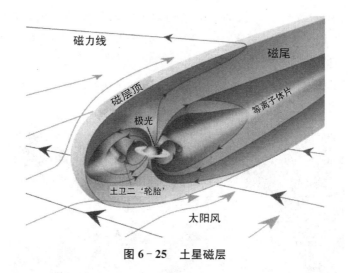

图 6-25   土星磁层

界,比主辐射带小且能量低,而以前未预料到被捕获的离子能够保持在环系之内。土星的辐射带内有很多洞,这是被捕获的离子与卫星、尘埃环、气体碰撞所致。

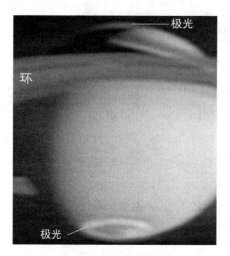

图 6-26   土星的极光

从土星磁层来的高能粒子撞击极区大气的原子和分子,产生紫外极光(见图 6-26)。土星射电的频率从 3 kHz 到 12 MHz,在波长为 2 km 左右有射电强度峰。土星射电可能来自极光很强的极区,其变化周期($10^h39.4^m$)反映了土星内部的自转(系统Ⅲ)。由于土星光环内存在大量冰物质,有巨大的氢原子(来自土卫六大气)环,还有氢分子(来自光环水冰)环。

天王星由于侧向自转及特殊磁场,其磁层很不对称,在一个自转周期内有很大变化,背太阳侧磁力线扭曲,磁尾延展达 23 个天王星半径之长,并随之摆动(见图 6-27)。

海王星有广延的磁层(见图 6-28)。由于海王星的磁轴与自转轴交角大,且磁轴随自转而绕自转轴回旋,磁层的位形不断变化。大体说,向太阳一侧的上游弓形激波面与海王星的距离约为海王星半径的 35 倍,磁层顶离海王星约 25 倍海王星半径,海王星背后拖着变化的、很长的扭曲磁尾。海王星的很多卫星和环都在磁层内,磁层内的带电粒子反复扫过卫星和环的轨道,很多带电

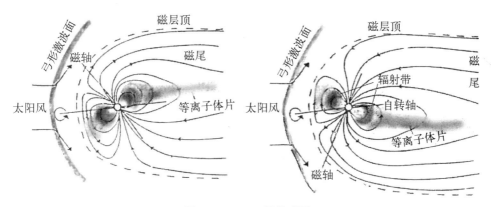

图 6 - 27　天王星的磁层

粒子被卫星和环物质吸收,而大部分有效地从磁层"抽掉"。其磁层捕获的带电粒子主要是电子和质子,它们的平均数密度每立方厘米不到 1.4 个,作为对比,天王星带电粒子是海王星的 3 倍,而木星则达 3 000 倍,因而海王星辐射带要弱得多。

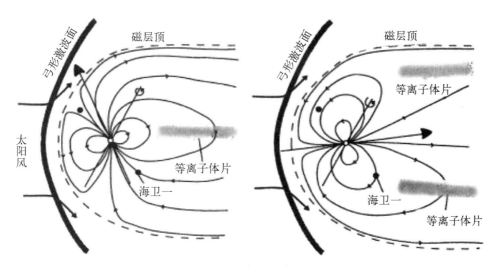

图 6 - 28　海王星的磁层

伽利略飞船探测到木卫三存在内部产生的磁场,且在木星的磁层内,其赤道场强约 750 nT,没有上游弓形激波面和磁尾,这是太阳系的特例(见图 6 - 29)。

土卫六表面磁场上限约 4 nT,磁矩不超过地球磁矩的 0.000 01,由于它大气浓厚而有类似金星的磁层。月球虽然没有显著的全球磁场,但月岩有残存古磁场(几百纳特斯拉)。

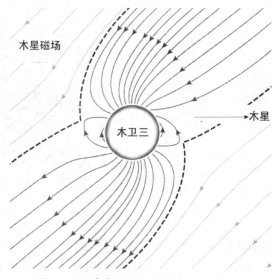

图 6－29　在木星磁场中的木卫三的磁层

6.4　类地行星的表面

类地行星和多数卫星都有固态表面，统称为**类地天体**，类地天体有不同程度的地质特征，成为**行星地质学**或**天文地质学**的研究对象。

6.4.1　水星的表面

从地球上很难看到水星表面情况。水手 10 号飞船于 1974 年与 1975 年飞越水星，而 2004 年 NASA 发射的信使号（MESSENGER）飞船环绕水星到 2015 年，它们拍摄的图像表明，水星表面与月面相似（见图 6－30），高低起伏，可分为两大类地貌：高地和低地平原；有大的盆地和大小不一的陨击坑、山脉、脊、谷、悬崖。但也有两个主要差别：水星高地有大面积古老坑际平原，广布叶状悬崖。

高地是古老的严重陨击区，密布直径几十到几百千米的陨击坑，但陨击坑（尤其 50 km 以下的）比月球高地上的少。

平原有截然不同的两种：坑际平原和低地平原。坑际平原是最古老（严重陨击前的）表面的大陨击坑之间较平缓区，那里有很多被抹去的较早陨击坑，表现为缺乏直径约 30 km 以下的较小陨击坑。低地平原也称平坦平原，是陨击坑少的较年轻平坦区域，似月海，但反照率却与较老的坑际平原一样，可能是陨击产生的大片熔融物质（源于火山）溅射所致。

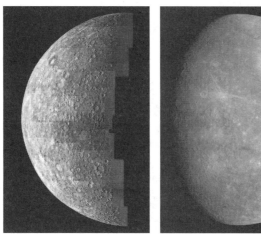

图 6 - 30　水星的表面(彩图全貌见附录 B)

水星有大量陨击坑,以直径为 10 km 划界而分为小的简单坑和大的复杂坑。由于水星比月球的重力大,水星上的陨击溅射物抛出距离近,因回落而陨击坑较浅。直径几百千米的是多环盆地,其外面有丘、谷、次生坑链组成的放射构造和溅射沉积层。最显著的是卡路里盆地(Caloris Basin),其直径为 1 550 km,环高大于 2 km(见图 6 - 31),溅射沉积的多丘脊延续到山脉环外 1 800 km;这次大陨击事件可能发生在 38.5 亿年前,陨击的震波通过水星内部聚焦而破坏卡路里

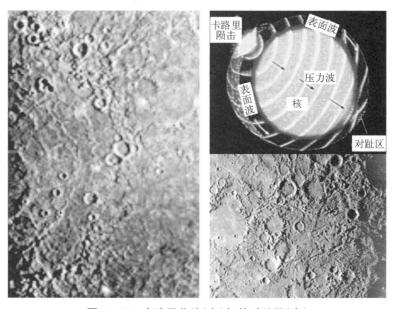

图 6 - 31　卡路里盆地(左)与其对趾区(右)

盆地的对趾区,使那里成为"奇怪地形"——丘线状(谷)区。托尔斯泰(Tolstoj)多环盆地宽 400 km,抛出覆盖延续到边缘外 500 km。贝多芬(Beethoven)盆地有相似大小的抛射覆盖和直径为 625 km 的边缘。

　　水星表面有独特"蜘蛛"(spider)(见图 6-32)——后来命名为**阿波罗脊**(Apollodorus),看似有暗辐射纹的大陨击坑,实际上这是收缩褶皱的古老火山活动"疤痕"。在卡路里盆地,有 100 多个窄的平底沟("地堑")从复杂的中央区(坑)"辐射"出来。已识别 51 处火山碎屑沉积,90% 在陨击坑内。卡路里盆地西南边缘内的"无缘凹陷"至少由 9 个重叠的火山口组成,个别直径达 8 km。毕加索(Picasso)坑底东侧最大弧形小坑可能是表面下的岩浆枯竭而坍缩为孔(见图 6-33)。

图 6-32　水星表面的独特"蜘蛛"(spider)特征

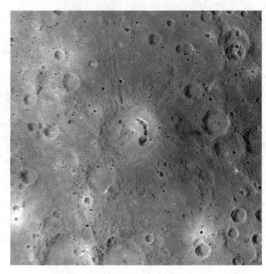

图 6-33　毕加索(Picasso)坑

　　水星表面有大量挤压褶皱,它们与平原交错。当水星内部变冷时表面变形,就造成褶皱脊和与逆冲断层关联的叶状悬崖(见图 6-34),悬崖长为 1 000 km、高为 3 km。这些挤压特征可在诸如陨击坑和平坦平原顶部看到,表明它们是很新的。水星半径缩小 1～7 km 就可造成这些挤压特征。

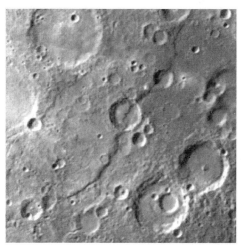

图 6-34　水星的叶状悬崖(左)和最高、最大的悬崖(右)

　　由于水星自转慢及大气极稀少,表面温度变化很大,太阳直射处温度高达 427℃,而夜半球冷到 -173℃。水星南、北极的雷达亮斑可能是陨击坑底的冰沉积(见图 6-35)。

6.4.2　金星的表面

　　虽然浓云笼罩金星全球而看不见其表面,但雷达波可透过云层,由其表面反射的回波可分析出地形及其性质,绘制它的表面图像(见图 6-36)。图中显示有陨击坑、火山地貌、构造地貌。1992—1994 年,麦哲伦轨道器的雷达扫描了 98％金星表面,分辨率达 120～300 m。除了少数高地,金星表面的高程差很小,60％表面的高程差不超过 500 m,仅 2％表面高出 2 km。

　　金星有 6 个高原(Alpha,Ovda,Pheobe,Thetis,Tulls,Ishtar),它们的直径为 1 000～3 000 km,比周围高 0.5～4 km。重力资料研究表明,它们是由金星外壳根部支撑,而不是活动的幔过程支撑的。金星有两个大陆状高地,一个叫伊什塔高地(Ishtar Terra),位于北纬 70°,范围约 6 000 km×2 000 km,比地球最大的喜马拉雅高原或美国的面积还大,拥有东部的麦克斯韦(Maxwell)山脉,是金星之巅,高达 12 km;其次是阿夫罗迪特高地(Aphrodite Terra),位于赤道偏南,范围

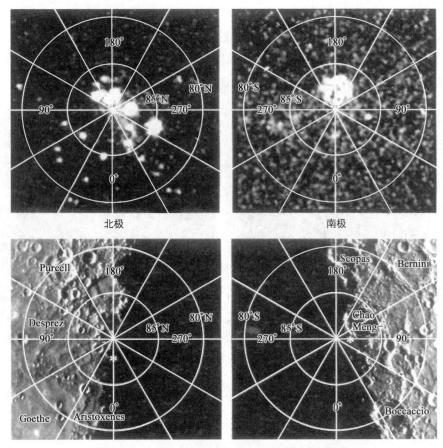

图 6-35 水星极区的雷达像(上)和飞船摄像(下)

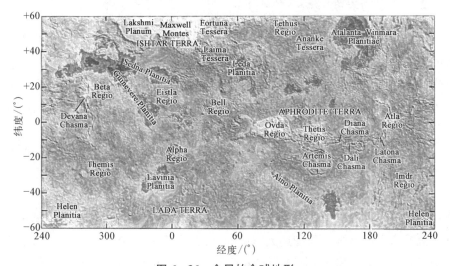

图 6-36 金星的全球地形

约 3 000 km,面积约为非洲的一半,地形崎岖。与有古老而严重陨击的月球和水星不同,金星整个表面似乎都很年轻,陨击坑稀少,而火山地貌占主导。它有太阳系最大的 Theia 盾形火山,到处有熔岩流和各种火山、断裂和断层交割景观。金星表面的平均年龄可能不超过 5 亿年,金星地质史仅有约 $\frac{1}{10}$ 最近形成的表面有"记录"。

1) 陨击坑

金星表面散布着约 1 000 个年轻陨击坑。小陨落体在浓密大气中烧蚀尽或大为减速,仅大陨落体才产生陨击坑。多数陨击坑有共生的偏心西向暗边缘,这是由于金星逆向自转而使得烧蚀物随浓密大气偏向。小于 30 km 的陨击坑常常形状不规则或是多坑群,说明陨落体通过浓密大气而发生了破碎,落下的碎块产生陨击坑群。陨击坑几乎都有锐的边缘,周围的溅射沉积未受扰动,似乎都是新近形成的,而剥蚀缓慢(因为表面风速小,又无水)。

如图 6 - 37(a)所示,典型的 Aurelia 坑直径为 32 km,有环形边缘、阶梯壁和中央峰,周围溅射物粗糙(雷达图上是亮的)且不对称形状指明陨落体进入方向。

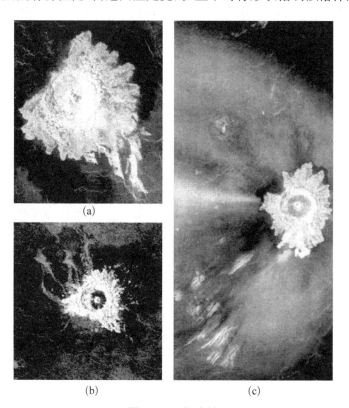

(a)

(b)　　　　　　　(c)

图 6 - 37　陨击坑

(a) Aurelia 坑;(b) Jeanne 坑;(c) Adivar 坑

图 6 - 37(b)是 Jeanne 坑,其直径为 19.5 km,也有不对称溅射物和亮流,周围则有两类暗物质:西南侧是平坦熔岩流区(雷达图上是黑的);东北侧的很暗区被平坦物质(细粒沉积物)覆盖。图 6 - 37(c)是 Adivar 坑,其直径为 30 km,有趣的是,金星 50 km 高空大气的高速风(大于 150 km/h)把溅射物吹到很远才沉落。麦克斯韦(Maxwell)山脉上有直径约为 100 km、深为 2.5 km 的一个多环坑(Cleopatra Patera)和直径为 34 km 的戈卢布金娜(Golubkina)年轻陨击坑。

2) 火山地貌

1982 年,金星号登陆器得到玄武(火成)岩证据(见图 6 - 38)。金星全球表面基本都是火成的低地平原。平原上有弯曲"河床"——不是水流的,而是熔岩流床。一个特别流床——Baltis 谷的长度达 6 800 km,这是太阳系行星上最长的流床(见图 6 - 39)。

图 6 - 38   (自上而下)金星 9 号、13 号、14 号登陆器拍摄的金星局部表面

金星上约有 1 100 个火山构造。常见小而圆形(直径小于 20 km)的盾形火山,峰顶有火山口,外有熔岩流。中等大小(20~100 km)火山构造有的像盾形火山,或从火山锥向外放射状沉积,也有外貌似"烤饼"的平顶、盾穹陡的火山穹,熔岩可能是较黏性的(见图 6 - 40)。更大的火山构造常有放射状熔岩流。Sapas火山是典型的大盾形火山,基底为 400 km,高为 1.5 km,山顶有坍塌的破火山

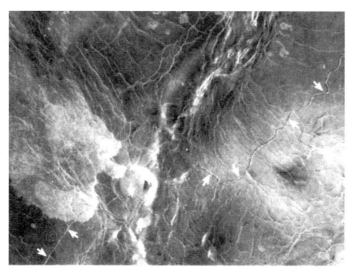

图 6 - 39　金星的 Baltis 谷(白箭头所示)

口,熔岩流延展几百千米,穿过断裂的平原。α区宽为 1 300 km、高为 1.8 km,有许多交切的脊和谷,此区西南有三个盾形火山(Ushas,Innini,Hathor),附近有火山丘。β区有两个盾形火山(Theia,Khea Mons),高为 4～5 km。Theia 盾形火山底部直径为 820 km,顶部火山口为 60 km×90 km,其周围延展 500 km 的粗纹可能是熔岩流或径向断裂,着陆器在附近记录到的闪电可能与火山喷发有关。

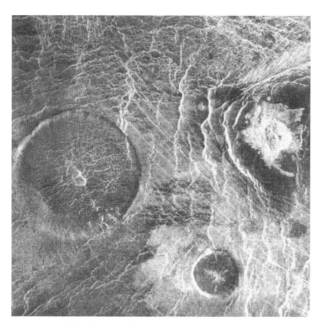

图 6 - 40　"烤饼"状火山穹(直径为 65 km,右上亮的是陨击坑)

"冕(Coronae)"或"卵(Ovoids)"是特殊类型的环状火山构造,直径为200～600 km,有大的同心断裂脊和谷环绕反复涌出的火山中央起伏区,还有放射状断裂交割,外有熔岩流包围,它们是金星幔的上涌热点在表面的显现(见图6-41)。

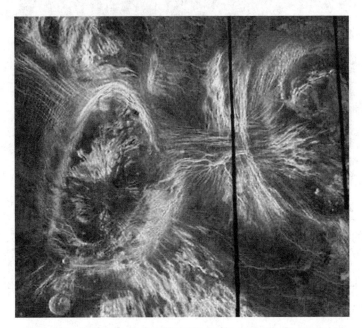

图6-41 "冕"(左: Bahet 冕,230 km;右: Onatah 冕,350 km)

3) 构造地貌

金星表面的15%是高地和山脉带。遍及火山平原的构造地貌很特殊。伊什塔(ISHTAR)高原的东、北、西部三个山脉类似于地球的皱褶山脉构造,如图6-42所示。图6-42中,伊什塔高原西部山脉带包围 Lakshmi 火山平原(有两个大的盾形火山);西边缘(图左)很陡,东边缘逐渐过渡到镶嵌地块;宽的脊和谷是金星壳侧向挤压所致,亮区是麦克斯韦山脉,有 Cleopatra 陨击坑。东部弯曲山脉带高5.7 km,类似于地球大洋中脊。但金星没有板块构造。阿夫罗迪特高原东部被一系列深而窄的峡谷切割,东向延展连接 Maat 和 Sapas 火山,谷由很多断层和地堑组成,起伏达6 km。

镶嵌地块(Tessera)(见图6-43)是形如镶嵌地板的平原中一些小"岛"(几十千米),占金星表面的8%。它们是广延平原火山流的岸湾,是所在区保存的最老单元——其上面的陨击坑密度大于全球平均,但不是像月球上那样的古老高地。它们"记录"全球平原(火山)喷发前发生的复杂变形。镶嵌地块内的脊、

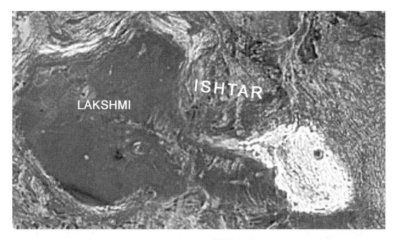

图 6-42　伊什塔高原

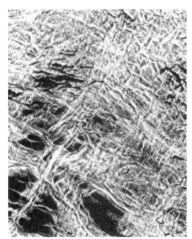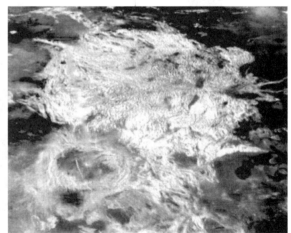

图 6-43　镶嵌地块

断裂、地堑很特殊,伴有少量火山活动。大的镶嵌地块高地(如 Ovda 和 Thetis,阿夫罗迪特高原西部)有陡且高于内部的侧边缘。平原上也有很多同心的构造"脊带",高几百米,宽几十千米,长几百千米。

　　金星的地层关系也表明其地貌序列。镶嵌地块和线状平原是较老的单元,指示断裂、褶皱或山脉建立。这些单元典型地受火山平原泊岸。由于缺乏可识别的熔岩流,推测平原是广阔熔岩泛滥。新的平原(包括亮的、掌状的、暗的斑驳平原)全都与某种形式的火山活动相联系。在很多区域,脊带和断裂使较老的平原变形,因而相应于最近的构造活动。

6.4.3 火星的表面

火星全球表面大致以对其赤道倾斜 30°的大圆分成南、北不对称的两半球（见图 6 - 44）。南半球是严重陨击的高地（比"海平面"高 1～4 km），较暗而古老；北半球是陨击较少的平原，较亮而年轻，有两个高的火山区及广泛熔岩流。尽管有风、水和冰的广泛改造，陨击记录仍有保留。火星上广阔隆起区域集聚大的火山。延展的断裂体系割断表面，形成了广泛的河床。几个区域经历了大规模泛滥。极冰附近区已遍历改造。

图 6 - 44 火星的表面

火星表面的多种地貌可分为四类单元：古老单元、火山单元、已改造单元、极区单元。

1）古老单元

火星南半球高地有很多大陨击坑（包括盆地），说明那里古老，可能 38 亿年前就形成了。但火星与月球的高地也有差别：在火星上，陨击坑受了较多剥蚀；常有分叉的谷穿过高地；在陨击坑之间有辽阔的平坦区，可能是陨击之后的火山活动所致。

火星赤道附近的陨击坑形貌与高纬高地的也有差别（见图 6 - 45），前者有锐的坑缘、溅射沉积的脊和崖；后者坑缘钝，其他特征不显著，说明高纬表层存在冰，而赤道附近无冰。

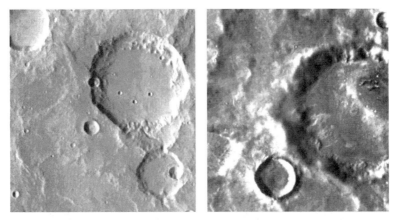

图 6 - 45　赤道附近陨击坑(左)与高纬高地陨击坑(右)

　　大多数 15 km 以下的陨击坑是简单的碗形坑,更大的是有中央峰的复杂坑,100 km 以上的是有同心环的盆地。火星有 23 个盆地。海腊斯(Hallas)盆地最大,形近扁圆,长轴和短轴分别为 2 000 km 和 1 600 km,深为 4 km,其外缘山环不规则,盆地底部被尘沙掩盖(见图 6 - 46)。艾西迪斯(Isidis)盆地次之,大小约

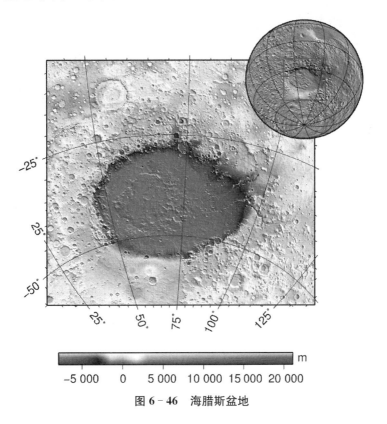

图 6 - 46　海腊斯盆地

为 1 200 km,侵蚀比海腊斯盆地严重。阿基尔(Argyre)盆地第三,大小约为700 km,保存程度好,较年轻。

2) 火山单元

火山单元包括火山建造、火山平原、陨击平原。火山建造主要在塔西斯(Tharsis)区,约为 4 000 km 宽,隆起高达 10 km,其西北部有三个盾形火山(底部宽为 350~400 km、顶部火山口为 60~120 km,深为 3~4 km);它们西北有火星最大的奥林匹斯(Olympus)盾形火山,其底部宽约为 600 km,高于火星"海平面"26 km,顶部火山口为 80 km,周围熔岩流延展到 1 500 km,有熔岩峰悬崖及崩塌,它们比地球的夏威夷火山规模大得多(见图 6 - 47)。其次是天堂(Elysium)区,约为2 500 km。这些火山较年轻。陨击平原上的蜿蜒脊也可能是火成的。

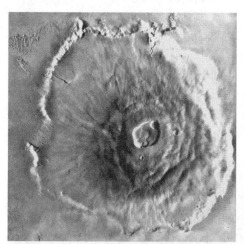
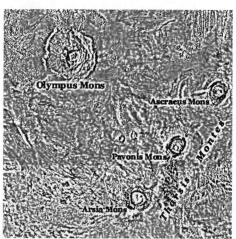
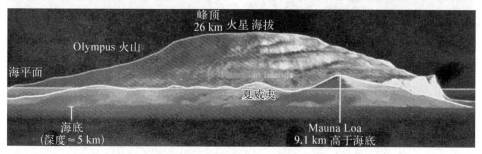

图 6 - 47　塔西斯区(右上)、奥林匹斯盾形火山(左上)与地球夏威夷火山的剖面对比

3) 已改造单元

此类单元包括不同成因的未分类平原、多丘带、河床等,位于北半球低地及两半球交界区。火星上有多种多样的干涸河床(channels,见图 6 - 48 左),有流水冲刷特征(阶状壁、流线型岛、沙洲),主要可分为两大类:径流河床和溢流河

床。径流河床很像地球的干涸河谷,广布于南半球陨击高地,有些呈河网状,长几百千米,有许多小支流汇成大河床,它们可能是严重陨击期后——有浓厚而温湿大气且于降水时期形成的。溢流河床是赤道区的巨大谷系,谷宽 10 km 以上,长几百千米,可能是洪水泛滥形成的。河床地区的陨击坑比河床年轻,估计火星的洪泛发生在 35 亿年前的较短时间内。

　　赤道偏南有巨大峡谷体系(valleys)——水手谷(见图 6 - 48 右),它西部始于塔西斯隆起区的复杂断裂带,向东绕赤道区 $\frac{1}{4}$ 以上,长为 4 000 多千米,宽为 150～700 km,深为 2～7 km,主要是构造成因的巨大裂谷,也被各种(包括流水)侵蚀和沉积过程改造过。

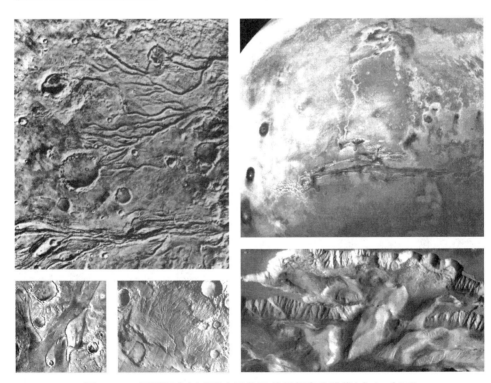

图 6 - 48　干涸河床(左)及水手谷及其局部高分辨像(右上、右下)

　　4) 极区单元

　　望远镜中常看到火星的白色**极冠**,随季节变化。因火星过近日点是南半球的夏季,南极冠可完全消融,而北极冠在其夏季也不完全消融。极冠主要是干冰(CO_2),也有水冰,但火星大气中水汽总量不多,如果全部凝结覆盖全球也仅 0.01 mm 厚。那么,火星的大量水在哪里呢? 着陆器分析表明,表面物质约含

1%的束缚水,有地下水和永冻土。早在1894年偶然观测到火星视面中央发生闪亮,后来又多次见到,直到2001年才确认是真实的并预报再现,同年6月果然如期拍摄到闪亮。闪亮原因是火星表面的片冰,或霜,或冰晶云像镜子那样把直射太阳光反射到地球上,奥德赛(Odyssey)飞船的γ射线和中子谱仪探测到火星表面附近水的标志,其中就有闪亮地方。

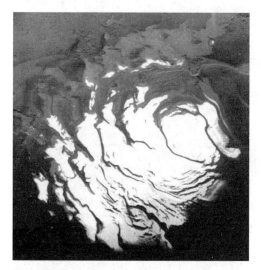

图6-49　白色极冠和沉积层

火星极区冰冠下为层状沉积,边缘是悬崖和阶地,各层厚为10～50 m,是周期性风成过程沉积成的。北纬70°～85°有宽约为500 km的广阔沙丘带延至层状沉积边界(见图6-49),还有风侵蚀或风沉积地貌,诸如伴随陨击坑的多样沙纹、沙丘、坑缘破坏、悬崖切沟(见图6-50)。

海盗1号着陆于黄金平原(Chryse Planitia),那里如同地球的多岩沙漠,呈黄褐色,火箭气流吹过

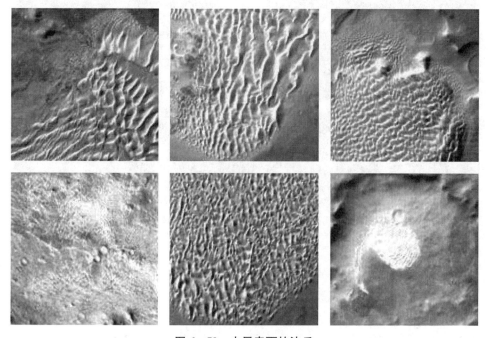

图6-50　火星表面的沙丘

露出干裂的多边形土壳。海盗 2 号着陆于乌托邦平原(Utopia Planitia),平原表观相似,但更多的是角状、较平滑多孔(可能是火成)岩石。多个"火星车"登陆巡查火星表面情况,发现那里有大大小小的岩石和沙尘。岩石有各种颜色、形状、结构,可能反映不同来源和不同的表面暴露时间。很多岩石有棱角,表面有粗糙小坑,是陨击开掘的当地火山岩。着陆处的岩土与地球洋底的典型玄武岩成分不同,火星岩石更富含挥发性元素(钾、钠、硫)且铁镁比率较高,含硅多。不同于月壤,火星的细粒碎屑(土)不是粉岩,而是化学风化过程(氧化和水合)产物,近表面结成脆板,据此推断火星的表土由富铁黏土、镁硅酸盐、氧化铁、碳酸盐组成,黄褐色是因含磁赤铁矿所致。

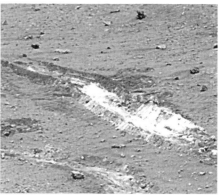

图 6‑51　在火星上的勇气号(想象图)(左)找到疑似水的证据(右)

6.4.4　寻找火星上的生命

一直以来,火星对人类有一种特殊的吸引力,因为它是太阳系中最近似地球的天体之一。火星赤道平面与公转轨道平面的交角非常接近于地球的,这使它也有类似地球的四季交替。火星的自转周期为 24 小时 37 分,所以火星上的一天几乎和地球上的一样长。在太阳系八大行星之中,火星也是除了金星以外,距离地球最近的行星。

人类使用空间探测器进行火星探测的历史几乎贯穿整个人类航天史。几乎就在人类刚刚有能力挣脱地球引力飞向太空的时候,第一个火星探测器也开始了它的旅程。1971 年,苏联首次发射火星探测器,可是最早期的探测器几乎都失败了,而火星探测也在一次又一次的失败中不断前进。到目前为止,国际上已经有超过 30 枚探测器到达过火星,它们对火星进行了详细的考察,并向地球发回了大量数据。

从 2003 年开始,美国 NASA 开始了火星探测漫游者(Mars Exploration Rover,MER)火星探测计划。这项计划的主要目的是将勇气号(Spirit,MER - A)和机遇号(Opportunity,MER - B)两辆火星车送往火星,对火星进行实地考察。其中勇气号的主要任务是探测火星上是否存在水和生命,并分析其物质成分,评估火星上的环境是否有益于生命。勇气号火星车于 2004 年 1 月 3 日在火星表面成功着陆(见图 6 - 51),并在接下来的几年中行走在火星表面,寻找有水的证据。

中国计划在 2020 年左右实施首次火星探测任务,后续还将实施 3 次深空探测任务。这是中国自主的第一次火星探索,将一步完成绕、落、巡三部曲。此前在 2011 年,中国萤火一号搭乘俄罗斯福布斯号首次探索,因火箭没能完成地球轨道转移火星轨道而失败。

在太阳系中,火星的条件最类似于地球,几乎肯定具备生命所需的三个条件:形成生命"建造砖块"的化学元素,诸如碳、氢、氧、氮;供生物组织使用的能源;液态水。有些人推测火星上可能有生命,甚至"火星人"开掘了运河,进行灌溉和农业,把火星表面颜色和特征的变化当成植物枯荣,更有火星人"星球大战"等幻想小说。火星探测的重要任务之一就是寻找火星上的生命。

飞船莅临火星完全见不到"运河",却发现了很多谷和曾被流水冲刷过的已干涸河床,它们与"运河"无关。为探索火星上的生命,海盗号登陆器做了一系列实验:用摄像机拍摄火星上可能的文明标志,用红外仪器寻找异常热源,用水汽敏感器探测从水成洞穴或地下冰源出来的湿气,用地震仪测大象的走动。最重要的结果如下:① 在两个火星年拍摄地形的微小变动及颜色变化,结果毫无生命迹象;② 气相色谱-质谱仪分析火星大气、表面及其下面样品,加热到 773 K,到百万分之一甚至千万分之一精度,都没有发现有机分子;③ 收集样品,寻找生物迹象的三种微生物实验,结果表明,火星表土是化学活动的,但不含碳基生物。事实上,由于尘暴,各处的表土基本是同样的,因此整个火星现今没有生命,也不排除过去有过生命的可能性。

飞船探测表明,火星有由液态水开掘出的大河床、谷、沟堑,且其南极乃至北极附近的表层存在大量的水冰。有趣的是,近年从轨道器摄像发现了水喷泉(见图 6 - 52)。

最令人兴奋的是,在一块来自火星的陨石(ALH84001)中发现了可能的化石生命(见图 6 - 53)。研究表明,这块火星陨石最初结晶于 45 亿年前,在距今 36～13 亿年由流水沉淀出碳酸盐,1 600 万年前,因小行星撞击火星而抛入太

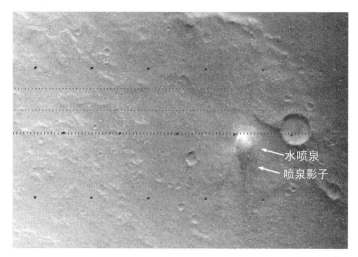

图 6-52　火星 Solas 平原区的水喷泉

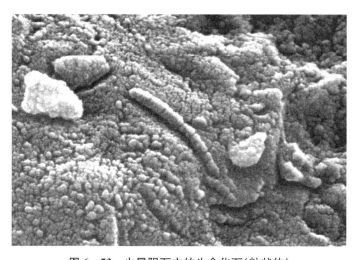

图 6-53　火星陨石中的生命化石（粒状体）

空,13 000 年前陨落到地球上。它的生命证据有：其碳酸盐的成分层化与地球上的生物活动产生的层化相似;一些矿物颗粒与地球上有关细菌矿物颗粒相似;某些活性物质腐败生成有机分子 PAHs(多环芳香族碳氢化合物);可能是细菌化石的粒形体。微生物学家第一次看到火星陨石的显微照片时,惊奇地问"这是哪里的细菌化石?"后来又在另两块火星陨石也发现化石微生物,然而,这些证据也可以有非生命的解释。很多研究者相信,火星古代有足够多的水和温湿气候,形成湖泊、海洋或冰川,现在可以看到偶然融冰释放的水。有很多理由相信生命可能在火星上起源过，或在其表面水稳定的早期，或在以后的表面之下，还有待到最可能含生命的地方（热泉、新近火山活动处等）考证。红外观测表明，火星大气存在甲烷，得到"火星快车"轨道器资料确证。这说明或者火星最近有火山活动，或者某种类似于地球上极原始的（extremophile）生命形式是代谢二氧化碳和氢并产生甲烷的。由于火星上发生甲烷氧化而生成甲醛，2005 年，"火星快车"探测到超预料的甲醛，引起诸如微生物的解释，但遇到很大争议。

6.5　卫星的表面

除了水星和金星，其余六颗行星各有数目不同且性质各异的卫星。

6.5.1　火星的卫星

早在 1610 年，开普勒曾预言火星有两颗卫星，有趣的是，1726 年爱尔兰讽刺文学大师乔纳森·斯威夫特（Jonathan Swift）在《格利佛游记》（*Gulliver's Travels*）中相当准确地描述了两颗卫星的大小和轨道周期。实际上直到 1877 年才由美国天文学家阿萨夫·霍尔（Asaph Hall）发现这两颗卫星。若在火星上观测，火卫一每夜东升西落，而火卫二则西升东落。它们都同步自转，以同一侧朝向火星。火卫一的轨道在缩小，估计 1 亿年后撞到火星，但此前可能被火星的起潮力瓦解粉碎，成为绕火星转动的环。火卫一和火卫二的反照率分别为 0.018 和 0.022，是太阳系最暗的天体。

火卫一近似于三轴长为 26.8 km、22.4 km、18.4 km 的椭球，火卫二近似于三轴长为 15 km、12.2 km、10.4 km 的椭球。它们表面都严重陨击，陨击坑形态多样，从扁长的双重坑到圆形坑都有，很多坑缘隆起，但没有中央峰，也无明显的溅射沉积或辐射纹，坑的清晰度不一，表明其年龄不同（见图 6 - 54）。

火卫一上的最大陨击坑斯蒂克尼（Stickney）直径约为 11 km，坑缘高出 0.5 km，其周围有很多沟槽（断裂）延伸至很远，如果陨击再严重些甚至可能使火卫一整体破碎。很多小于 5 km 的陨击坑没有坑缘隆起，较大的陨击坑被后来的小陨击破坏。它表面有很多沟槽，长达 5 km，宽为 100～200 m，深为 10～20 m，它们组成几簇平行纹，沟槽上一些陨击坑星罗棋布。它表面不均匀地覆盖着蓝灰、红灰、红色表土，厚为 100～200 m，可能反映改造的历史不同。

火卫二表面较火卫一平坦,也布满陨击坑,最大的直径为 2.3 km,有一些不规则的断层崖和脊,表土厚为 10～20 m。

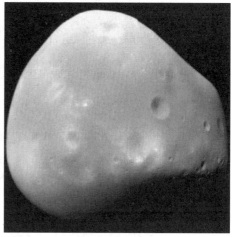

图 6-54　火卫一(左)与火卫二(右)

6.5.2　木星的卫星

木星的已知卫星有 79 颗,它们的大小和性质有很大差别。除了 4 颗伽利略卫星(木卫一～木卫四)(见图 6-55)很大外,其余的都很小,大多仅几千米。按轨道特征,有 8 颗是规则卫星,包括 4 颗伽利略卫星和 4 颗小的内卫星(木卫十六、十五、五和十四),其余的都是不规则卫星。规则卫星分为内卫星群(Amalthea group,4 颗内卫星)和主群(Main group,4 颗伽利略卫星);不规则卫星分 Himalia 群、Carme 群、Ananke 群、Pasiphae 群(见图 6-56),可能是木星俘获小行星的撞击碎块。表 6-6 列出了 16 颗大木卫的主要特性。

图 6-55　木星的伽利略卫星(彩图见附录 B)

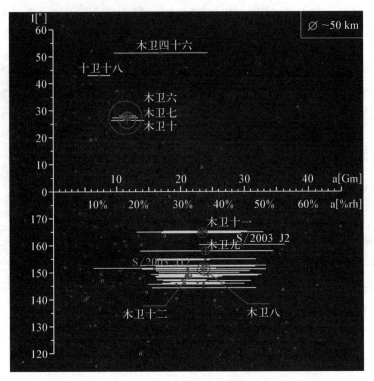

图 6-56　木卫群

表 6-6　大木卫的主要特性

木卫	外文名	直径/km	质量/10^{16} kg	轨道半长径/km	轨道周期	轨道倾角/(°)	轨道偏心率	所属群
十六	Metis	60×40×34	≈3.6	128 852	+7 h 10 m 16 s	2.226	0.007 7	Inner
十五	Adrastea	20×16×14	≈0.2	181 911	+7 h 15 m 21 s	2.217	0.006 3	Inner
五	Amalthea	250×146 ×128 (167±4.0)	208	181 366	+12 h 1 m 46 s	2.565	0.007 5	Inner
十四	Thebe	116×98 ×84	≈43	222 452	+16 h 16 m 2 s	2.909	0.018 0	Inner
一	Io	3 660.0 ×3 637.4 ×3 630.6	8 931 900	421 700	+1.769 1 d	0.050	0.004 1	Galilean
二	Europa	3 121.6	4 800 000	671 034	+3.551 2 d	0.471	0.009 4	Galilean

（续表）

木卫	外文名	直径/km	质量/10^{16} kg	轨道半长径/km	轨道周期	轨道倾角/(°)	轨道偏心率	所属群
三	Ganymede	5 262.4	14 819 000	1 070 412	+7.154 6 d	0.204	0.001 1	Galilean
四	Callisto	4 820.6	10 759 000	1 882 709	+16.689 d	0.205	0.007 4	Galilean
十三	Leda	16	0.6	11 187 781	+240.82 d	27.562	0.167 3	Himalia
六	Himalia	170	670	11 451 971	+250.23 d	30.486	0.151 3	Himalia
十	Lysithea	36	6.3	11 740 560	+259.89 d	27.006	0.132 2	Himalia
七	Elara	86	87	11 778 034	+257.62 d	29.691	0.194 8	Himalia
十一	Carme	46	13	23 197 992	−721.82 d	165.047	0.234 2	Himalia
十二	Ananke	28	3.0	21 454 952	−640.38 d	151.564	0.344 5	Ananke
八	Pasiphae	60	30	23 609 042	−739.80 d	141.803	0.374 3	Pasiphae
九	Sinope	38	7.5	24 057 865	−739.33 d	153.778	0.275 0	Pasiphae

1）木卫一：火山卫星

它有80多个活火山，火山活动不断更新彩色表面（见图6-57）。旅行者1号飞船看到8个火山喷发，有7个又在四个月后被旅行者2号看到，喷发羽升腾

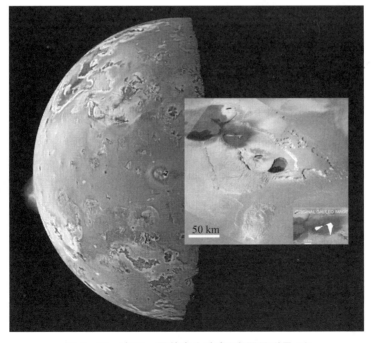

图6-57　木卫一及其火山喷发（彩图见附录B）

高达 100 多千米,宽达 1 000 多千米,喷发物主要是硫和二氧化硫。喷发速度达几百米/秒到几千米/秒(而地球火山喷发速度很少超过 100 m/s)。17 年后,伽利略飞船看到 12 个火山在喷发。

为什么木卫一至今仍有火山活动? 一种原因是木星及木卫二对木卫一的引潮作用,估计木卫一的潮汐能源为 10^8 MW,相当于人类总耗能的 10 倍;另一种原因是(在木星磁层内的)木卫一与木星之间有百万安培的电流作用。

为什么木卫一的火山羽规模比地球上的大? 这是因为木卫一的引力场弱和缺少大气。大部分喷发物落回表面而冷凝成多彩沉积,少部分逃离木卫一,很快被太阳辐射和木星磁层高能粒子碰撞而离解,提供沿木卫一轨道附近及磁层的带电粒子。

木卫一有多种火山地貌。整个表面有 200 多个直径大于 20 km 的破火山口,其周围是亮晕或暗晕。约半数破火山口外有熔岩流,呈黑、红、黄、棕、橙、紫、白等多种颜色,这是因为含各种硫的同素异形体。岩流长为几百千米,宽为几十千米,还有几个低的盾形火山。木卫一上至少有一个 200 km 大小的熔岩和硫的湖(Loki Patera)。

木卫一表面几乎没有陨击坑,可能陨击地貌被改造了,其外壳也不存在冰。在其南极附近有几个成因不明的孤立高山,高达 10 km,成为木卫一之巅。

2) 木卫二:冰卫星

它表面为较纯的水冰,地质上较年轻,表面很平坦,陨击坑也较少(见图 6-55 与图 6-58)。飞船揭示它的前导(轨道运动前侧)半球以亮的平原为主,而后随半球以较暗的斑驳地貌为主,有很多长而窄的线形地貌,有些是成双或多重的。

木卫二表面散布陨击坑。很多断裂是陨击所致。最大的陨击坑约 30 km 深,陨击穿过冰壳,把下面物质溅落到坑缘外几百千米。还有一些小的单独陨击坑、成群的次生坑。木卫二表面也有穹丘、类流瓣等冰火山和热斑地貌。

3) 木卫三:有断裂的巨大卫星

它是太阳系最大卫星,其表面是脏的水冰,前导半球较亮而年轻,后随半球则较暗而古老。亮、暗两种地貌大致各占一半;但不同于月球,木卫三的暗区是古老的陨击地貌,而亮区则较年轻且多沟-脊,这是因为木卫三有冰壳而月球有岩石壳的缘故。木卫三的最大陨击古老暗地貌是伽利略区(Galileo Regio),直径为 3 200 km,有宽为 5~10 km 的同心环状和放射状复杂断裂沟槽,中央是低

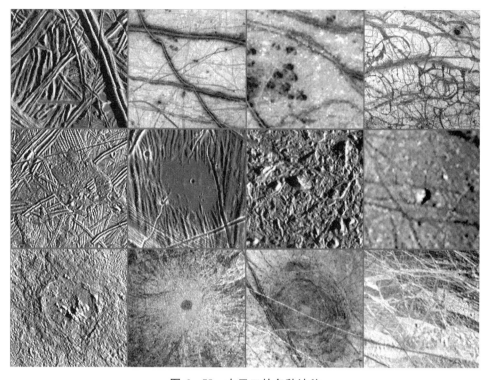

图 6 - 58　木卫二的多种地貌

起伏板块体——变余构造(palimpsest)。有些较年轻的陨击坑还有中央峰及长达 1 000 km 的辐射纹,亮辐射纹是陨击抛出的新鲜冰,而暗辐射纹和暗物质是陨石物质或木卫三的泥土(富碳、氢、氧、氮的有机物——称为"索林(tholin)"的混合物)。

　　木卫三有很多陨击坑,暗地貌区更多,有多种大小(直径为几千米到 50 km 以上)和形态,从小的碗形坑到中等的复杂坑乃至大的类盆地断裂和变余构造。大的(直径为 20～100 km)新陨击坑常有亮的辐射纹延续几百千米,坑中央有峰或穹;也有较小陨击坑带暗辐射纹(陨击物质),有些坑底也是暗的。仍保留的最大陨击盆地(Gilgamech)的中央圆形凹陷"疤"直径为 800 km,陨击造成局部沟槽及次生坑。特别有趣的是,13 个陨击坑成串(见图 6 - 59),这是类似于苏梅克-列维 9 号(Shoemaker - Levy 9)彗星碎块依次撞击木星的例证。木卫三的近极区有薄霜(可能是水或二氧化碳霜)极冠。

　　亮地貌上有很多沟-脊,宽几千米到几十千米,长 100 km 至 1 000 km,脊高300～400 m,也有交叉交汇及错动的沟-脊,这是冰壳扩张构造所致拉张断裂而形成的较年轻地貌。木卫三可能有类似地球的初期板块构造。

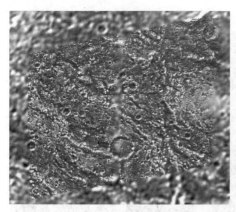

图 6 - 59　木卫三的沟槽(左)与陨击坑串(右)

4) 木卫四: 陨击坑累累的卫星

它表面很暗,陨击坑累累。最令人惊奇的是瓦尔哈拉(Valhalla)多环盆地(见图 6 - 60),中央亮区直径为 600 km,环的特征随径向距离及环境变化,甚至有 15 个环远到 3 200 km,环都较窄,伽利略飞船分辨出环是弯曲的沟,很多是缘亮、底暗的地堑,而另些是朝外的断裂崖,各沟间距约为 50 km。有趣的是,该区不仅有不同退化程度的陨击坑,而且有彗星碎块串陨击的坑链(见图 6 - 61)。瓦尔哈拉的中央亮区和其他陨击构造可能是从脏表层下面开掘出清洁冰区域。

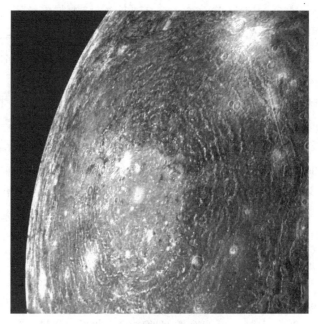

图 6 - 60　木卫四的瓦尔哈拉多环盆地

但是,木卫四缺乏内部地质活动遗迹,没有沟槽地貌,没见到冰火山迹象,那里到处有平坦的暗物质表层,仅在亮坑缘处割断,暗物质可能是含水矿物和二氧化硫,或许也有"索林",可能与微陨石陨击有关。很多陨击坑已退化,可能是陨击改造了木卫四表面。很多陨击坑(尤其高纬的)中的亮片可能是霜沉积。总之,木卫四的地质演化程度小。

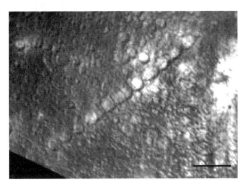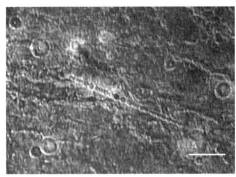

图 6-61　木卫四的陨击坑链

木星的其他卫星都较小,形状不规则,资料不多。木卫五表面暗红,严重陨击而表面不规则,各区域亮暗不一。木卫十五形状也不规则,表面很暗,可能是岩石质的。木卫十四和木卫十六都小于 50 km,表面很暗,它们离木星近,可能供给木星环系很多质点,影响环系结构。其余卫星都离木星远,小而暗,可能是俘获的碳质小行星。

6.5.3　土星的卫星

土星有 62 颗已确定轨道的卫星,按大小划分为三类:① 最大的土卫六,直径为 5 150 km;② 中等的,土卫一～土卫五、八;③ 小的。按轨道特征,有 24 颗属于"规则卫星",包括 7 颗最大的;其余 38 颗属于"不规则卫星",37 颗是小的且离土星远的,可能是俘获的小行星或是碰撞的碎块,可按轨道特性分为 Inuit 群、Norse 群、Gallic 群(见图 6-62)。主要土卫的特性列于表 6-7。

表 6-7　主要土卫的特性

土卫	外文名	直径/km	质量/ ×10^{15} kg	a/km	P/d	i/(°)	e	备注
土卫十四	Calypso	30×23 ×14	≈6.3	294 619	+1.887 802	1.473	0.000	土卫三后随 trojan
土卫十三	Telesto	33×24 ×20	≈9.41	294 619	+1.887 802	1.158	0.000	土卫三前导 trojan

土卫	外文名	直径/km	质量/ ×10^{15} kg	a/km	P/d	i/(°)	e	备注
土卫十八	Pan	34×31 ×20	4.95	133 584	+0.575 05	0.001	0.000 035	在 Encke 缝
土卫十五	Atlas	41×35 ×19	6.6	137 670	+0.601 69	0.003	0.001 2	A环外"牧羊卫星"
土卫二十六	Albiorix	≈32	≈22.3	16 266 700	+774.58	38.042	0.477	Gallic 群
土卫十二	Helene	43×38 ×26	≈24.46	377 396	+2.736 915	0.212	0.002 2	土卫四前导 trojan
土卫二十九	Siarnaq	≈40	≈43.5	17 776 600	+884.88	45.798	0.249 61	Inuit 群
土卫十七	Pandora	104×81 ×64	137.19	141 720	+0.628 50	0.050	0.004 2	F环外"牧羊卫星"
土卫十六	Prometheus	136×79 ×59	159.5	139 380	+0.612 99	0.008	0.002 2	F环内"牧羊卫星"
土卫十一	Epimetheus	130×114 ×106	526.66	151 422	+0.694 33	0.335	0.009 8	与土卫十共轨
土卫十	Janus	203×185 ×153	1 897.5	151 472	+0.694 66	0.165	0.006 8	与土卫十一共轨
土卫九	Phoebe	219×217 ×204	8 292	12 869 700	−545.09	173.047	0.156 242	Norse 群
土卫七	Hyperion	360×266 ×205	5 620	1 481 010	+21.276 61	0.568	0.123 006	与土卫六 4:3共振
土卫一	Mimas	416×393 ×381	37 493	185 404	+0.942 422	1.566	0.020 2	—
土卫二	Enceladus	513×503 ×497	1 080 221	237 950	+1.370 218	0.010	0.004 7	生成E环
土卫三	Tethys	1 077×1 057 ×1 053	617 449	294 619	+1.887 802	0.168	0.000 1	—
土卫四	Dione	1 128×1 123 ×1 119	1 095 452	377 396	+2.736 915	0.002	0.002 2	—
土卫八	Iapetus	1 491×1 491 ×1 424	1 805 635	3 560 820	+79.321 5	15.47	0.028 613	—

(续表)

土卫	外文名	直径/km	质量/×10^{15} kg	a/km	P/d	i/(°)	e	备 注
土卫五	Rhea	1 530×1 526 ×1 525	2 306 518	527 108	+4. 518 212	0. 327	0. 001 258	—
土卫六	Titan	5 149	134 520 000	1 221 930	+15. 945 42	0. 348 5	0. 028 8	—

a—轨道半长径;P—周期;i—倾角;e—偏心率。

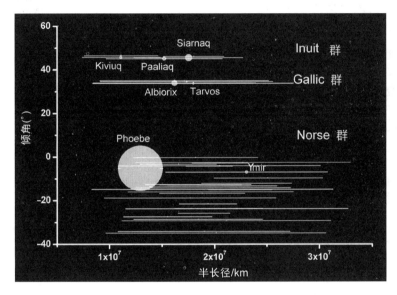

Siarnaq—土卫二十九
Kiviuq—土卫二十四
Paaliaq—土卫二十, Albiorix—二卫二十六
Tarvos—土卫二十一
Phoebe—土卫九
Ymir—土卫十九

图 6 - 62　土卫群(倾角负值为逆向绕转)

1) 土卫六：有浓密大气的卫星

它是太阳系第二大的卫星,又是唯一有浓密大气的卫星,有很多独特性质。由于浓厚的大气和云层,尤其雾霾笼罩,旅行者飞船也未观测到它的表面。

图 6 - 63 是惠更斯探测器降到高度为 8 km 时所摄的并合像,可看到"河床"网(左下)、表面"岩石"(右下),这里的"岩石"不同于地球上的硅酸盐岩石,而是冻结的尘灰-碳氢化合物冰块。图中显示亮、暗区之间的边界,边界附近的白纹可能是甲烷雾,较暗区可能是树枝状河床,亮的弧带是甲烷已蒸发后的湖岸;下方有三幅局部高分辨像：右图是着陆点附近见到几到十几厘米的"砾石"——岩石或冰块,它们比预料的水/碳氢化合物混合冰还暗,有流体削蚀迹象;左图的暗纹是树枝状河床,表明液体甲烷(而不是水)流的证据;中图是探测器降落处附近表面,隆起和平原之间有岸线和边界。可以确证土卫六表面是固态的,亮区是高

的地貌，暗区可能是充满甲烷或乙烷的冻土平原，着陆点在中右所指暗区，貌似美国亚利桑那沙漠，有高百米的陡丘、盖有沉积物的干涸槽、曾为液体池的干涸平谷，但物质成分不同——丘是冻硬的水冰体、"沙"是碎的脏冰。表面亮、暗特征的合理解释是：从大气落下的光化学雾霾暗色物质（复杂有机物）覆盖全部表面，降落的甲烷雨冲刷丘脊顶，因而暗物质集中到河床底，从冰原高地剥蚀的物质填充无河床的平原。周期性的甲烷暴雨造成暂时河流，从冰原高地冲刷暗"土"到短寿命的池和湖，或许沉入像玻璃质的水冰质"沙土"而湖池变干涸，然后再重复这样的过程，只是现在处在干涸期。

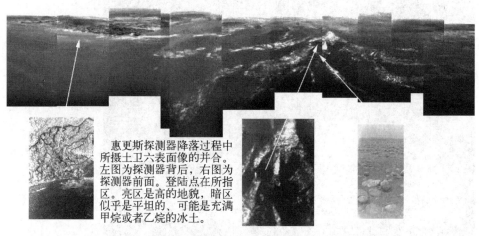

惠更斯探测器降落过程中所摄土卫六表面像的并合。左图为探测器背后，右图为探测器前面。登陆点在所指区。亮区是高的地貌，暗区似乎是平坦的、可能是充满甲烷或者乙烷的冰土。

图 6-63　惠更斯探测器降落过程中所摄局部表面的并合像

土卫六表面有两种新地貌：一种是亮的线形地貌，可能是水冰的火山，水或氨-水"浆"周期性地喷发出来；短而多支的暗河床可能是由液态甲烷喷泉而不是甲烷雨所形成的。土卫六表面的陨击坑很少。卡西尼轨道器的雷达探测且拍摄到土卫六表面的两个（外直径为 440 km 与 60 km）陨击坑，大的类似于多环盆地；还摄到一个似乎是冰火山丘的圆形模糊暗区。这说明土卫六表面比其他的土星冰卫星年轻，地质过程可能改造掉很多陨击坑。

2）中等的冰卫星

它们有类似而又各不同的水冰卫星表面特征：陨击坑和沟、脊。

土卫一表面是严重陨击且古老的，陨击坑累累，最大的是约为其平均直径 $\dfrac{1}{3}$ 的赫歇耳陨击坑（直径为 130 km，深为 10 km，有隆起 6 km 中央峰和约 5 km 高的坑缘），还有断裂标志延续到另侧，如果陨击再严重些就可能撞碎它。有些南北方向的沟槽，长约 100 km，宽约 10 km，深 1～2 km，还有分叉小沟，可能是大

图 6‑64　土卫一的两半球

陨击、壳的热膨胀或土星引潮作用所致（见图 6‑64）。

土卫二的反照率是行星和卫星中最大的，这意味着其表面几乎是无污染的纯新鲜水冰。它表面相当平坦，陨击坑较少。陨击坑一般小于 10 km，某些区域的陨击坑保存完好，另些区域的陨击坑已退化（见图 6‑65）。某些平原区有网状断裂和脊。还有几个长而窄的弯曲沟槽。特别是 Samarkand 长沟和脊系列，从南纬几乎延展到北极，长几百千米。复杂多样的地貌表明经历多阶段、不连续的地质活动，尤其是较近的构造和（冰）火山活动。

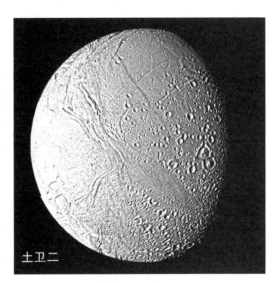

图 6‑65　土卫二

土卫三表面如橘子皮状（见图 6‑66），各区域不同，有些区域陨击严重。最显著的极区的大陨击中，大的（Odysseus）陨击盆地直径达 400 km，其形貌已被改造。冰上的裂隙可能是某些大撞击引起的"地震"所致。其表面有一个长达 $\frac{1}{4}$ 圆周、宽约 65 km 的名为 Ithaca Chasma 的巨谷，长为 2 000 km，宽为 100 km，深为几千米，好像内部冻结导致外壳膨胀而产生的，还有延展的年轻平原。冰表面

图 6-66　土卫三及其极区高分辨像

图 6-67　土卫五

反射率高达 80%。

土卫五(见图 6-67)的前导半球较亮,除了陨击坑之外,缺乏其他特征。后随半球较暗,陨击坑如月球高地那样密布,还有冰沉积的亮纹。陨击坑分布不均匀,一种区域不仅小陨击坑密布,而且有很多直径为 30～100 km 的大陨击坑;另一种区域则没有大陨击坑。有几个东北-西南向断裂。多脊和一个所谓"巨崖"指示全球收缩。

土卫四(见图 6-68)与土卫五相似,都是严重陨击的,两半球不同,有明显的地质活动。后随半球是延伸到极区的冰火山(可能是氨和水的超冷溶质在 176 K 成为"岩浆")形成的平原,很久前发生了表面更新。在昼夜交界附近有显著的亮纹,还有与亮纹相关的蜿蜒谷。大陨击坑有中央峰,有的陨击坑有辐射纹,老陨击坑已被填充或改造。

3) 土星的较小卫星

土星的其余卫星都相当小,甚至飞船取得的资料也不多,但它们也各有特点(见图 6-69)。

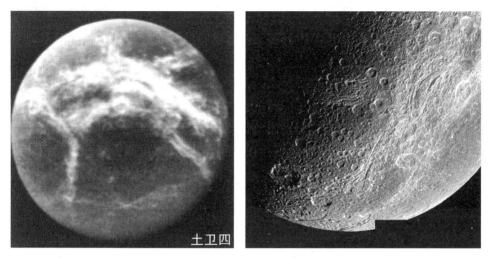

图 6 - 68 土卫四

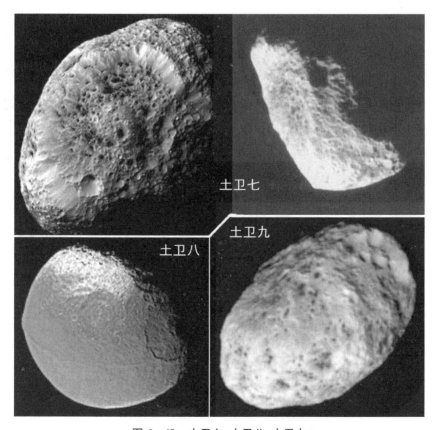

图 6 - 69 土卫七、土卫八、土卫九

　　土卫七是形状不规则的扁球,可能是灾难性撞击所致,表面很暗,有个陨击坑的直径达 120 km,坑缘悬崖长为 300 km。光谱有水的吸收带,估计内部含冰多,而表面有外来暗物质。

　　土卫八是同步自转的,表面奇特,朝土星的前导半球暗(反照率为 3%),而亮的(反照率 50%)后随半球是严重陨击的,赤道区有长而高的脊。边界区有陨击的白斑和暗斑。

　　土卫九是外卫星,可能是俘获柯伊伯带天体。它表面陨击坑累累,直径 10 km 以上的 30 多个,说明其表面是严重陨击和很古老的,有线形的脊或沟,也显示近表面的冰证据,有不同物质显著层化,其平均密度说明其由岩石和水冰的混合物组成,且有非预料的孔隙。

　　土卫十和土卫十一(见图 6-70)是位于 F 环外面的一对卫星,它们的轨道仅相差 50 km,它们每 4 年周期性相遇,可以相互交换轨道。它们可能是一个母冰体的两个碎块。

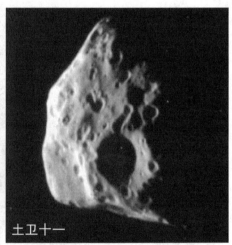

土卫十　　　　　　　土卫十一

图 6-70　土卫十、土卫十一

6.5.4　天王星的卫星

　　天王星的已知卫星有 27 颗,其主要特性列于表 6-8。它们分为三群:内卫星 13 颗;大卫星 5 颗;不规则卫星 9 颗。天卫二、天卫三和天卫四的图像示于图 6-71。

　　天卫二表面反照率为 0.19。密布大量陨击坑,但没有带辐射纹的。整个表面只几个亮特征,最明显的是一个直径为 80 km 的亮环,此外缺乏地质活动特征。这说明它表面很古老。

表 6 - 8 天王星卫星的主要特性

天卫	外文名	直径/km	质量/10^{18} kg	a/km	P/d	i/(°)	e	发现年
天卫六	Cordelia	50×36	0.044	49 770	0.335 034	0.084 79	0.000 26	1986
天卫七	Ophelia	54×38	0.053	53 790	0.376 400	0.103 6	0.009 92	1986
天卫八	Bianca	64×46	0.092	59 170	0.434 579	0.193	0.000 92	1986
天卫九	Cressida	92×74	0.34	61 780	0.463 570	0.006	0.000 36	1986
天卫十	Desdemona	90×54	0.18	62 680	0.473 650	0.111 25	0.000 13	1986
天卫十一	Juliet	150×74	0.56	64 350	0.493 065	0.065	0.000 66	1986
天卫十二	Portia	156×126	1.70	66 090	0.513 196	0.059	0.000 05	1986
天卫十三	Rosalind	72	0.25	69 940	0.558 460	0.279	0.000 11	1986
天卫二十七	Cupid	≈18	0.003 8	74 800	0.618	0.1	0.001 3	2003
天卫十四	Belinda	128×64	0.49	75 260	0.623 527	0.031	0.000 07	1986
天卫二十五	Perdita	30	0.018	76 400	0.638	0.0	0.001 2	1999
天卫十五	Puck	162	2.90	86 010	0.761 833	0.319 2	0.000 12	1985
天卫二十六	Mab	≈25	0.01	97 700	0.923	0.133 5	0.002 5	2003
天卫五	Miranda	481×468×466	65.9	129 390	1.413 479	4.232	0.001 3	1948
天卫一	Ariel	1 162×1 156×1 155	1 353	191 020	2.520 379	0.260	0.001 2	1851
天卫二	Umbriel	1 169.4	1 172	266 300	4.144 177	0.205	0.003 9	1851
天卫三	Titania	1 576.8	3 527	435 910	8.705 872	0.340	0.001 1	1787
天卫四	Oberon	1 522.8	3 014	583 520	13.463 239	0.058	0.001 4	1787
天卫二十二	Francisco	≈22	0.007 2	4 276 000	−266.56	147.459	0.145 9	2003
天卫十六	Caliban	≈72	0.25	7 230 000	−579.50	139.885	0.158 7	1997
天卫二十	Stephano	≈32	0.022	8 002 000	−676.50	141.873	0.229 2	1999
天卫二十一	Trinculo	≈18	0.003 9	8 571 000	−758.10	166.252	0.220 0	2001
天卫十七	Sycorax	165	2.30	12 179 000	−1 283.4	152.456	0.522 4	1997

(续表)

天卫	外文名	直径/km	质量/10^{18} kg	a/km	P/d	i/(°)	e	发现年
天卫二十三	Margaret	≈20	0.005 4	14 345 000	1 694.8	51.455	0.660 8	2003
天卫十八	Prospero	≈50	0.085	16 418 000	−1 992.8	146.017	0.444 8	1999
天卫十九	Setebos	≈48	0.075	17 459 000	−2 202.3	145.883	0.591 4	1999
天卫二十四	Ferdinand	≈20	0.005 4	20 900 000	−2 823.4	167.346	0.368 2	2 003

图 6-71　天卫二、天卫三、天卫四

　　天卫三有多种地质特征,散布一些带有亮辐射纹(因而年轻)的陨击坑,也有几个直径为 100~200 km 的大陨击坑(盆地),直径 20 km 以下的陨击坑密集,但也有较年轻的大(直径为 50~100 km)陨击坑。某种地质过程选择性地削蚀大陨击坑,而较小陨击坑仍很完好。还有几片陨击坑少的较平坦平原。整个表面高低起伏不大,表明古时期内部加热使某些陡的地形变平坦。有个复杂沟槽体系,断层和断裂跨过它直径的一半,大多断层呈分支交叉网、切割大陨击坑而又不受较小陨击坑改造,是最年轻的地貌。悬崖垂直高度为 2~5 km,沿某些悬崖有亮物质暴露。其地质演化无疑是复杂的。早期大陨击坑被下面浸出的冰物质消减,内部加热也起一定作用;后来的小陨击产生年轻陨击坑。几个区域又被内部新浸出的冰更新。内部冰的晚期冻结造成冰壳断裂,最后表面冻结成现在状况。

　　天卫四表面陨击严重,其表面较古老。图像边缘可见高 20 km 的山脉,可能是一个直径为几百千米大陨击坑的中央峰,依稀可见一些线性和弯曲的悬崖。

有些陨击坑的底部很暗,说明可能是火山活动把某种暗熔岩填充了坑底部。最显著的一对大陨击坑有亮辐射纹和坑内暗物质沉积,说明是最近的陨击并触发火山活动。

天卫一表面反照率为 0.40,较年轻,地质上更复杂。大多区域散布老陨击坑残迹,但大陨击坑少,而 20 km 以下的陨击坑多。很多大陨击坑已被融冰流侵蚀。全球断层体系破坏了陨击平原。某些老的断层悬崖上叠有许多小陨击坑,而年轻悬崖上则无陨击坑。整个断层体系是内部冻结时造成的外壳扩张所产生。有几个与谷底交叉的长断层,推测某种物质填充谷并消减了断层。高纬区有零散陨击平原地貌,似乎是冰物质泛滥覆盖和掩埋了老陨击坑而形成的。

天卫五虽然较小,它表面复杂且奇特有趣。在亮的陨击地貌中有三个大的暗区,称为"冕"(coronae),呈卵形或不规则四边形。因扩张应力导致上拱和断裂,裂隙喷发冰而生成平行的火山脊,由构造破坏和冰火山侵入的多种组合形成冕。最奇特的是南极附近雅号"肩章"(Inverness Corona)的不规则四边形,其上面有徽角、脊和沟的条纹特征。其次是前导半球赤道南"带状卵形(banded ovoid)",外边角近于圆,暗带平行于边界;再次是后随半球赤道附近"多脊卵形(ridged ovoid)",内有交叉的复杂沟脊,它们被同心沟脊的外带截断。这些奇特地貌说明地质上很活跃。天卫一和天卫五的图像示于图 6-72。

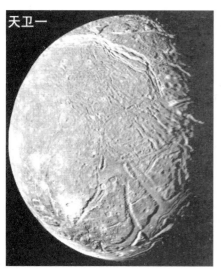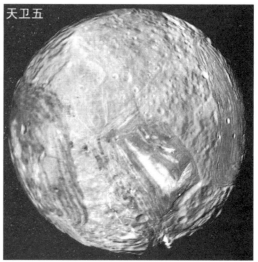

图 6-72　天卫一、天卫五

其余卫星都很小,它们表面都很暗。天卫十二和十三分别位于 ε 环的内侧和外侧,是该环的"牧羊卫星"。有九个小卫星的轨道相近,它们的物理性质也相似,可能是一个大卫星的碎块。

6.5.5 海王星的卫星

海王星的已知卫星有14颗,它们的主要特征列于表6-9。

表 6-9 海王星卫星的主要特征

海卫	外文名	直径/km	质量/×10^16 kg	a/km	P/d	i/(°)	e	发现年
海卫三	Naiad	96×60×52	≈19	48 227	0.294	4.691	0.000 3	1989
海卫四	Thalassa	108×100×52	≈35	50 074	0.311	0.135	0.000 2	1989
海卫五	Despina	180×148×128	≈210	52 526	0.335	0.068	0.000 2	1989
海卫六	Galatea	204×184×144	≈375	61 953	0.429	0.034	0.000 1	1989
海卫七	Larissa	216×204×168	≈495	73 548	0.555	0.205	0.001 4	1981
待命名	S/2004 N 1	≈16~20	≈0.5	105 300	0.936	0.000	0.000 0	2013
海卫八	Proteus	436×416×402	≈5 035	117 646	1.122	0.075	0.000 5	1989
海卫一	Triton	2 709×2 706×2 705	2 140 800	354 759	−5.877	156.865	0.000 0	1846
海卫二	Nereid	≈340	≈2 700	5 513 818	360.13	7.090	0.750 7	1949
海卫九	Halimede	≈62	≈16	16 611 000	−1 879.08	112.898	0.264 6	2002
海卫十一	Sao	≈44	≈6	22 228 000	2 912.72	49.907	0.136 5	2002
海卫十二	Laomedeia	≈42	≈5	23 567 000	3 171.33	34.049	0.396 9	2002
海卫十	Psamathe	≈40	≈4	48 096 000	−9 074.30	137.679	0.380 9	2003
海卫十三	Neso	≈60	≈15	49 285 000	−9 740.73	131.265	0.571 4	2002

海卫一绕海王星逆向转动,离海王星近,潮汐相互作用使其轨道缩小,估计1千万年到1亿年后它会瓦解或陨落到海王星上。它是同步自转的,即总以同一半球朝向海王星。过去曾推测它是冻结卫星,飞船探测显示它是奇妙的独特世界。它没有液态甲烷的海洋,也缺乏陨击坑,而显露冰火山活动的表面景观,有多样复杂的地质活动史。最奇特的是间歇喷泉(geyser)或冰火山,喷发的是

气体氮和冰晶，以及甲烷被宇宙线作用而生成的暗有机化合物及岩体。已发现 4 个活动喷泉。诸如喷发羽垂直上升、而头部突然转向西南等问题仍是未解之谜。在南极冠(氮和甲烷"雪")上面有几十个暗羽(暗纹)，有些长达 150 km(见图 6-73 左)。

海卫一的赤道北有称为"甜瓜"的辽阔构造地貌遗迹，不像是陨击的，令学者迷惑。它西部有交叉高速公路网似的脊系(裂隙，宽 12～15 km)，而东部被平坦平原覆盖。虽然海卫一在太阳系属最冷天体之列，表面温度为 38 K，红外光谱表明约一半表面覆盖 N_2、CO、CH_4 混合冻在一起的冰，另少半覆盖冻结的水和二氧化碳。水和水冰在那里起着地球上岩浆和岩石的作用。它表面有一个大小为 800 km 的冰湖"平原"(Ruach Planitia)，周围台阶高为 150～200 m，可能是破火山口，湖冰上有个陨击坑(见图 6-73 右)。此外，令人迷惑的还有几个大小为 100～200 km 的周围亮、中间暗的蘑菇状斑——"岩浆斑"(Maculae)。

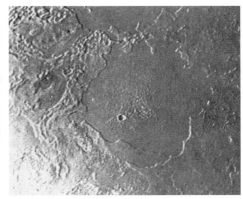

图 6-73　海卫一的南极区(左)(彩图见附录 B)与冰湖(右)

海卫二可能是冰-尘混合的较暗卫星，其颜色和光度类似于天王星的小卫星。飞船近距离也没有看到明显特征。海卫八是形状不规则的扁球体，表面很暗且严重陨击。其余小卫星的表面也都很暗。

6.6　矮行星的表面

矮行星与类地行星和卫星都是有固态外壳的类地天体，呈现一些相似的表面特征，但由于它们各自处于太阳系的位置、物质成分和具体条件不同，所以它们的具体表面有差别。近年来，飞船探测揭示了冥王星和谷神星的表面真实情况。

6.6.1　冥王星及其卫星

冥王星表面的亮度和颜色很不均匀,有相当大的变化,与其部分大气的季节性凝聚和升华相关,反射率为 0.49～0.66。98%以上是氮冰,也有微量的甲烷和一氧化碳冰。其表面背冥卫一(前导)侧含更多的氮和一氧化碳冰,而甲烷冰在另侧最多。最显著的地质特征(见图 6-74 右)包括"汤博区"或"心脏"(背冥卫一侧的大亮区)和其右的指节铜环(Brass Knuckles,前导侧的一系列赤道暗区)、其左的魔区(Cthulhu Regio)或"鲸"(随后测的大暗区,见图 6-74 左)。

图 6-74　新视野飞船拍摄的冥王星[(左)2015 年 7 月 11 日;(右)2015 年 7 月 13 日]

冥王星展现多样惊奇地貌,包括由冰和表面-大气相互作用,以及陨击的、构造的、可能由冰火山和坡移过程所致的地貌。一些特征已开始非正式命名。例如,"汤博区",它的中左平坦区称为"Sputnik(第一颗人造卫星)Planum"(见图 6-75 上),那里缺乏陨击坑,提示为地质上很年轻(少于 1 亿年)的冰平原,可能仍被冰川过程成形和改造。这些冰平原也显示有暗纹,长度几千米,同样方向排列,可能是喷泉受强风所致。Sputnik Planum 似乎由比水冰岩床更易挥发的冰(包括一氧化碳冰)构成,像那种多边形冰结构(Polygons),可能是氮冰流(像地球的冰川)流进其边缘的谷和陨击坑;这些谷似乎是经剥蚀而形成的。来自冰原的雪或冰似乎被吹或再沉积为其东部和南部的薄层,形成大而明亮的汤博区。沿该平原西南和南边缘与魔区之间,有两个几千米高的山脉:Hillary Montes(见图 6-76)与 Norgay Montes,在冥王星温度唯一足够支撑这样高山的是水冰。魔区和其他暗区有许多陨击坑和甲烷冰标志,由于大气落下的固体索林而呈深红色。北半球中纬度地形多样。极冠有甲烷冰和厚而透明的氮冰片,显暗红色。

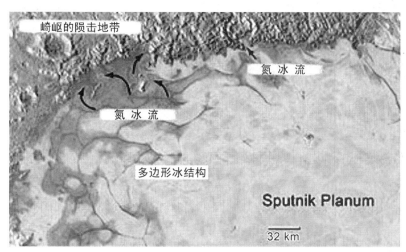

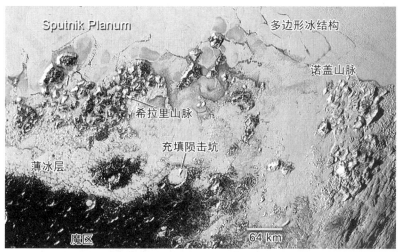

图 6 - 75　汤博区 Sputnik Planum(上)及其与魔区的两个山脉(下)

1978 年,美国天文学家克里斯蒂(J. W. Christy)发现冥王星像上有个突出部分,经分析认为那是冥王星的卫星,并且查找以前的底片和后来的观测确认,命名为卡戎(Charon,冥卫一)。可惜以前把突出部分当作污点而忽略了。现已知发现冥王星还有四颗卫星:尼克斯(Nix,冥卫二),许德拉(Hydra,冥卫三),科波若斯(Kerberos,冥卫四),斯提克斯(Styx,冥卫五)。它们各自在冥王星的赤道面附近(倾角小于 1°)的近圆形(偏心率小于 0.006)轨道上绕冥王星转动(见图 6 - 77)。

图 6-76　Hillary(左天界)山脉和 Sputnik Planum 及大气层在日落时景观

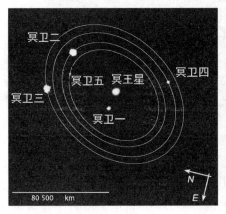

图 6-77　冥王星卫星的轨道(左)和大小(右)

冥卫一与冥王星如此相当,可看做"双行星"。冥卫一光谱没有固态甲烷、氮或一氧化碳迹象,而有水冰和氨的水合物,说明其表面存在活跃的冰喷泉和冰火山。其表面有亮的赤道带和暗的极区,陨击坑很少,说明在地质上是年轻和活动的。其北极区由很大较暗区(非正式称呼"Mordor")主宰,有利的解释是由从冥王星逃出的气体(氮、一氧化碳、氨)凝聚成冰而形成。这些冰受太阳辐射,化学反应而形成各种微红的"索林"。后来又受太阳加热而

图 6 - 78　冥卫一高清像(2015 年 7 月 13 日)

出现季节变化,使得挥发物升华而逃逸,留下索林。历经百万年,残留的索林积为覆盖冰壳的厚层。其表面的峡谷最深达 9.7 km,悬崖和谷延续 9 709.7 km。一个很反常的"深沟内的山"特征令地质学家震惊和迷惑。冥卫一高清像如图 6 - 78 所示。

6.6.2　谷神星的表面

在哈勃空间望远镜和地面望远镜拍摄的谷神星像上,可粗略地看到其表面有不均匀的特征,有陨击坑和小亮斑。黎明号飞船于 2015 年拍摄到谷神星的高分辨清晰图像(见图 6 - 79)。

由黎明飞船资料,人们绘制出它的表面特征图像(见图 6 - 80),并给予一些重要特征命名。可以看到,谷神星表面有大量的较浅陨击坑,表明它们处于较软的,可能是水冰的表层上面。一个直径为 270 km 的浅陨击坑类似于土卫三和土卫八的大而浅的陨击坑。人们还拍摄到几个亮斑(bright spots),最亮的亮斑(5 号斑)在 80 km 的 Occator 陨击坑中央(见图 6 - 81),它上空周期性地出现霾,大概是亮斑的冰升华或排气;第二亮斑实际是一群(可能多达 10 个)分散的亮区。这些亮特征的反照率约为 40%,是表面物质(可能是冰或盐)反射太阳光。

其表面较平坦的严重陨击区域也有山脉。最惊奇的是"金字塔"形大山脉(见图 6 - 82),其高度约为 5 km,底部约为 14.5 km 宽。它与亮斑没有关系,其成因还有待研究。

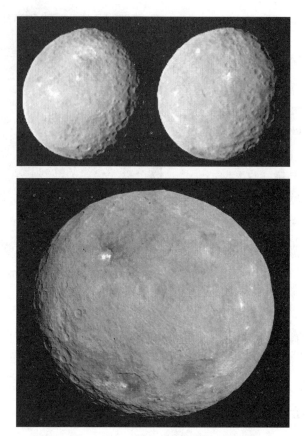

图 6‒79 谷神星的高清图像(彩图见附录 B)

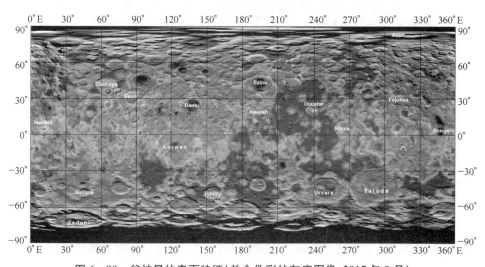

图 6‒80 谷神星的表面特征(并合伪彩的灰度图像,2015 年 9 月)

图 6‐81　亮斑 5 高清图像

图 6‐82　金字塔形山脉[(左)2015 年 6 月 6 日；(右)2015 年 6 月 14 日]

　　谷神星的表面成分广泛地相似于 C 型小行星，也存在某些差别。它的红外光谱显示含水矿物的普遍特征，表明其内部存在显著数量的水。其他的可能表面成分包括富铁的黏土矿物和碳酸盐矿物。而其他 C 型小行星的光谱显示通常没有这样的矿物。谷神星表面较暖，太阳光直射区温度可达 235 K，冰在此温度是不稳定的，冰升华留下的物质可以解释其(不同于冰卫星)暗表面。

　　谷神星表面的水冰是不稳定的，若直接暴露在太阳辐射下就会升华。水冰可以从深层迁移到表面，且在很短时间内逃逸，于是，很难检测到水蒸气，可以探测到从谷神星的新鲜陨击坑周围或表层下的裂缝出来的逃逸水。国际紫外探测器(IUE)观测到其北极附近相当数量的氢氧根离子,它们是被太阳紫外辐射离解水汽而产生的。2014 年初,赫歇尔空间天文台发现谷神星的几个直径为 60 km 以下的中纬度水汽源,每秒各放出约 10^{26} 个分子(或 3 千克)的水。凯克天文台观测到 Piazzi(123°E,21°N) 和 A 区(231°E,23°N)的两个近红外暗区是潜在源。水汽释放的可能机制是表面暴露冰升华,或内部放射热量或因上覆冰层增长而使下面海洋增压而造成的"冰火山"喷发。当谷神星在其轨道运动中离太阳更远时,其表面冰的升华会减少,而内部动力排放不应受到其所在轨道位置的影响。有限数据符合彗星式升华。

第 7 章 太阳系小天体

习惯上,绕太阳公转的小天体分为小行星、彗星、流星体。小行星基本是岩体的。彗星本体——彗核是冰和尘埃冻结体,受太阳辐射作用而升华、形成彗发及彗尾活动。流星体一般小于 1 m。

早期观测到的是火星与木星的轨道之间的"主带小行星",近些年来,又发现很多在海王星轨道外的柯伊伯带天体(Kuiper belt objects,KBO)。按照惯例,除了彗星专有命名和编号,包括矮行星的小天体都赋予小行星编号。

7.1 小行星及其卫星

按照提丢斯-波得定则(Titius - Bode Law),火星与木星的轨道之间应存在未知行星。1801 年发现谷神星(Ceres),接着又发现智神星(Pallas)、婚神星(Juno)、灶神星(Vesta),它们都比行星小得多,因而称为**小行星**(asteroid 或 minor planet)。引入照相术后,发现小行星的数目大增。小行星的观测研究成为当代活跃的领域,有重要意义。地球和其他行星都经历了严重的演化,丧失其形成和演化早期的遗迹,而小行星的演化程度小,可提供太阳系早期演化的重大线索。小行星容易受大行星的引力摄动而经常改变轨道,乃至陨落到行星上,尤其是存在潜在撞击地球的危害。行星就是大量小天体聚集而形成的。近年来,飞船探访小行星进入有关研究的新时期。

7.1.1 小行星的命名和轨道特性

小行星一般是较远而暗的,仅在运行到离地球较近时才容易观测到。新发现的小行星只给予暂用名,即在发现年代后加两个拉丁字母(不用字母 I)。第一个字母表示发现于哪半个月,第二个字母表明是该半月发现的第几颗,字母不够再加数字。例如,1991AQ 是 1991 年 1 月上半月发现的第 16 颗小行星。

由观测算出轨道后,经过两次回归(冲日)观测后才给予小行星正式编号,再给予命名。最早发现的小行星常以神话人物命名,现在常由发现者提名,由IAU的"小行星中心"给予正式命名,常用科学家、国家和地名命名,如(662)牛顿、(1802)张衡、(2051)张(钰哲)、(1125)中华、(2045)北京、(2197)上海、(2077)江苏、(2078)南京、(2069)台湾。到2017年5月,已发现771 880颗小行星,编号的有518 420颗,每个月新编号的增加几千颗,预料下十年还会新发现5百万颗。

大多数已知小行星的轨道半长径 a 在 2.17～3.64 AU 范围内——**小行星主带**(asteroid main belt,见图7-1),称它们为主带小行星。

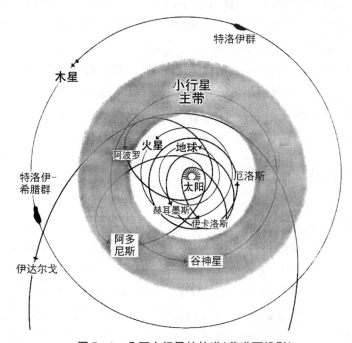

图7-1   几颗小行星的轨道(黄道面投影)

1866年,美国天文学家D.柯克伍德(Daniel Kirkwood)注意到,某些轨道半长径 a 值的小行星数目很少(见图7-2),称为**柯克伍德空隙**(Kirkwood gap),这些值相应的公转周期恰好与木星的公转周期成简单整数比(2:1,3:1,5:2等),这种现象称为**轨道共振**或通约,这是由于木星的周期性引力摄动使小行星逃离。然而,有几个共振处(3:2,1:1,4:3)的小行星数目却很多。

1) 小行星群、小行星族、小行星流

按轨道特征,小行星分为群、族和流。各群、族和流的成员有动力学或演化联系。

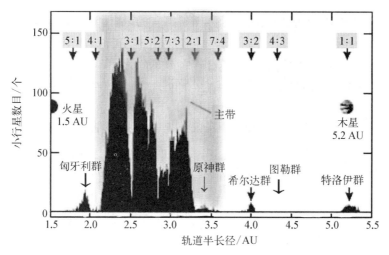

图 7-2　小行星的"轨道共振"

轨道半长径 a 值相近的一些小行星构成一个**小行星群**。主带外侧有原神群、希尔达群、图勒群及特洛伊群四个小行星群,主带内侧仅一个匈牙利群。

1772 年,拉格朗日指出小天体处于与太阳和行星组成等边三角形(称为**拉格朗日点** L4 和 L5)时,相对位形可保持不变。最有趣的是,木星轨道附近,有分别在木星前方和后方各约 60° 的特洛伊群小行星(轨道半长径 a 约为 5.2 AU,与木星 1∶1 共振)——后方的"纯特洛伊群"和前方的"希腊群"。

1918—1928 年,日本天文学家平山清次(Kiyotsugu Hirayama)发现,有几个小行星群的一些成员中,不仅 a 值相近,而且偏心率 e 值和倾角 i 值也相近。他把 a、e、i 值相近的一些小行星划为一个**小行星族**。近半数已知小行星分别属于各小行星族,最大的是曙神族、鸦女族和司理族(见图 7-3),每族中各成员

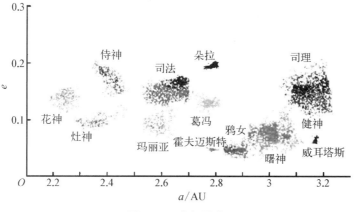

图 7-3　小行星族

有类似的光学性质,可能是从同一母体碎裂出来的,估计它们的母体直径分别为200 km、90 km 和 300 km。成员成分差别可能来自分异母体不同部位。

某些小行星族的成员,除了过近日点时刻不同之外,其余五个轨道根数都相近,这些小行星构成**小行星流**(stream)。例如,花神族可分为 4 个小行星流。

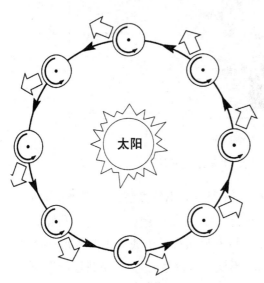

图 7-4 Yarkovsky 效应的简单情况

2) YORP 效应

19 世纪后期,俄国的 I. 雅可夫斯基(Ivan Yarkovsky)提出,太阳光压作用可以有效地改变小行星轨道。其原理很简单:太阳光携带动量,一颗小行星吸收或反射太阳光时就有小部分动量从太阳光转移给小行星,即小行星受到太阳光压推斥而少许抵消太阳引力。小行星吸收太阳光被加热,又必然以红外(光子)辐射而耗散到空间,使小行星受到这些光子的反冲力。由于小行星的热惯性,红外辐射迟滞于吸收太阳光。反冲力(箭头所示)偏离太阳-小行星连线方向,在轨道运动方向的反冲力分量就会使小行星的轨道运动长期加速或减速,因而改变轨道(见图 7-4)。O'Keefe、Radzivskii、Paddack 发展了此项研究,论证了小行星因吸收太阳光和发出红外辐射而改变轨道以及自转的多种方式,并得到观测资料的验证,于是被称为 **YORP 效应**或简称**雅可夫斯基效应**。此效应对飞船的准确航行是重要的。

3) 近地小行星及其撞击地球的可能性

有些小行星在绕太阳公转中可以运行到地球附近,称为**近地小行星**(Near-Earth Asteroids, NEA)。行星的引力摄动使它们轨道变为与地球轨道交叉,潜藏着碰撞地球或人造卫星及太空飞船的危险,又是可能做近距观测研究的,乃至可将飞船搭载上去,因此近地小行星备受关注。它们是几百米到 20 km 大的,估计还有更多很小的。特别是**潜在(撞击)危害地球的小行星**(potentially hazardous asteroids, PHAs),估计其中大于 1 km 的近 1 000 颗。因此,搜索和监视这些可能的近地小天体,预报可能的撞击地球事件并采取防卫措施,已成为全世界关心的问题。近 30 多年来,先后开展了多个搜寻近地小天体的计划,1991 年 8 月,IAU 大会设立了近地小天体工作组(Working Group on Near-

Earth Objects，WGNEO)，协调全球的搜索监视和研究。图7-5显示近地小行星的发现数目。

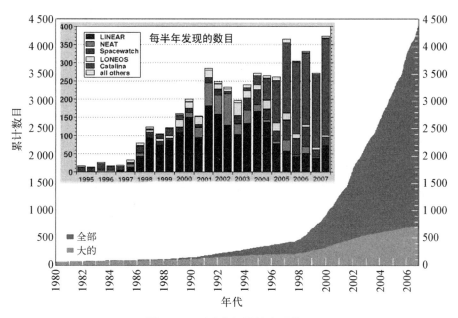

图7-5 近地小行星的发现数目

LINEAR—林肯近地小行星研究；NEAT—近地小行星追踪；Spacewatch—太空监视；LONEOS—洛厄尔天文台近地小行星搜寻；Catalina—卡特林那；all others—其他

(2000)YU55 在 2011 年 11 月 8.98 日运行到离地球最近到 1.59×10^5 km。2007 TU24 在 2008 年 1 月 29 日接近地球到地月距离的 1.4 倍（5.54×10^5 km），雷达探测到它约为 250 m，形状不规则。已推算出，约 300 m 的小行星（99942）Apophis 将在 2029 年 4 月 13.91 日运行到离地球最近距离 32 000 km，在 2036 年 4 月 13 日接近地球时发生撞击的概率约为五万分之一；估计约 1 000 颗小行星有撞击地球的危险，但未来 100 多年内撞击地球的可能性极小。

近地小行星有如下三型：

(1) 阿莫尔型小行星 （1221）阿莫尔（Amor）轨道半长径为 1.92 AU，近日距为 1.08 AU，离地球最近到 0.1 AU。轨道近日距在 1.017～1.3 AU 范围的小行星称为**阿莫尔型小行星**，已知 2 200 多颗，平均 10 亿年有一颗撞击地球。

(2) 阿波罗型小行星 （1862）阿波罗（Apollo）轨道半长径为 1.47 AU，近日距为 0.65 AU，可进入金星轨道之内。轨道半长径大于等于 1.0 AU，近日距小于等于 1.07 AU 的小行星称为**阿波罗型小行星**，已知 2 600 多颗，平均 10 亿年有三颗撞击地球。

（3）阿坦型小行星　（2062）阿坦（Aten）轨道与地球轨道相近,轨道半长径为 0.966 5 AU,近日距为 0.79 AU,远日距为 1.14 AU,离地球最近到 0.009 9 AU。轨道半长径小于 1.0 AU、远日距大于等于 0.893 AU 的小行星称为**阿坦型小行星**。已知 456 颗,平均 1 亿年有一颗撞击地球。

7.1.2　小行星的物理性质

小行星的物理性质包括它们的大小和形状、它们的绝对星等和自转周期以及质量和平均密度。

1）小行星的大小和形状

由于小行星远且小,很难测出它们的大小和形状。1894—1895 年,E.巴纳德（Edward Barnard）开始由小行星的视角径和距离观测资料来计算其直径 D,得出谷神星的 $D=(781\pm87)$km。现在常用小行星的亮度和反照率的观测资料来推算其平均直径。近年,用干涉仪、雷达及小行星掩(恒)星联合观测等技术测出一些小行星直径,例如,智神星 $D=538$ km,爱神星平均 $D=(16\pm4)$km,其形状不规则。显然,最准确的方法是飞船到近距探测。越小的小行星,数目越多（见图 7 - 6）。较大的小行星大致是球形的,但大多数小行星是形状不规则的（见图 7 - 7）,这说明它们可能是小行星母体碰撞瓦解的碎块。

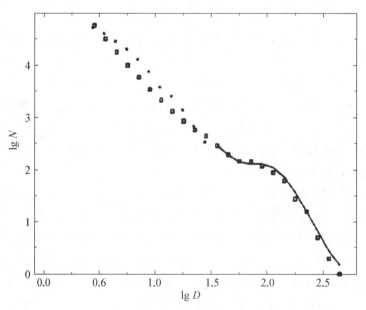

图 7 - 6　小行星数目 N 按直径 D 的分布

图 7 - 7　几颗小行星的大小和形状

2）小行星的绝对星等和自转

小行星自身不发射可见光，靠反射太阳光才被观测到，因此小行星的亮度与它离太阳的距离 r，离地球距离 Δ 以及位相角 θ（从小行星中心向太阳和地球两方向的夹角）有关。为便于比较各小行星的亮度，常把观测的亮度归算到 $r = \Delta = 1$ AU、$\theta = 0°$ 时的亮度，并以星等表示，称为"**绝对星等**"，记为 $B(1, 0)$。视星等与绝对星等的关系为

$$B(r, \Delta, \theta) = B(1, 0) + 5\lg r + 5\lg\Delta + F(\theta) \qquad (7-1)$$

式中，$F(\theta)$ 为相角函数。除了上面所述的小行星亮度因公转轨道运动（r 与 Δ 变化）而产生的规则变化外，若小行星形状不规则或表面不同区域的反照率有差别，则它的亮度就会发生与自转有关的较短周期变化，从小行星亮度变化——光变曲线可推算出它的自转周期。小行星的自转周期范围为 $2.3\sim48$ h，多数为 $4\sim20$ h，平均值约为 10 h。（1566）Icarus 自转周期为 2 h 16 min；（182）Elsa 自转周期为 85 h。小行星自转轴方向是随机分布的。

3）小行星的质量和平均密度

如果小行星有卫星，就可以由卫星绕转轨道运动资料，利用准确的开普勒第三定律公式导出计算小行星质量的公式：

$$M = (a_s/a)^3 (P/P_s)^2 M_\odot \qquad (7-2)$$

式中,a 和 P 是小行星绕太阳的轨道半长径和周期,a_s 和 P_s 是卫星绕小行星转动的轨道半长径和周期。法国人 F. Marchis 等用此方法计算出小行星(87)西尔维亚(Sylvia)的质量;进而算出它的平均密度仅为 1.2 g/cm^3,这比一般岩石的密度小很多,说明它可能不是整块岩石体,而是冰和碎石的松散无序集合体,可能有 60% 的空隙。很多小行星的密度小于陨石的密度,说明小行星内有空隙(见图 7-8)。

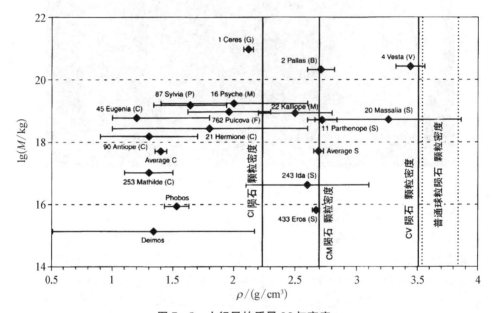

图 7-8　小行星的质量 M 与密度 ρ

原则上,测定了一颗小行星的质量、大小和形状(因而算出体积),就可以算出它的平均密度,进而推测它的成分。然而,除了飞船已探测的少数小行星有比较准确的结果,或其他方法得到某些小行星的近似结果外,大多数小行星仅由有关观测资料(如反照率)粗略估算其大小,再用假定的平均密度来估算其质量。一般来说,平均密度不超过 2.0 g/cm^3 的小行星可能类似于木星和土星的冰卫星或冰-碎石集合体,而平均密度大于 2.5 g/cm^3 的小行星则类似于月球和火星卫星的岩石体。估算得出,全部主带小行星加在一起的总质量约为 $3.0 \times 10^{21} \text{ kg}$,约占地球质量的万分之五、月球质量的 4%,其中几颗大的占了大部分。

小行星的质量越小,其数目越多。除了最大的几颗小行星外,小行星数目 N 与质量 m 大致有如下的经验关系(常称为"质量谱"):

$$N(m) \propto m^{-\frac{5}{3}} \text{ 或 } N(m) \propto m^{-\frac{11}{5}} \tag{7-3}$$

理论研究表明,这样的质量谱反映了母体碰撞破碎而产生众多较小的小行星情况。

7.1.3　小行星的表面特征和分类

多种技术方法用于观测小行星的表面特性和成分,包括可见光反射光谱、偏振测量、红外辐射测量、UBV 三色光度测量、红外光谱、紫外光谱、射电辐射测量及雷达探测等,已得到几百颗小行星的丰富资料,并综合这些资料进行小行星分类研究。

1) 小行星的反照率

太阳光照射到小行星表面,一部分被吸收,一部分被反射出来。在入射方向(相角 0°)反射的光流与入射光流之比称为**几何反照率**(以下简称反照率(Albedo))。偏振测量可得到反射光的偏振度,再利用实验得到的偏振度与反照率及相角的关系,就可得出小行星的反照率。偏振测量一般在可见光波段进行,因而得出的小行星(可见光)反照率记为 P_v。小行星吸收的太阳辐射正比于 $(1-P_v)$,它使小行星加热并发出红外热辐射,因此红外辐射也正比于 $(1-P_v)$。 于是,可从小行星的红外辐射求出其反照率 P_v。反照率 P_v 约为 0.05 和 0.18 的小行星数目多,可分类为低反照率的碳质小行星(C 类)和高反照率的石质小行星(S 类)。反照率与小行星表面的物质成分、颗粒大小及表面结构有关,但只能粗略地反映表面情况,要确切地认识小行星表面情况,还需结合其他资料来综合判断。

2) 小行星的分类

虽然各小行星的表面成分和性质有相似性,但也有差别,根据光谱等资料改进分类,分为三大类(group)的 14 型(type)和几个新的型(见表 7-1)。

表 7-1　小行星的光谱分类

类　别	反照率	光谱特征(波长 0.3~1.1 μm)	备　　注
C	0.05	中性,波长小于等于 0.4 μm,微弱吸收	碳质小行星;亚类 B,F,G
D	0.04	波长大于等于 0.7 μm,很红	—
F	0.05	平坦	—
P	0.04	无特征,斜向红*	—
G	0.09	与 C 类相似,但波长小于等于 0.4 μm 有较深吸收	—

类　别	反照率	光谱特征(波长0.3~1.1 μm)	备　注
K	0.12	与S类相似,但斜率小	—
T	0.08	中等斜率,有弱的紫外和红外吸收带	—
B	0.14	与C类相似,但略向长波倾斜	—
M	0.14	无特征,斜向红*	石铁或铁小行星
Q	0.21	波长0.7 μm,两侧有强吸收特征	—
S	0.18	波长小于等于0.7 μm,很红,典型有波长0.9~1.0 μm吸收带	石质小行星
A	0.42	波长小于等于0.7 μm,极红,有波长大于0.7 μm的深吸收	—
E	0.44	无特征,斜向红*	顽辉石小行星
R	0.35	与A类相似,但有略弱的吸收带	—
V	0.34	波长小于等于0.7 μm,很红,波长0.98 μm附近有深吸收	HED陨石

　* 类别E、M和P在这些波段无光谱区别,需要进行独立的反照率测量。

　　显然,只有较亮的小行星才能得到较多观测资料,进而分类。在直径大于100 km的小行星中,C类约占65%,S类占15%,D类占8%,P类占4%,M类占4%,其他类占4%。统计表明,各类所占比例与小行星大小无关。

　　E类和R类主要是离太阳近的小行星,其次是S类小行星(在主带内区外),而离太阳远的主带外的小行星都是M、F、C类的,D类以特洛伊群小行星为主。一般认为,这样的类别-距离分布意味着小行星就形成于现在太阳的附近(见图7-9),各类的成分反映原始星云的性质,因而为研究太阳系形成提供一定条件。

　　3) 小行星表层的物质成分

　　飞船近距考察的小行星大多是表面受陨击和不规则的,表明它们是母体受碰撞瓦解的碎块。陨击使小行星表面形成表土层,偏振、光谱、红外辐射、射电观测及雷达探测都表明,许多小行星表面有类似于月球表土的性质。

　　小行星的紫外、红外和可见光的光谱分析可得到其表面物质成分和矿物的一些线索,认证出金属铁、辉石、橄榄石、不透明物质(非结晶碳等)及层状硅酸盐(黏土)等(见图7-10)。然而,主带小行星一般缺乏陨石的矿物组合,因此,对小行星光谱的解释应当慎重。

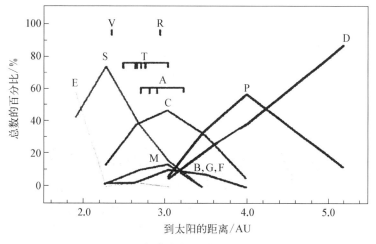

图 7-9　各类小行星随日心距的分布

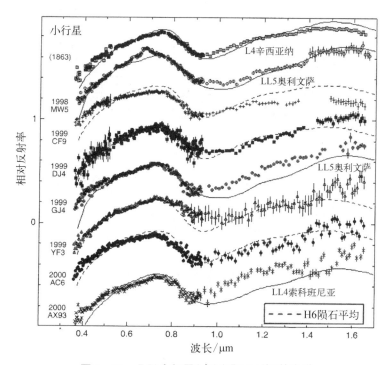

图 7-10　几颗小行星(点)和陨石(线)的光谱

7.1.4　著名小行星

通过仔细观测,尤其是借助于飞船的探访和研究,人们对于一些小行星已经有了比较清楚的了解。

7.1.4.1　灶神星

灶神星(4 Vesta)的形状近似于三轴长为 572.6 km×557.2 km×446.4 km 的椭球,NASA 的黎明号空间飞船(Dawn Spacecraft)近距拍摄到其表面有多样的复杂特征(见图 7-11),有大量陨击坑,最显著的是其南极附近的雷亚·西尔维亚(Rhea Silvia)陨击坑(盆地),直径为 505 km,深约 19 km,中央峰高出坑底 23 km,坑缘最高部分与坑底低点的高度差为 31 km(见图 7-12)。估计该次大

图 7-11　灶神星的合成像

显见南半球大陨击坑及其中央峰(下端)、"雪人"坑(左上)和"农神地槽"(右部)

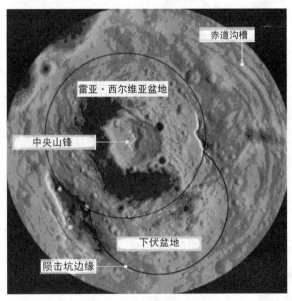

图 7-12　灶神星的南极区

陨击开掘了约 1% 的灶神星体积,抛出的碎块成为灶神星族的和 V 形的小行星,该坑较年轻(约 10 亿年),也是 HED 陨石的原来抛出源。所有已知 V 形小行星仅约占抛出体积的 6%,其余的或是被近于 3∶1 柯克伍德空隙抛出的小碎块,或是被雅可夫斯基效应或辐射压力扰动离去。哈勃望远镜所摄光谱分析表明,该坑穿过外壳几层,可能深到星幔。该坑中央的峰高为 250～25 km,宽为 180 km。还有直径为 395 km 的下伏 Veneneia 盆地,至少有 20 亿年老,被雷亚·西尔维亚陨击覆盖和部分地抹去。与 Veneneia 盆地同心的一系列槽谷(troughs)可能是陨击所致的断裂。

它表面还有几个老的、退化的大陨击坑,如赤道区的 Feralia 平原(约为 270 km)。直径 158 km 的 Varronilla 坑和 196 km 的 Postumia 坑是更近期的较明锐陨击坑。其北半球有三个邻近的陨击坑组成的群,因其形貌而称为"雪人坑",从大到小,它们的正式命名依次为 Marcia,Calpurnia 和 Minucia(见图 7 - 13 左边),其中,Marcia 坑最年轻,而 Minucia 坑最老。

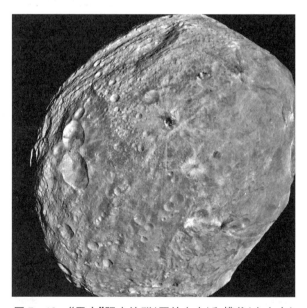

图 7 - 13　"雪人"陨击坑群(图的左方)和槽谷(左上方)

赤道区大部分被一系列同心槽谷"雕刻"(见图 7 - 14),是断裂运动分开的标志。最大的是戴瓦丽亚地槽(Divalia Fossa),长为 465 km、宽为 10～20 km、深为 5 km。第二系列是对于赤道倾斜北部的农神地槽(Saturnalia Fossa),宽约 40 km、长为 370 km。这些地槽的成因曾令人迷惑,合理的解释是:在巨大陨击产生雷亚·西尔维亚和 Veneneia 两个大盆地时,强力的陨击激波可以导致赤道区的大尺度地堑,成为太阳系最长的大峡谷之一。

图 7 - 14　赤道区沟槽

　　可见光和红外光谱、伽马射线、中子探测和摄像都表明,灶神星表面成分大多与 HED 陨石的成分匹配。其表面覆盖浮土,由角砾岩化作用与后来的亮、暗成分混合主宰。暗成分是因落入了含碳物质,而亮成分是原玄武质浮土。

　　有些 HED 陨石可能来自灶神星深部,可提供灶神星的内部结构和地质历史的线索。237442 号小行星 1999 TA10 的红外研究暗示它来自灶神星的内部。结合黎明号飞船的探测资料,可以推算出灶神星的内部结构。它有金属铁-镍的核,直径为214~226 km,占总质量的 18%,其外是橄榄岩石的幔和最外部的岩壳(见图 7 - 15)。

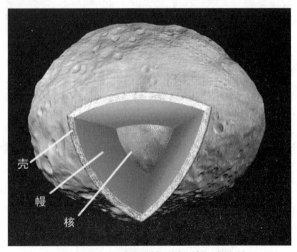

壳

幔

核

图 7 - 15　灶神星内部的核、幔、壳结构

7.1.4.2　爱神星、玛蒂尔德星、加斯普拉星、艾达星及其卫星

了解得比较清楚的还有以下小行星。

1) 爱神星

爱神星(433 Eros)(见图 7-16)自 1898 年 8 月 13 日发现以来,一直受到人们关注。它的轨道半长径 a 为 1.458 AU,公转周期 P 为 1.76 a,轨道偏心率 e 为 0.223,轨道对黄道面倾角 i 为 10.829°,自转周期为 4 h 16 min。

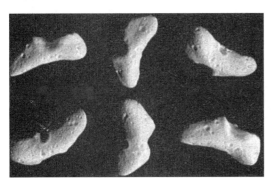

图 7-16　爱神星的不同侧面像(左)与局部高分辨像(右)

NASA 的太空探测飞船"会合-舒梅克号(Near Earth Asteroid Rendezvous-Shoemaker, NEAR)"在 2000—2001 年环绕爱神星探测,得出它是近于三轴长 13 km×13 km×33 km 的山芋形,质量为 7.2×10^{15} kg,平均密度为 2.4 g/cm³。它是 S(石质)类小行星。其表面的昼夜温度变化范围为 100～−150℃。陨击严重(因而很古老),一侧有个很锐隆起边缘的大(9 km)陨击坑,另侧有个大鞍状凹陷(可能也是陨击的),到处可见 10～20 m 大小的石块及尘土,还有沟以及其他复杂特征。或许 10 年前遭受过一次大陨击,抛射的较大岩石以及碎屑流飞落到其大部分表面,大陨击的震波经过而毁坏了较小陨击坑,导致其表面陨击坑的奇特分布。X 射线谱仪探测到它的元素成分有镁、铁、硅,可能还有铝和钙,说明爱神星是原始的,没有发生过熔融分异为核、幔、壳结构,但受太阳风和陨击作用而发生了"空间风化"。NEAR 磁力计没有探测出预想的磁场,而作为小行星碎块的陨石却有残余磁场,这就成为"磁场之谜"。

2) 玛蒂尔德星

玛蒂尔德星(253 Mathilde)(见图 7-17)是 1885 年 11 月 12 日发现的,其轨道的 a、P、e、i 分别为 1.94 AU、4.31 a、0.266、6.71°。它自转周期长达 417.36 h;它表面很暗,反照率仅 3%,是富碳的 C 类小行星。NEAR 飞船近距探测得出,它的质量约为 1×10^{17} kg,平均直径为 61 km,形状很不规则,表面有

图 7 - 17   253 Mathilde(左边是近于背太阳侧,仅几个脊显见)

很多从直径小于 0.5 km 到 30 km 的陨击坑。大陨击坑的隆起坑缘说明抛射的物质飞得不远就落回表面,某些坑缘的笔直剖面表明断裂或断层影响坑的形成;它的平均密度甚至小于水的密度,说明其内部有很多空隙消耗陨击能量,因而抛出物不会落得很远。

3) 加斯普拉星

加斯普拉星(951 Gaspra)(见图 7 - 18)是 1916 年发现的。其轨道的 a、P、e、i 分别为 1.82 AU、3.28 a、0.173、4.10°,自转周期为 7.04 h。1991 年,伽利略飞船在飞往木星的途中近距飞越它,成为飞船探测的第一颗小行星。它的质量约为 10^{16} kg,平均直径为 19 km,形状不规则(三轴直径为 20 km×12 km×11 km)。它是 S 类小行星,花神星族成员。它表面有 600 多个小陨击坑,但缺少大的陨击坑,还有类似沟的线性特征(宽 100~300 m,深几十米)、弯曲凹陷和脊,说明表面较年轻(3 亿~5 亿年),或许它本身就是大母体撞出来的碎块。

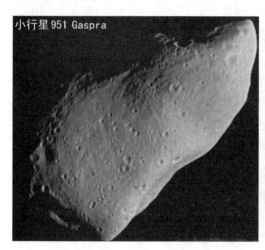
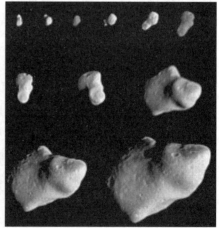

图 7 - 18   951 Gaspra 的系列像

4) 艾达星及其卫星

艾达星(243 Ida)(见图 7 - 19)是 1884 年 9 月 29 日发现的,其轨道的 a、P、

e、i 分别为 2.861 AU、4.84 a、0.046、1.138°，自转周期为 4 h 39 min。1993 年，伽利略飞船近距飞越它。它的质量约为 $4.2×10^{16}$ kg，形状不规则，近于三轴为 60.0 km×25.2 km×18.6 km 的椭球，平均密度为 2.6 g/cm³。它是 S 类小行星，鸦女星族成员，它表面是严重陨击和不均匀的，各区域的成分有差别，说明表面至少 10 亿年老，或许它本身就是大母体（200～300 km）撞出来的碎块。

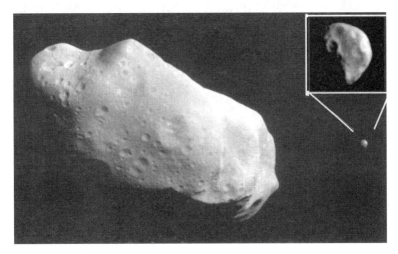

图 7 - 19　243 Ida(左)及其卫星(右)

飞船还拍摄到它的卫星——243 Ida I Dactyl，离 Ida 中心约 100 km，其形状近于三轴为 1.6 km×1.4 km×1.2 km 的椭球，表面有 10 多个大于 80 m 的陨击坑。它的性质与 Ida 类似，属 S 类。

7.1.4.3　婚神星和智神星

婚神星（3 Juno）（见图 7 - 20）轨道的 a、P、e、i 分别为 2.668 AU、4.36 a、0.258 3、12.971°，是 Juno 族小行星的最大成员。它逆向自转，自转周期为 7.2 h，自转轴对轨道面倾角为 51°。它的质量为 $3.0×10^{19}$ kg。其形状很不规则，三条轴长分别为 290 km，240 km，190 km，平均密度为 3.4 g/cm³，是第二大的 S 类小行星，几何反照率（0.238）是 S 类中最高的。表面各区域亮暗不一、高低起伏，在暗区有个约 100 km 的大陨击坑，或者是被抛射碎屑覆盖的小陨击坑。其光谱特性说明，它可能是普通球粒陨石的源体。它的轨道在 1839 年左右略微变了一下，这可能是被相当大的小行星撞击，或者从近旁经过引起其摄动所致。

智神星（2 Pallas）轨道的 a、P、e、i 分别为 2.773 AU、4.62 a、0.231、34.841°。它的自转周期为 7.813 h，自转轴倾角为 57°或 65°。它的质量为 2.2×

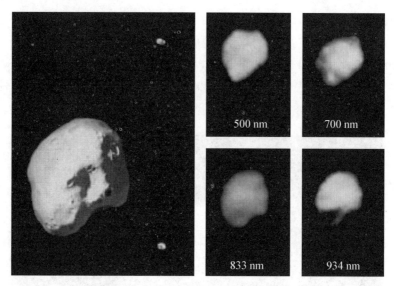

图 7 - 20   婚神星及其 4 波段单色像

10^{20} kg,形状不规则,三条轴长分别为 570 km,525 km,500 km,平均密度为 2.8 g/cm^3,其几何反照率为 0.159,光谱特征类似于 Renazzo 碳质球粒陨石(CR)。

7.1.4.4   系川(Itokawa)和其他有趣的小行星

系川(25143 Itokawa)1998 SF$_{36}$(见图 7 - 21)是 1998 年 9 月 26 日发现的阿波罗型 S 类小行星,2000 年被选为日本的**隼鸟**(Hayabusa)飞船探测对象,其轨道 a、P、e、i 分别为 1.324 AU、1.52 a、0.280、1.622°,自转周期为 12.132 h,反

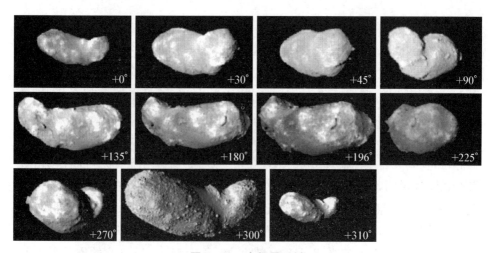

图 7 - 21   小行星系川

照率为 0.53。飞船探测显示，它的三条轴长分别为 535 m，294 m，209 m，质量为 3.58×10^{10} kg，平均密度为 1.95 g/cm^3，这与土星的冰卫星相当，或者其内部有孔隙。它表面缺少陨击坑而满布从细尘到碎石片再到 50 m 的大石块，这意味着它不是单块岩体，而是由碎石长时间胶合而成的石堆，或者说，它是怪异的"石堆小行星"。其表面的平坦区域——"沙海"（Muses Sea）对应于低重力区，说明陨击震动造成块体运动和有效改造表面的过程。红外和 X 射线谱仪的结果表明它有球粒陨石的成分。

9969 Braille（1992 KD）（见图 7-22）是1992 年 5 月 27 日发现的，其轨道 a、P、e、i分别为 2.345 AU、3.59 a、0.431、28.895°。1999 年，NASA 的"深空 1 号（Deep Space 1）"飞船近距飞越，测得它是 2.2 km×1 km 的哑铃状，其光谱因而其成分均类似于灶神星，推测它是从灶神星陨击出来的。

图 7-22 小行星 9969 Braille

5535 Annefrank（见图 7-23）是 1942 年发现的内主带 Augusta 族小行星，其轨道 a、P、e、i 分别为 2.213 AU、3.29 a、0.063、4.25°。NASA 于 1999 年发射的星尘号飞船在 2002 年飞越它，探测出它的形状不规则，三条轴长分别为 6.6 km，5.0 km，3.4 km，短轴垂直于轨道面，反照率为 0.24，表面不均匀，有陨击坑，边界表面暗示其由母体断裂时形成。

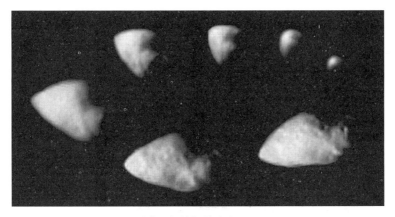

图 7-23 "星尘"飞船拍摄的小行星 5535 Annefrank

4769 Castalia（见图 7-24）是美国加州理工学院的 Eleanor Helin 在 1989 年 8 月 9 日发现的一颗近地小行星。由射电望远镜探测与计算机模拟得到其形状似哑铃,长约 1.8 km,成分相似的两瓣各约 0.75 km,中间凹下 100~150 m,它可能是两块体经温和撞击而结合在一起的"密接"双小行星。

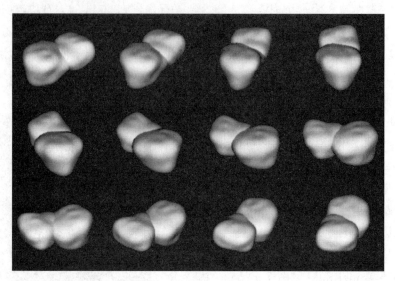

图 7 - 24   小行星 4769 Castalia

4179 Toutatis 早见于 1934 年 2 月 10 日(当时被记为 1934 CT),但很快看不到了,直到 1989 年 1 月 4 日才再次发现(1989 AC),并以北欧凯尔特神话中的战神图塔蒂斯命名。它是阿波罗型的,其轨道 a、P、e、i 分别为 2.531 AU、1.03 a、0.630、0.445°。它多次接近地球,雷达图像显示它的形状很不规则。嫦娥二号探月卫星完成探月任务后,于 2012 年 12 月 15 日离地球 $7×10^6$ km 时近距飞越它,拍摄到它的高清晰图像(见图 7 - 25)。其外形古怪如多瘤花生或有头-颈-体的玩偶,长 4.46 km,宽 2.4 km,它像陀螺那样绕着自己形状的最长轴以 5.41 d 周期自转,同时其长轴以 7.35 d 周期进动。

7.1.5   小行星的卫星

1978 年 6 月 7 日,大力神(532 Herculina)小行星掩一颗恒星,意外地观测到二次掩事件——归因于其卫星掩星。从掩星记录推算:大力神与其卫星的投影距离为 977 km,它们的直径分别为 243 km 和 45.6 km。从亮度的周期变化观测资料也可以算出小行星的卫星,例如,(171) Ophelia 的卫星的轨道周期为 13 h,Ophelia 和其卫星的直径分别为 80 km 和 27 km,它们距离约 100 km。最有趣的是,飞船拍摄到艾达——(243) Ida 及其卫星(243) Ida I Dactyl。

在理论上,相对于太阳的引力而言,每个小行星都有其一定的引力范围,小

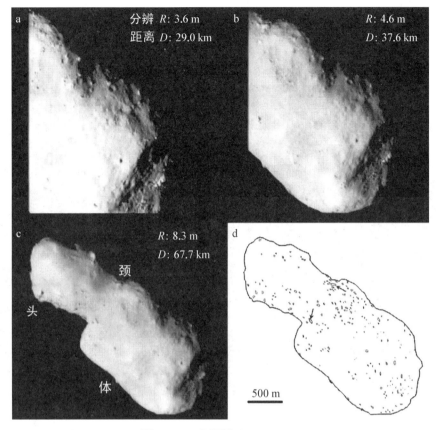

图 7 - 25　小行星 4179 Toutatis

行星卫星轨道半径的确小于引力范围半径。

2005 年首次发现一颗小行星带有两颗卫星。它就是西尔维亚[(87)Sylvia，罗马神话的铸工之母]，它的卫星以罗马神话铸工之母的两个铸工儿子 Romulus 和 Remus 命名。拍摄的系列像显示这两颗卫星绕西尔维亚转动（见图 7 - 26）。(87)西尔维亚是土豆形的，长为 380 km，平均直径为 280 km，自转周期为 5 h 11 min。Romulus 约 18 km，在到西尔维亚平均距离 1 360 km 轨道上每 87.6 h 转一圈。Remus 约 7 km，在离西尔维亚平均距离 710 km 轨道上每 33 h 转一圈。这两颗卫星的轨道都是近于圆形的，位于西尔维亚小行星的赤道面上，顺向绕转。

休神星——(90)Antiope 是德国天文学家罗伯特·路德（Robert Luther）在 1866 年 10 月 1 日发现的司理星族小行星，其轨道 a、e、i 分别为 3.155 AU、0.156 7、2.22°。2000 年 8 月 10 日，发现它是由两颗几乎同样大的（直径 88 km 和 84 km）小行星组成的双小行星。从自适应光学系统准确地测出轨道，估算出两星各自在相距 171 km 近圆轨道上绕共同质量中心转动,绕转周期为 16.5 h (见图 7 - 27)。它们的光谱为 C 型,平均密度为 1.25 g/cm³,说明孔隙度大 (30%)。

图 7 - 26　绕小行星西尔维亚转动的两颗卫星

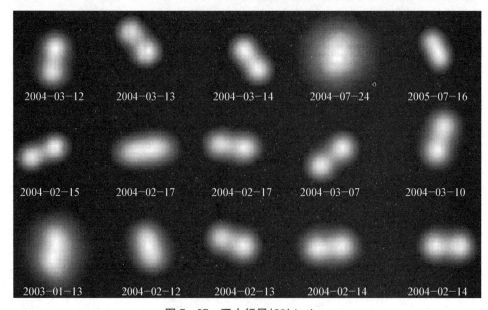

图 7 - 27　双小行星(90)Antiope

7.2　彗星

彗星,俗称扫帚星,我国古代也称为长星、孛星、妖星、蓬星、长星等。"彗"就是扫帚的意思,顾名思义,彗星就是可以呈现扫帚形态的天体。英文的彗星"Comet"一词来自希腊文,原义是有尾巴或毛发的星。古代人对于偶然出现奇怪形貌的彗星感到恐惧,常当作灾难征兆,其实,彗星的出现有规可循。17 世纪,英国天文学家哈雷应用牛顿力学的方法推算彗星轨道,开创了测定彗星轨道和预报彗星行踪的先河。19 世纪中叶后,科学家开始开展彗星的物理-化学观测研究。1985—1986 年哈雷彗星回归,开始了飞船探测彗星新阶段。鉴于彗星在太阳系早期演化、生命起源等方面的重要意义,彗星的观测尤其飞船探测和研究成为当代热门。

7.2.1　彗星的命名和轨道特性

我国有彗星最早和最多的历史记载。《春秋》载有鲁文公十四年(公元前613 年)"秋七月,有星孛入于北斗",这是哈雷彗星最早得出的确切记载。《淮南子·兵略训》有"武王伐纣……彗星出",据张钰哲先生推算,这是公元前 1057—1055 年出现的哈雷彗星。古人不了解彗星出现的规律,甚至亚里士多德"彗星是地球高层大气现象"的错误看法延续两千年。直到 1577 年,第谷的观测才证明彗星是在地球之外的天体。1705 年,哈雷发现 1682 年、1607 年、1531 年出现的彗星有相似的轨道,断言是同一个彗星的三次回归,并推算和预言它将在1758—1759 年回归。这个预言果然应验了,为纪念他而命名为哈雷彗星(1P/Halley)。

1) 彗星的发现和命名

以前用肉眼,平均几年才看到一颗彗星。望远镜发明后,可以观测较暗彗星,现在平均每年约看到 30 颗彗星。早先,大多亮彗星以出现年代加修饰词表述,如,"1680 年大彗星(Great Comet of 1680)""1882 年 9 月大彗星(Great September Comet of 1882)""1910 年白昼大彗星(Great Daylight Comet of 1910)"。哈雷彗星和恩克彗星(2P/Encke)是以计算其轨道并预报回归的天文学家命名的。20 世纪以来,以发现者(至多三人)命名彗星成为惯例,其后加上发现的年份及表示该年所发现彗星的先后次序的字母 a,b,……等作为临时名字,当轨道定出后,则按过近日点时刻次序以罗马数字Ⅰ,Ⅱ等给予正式名字。

例如，Comet Kohoutek 1973f 是捷克天文学家 L. 科霍特克（Lubos Kohoutek）发现的 1973 年第 6 颗新彗星，过近日点时间排在该年第 12 而正式命名为 1973 XII。有的彗星在发现时被看做小行星而给予了小行星的命名，后来观测到彗星特征而再给予彗星命名。自 1995 年 1 月 1 日起彗星命名使用新体系，每颗新发现的彗星仅一种命名：除了以发现者命名外，同时用符号 C/加上发现的年、半个月符号（依次大写拉丁字母，但不用 I）及数字（表示在那半个月内发现的第几颗）。新发现的彗星由 IAU 命名。如，百武裕司（Yuji Hyakutake）1995 年 12 月 25 日发现的彗星被命名为 C/1995 Y1（Hyakutake），1996 年 1 月 30 日发现的 C/1996 B2（Hyakutake）——它成为明亮"百武彗星"。彗星轨道性质用前缀表示：P/表示"短"周期彗星；C/表示其他彗星；A/表示以彗星命名但似乎是小行星的；X/表示未算出可靠轨道的；D/主要用于绝灭的（已知不再存在的，或不能很好预报下次回归的）。如果观测到彗星回归或确定周期的，则给予永久编号，如 1P/Halley，……，310P/Hill。到 2017 年 10 月，编号彗星达 361 颗。

2）彗星的轨道分类

彗星常按轨道周期分为以下几类：① 轨道周期短于 200 a 的短周期彗星；② 轨道周期大于 200 a 的长周期彗星；③ 轨道为抛物线或双曲线的非周期彗星。由于彗星的质量小，受到引力摄动就会发生显著的轨道变化，仔细修正摄动后，非周期彗星大多数"原来"轨道仍是椭圆，应是太阳系成员；也不排除个别彗星逃离太阳系，或来自太阳系之外的可能。

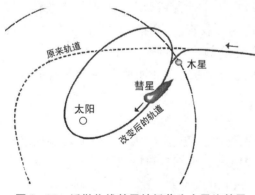

图 7-28　近抛物线彗星被俘获为木星族彗星

彗星可按轨道分布特征划分为群和族。有很多短周期彗星的远日距接近木星轨道，它们的公转周期不超过 13 a，且轨道面倾角都小于 12°，称为**木星族彗星**。它们可能是木星的引力摄动改变原来轨道而"俘获"的（见图 7-28）。典型例子是 16P/Brooks 2 彗星接近木星后，公转周期从 29 a 变为 7 a。还有些彗星分别与土星、天王星、海王星有类似关系，分别称为土星族彗星、天王星族彗星、海王星族彗星。

除了过近日点时刻不同外，其余五个轨道根数都相近的一些彗星组成**彗星群**。同一群的各彗星可能是由一颗大彗星分裂出来的，但是，个别彗星也可能是因行星摄动而进入群的。著名的**掠日彗星群**的近日距小于 0.01 AU，它们在过近日点期间从高温的日冕迅速穿过,有的穿出来分裂为几个,也有如"飞蛾扑火"般消散在日冕内的。例如,池谷-关彗星(C/1965 S1,1965 Ⅷ)在 1965 年 10 月 20 日过近日点后,两星期内分裂为三部分。德国天文学家 Kreutz 认为,这些彗星是一颗大彗星在接近太阳时分裂出来的,约以 500 a 的周期绕太阳公转,又称为 **Kreutz 群**。由分析 SOHO(太阳与太阳风层探测器的缩写)日冕仪图像而发现的"掠日"彗星一般称为 **SOHO 彗星**(见图 7 - 29)。

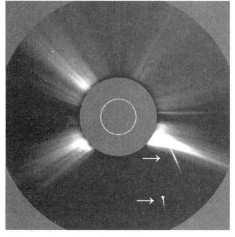

图 7 - 29 掠日彗星(箭头所指)穿进日冕(由 SOHO 飞船的日冕仪于 1998 年 6 月 1 日所摄)

3) 非引力效应

继哈雷彗星之后,德国天文学家 J. F. 恩克(Johann Franz Encke)证明 1819 Ⅰ彗星就是 1786 年、1795 年和 1805 年出现的同一颗彗星,其公转周期约 3.3 a,并预报它在 1822 年 5 月 24 日再次经过近日点,果然应验了,被命名为恩克彗星(2P/Encke)。其公转周期在不断地变短,下次回归的周期比前次短 0.1 d。研究得出,哈雷彗星的公转周期在下次回归时变长了约 4 d。这种变化是不能用引力作用解释的,故称为**非引力效应**。1836 年,德国天文学家 F. 贝塞尔(Friedrich Bessel)提出,哈雷彗星轨道运动的变化是彗核抛出物质的反冲力作用、类似于火箭喷出气体的反冲力推动作用——"火箭效应"导致的。其还可以用图 7 - 30 解释:在太阳光照射的彗核表面区,冰-尘埃蒸发流对彗核有反冲力,若彗核自转轴垂直于轨道面,当彗核自转与公转同向或反向时,因彗核冰蒸发有时间延迟,蒸发流最大方向随彗核自转一个角度,其反冲力在公转运动的分量使彗星公转加速或减速,从而公转周期变短或变长。

除了彗核长期蒸发造成的长期非引力效应外,彗星的短期爆发(尤其是伴有高速喷流的爆发)也会造成短期非引力效应,表现在彗核的观测位置偏离未考虑此效应时的预报位置。研究表明,哈雷彗星和海尔-波普彗星(Comet Hale-Bopp)都有可观测的短期非引力效应。

4) 奥尔特云、柯伊伯带和"人马怪"天体

短周期彗星大多"顺向"绕太阳公转。长周期彗星"顺向"和"逆向"公转的都有。它们来自何处? 1950 年,荷兰天文学家 J. H. 奥尔特(Jan H. Oort)的彗星轨道统计研究表明,轨道半长径为 $3 \times 10^4 \sim 10 \times 10^4$ AU 的彗星数目多(见图 7 - 31),

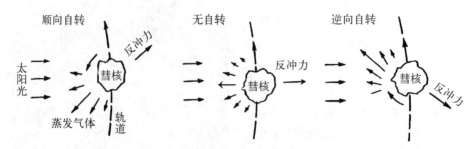

图 7 - 30　彗星轨道运动的非引力效应

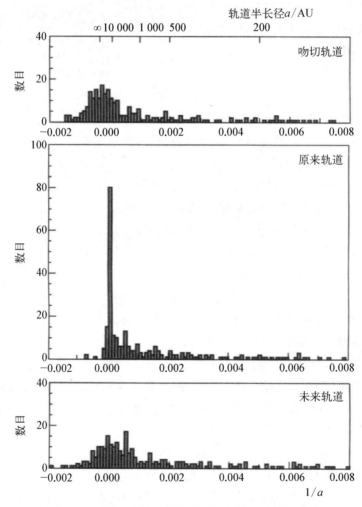

图 7 - 31　彗星轨道半长径倒数(1/a)的数目(N)分布

再考虑轨道倾角随机分布,推断那里有均匀球层式的彗星储库,现称为**奥尔特(彗星)云**(Oort cloud),估计那里约有彗星 10^{12} 颗以上,总质量约相当于地球质量,有的彗星受路过的恒星摄动而改变轨道,进入太阳系内区,成为新观测到的彗星。新的统计研究表明,奥尔特云分为内外两部分:内奥尔特云离太阳 $3 \times 10^3 \sim 2 \times 10^4$ AU,有 $1 \times 10^{13} \sim 1 \times 10^{14}$ 颗彗星;外奥尔特云离太阳 $2 \times 10^4 \sim 5 \times 10^4$ AU,有 $1 \times 10^{13} \sim 2 \times 10^{13}$ 颗彗星。

有些柯伊伯带天体可能是彗星。多数短周期彗星(特别是轨道倾角小,轨道周期小于 30 a 的)可能是由此带的彗星经轨道演化过来的(见图 7 - 32)。

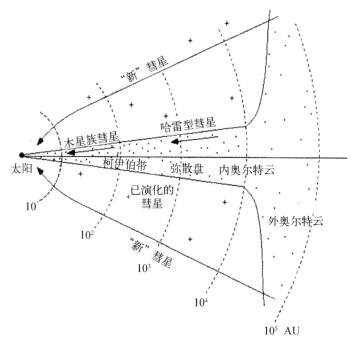

图 7 - 32　奥尔特云和柯伊伯带(截面示意)

1977 年,美国天文学家 C. T. 柯瓦尔(Charles T. Kowal)发现不寻常的小行星 1977 UB,其轨道半长径为 13.7 AU,偏心率为 0.376 8,倾角为 $6.923°$,最初称为柯瓦尔天体,后命名为(2060)喀戎(Chiron)。但它在 1988 年突然增亮,几个月后观测到它有朦胧雾气——彗发,1991 年观测到它的 CN 气体发射(谱)线,从而推断它是直径约为 200 km 的衰老彗星,因而它有小行星和彗星的两种命名(2060)Chiron=95P/Chiron。此后,在外行星区(离太阳 20～50 AU)又发现几颗类似 Chiron 的天体(见图 7 - 33),借用希腊神话称它们为**人马怪(Centaur)天体**。

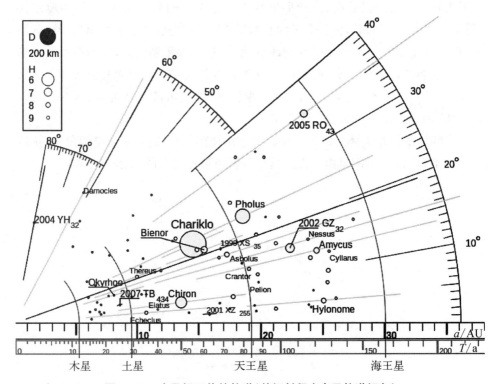

图 7‑33　人马怪天体的轨道(其倾斜程度表示轨道倾角)

7.2.2　彗星的形态结构

　　肉眼所见的亮彗星可分为彗头和彗尾两部分。彗头大致呈球形朦胧云雾状辉斑,中心区亮,往外减暗。实际上,彗头是由**彗核**和**彗发**组成的。彗核在彗头中央,看上去像个星点,常难以分辨。虽然彗核小,但集中彗星的绝大部分物质,是彗星经常存在的本体(或主体);彗发和彗尾的物质终究是彗核蒸发出来的气体及尘埃,虽然彗发和彗尾有时延伸范围很大,但甚稀疏,可透射其背后的星光,且远离太阳时就消失了。

　　一颗彗星在绕太阳公转中,其形态不断地变化。当它离太阳很远时,基本上是赤裸的彗核。随着接近太阳,受到太阳辐射的作用增大,到离太阳约 3 AU,彗核表层的冰开始升华为气体而流出,也带出尘埃,它们形成彗星大气——彗发;离太阳更近时,彗发增大;离太阳 1.5 AU 内,就可以看到彗尾了。彗星过近日点之后逐渐远离,其形态变化与接近时相反,即彗发和彗尾越来越小,直到消失(见图 7‑34)。

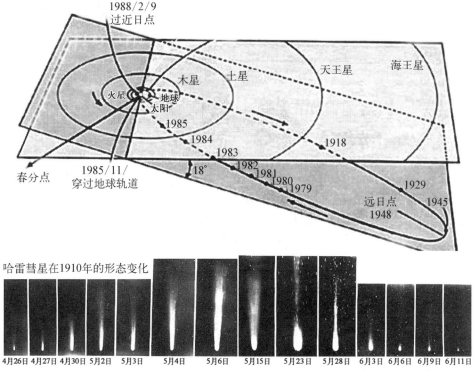

图 7‑34 哈雷彗星的轨道运动和在 1910 年的形态变化

彗尾常在背太阳方向延展,其物质密度更稀少。彗尾的视长度受天光亮度的严重影响,无灯光污染的山区甚至看到彗尾穿越大半天空,真长度达几千万乃至一亿千米以上,个别(1842 1 彗星)彗尾长达 3 亿 2 千万千米。

按照形态和性质,彗尾有两类:一类直而长,由离子(主要是 CO^+)气体及电子组成,色偏蓝,称为**等离子体彗尾**或**离子彗尾、气体彗尾**;另一类常是弯曲的,由尘埃组成,色偏黄,称为**尘埃彗尾**。近年又观测到第三类——钠原子彗尾(见图 7‑35)。

以上是彗星的典型情况,实际上,彗星的形态是多种多样的,有很大的差别和变化。有的彗发或彗尾不太发育,例如,39P/Oterma 彗星除了有点云雾状彗发外,未见彗尾;29P/Schwassmann-Wachmann 1 彗星不仅没有彗尾,甚至彗发也很不发育。

原则上,可以根据彗星对行星或卫星轨道运动的引力摄动来定出彗星质量,然而这种摄动太小,得出结果不准确。从彗星分裂的各子核的分离运动推算出彗核质量小于 3×10^{16} kg。彗星质量一般为 $10^{10} \sim 10^{19}$ kg,多数为 $10^{11} \sim 10^{16}$ kg。观测证据表明,彗核的主要成分是水冰,但由彗核的质量和直径算出的平均密度常小于 1 g/cm^3,这说明彗核内有空隙。

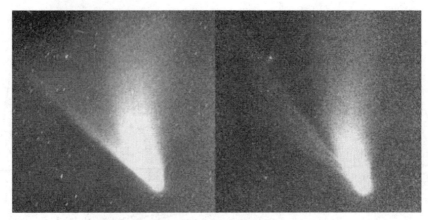

图 7－35　Hale-Bopp 彗星的窄而直钠彗尾(左,彩图见附录 B)和常见的
等离子体彗尾与尘埃彗尾(右)

1) 近核现象

彗发中常出现近核现象:从彗核的几个活动区喷出物质的**喷流**和**包层**。因为气体容易扩散,而尘粒则不易扩散,所以常是连续的尘粒流;但在哈雷彗星 1985—1986 年回归期间也观测到 CN 和 C_2 气体的喷流,这不是直接从彗核喷出的,而是从彗核喷出的大分子或微尘离解的子分子。由于喷流浸在亮的彗发中而较难直接观测,可用特制窄波段透射滤光片拍摄彗星"单色像"来增大喷流与背景彗发的对比度,还常用计算机作彗星图像增强处理,揭示近核现象(见图 7－36)。

美国天文学家 F. L. 惠普尔(Fred Lawrence Whipple)从近核现象得出,约 $\frac{1}{3}$ 的彗核是表面不均匀的和不对称的,喷流物质主要从彗核表面的某些小区抛出,彗核的自转导致喷流弯曲,发展为螺旋形、进而呈现包层,显示周期性的变化。从近核现象已推算出一些彗星的自转周期,有的还算出自转轴的空间方向。彗核自转周期有小于 5 h 的,也有长达几天的,自转轴方向呈随机分布。哈雷彗星彗核的自转是很复杂的,好像陀螺一样,既有绕轴转动,又有转轴在空间的旋进("进动"),因而有两个转动周期:2.2 d 和 7.4 d。

2) 尘埃彗尾和反常彗尾

尘埃彗尾虽然看起来较短,但实际长度也可达 10^5 km 以上。尘埃彗尾的光谱基本上是反射太阳光的连续光谱,但在红外波段也有其自身热发射的连续辐射及发射带,最显著的是波长为 10 μm 和 18 μm 的硅酸盐发射特征。

彗星有时呈现**向日彗尾**或**反常彗尾**。实际上,彗尾也是背太阳弯曲的,只是因为太阳、彗星和地球处于特殊的相对位置,从地球上看到彗尾视投影方向朝太阳(见图 7－37)。

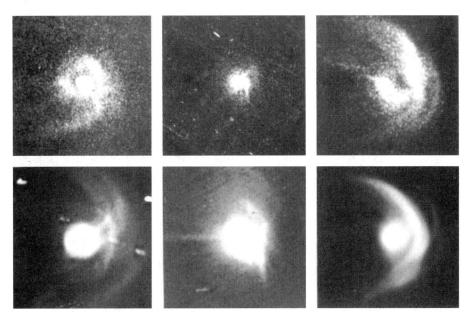

图 7 - 36　增强处理的哈雷彗星近核现象

说明：从右到左，上部为 1910 年 5 月 13 日、23 日、6 月 5 日所摄；下部为 1986 年 3 月 18 日、1 月 4 日、3 月 19 日所摄；太阳在右，各图边长为 120 000 km。

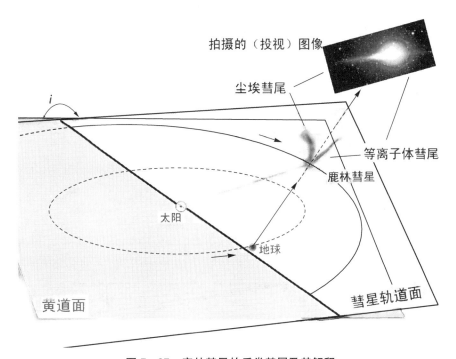

图 7 - 37　鹿林彗星的反常彗尾及其解释

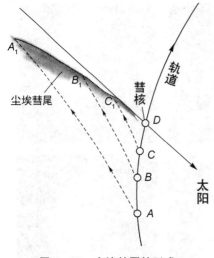

图 7 - 38　尘埃彗尾的形成

从彗核抛出的大量尘粒在太阳光压的斥力作用下向着背太阳方向运动,同时它们还有随彗星的轨道运动,这两者的合运动导致尘埃彗尾的观测形状。如图 7 - 38 所示,彗核在轨道 A、B、C 处抛出的尘粒分别沿 AA_1、BB_1、CC_1(虚线)运动。当彗核运动到 D 时,这些尘粒到达 $DB_1C_1A_1$ 附近,于是此时观测到背太阳方向的弯曲尘埃彗尾,其弯曲程度与尘粒的大小和速度及太阳辐射压等因素有关。

3) 等离子体彗尾大尺度现象

太阳辐射使彗发气体(乃至尘埃)光致离解和光致电离,生成子分子和离子,结果导致彗发成分变化。当太阳风的带电粒子流和磁场与彗星物质(尤其是彗星离子)相遇时,就发生很多复杂的相互作用,显示一些壮观的等离子体彗尾大尺度现象。

彗星离子受太阳风推斥而远离彗核,又有随彗星的轨道速度运动,等离子体彗尾(轴 Ct)方向与太阳-彗核连线方向(轴 Cr)就有个小交角 ε,称为**风差角**(aberration angle)(见图 7 - 39)。假定彗尾位于轨道面,若彗星轨道运动速度垂直于日-彗矢径的分量为 $V_\perp$,太阳风速度的矢径分量为 W_r,则

$$\tan\varepsilon \approx V_\perp / W_r \tag{7-4}$$

若太阳风还有方位分量 W_φ,彗星轨道运动速度 V 与矢径的夹角为 γ,彗星轨道面与太阳赤道面夹角为 i,则

$$\tan\varepsilon = \frac{V\cos\gamma - W_\varphi\cos i}{W_r - V\cos i} \tag{7-5}$$

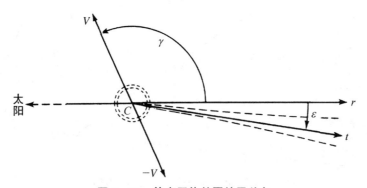

图 7 - 39　等离子体彗尾的风差角

考虑太阳风的速度场,可得到与观测和理论符合的太阳风速度分量:$W_r = 400 \text{ km/s}, W_{\varphi,0} = 6.7 \text{ km/s}, W_m = 2.3 \text{ km/s}, W_{\varphi,0}$ 和 W_m 分别是 1 AU 处的方位和纬向分量,这与飞船探测符合。

等离子体彗尾常有几条细的**尾射线**或**尾流**,典型宽度为 2 000~4 000 km。在某些彗星的系列照片上,呈现有尾射线折叠现象——尾射线随时间而拉长并转向尾轴(见图 7-40)。

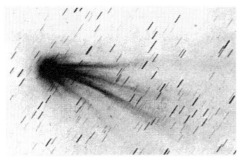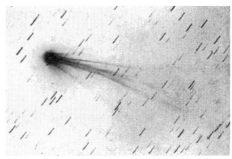

图 7-40　Morehouse(1908 Ⅲ)彗星在 10 月 3 日 9 时(左)和 13 时(右)的两幅底片显示出尾射线的折叠和拉伸

更有趣的是**断尾事件**——先前的等离子体彗尾从彗头断开,向后退行,接着又从彗头生出新的等离子体彗尾(见图 7-41)。瑞典等离子体物理学家兼天文学家 H. O. 阿尔文(Hannes O. Alfven)提出,太阳风磁力线被彗星"悬挂"并向尾轴方向折曲和拉伸而呈折叠伞状(见图 7-42),彗星离子被磁力线束缚而形成尾射线,可解释尾射线的拉长并转向尾轴现象。

M. B. Niedner 和 J. C. Brandt 提出,反极性磁场边界经过彗尾之前,彗尾处于一种极性的折叠磁场中,彗尾与彗头连接着;反极性磁场边界经过彗尾折叠,其两侧磁力线是反向的,进一步折叠,反向磁力线在靠近彗头部分变得很密集,反极性磁场边界发生磁力线-磁场重联;随后,重联部分的磁场及所控制的离子彗尾从彗头断开远去;另一种极性磁场越来越折叠,形成新彗尾(见图 7-42)。然而,叶(永煊)和 D. A. Mendis 提出另一种机制:太阳风的高速流经过彗星时造成不稳定性,导致断尾事件。

等离子体彗尾上常出现有**结**(或**节**)、扭折、螺旋和云团等不规则结构(见图 7-43)。一般来说,这些结构的细节有远离彗头的加速运动,典型速度从近核处的 10 km/s 到很远处的 250 km/s,其典型加速度相应于受到斥力约为太阳引力的 100 倍。对于这类结构的运动问题,有两种不同解释:一种认为结构的运动是真实的物质运动;另一种认为可能是等离子体的磁流波。

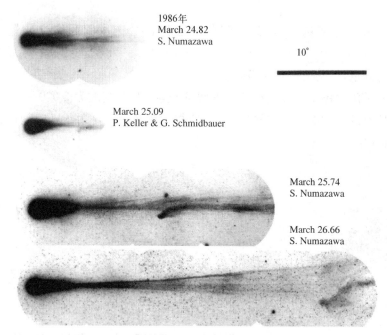

图 7‑41　哈雷彗星在 1986 年的一次断尾事件

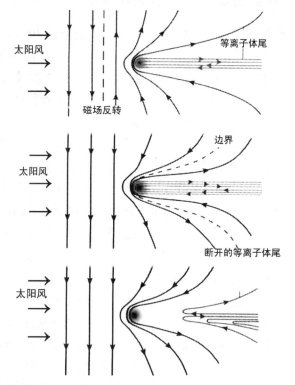

图 7‑42　太阳风磁力线遇彗星"悬挂"而折叠（发生磁力线重联并远离，产生断尾事件）

图 7 - 43　Kohoutek 彗星的等离子体彗尾结、扭折、螺旋和
云团等不规则结构

7.2.3　彗星的性质和物理–化学过程

　　彗星呈现的各种形态和现象与彗星的组成成分有关,也与太阳辐射和太阳风的作用有关。长期以来,人们通过彗星的光谱资料分析来得到彗星的成分,并建立一些模型来描述彗星的形态和运动。

7.2.3.1　彗星的物质成分

　　实际上观测的是彗发和彗尾的光谱,其特征是连续光谱背景上有许多分子、原子和离子的发射线或发射带(见第 4 章图 4 - 7),说明彗发是由尘埃(散射太阳光的连续光谱)和一些分子、原子和离子(发射线、发射带)组成的。光谱观测又从可见光波段扩展到紫外、红外和射电波段,识别出的成分列于表 7 - 2。

表 7 - 2　彗星中已认证的化学成分

元素:氢(H)、碳(C)、氧(O)、硫(S)、钠(Na)、铁(Fe)、钾(K)、钙(Ca)、铬(Cr)、锰(Mn)、钴(Co)、镍(Ni)、铜 (Cu)、钒(V)、硅(Si)、镁(Mg)、铝(Al)、钛(Ti)
离子:C^+、Ca^+、CH^+、OH^+、CO^+、CN^+、N_2^+、H_2O^+、CO_2^+、H_2S^+、CS_2^+、S_2^+、CS^+、S^+、NH_4^+、SH^+、Fe^+、Na^+
分子:碳氢基(CH)、氨基(NH,NH_2)、羟基(OH)、氰基(CN)、C_2、一氧化碳(CO)、水(H_2O)、HDO、氰化氢(HCN)、C_3、CO_2、甲基氰(CH_3CN)、CS、S_2、N_2、C_2H_2、HCO、NH_3、H_2CO、NH_4、SH、SO、SO_2、NO、H_2S、CH_3OH、HCOOH、NH_2CHO、HC_3N、$HCOOCH_3$、CH_3CHO、HCHO

　　彗星物质成分的定量分析较难,至今仅有少数结果。哈雷彗星包括了飞船采样的结果,16 种主要元素(C、N、O、Na、Mg、Al、Si、S、K、Ca、Tl、Cr、Mn、Fe、Co、Ni)的丰度与 CI 陨石的丰度基本符合,但氢较为贫乏。考虑到化学过程,彗星的主要成分是 H_2O,其次是 C_2O,红外光谱有硅酸盐的发射特征(波长为 $10~\mu m$ 和 $18~\mu m$)。应当指出,这些结果主要是从彗发资料推求的,未必代表彗星本体——彗核的成分。就彗发的气体/尘埃比率而言,各彗星也有差别,例如,百武彗星是少尘的,而 Hale‑Bopp 彗星是多尘的。一般地说,彗核有挥发物和不挥发物,从彗核"蒸发"而成为尘埃或气体。挥发物主要是冰,或纯冻结的,或捕获在非结晶冰及固态水合物(clathrate hydrates,在冰的晶格中嵌有其他成分的小晶体)内。

7.2.3.2　彗发的物理-化学过程

　　综合彗星的观测研究,彗发的尘埃特征和气体特征和有关物理-化学过程示于图 7‑44。

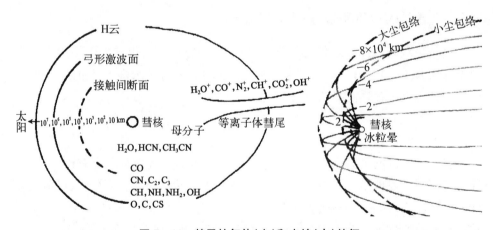

图 7‑44　彗星的气体(左)和尘埃(右)特征

　　彗星的各种形态和现象既与彗星的性质、又与太阳辐射和太阳风的作用有关。当彗星离太阳很远时,基本是赤裸的彗核,太阳辐射照射彗核表面,被吸收的能量部分地转化为彗核的热辐射,小部分用于加热彗核表层及蒸发。当彗星运行到离太阳约 2 AU 时,彗核表面温度约 200 K,H_2O 冰升华更有效,外流气体曳引出尘粒和冰颗粒,彗发开始发展。

　　从彗核升华出来的是母分子(H_2O、HCN、CO_2 等),它们被太阳辐射离解(光致离解)或发生化学反应,生成子分子,例如 $H_2O \rightarrow H+OH$。子分子大多数是地球条件下不稳定的"基"(OH、CN、CH、NH_2 等),它们受太阳辐射作用而激发,并发出荧光辐射,形成彗发和彗尾光谱中的发射线或发射带,于是观测到亮彗发,其范围达 $10^4 \sim 10^5$ km,而 H 云达 10^7 km(H 原子发射 Lα),这些子分子以每秒十分之一千米到每秒几千米的速度向外流出。母分子和子分子又被太阳辐射电离(光致电离),或其他电离过程、化学反应,与太阳风离子发生电荷交换反应,生成彗星离子。

从彗核表面出来的尘粒形成尘埃彗发。尘粒散射太阳光,也发射连续的红外辐射及波长为 10 μm、18 μm 的硅酸盐辐射。在太阳辐射压的推斥作用下,每个尘粒相对于彗核做抛物线轨道运动,流向背太阳方向,形成尘埃彗尾,而在朝太阳方向各尘粒轨迹有一个限定的包络——尘埃彗发范围。当彗星运动到离太阳很近时,尘粒也被太阳辐射离解而产生原子谱线。

彗星每次回归中(尤其日彗距小的时期)都蒸发丢失部分物质(0.1% $\sim$ 1%),因而彗星的寿命有限,彗星的分裂或撞击其他天体则使其衰亡更快。

7.2.3.3　彗发模型

彗发亮度从内向外减弱,这表明物质密度内密外稀。彗发的大小和亮度随着离太阳距离而变化。各种成分在彗发中的分布情况也不同,因而常就某种成分而称为 CN(氰)彗发、OH(羟基)彗发、H 彗发(氢云)、尘埃彗发等。因为不知道各种成分的比率,很难分析研究泛色或彩色底片所摄彗发,更有意义的是光谱片或用窄带滤光片所摄的彗发单色像。

1) 气体彗发模型

由观测的亮度径向分布拟合理论模型而得到**标高**、产率。从几十颗彗星的研究得出,归算到日彗距 1 AU,CN 彗发标高为 $4 \times 10^4 \sim 2 \times 10^5$ km,其母分子(可能是 HCN 或 CH_3CN)标高为 $1.67 \times 10^4 \sim 5 \times 10^4$ km;C_2 标高为 $6 \times 10^4 \sim 1.5 \times 10^5$ km,其母分子(可能是 C_2N_2)标高为 $1.17 \times 10^4 \sim 4.54 \times 10^4$ km。OH 彗发和 C_3 彗发一般为几万千米,而氢云可达 10^7 km。

2) 尘埃彗发-彗尾模型

太阳对彗星尘既有引力 F_g 作用,又有辐射压斥力,斥力 F_r 与引力 F_g 之比为

$$\frac{F_r}{F_g} = 5.7 \times 10^{-5}/a\rho \tag{7-6}$$

式中,a 是尘粒半径(单位为 cm),ρ 是其密度(单位为 g/cm^3)。可见,半径和密度大的尘粒受到的辐射压斥力小;而小尘粒受到的辐射压斥力大,达 $F_r/F_g = 2.2$。

若尘粒从彗核抛出的初速为 v_0,它就在太阳的有效引力 (F_g-F_r) 作用下,绕太阳做双曲线运动,可以求得它相对于彗星中心(彗心)运动的近似公式,很多同样尘粒相对彗心运动的轨迹的包络就是(顶点朝太阳的)抛物线,这可以解释观测到的近彗核包层。

7.2.3.4 太阳风与彗星的相互作用

类似于行星磁层,超声的太阳风与外流的彗星气体相遇时,形成弓形的外激波面,离彗心约 10^6 km。接触间断面或电离层顶离彗心约 10^4 km,此面之内的区域主要是彗星气体控制各种过程;其外,主要是太阳风控制彗星离子的行为,太阳风驱使彗星离子向彗尾方向流动而形成等离子体彗尾。在激波面与接触间断面之间的区域,超声太阳风被外流彗星气体阻尼,发生湍流,太阳风磁场也被扰动,产生波-粒子相互作用的很多复杂而有趣的过程和现象,如等离子体波。太阳风及其耦合磁场常发生扰动变化,作用于等离子体彗尾,导致风差角改变,以及彗尾扭折不稳定性、螺旋结构和云团等结构,如图 7-45 所示。

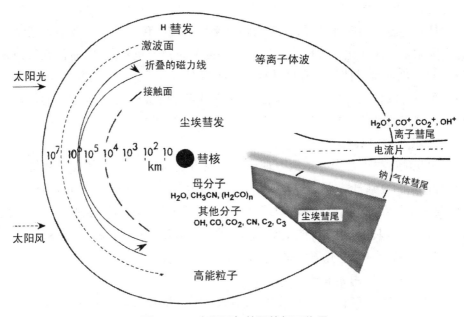

图 7-45 太阳风与彗星的相互作用

7.2.3.5 彗核模型

虽然彗发和彗尾的现象壮观,但是,归根结底,这毕竟是从彗星本体——彗核蒸发出来的少部分物质所发生的现象,其根源还在于彗核的性质和过程。然而,对彗核的了解甚少,只有根据已取得的资料,借助合理的假设和理论来建立彗核模型。

牛顿曾提出**砂砾模型**(sand-bank 或 gravel-bank model)。当时发现某些流星群与相应彗星有演化联系,认为彗星是一团固态质点(流星体)的松散集合体——砂砾,并含有气体,在太阳的活化作用下,产生彗头和彗尾活动。后来提出的类似模型,虽然可以解释彗星瓦解为流星群的现象,但不能满意地解释彗星的气体/尘埃比率、彗星爆发及轨道变化,因而被**致密核模型**(compact-nucleus model)取代。虽然以前也提出过彗核石块、冰块看法,但论证不够。1949 年,惠普尔提出**冰冻团块(彗核)模型**(ice-conglomerate model),俗称**脏雪球**(dirty snowball),认为彗核是由冰和尘埃冻结在一起的整体团块。这类模型可以较满意地解释很多彗星现象,并被发展为各具特色的多种模型。图 7 - 46 是彗核的一种模型。

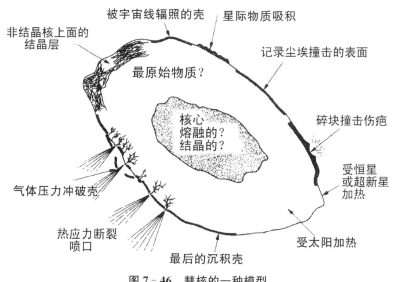

图 7 - 46　彗核的一种模型

就飞船探测的彗核而言,有相似性,也有些明显差别。相似的是形状不规则、表面高低不均匀,一般都很暗——说明含有碳物质或有机物。差别在于表面受陨击和构造特征及性质的不同。总的说来,由于冰的蒸发、太阳辐射和宇宙线的作用、流星体的撞击,彗核表面已发生了相当大的改变,观测情况还不能很好地反映彗核整体内部性质,只是彗核分裂、新鲜陨击坑或多或少暴露出邻近原表面下的情况。现在资料至少说明各彗核有很大差别,至少分为三大亚类:**脏雪球**(dirty snowball)、**多雪的脏球**(snowy dirtball)、**脏的冰球**(dirty iceball)或**冰**

的脏球(icy dirtball)。

很多彗核仅部分表面是"活动"的,发出喷流,而大部分(90%以上)表面是不太活动或不活动的,蒸发的气体和尘埃不多。出生于英国的美国天文学家 D. C. 朱维特(David C. Jewitt)等提出,彗发中速度小于逃逸速度的物质回落,沉积在彗核表面而形成外壳。柯伊伯带天体、人马怪天体、活动彗星、死亡彗星的彗核表面都有暗红覆盖层,这是由于表面的有机物长时间受太阳辐照或空间"风化"作用而变为暗红色。由于流星体撞击、局部内应力以及接近太阳而受热蒸发增强,彗核局部"活化"而发射喷流活动;随后,彗发物质回落而沉积在彗核表面,改变表面颜色。各彗核表面显示相当复杂的情况。还应指出,地面望远镜观测的彗头中央小亮斑并不是真彗核,而是**光度核**或假彗核,实际上可能是彗核抛出来的"冰粒晕",其半径达几百到上千千米。

7.2.4　彗星的亮度变化、爆发和彗核分裂

有趣的是,彗星有时突然发生亮度大增的**爆发**,有的分裂为几个。特别是苏梅克-利维 9 号彗星分裂的 20 多个碎块依次撞击木星的事件,引起全社会的轰动。

1) 彗星的亮度

彗星的视星等观测比恒星的视星等观测要困难和复杂得多,这是因为:恒星是"点光源",而彗星是"面源",又不像行星那样有明锐边缘,彗发和彗尾很弥漫,而彗核的视角径很小,又包裹在亮的彗发内。彗星的亮度与日-彗距 r、地-彗距 Δ、位相角 θ 有关。一般可用下式表述彗星视亮度 J 的变化规律:

$$J = J_0 f_1(\Delta) f_2(r) \Phi(\theta) \tag{7-7}$$

式中,f_1 和 f_2 为距离的函数;在位相角 θ 的 20°~140° 范围内,$\Phi(\theta) \approx 1$,通常采用下面公式拟合观测:

$$J = J_0 \Delta^{-2} r^{-n} \tag{7-8}$$

式中,n 由观测来确定。为了比较,常归算到 $\Delta = r = 1$ AU 时,即 J_0 是彗星的本身亮度(intrinsic brightness),或者把它改写为星等形式:

$$m = M_0 + 5 \lg\Delta + 2.5n \lg r; \quad M_0 = -2.5 \lg J_0 \tag{7-9}$$

M_0 称为"绝对星等"。彗星的 n 值一般为 -2~12,多数为 2~8,平均值约为 4.0,n 的偶尔极端值是因为 r 范围小而使得 n 值对亮度变化(尤其是爆发)很敏感。

彗核的亮度(星等 m_1)常可以拟合为

$$m_1 = M_1 + 5 \lg \Delta + 5 \lg r \qquad (7-10)$$

2) 彗星的亮度爆发

很多彗星发生短时间大为增亮现象称为亮度爆发或简称**爆发**(outburst)。爆发时亮度一般增强 6～100 倍,持续时间为 3～4 周。如,17P/Holmes 在 1892 年 7 月初发现时为 4^m～5^m,后增亮到 3^m。又如,29P/Schwasman - Wahmann 1 多次爆发后亮度增强 100 倍以上,还显示有形态变化,爆发后彗发变大,扩展速度为 100～500 m/s。爆发后的光谱仍是连续谱,推测可能是彗核抛出尘埃。再如,41P/Tuttle - Giacobini - Kresak 出现过多次爆发,2001 年 11 月末,亮度从 14^m 增亮到 10^m。

彗星的亮度爆发时,往往伴随有彗核抛出物质喷流,有时形成圆形或卵状,乃至不对称的气壳,膨胀速度为几百千米/秒,达 $1×10^5$ km。亮度爆发也常伴随着彗核分裂。亮度爆发与日-彗距没有什么关系,大多数彗星都有过亮度爆发。

什么原因造成彗星亮度爆发? 人们曾提出几种可能机制: ① 彗核表面下的挥发物升华而形成气囊,到一定时候爆裂而抛出气体和部分表面物质;② 涉及自由基(CN、OH、NH)的爆炸性化学反应;③ 非结晶冰发生相变而转化为立方冰晶时,体积改变,造成应力而使彗核破碎;④ 行星际的砾石撞击彗核而抛出物质;⑤ 彗核内的放射衰变加热、太阳辐射的强激波等原因导致彗核分裂;⑥ 彗核深处的挥发物耗尽,导致外壳收缩和部分破裂,抛出气体和尘埃;⑦ 彗星靠近太阳或木星,被引潮力撕裂。总之,彗星爆发机制仍是未完全解决之谜,可能几种机制共同作用。

3) 彗核的分裂

我国古书就有彗星分裂的记载。《新唐书·天文志》有:"(唐昭宗乾宁)三年(公元 896 年)十月有客星(即彗星)三,一大二小,在虚、危(即宝瓶座和飞马座)间,乍合乍离,相随东行,状如斗。经三日而二小星没,其大星后没。虚、危,齐分也。"

近代记载最有趣的是比拉彗星的分裂。1772 和 1805 年都见到它,但没有认作同一颗彗星。1826 年 2 月 27 日,比拉再发现它而将其称为比拉彗星。在 1845 年回归时,发现它的彗核有两个突出部分。1846 年 1 月,它分裂为两颗,都有各自的彗核和彗发,分开距离慢慢加大。此分裂事件曾轰动一时。此后就再也没有见到它。1872 年 11 月 27 日,地球恰好穿过比拉彗星的原来轨道,发生了令人惊奇的事件——天空出现一场灿烂的大流星雨,好似节日焰火一样壮观。流星雨的辐射点在仙女座γ星附近,可谓天女散花。这场流星雨就是沿着比拉彗星轨道附近散布的大量彗星尘进入地球大气过程中烧蚀而形成的。又如West(1976Ⅵ=1975n)在1976年5月过近日点前后先后分裂为4个。

73P/Schwassmann-Wachmann 3在1953年和1965年接近木星而改变轨道。1979年再发现它,过近日点时间比预报晚34 d,它在1995年回归时,亮度爆发达6^m,然后,亮度减弱;12月23日其彗发内有"A、B、C、D"4个子彗核(碎块),2005年10月22日再现它的主彗核"C"(19.3^m)且带有6″彗发及彗尾。2006年又见"B"和"G"(见图7-47),后几星期又发现很多碎块。它早在1930年6月9—10日爆发,所抛彗星尘造成流星雨。预计2006年的爆发碎块将于2022年更接近地球而出现强流星雨。

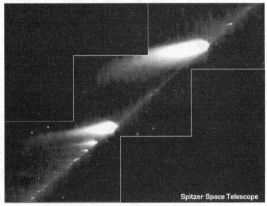

图7-47　分裂的73P/Schwassmann-Wachmann 3

(左上)哈勃空间望远镜摄　(左下)地面望远镜摄　(右)Spitzer空间望远镜摄

在活动彗星中,至少5%有碎裂。木星族彗星可能碎裂几百到几千次,典型动力学寿命为1万~10万年,而内太阳系彗星的典型碎裂概率约为每年1%。

4) 彗核的蒸发和彗星亮度变化

太阳辐射照到彗核表面,彗核吸收的能量=加热彗核物质的能量+蒸发冰的能量+(红外)热辐射。各部分的能量分配取决于彗核物质的性质。图7-48给出几种彗星雪升华率Z随日-彗距r的变化。

轨道彗星的总亮度J与太阳辐照E_0、彗核雪升华率Z成正比:

$$J \propto E_0 Z \tag{7-11}$$

即彗星亮度随日-彗距的变化$J(r)$基本上与气体产率随日-彗距的变化$Z(r)$成

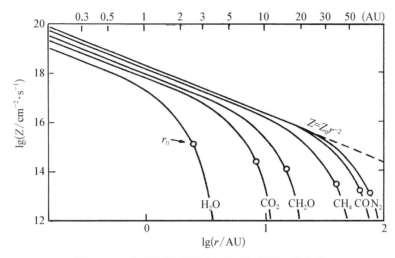

图 7 - 48 各种雪的升华率 Z 随日-彗距 r 的变化

正比。将彗星的观测亮度与图 7 - 48 比较,可得到反照率和升华率。Kohoutek 彗星和 Encke 彗星的观测亮度较好地拟合出 H_2O 雪(而不能拟合 CO_2)的升华率,说明它们以 H_2O 雪升华为主。由于各彗核的挥发物成分差异,以及内部放射元素[26]Al 衰变能的加热,需按实际情况分析。

7.2.5 几颗著名彗星

虽然每年都有很多彗星运行到内太阳系而可以观测到,但适于公众观测的却很少。曾经运行到地球附近且特别明亮而形态及其变化奇异的彗星才更令人瞩目,取得了宝贵的观测研究成果。下面介绍几颗著名彗星。

1) 哈雷彗星(1P/Halley)

它前三次回归是 1835 年、1910 年、1986 年。恰巧,美国作家马克·吐温生于 1835 年,他在自传中写到"我随哈雷彗星而来,也期望随它而去",果然于 1910 年逝世,受此启发,1985 年拍摄了虚幻电影"马克·吐温的奇遇"。它 1910 年运行到地球附近时,奇特的长大彗尾横越星空,特别瞩目,推算其所含毒气的彗尾将在 5 月 18 日扫过地球,新闻媒介借机大张旗鼓炒作"世界末日"到来,奸商热售"彗星药丸",实际上,地球和人类却安然无恙。阎林山等的研究表明,这次彗尾扫过地球造成了地磁暴。

1986 年飞船穿过哈雷彗星的彗发,实地测量了气体和尘埃,首次近距拍摄到彗核,同时结合在地面上和近地空间的观测和一系列研究,取得丰硕成果,开拓了彗星研究新时代。

　　哈雷彗核呈花生或扁长土豆形(见图 7-49),近于三轴为 $16 \text{ km} \times 8 \text{ km} \times 8 \text{ km}$ 的扁球,表面暗黑(反照率为 $0.02 \sim 0.04$)且很不规则,几个喷流从局部活动区出来。其彗核平均密度约为 0.3 g/cm^3,说明彗核内有空隙。水分子是彗发因而也是彗核挥发物的最丰富成分,CO_2/H_2O 的产额比约为 $1‰$,上限约为 20%。彗发中存在复杂有机分子与大量微小固态颗粒,大多在 $3 \times 10^{-16} \sim 3 \times 10^{-10}$ g 范围(微米和亚微米大小),尘粒在喷流中更密集,最小与最大尘粒的数目比随远离彗核而减少——说明小颗粒蒸发。有几乎完全由碳、氢、氧、氮组成的 CHON 尘粒、与 CI 型碳质球粒陨石相似的富氢或富碳尘粒,也有富铁、硅、镁、氧的硅酸盐尘粒。同位素 $^{12}C/^{13}C$ 比率的范围很宽($0 \sim 10^4$),而氘氢比率(D/H)类似于地球海洋的值。

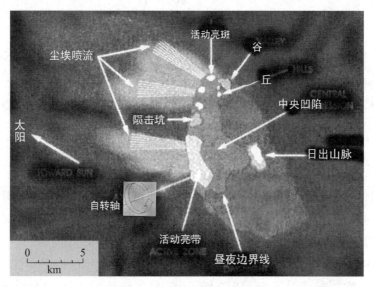

图 7-49　哈雷彗星的彗核表面特征

　　哈雷彗星不仅有尘埃喷流,而且也观测到 CN 和 C_2 气体喷流,长达近 $1\,000 \text{ km}$,它们很亮,并逐渐扩展成晕或包层。离彗核约 10^6 km 和 $5\,000 \text{ km}$ 处分别存在外激波和内激波,而内激波以内磁穴区的磁场基本为零;载质太阳风流与彗星离子外流的相互作用在离彗核约 $1.4 \times 10^5 \text{ km}$ 处形成厚约 10^4 km 的间断面——彗星顶,其内区域是纯彗星离子,在背太阳方向形成离子彗尾;弓形激波面离彗核 $1.1 \times 10^6 \text{ km}$,在弓形激波上游及它与彗星顶之间的磁鞘区域也有复杂的细结构,发生多种等离子波和不稳定现象,出现多次断层事件以及射线、扭折等大尺度现象。

1991 年 2 月哈雷彗星已离太阳 14.5 AU 远,本应只有不活动的裸彗核,但却突然亮了 200～300 倍,出现直径近 3×10^5 km 的模糊大气,推断可能受到一次大撞击,这将会影响它在 2061 年的回归。

2) 海尔-波普(Hale-Bopp)彗星

海尔-波普(C/1995 O1)彗星是 1995 年 7 月 23 日发现的,肉眼观测长达18.5 个月,创历史新纪录。它轨道的 a、P、e、i 分别为 186 AU、2 537 a、0.995 086、89.4°。它在 1997 年 3 月通过木星近旁(0.77 AU),受木星的引力摄动而改变轨道,公转周期缩短为 2 380 a,远日距也变为 360 AU。分析表明,它的彗核约为 50 km。有趣的是,1997 年 3 月 5 日的日全食前后它在北天极区域,高纬地区的人们可以肉眼整夜看到它,而日全食时它仍在当空。4 月 1 日,它的彗尾跨越星空 30°～40°,蔚为壮观。从它的红外和射电波谱中观测到 20 多种成分,发现 7 种以前没有在其他彗星探测到的新分子。从喷流物质外流得出,其彗核自转周期约为 11 h 46 min,还叠加有几天的周期变化。自适宜光学观测到其彗核亮度有双峰,但哈勃空间望远镜的高分辨像未见此迹象,因而,它是否有双彗核仍有争议。

3) 百武(C/1996 B2)彗星

百武彗星 C/1996 B2(Hyakutaka)是长周期彗星,在新近经过内太阳系之前,它的轨道周期约为 15 000 a,但巨行星的引力使其轨道周期变于 70 000～114 000 a,现轨道的 a、e、i 分别为 2 349.02 AU、0.999 902、124.9°。1996 年 3 月 24 日,它成为夜空最亮的天体,彗尾跨越星空 35°。3 月 25 日,它最接近地球(见图 7-50 左),彗尾横越星空达 80°,彗发的角径达 1.5°～2°。5 月 1 日过近日点时,仍被 SOHO 卫星拍摄到。尤利西斯(Ulysses)飞船非预料地在 1996 年 5 月 1 日穿过百武彗星的彗尾,发现太阳风质子数大减及局部磁场方向和强度变化,还发现彗星离子突增。彗尾至少有 5.7×10^9 km(=3.8 AU)长,改写了彗尾长度的纪录。从它的观测,人们第一次发现彗星含乙烷和甲烷。光谱观测得出,它的水冰中氘氢比率(D/H)约为 3×10^{-4},是地球海洋(D/H≈1.5×10^{-4})的 2 倍,挑战地球海水来自陨落彗星的看法。

最惊奇的是,ROSAT 卫星观测到其彗核周围呈突向太阳的 X 射线发射(见图 7-50 右)。此后,几乎每颗彗星都观测到 X 射线发射,可能是太阳风离子与彗发的中性氢碰撞产生的。哈勃空间望远镜摄到其彗核周围区有破裂开的碎块。雷达探测出其彗核约 2 km 大,以几米每秒的速度抛出卵石大小碎块串到周围。它在 1996 年 3 月初的尘埃产率约为 2×10^3 kg/s,到近日距时增到 3×10^4 kg/s,尘埃抛出速度从 50 m/s 增到 500 m/s。其彗核自转周期为 6.23 h。

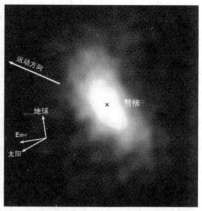

图 7‐50　地面望远镜摄的百武彗星形态(左)与 ROSAT 卫星摄的百武彗星 X 射线像(右)

4) 19P/Borrelly 彗星

19P/Borrelly 是 1904 年 12 月 28 日发现的木星族彗星,现在绕太阳公转轨道周期约为 6.9 a,近日距约为 1.36 AU。2001 年 9 月 22 日,Deep Space 1 飞越它的过程中,摄录了(波段 0.5～1.0 μm)彗核像和(波段 1.3～2.6 μm)光谱,进行了等离子体的实地测量。

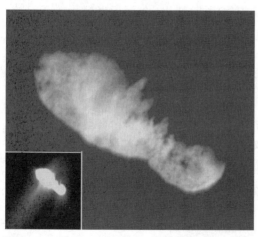

　　其彗核近于长约 8 km、宽约 4 km 的滚球针状,自转周期约为 25 h,表面崎岖,到处可见变暗物质,显示复杂的地形/地质和光度分布,普遍缺乏陨击坑。彗核表土相当松软。近核彗发显示类扇的和准直的两型尘埃喷流。最强尘埃喷流至少 100 km 长,指向偏太阳‐彗核 30°,从自转轴一端发出(见图 7‐51)。彗核的光谱有波长约 2.39 μm 吸收线(成分尚不清楚),说明表面热而干燥;对比哈雷

图 7‐51　彗星 19P/Borrelly 的彗核及喷流(小图)

彗星,Borrelly 彗星缺少 C‐链分子;它的弓形激波离彗核约 1.5×10^{5} km,离子彗发中心偏离彗核 1 500 km,一些特征不对称地偏离太阳‐彗星连线,这是未预料到的。

5) 彗星 81P/Wild 2

81P/Wild 2 是年轻的木星族彗星,发现于 1978 年 1 月 6 日,它原在木星和

天王星的轨道之间绕太阳公转,在 1974 年 9 月从离木星 0.006 AU 处经过而变到进入内太阳系,轨道周期从 40 a 变为约 6 a。现在轨道的 a、e、i、P 分别为 3.45 AU、0.534 8、3.239 4°、6.408 a。由于 Wild 2 接近太阳时间少(仅 5 次)而大部分尘埃和气体仍是"原始的",星尘飞船于 2004 年近距飞越,拍摄到清晰的彗核像,近于半径为 1.65 km×2.00 km×2.75 km 的三轴椭球(见图 7-52)。

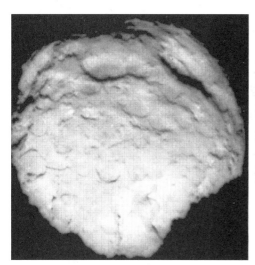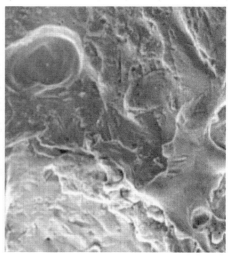

图 7-52　彗星 81P/Wild 2 的彗核(左)及其局部(右)

它表面反照率为 0.03,显示冰岩彗核有复杂的多种特征,有平底、陡壁的一些凹陷,还有与陨击坑或排气口造成的小到 2 km 的其他特征,在探测期至少有 10 个排气口是活动的,也保存着古老地形。它的地形起伏(至少 200 m)大。大的凹陷近于 2 km,很多凹陷可能是陨击坑,有的是活动区(喷流源)冰升华后留下的。有 20 个喷流从表面活动区(较亮斑)出来。陡峭的悬崖说明彗核外壳是很坚硬的,细粒的岩石物质被水冰、一氧化碳和甲醇冻结。Wild 2 有丰富的、似乎更富氮的有机分子。人们采集到它的几千新鲜彗星尘以及星际尘带回地球,初步分析表明,高温形成的钙长石(anorthite)和透辉石(diopside)的含量令人惊奇。

6) 彗星 9P/Tempel

9P/Tempel 1 是 1867 年 4 月 3 日发现的木星族彗星,由于多次接近木星而轨道常发生变化。现在轨道的 a、e、i、P 分别为 3.122 AU、0.517 5、10.530 1°、5.515 a。**深撞击**飞船在 2005 年探测得出(见图 7-53),彗核是大约 7.6 km×4.9 km 的高低起伏团块,平均直径为 6.0 km,自转周期为 1.71 d,质量

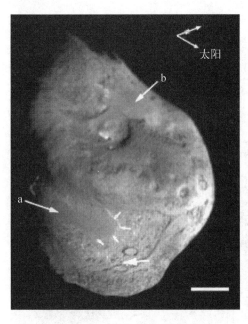

图7-53　9P/Tempel 的彗核

说明：粗箭头指撞击点；箭头 a、b 指异常平坦区；小箭头指平坦区 a 边缘的悬崖；右下标尺为 1 km；右上双箭头指太阳和天空北向。

约为 7.2×10^{13} kg。每次接近太阳时损失 10^9 kg 或 0.001%；撞击"撕掉"约 10^6 kg 或 0.000 001%。彗核的平均密度为 0.67 g/cm^3，说明有孔隙。其彗核表面的反射(平均约 4%)差别不大，甚至飞船撞击的最亮斑也仅为 6%。尽管它是冰体，但彗核表面却没有冰证据，而是覆盖很细($0.5 \sim 1$ μm)的暗尘。红外谱表明，日下点温度最高(329 K)，阴影处最低(260 K)，热惰性很低。撞击前的光谱缺乏特征；撞击后的光谱有 H_2O 和 CO_2 的发射特征，但缺少"C-H"(包括多种成分)特征。这说明，太阳光升华了彗核表面冰，表层下仍有冰；但三处异常颜色区的光谱有水冰的波长 1.5 μm 和 2.0 μm 吸收，可解释为含 $3\% \sim 6\%$ 的水冰颗粒($10 \sim 50$ μm，大于撞击实验抛出的冰粒)，说明表面沉积是疏散聚合物，可能还有下面排气源区。

它的彗发光谱显示了典型的彗星气体(H_2O，HCN，CO_2 以及有机化合物 CH、C_2、C_3 和氮化物 NH_3、CN)。飞船撞击出更多的(10 倍)H_2O 和 CO_2 以及(20 倍的)复杂化合物(H_2CO，CH_3OH，CH_3CN)。撞出物包含"有机物质暴"成分——甲醇、甲基氢化物(methyl cyanide)及乙炔(C_2H_2)、乙烷(C_2H_6)、甲烷(CH_4)和尘埃成分——硅酸盐矿物(辉石、橄榄石)。撞击几天后，又恢复撞击之前情况。最惊奇的撞击特征是掘出物质的"松软性"和"尘埃性"，或者说，这是太阳系早期遗留物。斯必泽空间望远镜成像摄谱(波长为 $5 \sim 35$ μm)显示原子丰度与太阳的和 C1 陨石的符合，气体与尘埃的质量比大于等于 1:3。尘与冰的质量比大于 1，说明其彗核是冰体脏球(ice dirtball)，而不是脏的雪球。

7) 67P/Churymov-Gerasimmenko 彗星

它是 1969 年发现的木星族彗星，轨道半长径为 3.463 AU，近日距与远日距为 1.243 2 AU 与 5.682 9 AU，公转周期为 6.44 a。已观测到它 6 次接近太阳时都有反常活动，近 4 次回归有 3 次在近日点**爆发**，虽然尘埃产率比哈雷彗星小，仍分类为多尘彗星。

Rosetta 飞船于 2014 年进入环绕其彗核的轨道,11 月 12 日,登陆器 Philae 首次成功登陆彗核,到 2016 年 9 月 30 日结束使命。其彗核是窄颈联结两瓣(见图 7 - 54),大瓣为 4.1 km×3.3 km×1.8 km,小瓣为 2.6 km×2.3 km×1.8 km,总质量为 $1×10^{13}$ kg,平均密度为 0.53 g/cm^3,自转周期为 12.404 h,反照率为 0.06。此彗核可能是两个彗核低速碰撞结合的。它表面有 26 个不同区(覆尘的、大凹陷、有麻坑和脆的、平坦的),两个"孪生突出"的"门"特征;它出来的水汽 D/H 比率是地球水的 3 倍,2014 年 6—8 月它的水汽增大 10 倍;其表面发生蒸发、块体移动、悬崖坍塌等,暴露下层,尘层厚达 20 cm,下面是硬冰或冰尘混合物,孔隙度似乎向中心增大;其彗核没有磁场;测出 16 种有机分子,其中 4 种(乙酰胺、丙酮、异氰酸甲酯、丙醛)是第一次发现的;最特别的是第一次发现其周围有大量氧分子。

图 7 - 54　67P/Churymov - Gerasimmenko 的彗核(左)及近核现象(右)

7.2.6　彗星的演变简史

综合彗星资料,可总结为下面的重要事实和推论。如前所述,彗核至少可以细分为三大类。由于长期在太阳系外部寒冷区,基本上只是赤裸的彗核而没有彗发和彗尾,除了宇宙线照射、流星体陨击而改变彗核表层外,彗核内部演化是很少的,基本保留形成时的原始状况。

奥尔特云内的个别彗星因受走近恒星的引力摄动而改变轨道,进入内太阳系,成为长周期彗星,又可能因木星等大行星摄动而变为短周期彗星。

彗星每次回归到内太阳系都发生前面所述或图 7 - 55 归纳的物理-化学过程,蒸发出的气体和尘埃形成变化的彗发和彗尾,散布到其轨道附近,彗星物质损失率与具体情况(如近日距)有关,一般为其质量的 0.1‰~1‰,因而彗星公转几百到几千圈之后就耗尽而衰亡了。有的彗星还发生分裂,衰亡得更快。彗星抛失的彗星尘成为**流星(体)群**,最终散布为**行星际尘**。有的彗星在蒸发掉足够物质后,留下固态残骸而成为小行星。

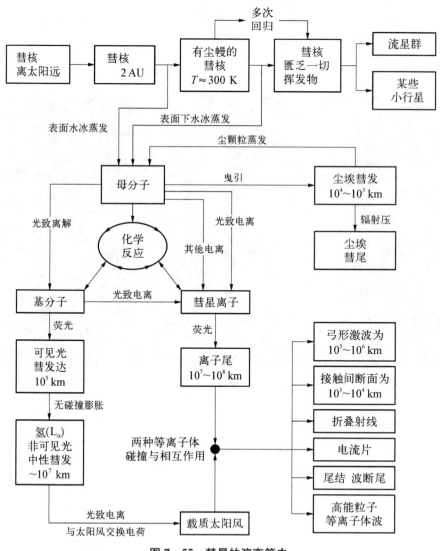

图 7 - 55　彗星的演变简史

7.3 柯伊伯带与弥散盘天体

柯伊伯带是太阳系行星区外的盘带,从海王星轨道(30 AU)延展到离太阳约 50 AU,它类似于小行星带,但更大——宽 20 倍、质量大 20~200 倍。此带含有很多小天体——**柯伊伯带天体(KBO)**,都赋予小行星编号。它们由冻结的挥发物(诸如甲烷、氨和水冰)组成,已发现 1 000 多颗,估计存在 10 万多颗直径 100 km 以上的。柯伊伯带是动力学不稳定的,很多柯伊伯带天体早已外移到**弥散盘**(scattered disc)而演化为**弥散盘天体(SDO)**,它们的轨道偏心率范围大到 0.8,轨道倾角范围达 40°,近日距大于 30 AU,远日距大于 100 AU。

7.3.1 柯伊伯带

1943 年,爱尔兰出生的天文学家 K. Edgeworth 发表文章,设想海王星之外的原始星云稀疏物质会聚集成很多小天体,有的偶尔进入内太阳系而成为彗星。1951 年,G. 柯伊伯(G. Kuiper)推测太阳系演化早期形成类似天体的外盘带,随后又论述此假设。1962 年,加拿大天体物理学家 G. W. 卡米伦(G. W. Cameron)提出,太阳系外围存在大量的小天体。1964 年,惠普尔认为那里存在**彗星带**。

现在人们已把冥王星作为最大的柯伊伯带天体之一,而其他柯伊伯带天体都是远而暗的,比寻找冥王星还要难。生于英国的美国天文学家朱维特和越南裔美籍女天文学家刘丽杏(Jane Luu)经过 5 年搜寻,在 1992 年 8 月 30 日宣布,发现柯伊伯带天体 1992 QB1,给予小行星编号(15760);6 个月后,他们又发现(181708)1993 FW。此后,发现的柯伊伯带天体越来越多。

虽然柯伊伯带离太阳 30~50 AU,但一般认为,带的主体从 39.5 AU 处(与海王星 2∶3 共振)到约 48 AU 处(1∶2 共振)。柯伊伯带相当厚,KBO 主要密集于离黄道 10°范围,有些 KBO 弥散几倍远,带的总体更像轮胎或面包圈形,其平均位置对黄道倾角 1.86°。由于轨道共振,海王星对柯伊伯带的结构有深远影响。海王星的引力使得一定区域 KBO 的轨道变为不稳定,或者使它们进入内太阳系,或者外移到弥散盘乃至恒星际。这就导致柯伊伯带现在有类似小行星带的柯克伍德空隙(见图 7-56)。

经典柯伊伯带(classical Kuiper belt)处于与海王星 2∶3 共振与 1∶2 共振之间的区域,离太阳 42~48 AU。可忽略海王星对那里的引力影响,存在轨道基

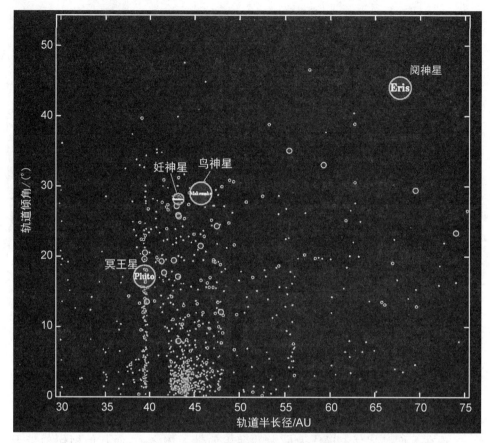

图 7-56 KBO 的轨道半长径和倾角分布

本上不变的 KBO,它们的数目大致占已观测到的三分之二。经典柯伊伯带天体以首先发现的(15760)1992 QB1 为原型,而常称为 cubewanos("QB1-o,s"),它们的轨道半长径在 40~50 AU 范围,轨道偏心率范围为 0.2~0.8,30%以上是近圆(最大偏心率为 0.25)、轨道倾角小的。它们常以创世诸神来命名,如(136472)Makemake—鸟神星、(50000)Quaoar—创神星。经典 KBO 在动力学上分为**冷族**(cold population)和**热族**(hot population)。冷族天体的轨道特征像行星,即轨道近圆(偏心率小于 0.1)、轨道倾角较小(小于 5°),也有"核(kernel)"的密集区,半长径为 44~44.5 AU。热族的轨道对黄道倾角大(大于 5°,可达 30°)。两族不仅轨道不同(见图 7-57),还有颜色和反照率及大小分配等的差别。冷族天体较红且较亮。颜色的差别反映了成分及形成演化不同。

冥王星与海王星的轨道运动周期成 2:3 共振,海王星的引力作用使冥王

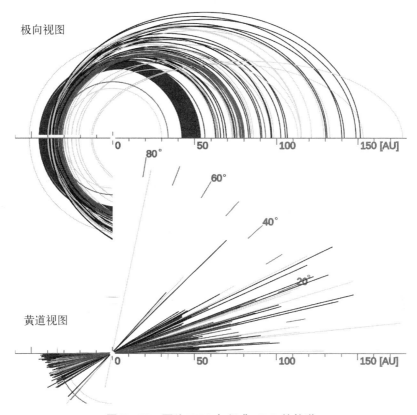

极向视图

0　　50　　100　　150 [AU]

80°

60°

40°

20°

黄道视图

0　　50　　100　　150 [AU]

图 7-57　冥族 KBO 与经典 KBO 的轨道

星轨道运动保持很稳定,或者说被"锁定"了。现在已知约 200 颗天体有同样的共振,它们的轨道半长径约为 39.4 AU,称为**冥族天体**(plutinos),其中有些(包括冥王星)是轨道与海王星轨道交叉的,但如同立交桥的不同层次轨道上的车,它们从来不会碰撞。相应于 1∶2 轨道共振,轨道半长径约为 47.4 AU 的 KBO 有时称为**共振海外天体**(twotinos),其数目很少,也存在其他共振为 3∶4、3∶5、4∶7 和 2∶5 的 KBO(见图 7-58)。相应于 1∶1 轨道共振的就是海王星的特洛伊小行星。轨道共振 1∶2 似乎是个边界,其外面的天体知之甚少。还不清楚,它实际上是否就是经典柯伊伯带的外边界,或者恰是宽空隙的开始。大致在离太阳 55 AU(相应于 2∶5 共振),在经典柯伊伯带之外,已探测到 KBO;然而,却没有观测确认这些共振之间存在预言的经典 KBO。完全未预料到,50 AU 外的小天体数目突然大减——谓之**柯伊伯悬崖**(Kuiper cliff)。

2019 年元旦,新视野飞船传来其掠越摄得的柯伊伯带天体(486958)2014

MU69(Ultima Thule,"天涯海角")清晰像,它形如"雪人",是两个结合的密接双小行星(见图 7 - 59),表面淡红,有直径 6 km 的坑,它的更多情况有待传回更多的图像信息。

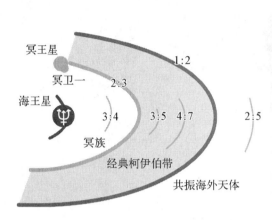

图 7 - 58　KBO 的轨道共振

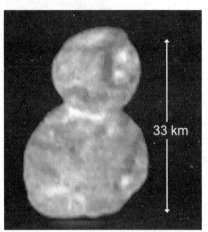

图 7 - 59　柯伊伯带天体 2014 MU69

7.3.2　弥散盘

比柯伊伯带更远的,还有较宽一族稀散的海外天体**弥散盘**。第一颗被认知的**弥散盘天体(SDOs)**是 1996 TL66。1999 年,同次巡天又确认三颗 SDOs:1999 CV 118,1999 CY118,1999 CF119。到 2011 年,已确认 200 多颗 SDOs,包括 2002 TC302、(136199)Eris—阋神星、(90377)Sedna、2004 VN112。

弥散盘天体的轨道偏心率范围大(达 0.8),轨道倾角也大到 40°,半长径大于 50 AU,近日距大于 30 AU。一般认为,这样轨道的天体是被气体巨行星的引力"驱散"的,且继续受到海王星的摄动。虽然弥散盘天体可以近到离太阳 30～50 AU,但轨道可延展到 100 AU 外,远近距离变化很大。弥散盘的最内部分与柯伊伯带外部有重叠,但弥散盘的外限远得多,离黄道范围比柯伊伯带厚。它们的轨道是不稳定的,受巨行星摄动,终究或进入内太阳系,或逃远。弥散盘内也有诸如 1∶3、2∶7、3∶11、5∶22 和 4∶79 共振轨道的例子。

(90377)Sedna、2000 CR105、2004 VN112 的近日距也离海王星很远而不受海王星影响。于是,有些天文学家认为,它们是**延展弥散盘**(extended scattered disc)天体(E - SDO)。2000 CR105 也可以是内奥尔特云天体或在弥散盘与内奥尔特云之间的过渡天体,称为分离的(detached)或远分离区的天体(DDO)。

在延展弥散盘与分离区之间没有清楚的分界。

从轨道半长径和倾角图(见图 7 - 60)看出,弥散盘天体与柯伊伯带天体及共振天体的轨道特征有差别。不像柯伊伯带天体(KBOs)的轨道倾角范围和偏心率很小,弥散盘天体(SDOs)的轨道倾角范围大(达 40°),偏心率也大。由于弥散盘天体的近日距相当小,所以受海王星的引力影响而使其轨道不稳定。

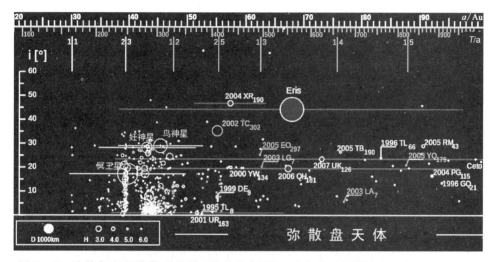

图 7 - 60 弥散盘、柯伊伯带、共振的天体轨道半长径 a 和倾角 i(细横线表示近日距-远日距)

类似于包括 KBO 的其他海外天体,弥散盘天体的密度较小,它们由冻结的挥发物(水、甲烷等)组成。选取的 KBOs 和 SDOs(如冥王星和阋神星)的光谱分析揭示了类似甲烷成分的标志。天文学家原先以为,海外天体先形成在相同区域,经历太阳辐照等过程都显示相似的红色表面。特别地,预料弥散盘天体表面有大量甲烷,受太阳辐射作用而变为复杂的有机分子,吸收蓝光而略呈现红色调。大多经典 KBOs 就显示这样的颜色,但 SDOs 则不是这样的,而是呈现白色或略灰色。一种解释是,因受撞击而暴露出较白的下表层。另种解释是,SDOs 形成在离太阳远的区域,成分有差别。阋神星是弥散盘天体,M. Brown 提出,由于它现在离太阳远,其甲烷大气冻结成整个表面而形成几寸厚的亮白冰层。然而,冥王星更近,甲烷仅在较冷的高反照率区,留下的低反照率索林(tholin)物质覆盖裸露冰。

7.4 流星体和流星现象

除了小行星和彗星以外,行星际众多独立绕太阳公转的小物体统称为流星体(Meteoroids),它们的质量一般小于 10^5 kg,但没有严格的上限,现今甚至把 1 m 大的也称为小行星。大多数流星体只是微小的固体颗粒,又称为**行星际尘 (IPDs)** 或**宇宙尘**。有些流星体的轨道相似,只是过近日点先后不同,称为**流星 (体)群**。

流星体绕太阳运行中,若经地球附近,受地球的强引力而高速(11.2~72 km/s)闯入地球大气,与大气作用而烧蚀,呈现一道光迹划越天空,成为肉眼可见的光学**流星**(Meteor)现象,特别明亮的称为**火流星**(bolide);有的流星余迹虽肉眼看不见,但可反射雷达电波,称为**雷达流星**或**射电流星**。

多数流星现象出现在高度 130~70 km 处。观测流星可以研究流星体与大气相互作用过程和高层大气状况。流星电离余迹可用于电波通信。大量流星烧蚀物的降落可能成为水汽凝核而影响降水。

7.4.1 偶现流星

零星偶然出现的流星称为**偶现流星**。显然,在无灯光污染、无月夜晚用望远镜可看到更多流星。将大量观测资料归算到统一标准后,统计结果表明:① 越暗的流星,出现率越高,说明小流星体更多;② 后半夜看见的比前半夜多——周日变化;③ 北半球在下半年观测到出现率多于上半年——周年变化。

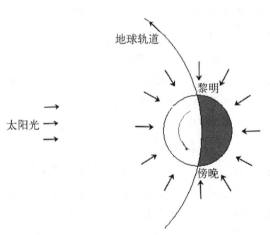

这些变化可以地球的运动来解释。一般来说,流星体在地球周围的空间分布较均匀,由于地球绕太阳公转和自转(见图 7-61),后半夜(尤其黎明前)迎面来的流星体相对于地球的速度较大,因而可见到流星出现率高;前半夜(尤其傍晚)从后面追来的流星体相对于地球的速度较小,因而可见到流星出现率低。

图 7-61 流星出现率周日变化的解释

地球公转运动方向在秋季偏向赤道北,即北半球观测者的地平线之上迎面来的流星体多,且相对地球的速度较大,因而流星出现率高。相反地,地球公转运动方向在春季偏向赤道南,即北半球观测者的地平线之下后面追来的流星体少,且相对地球的速度较小,因而流星出现率低。

7.4.2　流星群与彗星的关系

流星有时像焰火般从星空某点(或小区域)——**辐射点**迸发出来,呈现出壮丽的流星雨,流星雨常周期性出现于一定时间,以辐射点所在星座或恒星来命名,例如,猎户座流星雨在每年 10 月 18—26 日出现,宝瓶座 η 流星雨在每年 5 月 3—4 日出现。我国有世界最早的流星雨记载,如《左传》记载鲁庄公七年(公元前 687 年)"夜中星陨如雨"指的就是天龙座流星雨(见图 7 - 62)。流星雨从辐射点散开只是表观现象,实际上,流星轨迹基本是平行的,正如我们看到平行铁轨似乎从远处一点散开的视觉现象一样。

图 7 - 62　天龙座流星雨及其辐射点

流星群也用其相应流星雨命名,如狮子座流星群。目视观测已发现几十个流星群。雷达观测还发现了很多白昼流星群。

从流星雨的观测可以推算出相应流星群绕太阳公转轨道。19 世纪已发现一些流星群的轨道与个别彗星轨道相似。另一方面,从流星和彗星的观测发现,相应流星体与彗星尘的性质相似。由此得出:彗星蒸发出来的彗星尘沿其轨道散布,成为流星群;随着时间推移,流星群中的彗星尘即流星体(宇宙尘)离开群体而成为散兵游勇的流星体。从流星观测推算,约 90% 以上的流星体来自彗星,也有小部分是小行星碎屑,兹举如下几例。

1) 哈雷彗星与猎户、宝瓶流星雨

哈雷彗星因行星的引力摄动及非引力效应,其公转轨道也发生一些变化,公转周期变化于 $72.8 \sim 79.7$ a,尤其在它 1985—1986 年回归期间有飞船穿越其彗发,探测表明,其彗发中微尘(质量小于 10^{-12} g)出乎意料地多,可能是绒毛状(或多孔隙)易碎的。

每年 5 月 3—14 日和 10 月 16—29 日,地球经过哈雷彗星轨道附近,分别观测到宝瓶座 η 和猎户座流星雨,其流星群实际上都是哈雷彗星从前流失出来的彗星尘(哈雷流星群),它们在哈雷彗星轨道附近成车胎环状分布。由于流星群沿轨道分布不均匀,每次流星雨见到的流星数目不同。估计哈雷彗星过近日点已约 3 000 次,起初彗核比现在约大 1 倍。哈雷流星群环有分层结构,存在两族彗星尘。

2) 金牛座流星群与恩克彗星

早在 11 世纪已有金牛(座)流星雨记录,有南北两支,每年 11 月中旬到 12 月延续约 1 个月出现流星雨。北支比南支流星多。与它相应的是恩克(2P/Encke)彗星。该流星群和恩克彗星可能是 20 000～30 000 年前从很大彗星瓦解出来的。沿轨道的较大流星体较均匀地密集,因而常见火流星。

3) 狮子流星群与坦布尔-塔特尔彗星

狮子座流星雨常出现于每年 11 月 14—20 日,1799 年、1833 年、1867 年、1965 年、1966 年、1998—2000 年、2006 年流星特别多——**"流星暴雨(meteor storm)"**,历史上十多次 10 月中旬的大流星雨也属于此群,流星雨重现周期约为 33.5 a,但有些年(如 1900 年)却没出现流星雨,这要归因于此流星群轨道变化以及流星体沿轨道分布不均匀,与它相应的是坦布尔-塔特尔(55P/Tempel-Tuttle)彗星,其远日距近于天王星轨道,由于受行星摄动而发生轨道变化,新轨道的近日距为 0.976 5 AU,轨道是扁椭圆(偏心率为 0.900 51),轨道倾角为 162.5°,它在 1832 年最近地球时仅为 0.001 2 AU,1965—1966 年则为 0.003 AU。此彗星在 1998 年 2 月经过最小近日距,狮子座流星雨在 1998 年达 250～300 颗流星每小时,在 1999 年达 3 700 颗流星每小时,在 2000 年达 480 颗流星每小时,2001 年达每小时几千颗流星。

4) 英仙座流星群与斯威夫特-塔特尔彗星

英仙座流星雨出现在 7 月中旬到 8 月下旬,在 20 世纪出现最盛日期为 8 月 10 日,又称"圣劳伦斯的眼泪"(这天是此圣神节)。其流星群的轨道与 1862 年发现的斯威夫特-塔特尔(109P/Swift-Tuttle)彗星轨道相似。它绕太阳公转周期为 120 a,在 1862 年 10 月 27 日观测后就隐遁了。而相应的英仙座流星雨却有长时期的历史记载,近来又逐年增加,1991 年 8 月流星多达 350 颗每小时。B. G. Marsden 重新计算 109P/Swift-Tuttle 的轨道,预报它 1992 年秋再出现,很多人得以一睹其芳容。1992 年 8 月我国也观测到此流星雨,预示流星群的母体彗星正接近地球,现今所见流星是该彗星约千年前抛出的,也有 1862 年抛出的。

2004 年 8 月 12—13 日流星雨很强。

图 7-63 为 2012 年观测到的英仙座流星雨。

5）双子座流星群与菲索小行星

双子座流星雨出现在 12 月上中旬，至少已有 9 个世纪的记录，它有两支，相应的流星群很稳定，弱流星在前 7 天多，而大流星则在流星雨最后 3 天多，说明大流星体集中于此流星群的外边界。1983 年 S. F. Green 发现对应于（3200）菲索（phaethon）小行星，这显然不同于流星群的母体彗星情况。phaethon 是颗阿波罗型小行星，近日距为 0.14 AU，远日距为 2.40 AU，公转周期为 1.43 a，轨道面倾角为 22.1°，可能是彗星演化来的。

图 7-63 英仙座流星雨（2012 年）

有些流星雨的出现是不稳定的，它们相应流星群的公转周期为 5.4～6.6 a，其母彗星是木星族彗星，轨道及公转周期是变化的。

6）仙女座流星雨与比拉彗星

仙女座流星雨出现在 11 月中、下旬，历史上多次见到它的壮观景象，1872 年一次平均 23 000 颗每小时，1885 年一次也达 15 000 颗每小时。1741 年、1798 年、1830 年、1838 年、1847 年都观测到流星雨。与其相关的是比拉彗星。前面已讲过该彗星的分裂和"失踪"。1872 年 11 月 27 日地球经过它的轨道时，却出现一次如节日焰火的壮观流星雨，有人估计总数达 1.6×10^5 颗流星，之后在 1885 年，1892 年、1899 年同日又出现壮观的流星雨。

7）天龙座流星群与 Jiacobini-Zinner 彗星

21P/Jiacobini-Zinner 彗星在 1900 年发现和 1913 年再现，其公转周期约为 6.6 a，近日距为 0.995 6 AU，轨道面倾角为 30.7°，1958 年与 1969 年它走近木星，受其引力摄动，近日距从 0.93 AU 变为 0.99 AU，1981 年变为 1.03 AU。它每隔 13 年接近地球一次，出现强流星雨，每小时约 700 颗流星。1933 年、1946 年、1952 年、1998 年、2005 年都出现强流星雨；1926 年、1972 年及 1984 年流星雨常出现于彗星前 70～100 多天，彗星尘集中于彗星轨道面附近。

其他有大气的行星也会出现流星雨。当然，流星群与行星的轨道交叉等条件不同，流星雨的情况也不同。例如，2004 年 3 月 7 日，"勇气号"火星车摄录到

火星大气的流星轨迹，推算是 114P/Wiseman-Skiff 彗星所产生的流星群闯入
火星大气的流星现象。

7.5　陨石和宇宙尘

陨石是从太空坠落到地球的各种固体碎块。它们来自某些类地天体(诸如
小行星、月球、火星)。宇宙尘是太空多种固体小颗粒，它们有多种来源。陨石和
宇宙尘这些"天外来客"可以给我们带来许多信息，为人类揭示天体，尤其太阳系
的演化提供重要线索。

7.5.1　陨石

大流星体在陨落中呈现明亮的火流星，有的甚至白天可见，常伴有呼啸声和
爆裂声。由于低层浓密大气的阻尼而减速，产生不完全烧蚀，其残骸落到地面，
称为**陨石**或**陨星**(Meteorite)。有时，爆裂的陨石碎块像雨似地落下，称为**陨石
雨**。陨石常以发现地命名，如吉林陨石、新疆陨铁(见图 7-64)。

图 7-64　吉林陨石 1 号(左)与新疆陨铁(右)(彩图见附录 B)

1) 陨石的类型

陨石的形态结构和性质多样。按照金属和硅酸盐的相对含量，传统上把陨
石分为三类(见图 7-65)：石陨石、铁陨石(陨铁)、石铁陨石。石陨石主要由硅
酸盐组成。铁陨石主要由铁镍金属组成。石铁陨石的铁镍和硅酸盐大致各半。
每大类又分为一些亚类。近些年来在南极地区收集到大量陨石。陨石常有陨落
烧蚀的表面特征，可用化学成分、矿物等来鉴别出陨石。

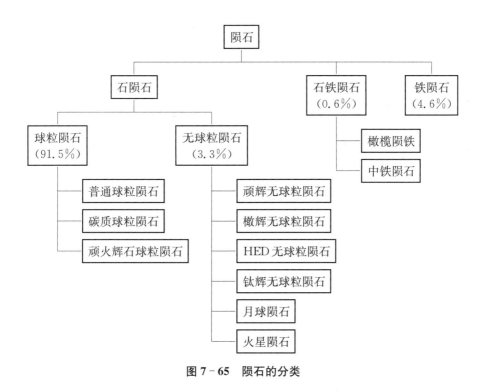

图 7-65 陨石的分类

地球矿物有万种以上,而陨石矿物仅 140 多种,其中只有 39 种是陨石特有而地球没有的。大多陨石矿物是在宇宙的缺水和还原条件下原生的,少数是陨落以后在地球环境下次生的。即使是陨石和地球都有的矿物,也有结构构造上的差异。

球粒(石)陨石的主要特征是内部散布着 0.1 mm 到几毫米的球状颗粒(**球粒**),球粒之间充填着基质(见图 7-66 左)。它们分为五个化学群:E 群(顽火辉石球粒陨石)、H(高铁)群(古铜辉石球粒陨石)、L(低铁)群(紫苏辉石球粒陨石)、LL(低铁低金属)群(橄榄石-紫苏辉石球粒陨石)、C 群(碳质球粒陨石)。常把 H、L、LL 三群合称 O(普通球粒陨石)群。按 E、H、L、LL、C 顺序,金属铁的含量依次减少,氧化程度增高。每群又按岩石学特征再分为六个岩石型。1976 年 3 月 8 日 15 时,我国吉林地区发生罕见的一场壮观陨石雨,一团光亮夺目的大火球从东飞来,拖着尾迹,伴随滚雷般爆裂声,变为很多小火球,逐渐变暗,散落在东西长 72 km、南北宽 8 km、面积 500 平方千米的地区。收集到 100 多块、计 2 600 多千克陨石。最大的 1 号陨石冲击地面时溅起高达 50 m 的"蘑菇云",陨击成深为 6.5 m、直径为 2 m 的坑,它重为 1 770 kg。吉林陨石为 H5 型,是世界上最大的石陨石。

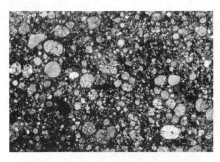

图 7 - 66　球粒陨石的球粒和基质(左)(彩图见附录 B)以及陨铁的维斯台登图案(右)

图 7 - 67　Allende 碳质陨石

碳质球粒陨石含碳多(0.8% ~ 3.6%),但实际上却没有球粒,只是它们的性质属于球粒陨石类。它们尤其受重视,因为:① 富含挥发元素及其化合物,除了少数元素(氢、氦等)之外,它们的元素丰度与太阳大气的一致,尤其 CI 型碳质球粒陨石代表太阳系的原始物质;② 含有 60 多种有机物,尤其是前生命有机物(多种氨基酸等);③ 有的陨石(如 Allende 陨石,见图 7 - 67)中有形状不规则的富钙铝包裹体(CAIS),由高温凝聚矿物组成,出现太阳系物质的同位素异常。

无球粒(石)陨石是没有球粒的石陨石。它们在矿物学和结构上近似于地球火成岩,但形成条件和成分不同,按含钙多少又分为贫钙和富钙两亚类无球粒陨石。

铁陨石主要由铁镍金属组成,含镍超过 6% 甚至 65%(地球铁含镍少于3%)。主要矿物是铁纹石和镍纹石,用稀硝酸腐蚀其抛光面就呈现"维斯台登"图案(见图 7 - 66 右),这是地球铁镍合金没有的。世界上最大的铁陨石是非洲纳米比亚的霍巴陨铁(质量约 60 t),其次是格陵兰的约克角陨铁(约 57 t),第三是我国的新疆陨铁(约 30 t)。

石铁陨石的化学成分、矿物组成和结构构造兼有石陨石与铁陨石的特征,分为橄榄陨铁和中铁陨石两亚类。

应指出,从成分和演化角度来说,陨石分为原始型和分异型。球粒陨石属于原始型的,除了丢失易挥发元素外,它们由原始星云物质直接凝聚形成,而未经历化学分异,因而代表太阳系形成以来很少变化的原始物质,尤其 CI 群碳质球粒陨石最原始。其他类型陨石都属分异型的,即经过岩浆和结晶分异而形成。

2) 玻璃陨石

玻璃陨石是一种天然玻璃体,一般质量为几克,大小为几厘米,也有大到 20 cm 的及小于 1 mm 的,它们呈纽扣状、哑铃状、水滴状等多种形状,一般呈黑色和绿色,也有褐、灰、乳白等色的,有不透明的,也有半透明的,大多有表面流纹等或环状纹及浅坑,说明经历过飞行烧蚀。玻璃陨石与(地球)黑曜岩(玻璃质喷出岩)相像,但玻璃陨石含焦石英、有特殊流纹等重要特征。关于玻璃陨石的成因已争论很久,一般认为可能是地表物质被陨击而形成,也包裹部分陨石物质。玻璃陨石主要分布在四个区域,如表 7 - 3 所示,同一区域的玻璃陨石的年龄和性质相似。玻璃陨石以发现地命名,我国雷州半岛发现的叫雷公墨。

表 7 - 3 玻璃陨石分布区

分布区名	地 区	年龄/万年	收集数
亚澳分布区	雷州半岛、海南岛、印度支那半岛、菲律宾、印尼、澳大利亚等	~70	数十万
象牙海岸分布区	象牙海岸、加那及其海域	~130	数万
莫尔达维分布区	捷克斯洛伐克西南部	~1 500	数万
北美分布区	美国(得克萨斯、佐治亚等)	~3 400	数万

3) 月球陨石和火星陨石

在南极区收集的(无球粒)陨石中鉴别出一些来自月球的**月球陨石**、来自火星的**火星陨石**。由于月球和火星的逃逸速度小,外来天体陨击它们表面所溅射出的冷凝石块可以抛到行星际运行,有的陨落到地球上而成为月球陨石和火星陨石(见图 7 - 68)。

月球陨石有月球岩石的化学成分及捕获的太阳风气体。例如,MAC - 88104 和 MAC - 88105 两块(作为一个)来自月球高地,Asuka - 881757 来自月海玄武岩。从同位素年代分析可得到它们的结晶(抛出)年龄、月-地空间运行时间及落地年龄。有的在月-地空间运行上千万年,有的不到 10 万年,有的还经历 2~3 次撞击。有的落地年龄仅几千年,有的达 17 万年。

有些判据鉴定火星陨石。例如,EETA - 79001 的成分与火星表土相似,其同位素成分与火星大气一致,其结晶年龄(13 亿年)比一般陨石的结晶年龄(约 45 亿年)小,推断它是火星的火山活动产生的,这类主要包含熔辉长、透橄榄、纯橄三种无球粒陨石成分的陨石又特称为"SNC 陨石"。

图 7-68 月球陨石(左)与火星陨石(右,彩图见附录 B)

4) 陨石的年龄和演化史

用放射性同位素测定年代方法可以得到陨石从形成到陨落的演化史。

陨石的**形成间隔年龄**(即陨石母体经历多长时间形成)常用碘-氙法,即测定^{129}I 衰变的^{129}Xe 数目来算出。结果得出陨石母体都在较短时期(几百万到二千多万年)内形成。

陨石的**形成年龄**或**固结年龄**,即陨石母体形成固结体系至今的时间间隔,常用铷-锶法、铀-钍-铅法测定。结果得出多数陨石母体的形成年龄为(45.7±0.03)亿年,月球和地球也如此,说明太阳系的天体大致在约 46 亿年前同时期形成。但有些岩石是固结年龄小的,说明它们形成后又经历过热变质及丢失子核的事件。

由于热事件,矿物中放射衰变生成的气体或重核(如^{238}U)自发裂变产生的子核径迹数目就减少,因而可从保留数目定出**气体保留年龄**和**径迹保留年龄**,揭示陨石的热历史、冷却率及变质史。

当陨石从母体碎裂出来后,其表面就受到宇宙线高能粒子轰击,发生"散裂反应",生成"宇宙成因核"。例如,高能质子轰击陨石表面的^{26}Mg 生成^{26}Al 和中子,写成^{26}Mg(p,n)^{26}Al。测定宇宙成因核的含量,就可得出陨石暴露在空间至今的时间间隔——**宇宙线暴露年龄**。宇宙线暴露年龄的测定结果表明,石陨石为 2 万年到 8 000 万年,铁陨石为 4 000 万年到 23 亿年,石铁陨石约 2 亿年。

对于已找到但未见到陨落过程的陨石,因地球大气已屏蔽了宇宙线,就不再有新的宇宙成因核,由落地前生成的宇宙成因放射核(^{14}C 等)的衰变物含量来测定它陨落多久——**落地年龄**。由于风化,石陨石落地超过 10 万年,铁陨石超过 50 万年后就难识别了。

根据陨石的分析结果,可以追溯它们的形成演化史,给太阳系演化提供主要线索。例如,吉林陨石的形成演化大致如下:45.7 亿年以前,从温度 2 000 K 逐渐冷却,各种物质依次凝聚,液滴冷凝为球粒,撞碎的球粒和尘粒成为基质;距今 46～45.5 亿年,冷却至 570～400 K,凝聚物质聚集形成半径约为 220 km 的陨石母体,母体内升温而发生热变质;从径迹保留年龄(40～39 亿年)和气体保留年龄(38.4～23.7 亿年)可得到温度依次降到约 800 K 和 200 K,冷却率约为每百万年 1 K。母体多次被撞击碎裂;距今约 800 万年,从母体撞碎而分离出约 10 m 一块,它碎裂出半径约 1 m、质量约 9.7 t 的吉林陨石,绕太阳公转轨道半长径为 1.77 AU、偏心率为 0.472 1;吉林陨石闯入地球大气,爆裂为陨石雨落下。陨落中,其表层温度超过 3 000℃,烧蚀形成约 1 mm 厚的熔壳,共烧蚀掉约 30%。其他陨石的演化史大致也经历这几个阶段,只是它们在星云盘的形成部位和环境不同,母体的演化和撞击碎裂及冲击变质程度不同。各类迄今陨石的吸积(聚集)形成条件列于表 7-4。从陨石的陨落轨迹的一系列观测可以逆推它的空间运行轨道,很多陨石是小行星带空隙处的原来小行星的碎块。

表 7-4　各类球粒陨石的形成条件

条　件	E　群	H　群	L　群	LL　群	C　群
压力/mbar*	≤0.1	≤0.1	～0.01	≤0.01	≤0.001
温度/K	470～500	470～500	450～475	430～460	350～400
日心距/AU	1～2	1～2	1～2	1～3	2～4

* 1 bar=10^5 Pa。

7.5.2　宇宙尘

宇宙尘(Cosmic Dust)是外空存在的微流星体——尘粒,质量为 10^{-13}～0.1 g,大多是 0.1 μm 以下的,少部分是恒星尘(恒星遗留物颗粒),它们虽然微小,但"见微而知著",可以揭示天体尤其太阳系形成演化的重要线索。为此,人们采用多种技术方法来研究宇宙尘。早在 100 多年前,人们发现格陵兰冰雪中带磁性的微铁尘与铁陨石成分相当,后来在海底软泥中找到宇宙尘。近几十年来,科学家广泛地从极地冰、海底沉积物、古地层乃至花岗岩中、大气和太空收集宇宙尘样品。有些样品(尤其高空收集 10 μm 以下的)是原样的**行星际尘**(微陨石)(见图 7-69),很多样品则是流星体在大气中烧蚀的产物。现代精密分析技术可测定宇宙尘样品的元素和化学成分、矿物成分和结构等性质,可以鉴别宇宙尘与地球上的微尘(火山灰,火箭烧蚀物等)。质量较大的宇宙尘密度较小,其结构是多孔和易碎的、也有平滑和较密的；而极微小的粗粒尘是密度大的、可能是原来集合体分离的矿物微粒。

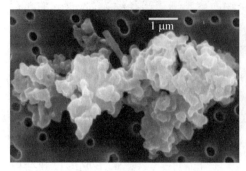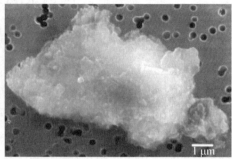

图 7-69　多孔的(左)和光滑的行星际尘显微像(右)

每天有多少宇宙尘陨落到地球？各人估算结果不同，一般认为约 5～300 t。宇宙尘的空间数密度 N 随日心距 R 呈幂律式分布：$N(R) \propto R^{-K}$，在不同 R 范围的 K 值不同(1～1.5)。国际红外卫星(IRAS)发现小行星带及彗星轨道附近存在尘埃环。宇宙尘的寿命远小于太阳系年龄。于是就有宇宙尘的补充来源问题。研究表明，宇宙尘的主要来源是彗星尘，其次是小行星尘，少部分来自卫星乃至火星等被撞击抛出的物质，还有少部分来自恒星际。

1) 彗星尘

由于彗星形成和长期运行于太阳系的寒冷外部，演化程度小，保留太阳系形成初期的重要线索，所以近年来彗星尘的探测研究很受重视。前面讲过，人们从彗星的光度测量推求其尘埃颗粒的大小和产额，从红外光谱分析推测彗星尘有硅酸盐成分，还有未认证的波长 3.4 μm（可能是碳氢化合物或有机分子）和 28.4 μm 特征。1986 年，飞船直接探测了哈雷彗星尘，微尘($10^{-11}\sim10^{-17}$ g)的数目更多，尘粒成分主要有三类。此外，有些尘粒含铁、硅、镁、氧，可能是硅酸盐尘。由于飞船探测到的尘粒有限，估计尘埃产率为 $3.3\times10^6\sim3.3\times10^7$ g/s。尘埃产率不仅随日-彗距变化，还有短时间变化。高空飞机于 2003 年采集的彗星尘，发现了一种新矿物 Brownleeite(锰硅化合物)。

星尘号飞船载有"气凝胶(aerogel)"的尘粒收集器，把捕获的 Wild 2 彗星尘带回到地球(见图 7-70)。分析表明，它们的成分和结构及大小和密度的范围是很宽的，有太阳附近高温条件形成的矿物，说明彗星不仅有外区冷物质(冰、尘、气体)，还有太阳系内区形成的高温矿物外移过来参与聚集，也有来自或其他恒星抛出物。大多数样品似乎是微粒和少数较大颗粒的弱结构混合，含有丰富的结晶矿物，很多大的样品有复杂的矿物成分和化学成分，从橄榄石到低-高钙辉石的高温和低温矿物及硫化铁/镍(见图 7-71)。大、小颗粒有类似的并非同样的矿物组合。它们的同位素成分大多与陨石和地球的类似,起源于太阳系。还有奇特的硅酸盐晶体可能来自恒星际。很多尘粒含有丰富的碳氢化合物,有些是在太阳系前身的气体-尘埃冷云中形成的;尤其是发现新有机物-富含氧氮的化学变种多环芳香烃(PAHs),在地球生物化学上起重要作用。彗星陨落把水和有机物带给地球,因而生命起源与彗星有关。

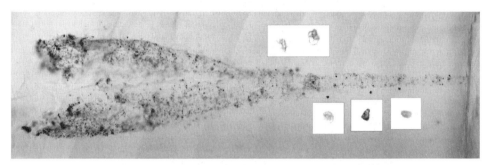

图 7-70　Wild 2 彗星尘的富钙铝包裹体穿入"气凝胶"痕迹和采集的矿物

图 7-71　阻留在"气凝胶"内的彗星尘橄榄石矿物

2) 黄道光和对日照

宇宙尘在黄道面附近较密集,它们反射和散射太阳光而呈现为**黄道光**和**对日照**。

在低纬度山区,春季黄昏后于西方地平线之上,或秋季黎明前于东方地平线之上,容易看到沿黄道带向上延伸的长锥形淡淡光带,其亮度与银河相当,这就是**黄道光**(见图 7-72)。黄道光的亮度 B 随离太阳的距角 ε 增大而减弱,即

$B \propto \varepsilon^{-2.2}(\varepsilon < 130°)$。 除了地面观测，人们为减少大气辉光影响，近几十年来用飞机、气球、人造卫星及航天器到高空和大气外观测。研究结果表明，产生黄道光的宇宙尘是大小为 $10 \sim 100\ \mu m$ 的。

夜空背太阳天区的辉斑称为**对日照**，是宇宙尘背向散射（反射）的太阳光。

图 7-72　黄道光（右）与银河（左）争辉（摄于 2009 年 6 月傍晚，纳米比亚）

7.6　巨行星的环系

土星光环发现后的 300 多年期间再没有看到别的行星有环，似乎土星光环是太阳系唯一的。1977 年在天王星掩恒星时发现它有环系。接着，飞船发现木星和海王星也都有环系。这四个外行星的环系各具特色，又有一些共性。

7.6.1　土星的环系

早在 1610 年，伽利略就依稀看到土星两旁的附属物，惊奇地写下暗语"这两

颗星是帮助土星寻路的仆从",但 1612 年却不见了,1616 年又显现。直到 1659
年才揭开土星附属物之谜,确认是环绕土星的薄光环,它在不同时间因侧向地球
的角度不同而呈现不同形貌(见图 7-73)。

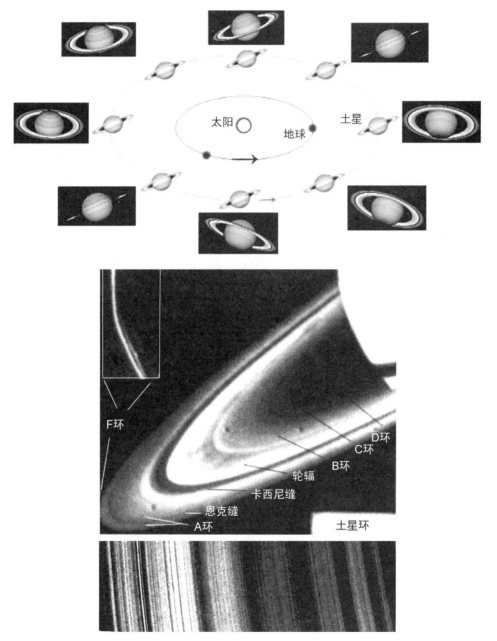

图 7-73　不同时间看到的土星环系(上)、土星环系的结构(中)以及 B 环的细环(下)

望远镜中看到土星的亮环系(因而称为光环)由 A、B、C 三个宽环组成,在有利条件下还可见到暗的 D、E 两环,1979 年先驱者 11 号飞船又发现 F、G 两个环,在各环之间是暗的环缝。内环的厚度为几十米,而环的外边界厚度或许达 30 000 km。环系位于土星赤道上空。飞船近距摄像揭示,每个环又由很多细环组成,甚至环缝也有细环,总计有上万个细环。F 环奇特,好像是由细环编织的发辫,细环宽约 10 km。B 环的径向轮辐特征更令人感到迷惑。

英国著名物理学家詹姆斯·克拉克·麦克斯威尔(J. C. Maxwell)从理论上证明环的每个质点各按自己的开普勒轨道绕土星转动,1895 年 J. 基勒尔(J. Keeler)观测到环的光谱而确证环系呈现内快、外慢的较差转动。光谱特征表明,环质点的主要成分是水冰,但各环的颜色差别说明它们的成分也有所不同,可能是脏冰。环中有 1 cm 到几米的冰块,也有 1 cm 以下的小质点。土星环的结构明显地受卫星的引力影响,很多环与相应卫星"共振",甚至某些环缝也与卫星共振。偏心环(如 C 环和卡西尼缝中的细环)和 F 环的质点如同"羊群"被邻近的两颗"牧羊卫星"的引力约束。而轮辐特征则是带电小质点受木星磁场电磁力作用所致。

7.6.2　木星的环系

木星环系很暗,地球上不能直接看到。1979 年旅行者 1 号飞船拍摄到木星环的痕迹。接着,旅行者 2 号拍摄到木星环系图像,1996—1997 年伽利略飞船进一步观测了木星环系。木星环系位于木星赤道面附近,但地面望远镜直到最近才拍摄到木星环的红外像。

木星环系分为三部分(见图 7 - 74):① 主环,离木星中心 1.72～1.81 R_J(木星半径),宽 6 400 km,厚不到 30 km,亮度较均匀,中部稍亮些,它的外边界恰在木卫十六轨道处;② 晕,暗于主环,从主环向木星弥漫,厚度达 20 000 km;③ 薄纱(Gossamer)环,从主环的外边界向外延展到约 3.1 R_J 处,非常暗,越向外越暗,在木卫五和木卫十四轨道处最暗。

木星主环中以微米大小的尘埃居多,也有厘米以上的。晕和纱环主要是小尘埃。不同于其他环系,在木星环系的动力学中电磁作用更重要。环质点是很年轻的(千年甚至更少),主要来源于流星体撞击木卫十六或十四或环内未见的小"母"卫星以及木卫一的火山尘。

7.6.3　天王星的环系

1977 年 3 月 10 日,天王星掩恒星,美国、中国等都观测了这次罕见天象,原来打算用以研究天王星的大气,结果却意外地发现天王星主掩事件前后至少各有 5

外内薄纱环

主环　晕

木卫五　木卫十五　木卫十六

木卫十四

图 7-74　木星的环系

个次掩,由此推断天王星有 5 个细环,同年 12 月 23 日和 1978 年 4 月 10 日的两次天王星掩星观测又发现 4 个细环。1986 年旅行者 2 号飞临天王星,又发现很多细环(见图 7-75)。天王星的多数细环都很暗,基本是天王星赤道面上的圆环,宽度一般小于 10 km。特殊的是 ε 环,它是偏心率较大(0.079)的椭圆且各处宽度不一,近天王星处窄(约 20 km),远天王星处宽(约 100 km)。而离天王星最近的 U2R 环是宽约 3 000 km 的暗带。天王星的各环都是很薄的,厚度小于 150 m。从多波段探测资料推断,环质点主要是大的(直径为 50 cm 到几米)或许有少量微米大小的尘埃。它们是非常暗的,至少其表面不是水冰,而是暗的物质(碳氢化合物或碳)。

7.6.4　海王星的环系

1968 年以来多次观测到海王星掩星的次掩,但从观测资料推断海王星环仍不确切。旅行者 2 号于 1989 年 8 月摄像确认,海王星赤道面附近有 5 个独特环,它们或多或少连续地环绕海王星(见图 7-76)。最外的 Adams 环恰在海卫六的轨道外面,环的半径为海王星半径的 2.53 倍,宽度小于 500 km,它是窄而连续的,但在经度 40°范围有大致等距的三段多尘亮弧。最内的 Galle 环和次外的 Lassell 环是较宽的。而 LeVerrier 环和 Arago 环是窄的。此外,恰在 Adams 环之内有不连续的环与海卫六共轨。海王星环(尤其 Adams 环和弧)的厚度小于 30 km,似乎是多尘的,环物质与天王星环一样暗,可能也较红。

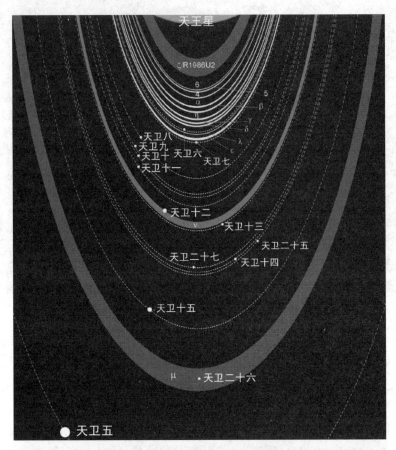

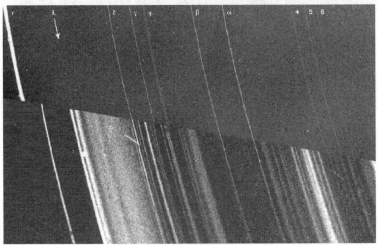

图 7 - 75　飞船摄的天王星环系

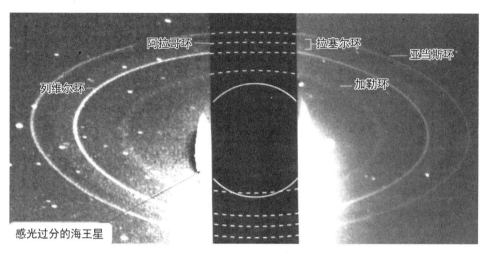

图 7 - 76　海王星的环系

7.6.5　行星环系的比较

　　总括这四个环系的分布及内卫星,虽然各有特点和差别,但也有一些共性。第一,行星环系一般在洛希限之内,而卫星一般在洛希限之外,但木星和土星的外环有些超出洛希限,又有些卫星在洛希限之内,说明行星环系的实际情况比洛希理论复杂;第二,行星环系都在行星的赤道面附近;第三,环系的总质量都远小于行星及大卫星的质量;第四,各环都由分离的质点组成,而不是单一整体;第五,环及环缝的结构受行星、卫星(尤其"牧羊"卫星)的引力约束;第六,现在的环系是年轻的,环系演化程度较大,环质点会碰撞破坏及散失,也不断地得到补充。

第8章 太　阳

太阳是太阳系的中心天体,其质量占太阳系总质量的 99.86%,太阳系其他天体都绕它公转。太阳是离我们最近的典型恒星,仔细观测研究太阳的细节,有助于认识遥远恒星,由浅入深,由现象到本质,推动观测技术方法和理论的发展。太阳对地球、对人类生存环境的影响至关重要,日地环境是当代探测研究的活跃领域。

8.1　太阳的基本性质

"万物生长靠太阳",太阳与人类的生存息息相关。地球大气的循环,昼夜与四季的轮替,冷暖的变化都是太阳作用的结果。对于天文学家来说,太阳是唯一能够观测到表面细节的恒星,人类对恒星的了解大部分来自太阳。

8.1.1　太阳的大小、质量、光度和表面温度

太阳半径和太阳质量是两个重要的天体物理量。太阳半径 $R_\odot = 695\,700$ km,是地球半径的 109 倍,太阳表面积是地球的 12 000 倍,太阳体积是地球的 130 万倍。有些观测探索太阳半径变化的方法,但精确测定很困难。

太阳质量 $M_\odot = (1.988\,55 \pm 0.000\,25) \times 10^{30}$ kg,约为地球质量的 33.3 万倍。太阳的平均密度为 1.408 g/cm^3。

太阳的视亮度为 -26.74^m,绝对星等为 4.83^m。

太阳总辐照(Total Solar Irradiance, TSI)是太阳垂直照射在离它 1 AU 处每平方米面积上的总辐射流。自 19 世纪 80 年代以来,在地面用太阳热量计等仪器测量日射(太阳照度),改正地球大气消光等影响,归算出大气外的值,因精度不够高而没有发现其明显变化,故称为太阳常数(现在取值 1 368 W/m^2)。近 40 年来,以太阳(总)辐照取代太阳常数,用人造卫星携带性能良好的辐射计测

定太阳总辐照及其变化。太阳总辐照有短期的和长期的变化,与太阳活动相关
(见图 8-1)。太阳(总)辐照平均值为 1 366 W/m^2,峰-谷变化范围约 1.3 W/m^2。
1980—2000 年平均每十年增 0.037 W/m^2,而后减小。虽然太阳总辐照变化很
小,但在极紫外区(200~300 nm)从极大到极小变化约 1.5%,尤其在 X 射线波
段太阳辐照变化很大(达 10% 甚至 10 倍或更大)。

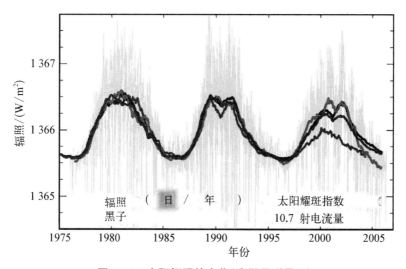

图 8-1　太阳辐照的变化(彩图见附录 B)

太阳光度(Solar Luminosity)是太阳在各波段的总辐射流(总功率),它是由
太阳总辐照测量结果推算的。显然,太阳光度应等于太阳辐照乘半径为 $r(=$
1 AU) 的球面总面积($4\pi r^2$)。现在采用的太阳光度值为 $L_\odot=3.828\times10^{26}$ W。
整个地球仅接收它的一小部分(接收比例等于地球的投影面积与半径为 1 天文
单位的球面积之比),即 1.74×10^{17} W,这是全世界总发电量的几十万倍!

由太阳光度可算出太阳表面的平均辐射强度 $H_\odot=L_\odot/4\pi R_\odot^2$。 取黑体辐
射近似:

$$H_\odot=\sigma T^4 \tag{8-1}$$

可算出太阳表面的有效温度为 5 772 K。

表 8-1 列出了太阳的基本资料。

表 8-1　太阳的基本资料

质量 $M_\odot$	1.989×10^{30} kg	平均密度 $\rho_\odot$	1.408 g/cm^3
半径 $R_\odot$	695 700 km	光度 $L_\odot$	3.828×10^{26} W

(续表)

绝对星等	4.83ᵐ	表面逃逸速度	617.7 km/s
赤道自转(恒星)周期	24.47 d	中心密度	162.2 g/cm³
极区自转(恒星)周期	34.4 d		
		中心温度	1.57×10⁷ K
光谱型	G2 V	太阳赤道倾角(对黄道)	7.25°
表面温度	5 772 K	(对银道)	67.23°
表面(光球)重力	274 m/s	年龄	≈46 亿年

8.1.2　太阳的自转

　　17 世纪初,伽利略观测到黑子在日面的位置逐日变化,发现了太阳自转。1853 年一位英国的业余天文学家 R. 卡林顿(Richard Carrington)系统地观测黑子时,发现日面不同纬度的自转角速度不同,即呈现太阳赤道区自转快、高纬自转慢的"较差自转(Differential Rotation)"。太阳(相对于恒星)每天的较差自转角速度 ω 与日面纬度 φ 关系可写为

$$\omega = A + B\sin^2\varphi + C\sin^4\varphi \tag{8-2}$$

系数 A、B 和 C 的值与日面标志有关,现在采用的平均值为 $A=(14.713\pm0.0491)°/d$,$B=-(2.396\pm0.188)°/d$,$C=-(1.787\pm0.253)°/d$。

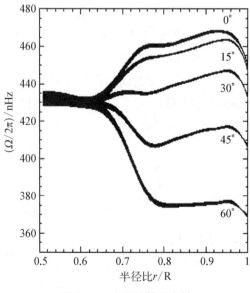

图 8-2　太阳的较差自转

　　太阳赤道自转(恒星)周期为 24.47 d,由于地球绕太阳做轨道运动,观测到的是太阳自转会合周期为 26.24 d。应注意,天文文献上不是采用太阳赤道的自转周期,而常用卡林顿的自转周期——会合周期 27.275 3 d(或恒星周期 25.38 d),大致相当于太阳纬度 26°(相当于黑子及周期性太阳活动)的自转,从 1853 年 11 月 9 日开始卡林顿为自转编号,以便追踪后来的黑子群或再现的喷发。

　　太阳内部也是较差自转的,自转角速度随半径和纬度变化,且不同于表面(见图 8-2)。

太阳赤道对黄道倾角为 $7.25°$,太阳北极的赤径和赤纬分别为 $286.13°$ 和 $63.87°$。

粗略地说,太阳是一个较稳定的恒星,其质量、半径、光度等物理量在较长时期内很少变化,或者说,太阳通常是较宁静的。太阳虽然不断地发出各种辐射,但它仍保持动态平衡。实际上,太阳也是一颗变星,只是其总的光度变化相对而言是较小的,而在它的一些局部区域却常发生规模不同、有时很剧烈的扰动变化,称为**太阳活动**,表现为显著的黑子、耀斑等多种活动现象。

8.2 太阳的观测

由于太阳是有视面的强辐射天体,太阳观测有一些特殊要求和问题,因而研制一些专用的太阳观测仪器,可得到更多更好的重要观测资料。

8.2.1 光学观测

光学观测是人类最早观测太阳的方法,也是现在太阳观测最常用的方法。

8.2.1.1 太阳望远镜

为了观测太阳的细节,需要望远镜呈现出大而足够亮的太阳像。因此,需要物镜的口径较大,而焦距应越长越好;但焦距太长使用不方便,而且配置大型光谱仪等终端设备很困难。为解决这些困难,1904 年美国天文学家 G. E. 海耳(George Ellery Hale)首先设计出太阳望远镜,它由定天镜系统、成像系统、终端系统三部分组成。定天镜系统常用两个平面镜,其作用是把太阳光束投射到固定方向。成像系统用长焦距的反射物镜,呈大的太阳像到终端设备(如光谱仪的入射狭缝)上。若定天镜副镜出来的光束方向是水平的,称为水平式太阳望远镜(见图 8 - 3 左),例如紫金山天文台和云南天文台的水平式太阳望远镜;若其方向是铅直的,称为塔式太阳望远镜或"太阳塔"(见图 8 - 3 右),例如,美国威尔逊山的第一个太阳塔。地球大气的对流扰动基本上是铅直方向的,太阳塔中光束受到的歪曲较小而可得到更好的太阳像。因水体附近的大气宁静度良好,美国在位于加利福尼亚州的大熊湖中建立了太阳观测台。

太阳望远镜的终端设备有几种,其中主要的是大型光栅光谱仪。光谱仪再加上其他设备可以进行多项观测,例如,在照相镜焦面的选定波长光谱线处加出射狭缝,让入射狭缝扫描太阳像,而出射狭缝后同步摄下该波长的太阳单色像;

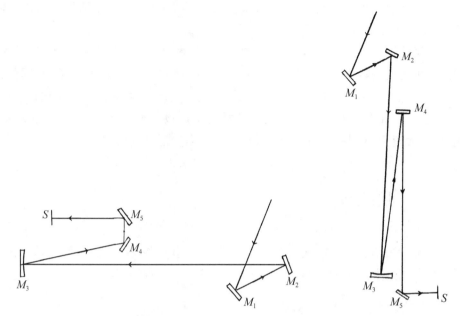

图 8‑3   水平式太阳望远镜的光路(左)与太阳塔的光路(右)

根据磁场中谱线分裂的塞曼效应,加偏振装置而成为测量磁场的**磁像仪**。

8.2.1.2   光谱观测

太阳光谱的观测研究开创了光谱工作的先河,从太阳可见光光谱扩展到全部电磁辐射谱。基本是连续光谱上有很多吸收线,也有一些发射线。

1) 太阳的连续光谱

1880 年,美国天文学家(也是物理学家和航空先驱)S. P. 兰利(Samuel P. Langley)开始研究太阳连续光谱的能量-波长分布。1922 年,兰利的副手 C. G. 阿博特(Charles G. Abbott)得出以绝对单位(erg/cm^2·s)表示的太阳光谱能量分布曲线,成为沿用的重要资料。后来由 Gerard F. W. Mulders 等做了补充。太阳连续光谱的能量分布近于有效温度 5 772 K 的绝对黑体能量分布。

综合从 γ 射线到射电的各波段太阳电磁辐射测量结果,图 8‑4 给出太阳电磁辐射能谱。显然,太阳电磁辐射能量的绝大部分集中在可见光波段且变化很小;其他波段的辐射能量所占比率不大,但却随太阳活动而有很大变化,尤其是远紫外、X 射线和 γ 射线辐射的光子能量大而且对行星际空间环境及地球等行星有重要影响。

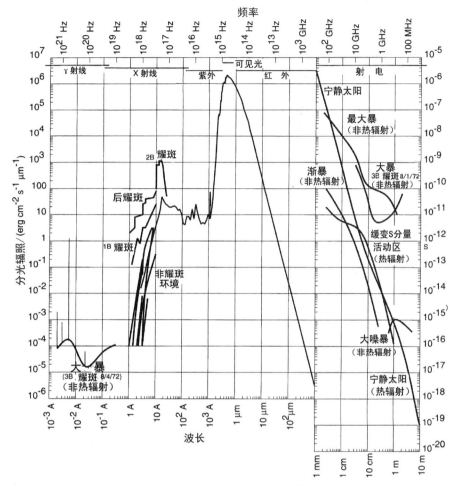

图 8-4　太阳电磁辐射能谱

2）太阳的吸收光谱

1814 年,夫琅和费观测到太阳光谱上有 576 条暗谱线,并用拉丁字母给较强的谱线命名,这些谱线称为夫琅和费线(见表 8-2),一部分符号沿用至今。后来陆续发表更好的太阳谱线资料,如 C. E. 穆尔(C. E. Moore)等给出从 2 935 Å 到 8 770 Å 共 24 000 条谱线的波长、元素证认等资料。

表 8-2　太阳光谱上一些重要的夫琅和费线

符　号	波长/nm	来　源	符　号	波长/nm	来　源
A	759.3	O_2^*	B	686.7	O_2^*
a	718.3	H_2O^*	$C(H\alpha)$	656.28	H I

(续表)

符　号	波长/nm	来　源	符　号	波长/nm	来　源
D_1	589.59	Na I	F(Hβ)	486.13	H I
D_2	589.0	Na I	f(Hγ)	434.05	H I
E	527.0;526.9	Fe I	G	430.8	Fe I
b_1	518.36	Mg I	g	422.67	Ca I
b_2	517.27	Mg I	h(Hδ)	410.17	H I
b_3	516.9	Fe I	H	396.85	Ca II
b_4	516.73	Mg I	K	393.37	Ca II

* 地球大气吸收线;其余都是太阳光球谱线。

3) 太阳系的元素丰度

依据太阳光谱(见图 8-5)资料,通过理论研究可以得到太阳(光球)的元素丰度。太阳的元素丰度常把各元素 X 原子数目 $N(X)$ 的对数 $\lg N(X)$ 归化为相对于氢原子(H)数目的对数 $\lg N(H)=12$ 来表示。碳质球粒陨石(简称 CI 陨石)虽然匮乏氢、氦等元素,但大多数元素的丰度在测定精度范围内与太阳的丰度符合,因而也代表了典型的太阳系和宇宙的元素丰度;陨石的元素丰度测定常

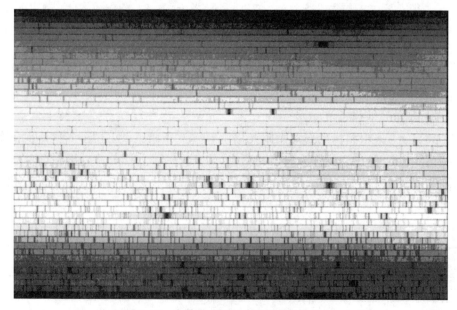

图 8-5　高色散太阳光谱(彩图见附录 B)

以质量比率 ppm＝10^{-6} 或等价地归化为数目比率 $N(Si)=10^6$ 表示。综合太阳和陨石的元素丰度，人们编制出太阳系的元素丰度表（见本书下册第 15 章）。

8.2.1.3 单色光观测

太阳光谱的一些吸收线（氢的 H_α，钙的 H、K 线等）实际上叠加有色球的辐射，线心辐射主要来自色球高层，而偏离线心的来自色球较低层，因此，拍摄谱线不同波长的太阳单色像系列，可以构建色球活动（如耀斑）模型。

1）单色光照相仪

早在 1892 年，海耳首先使用单色光照相仪拍摄色球。其原理如下：让摄谱仪入射狭缝处的太阳像细条依次进入光谱仪，在光谱仪的照相镜焦面得到其光谱，用出射狭缝分出待测波长的单色像，让太阳像和底片同步移动，便可拍摄到太阳单色像。

2）色球望远镜

1933 年，法国天文学家 B. B. 李奥（Bernard B. Lyot）发明干涉偏振滤光器，它由一系列双折射晶体（水晶、冰洲石）和偏振片交替组合，由于光的偏振和干涉，它可以透过波长范围很窄（0.025 nm）的单色光。把这种滤光器装在特制光学望远镜内而成为色球望远镜。

8.2.1.4 磁场测量

太阳活动现象与磁场有密切关系，因而太阳磁场的测量很重要。大多数磁场测量方法依据的是塞曼效应（Zeeman effect）。1896 年 P. 塞曼（Pieter Zeeman）发现，处于磁场中的原子发射谱线分裂为一系列偏振的支线，这种现象称为塞曼效应。发射线分裂常显示"正常塞曼效应"：当磁场在视线方向（纵向磁场）时，观测到谱线分裂的两条 σ 支线，波长大的为左旋圆偏振，波长短的为右旋圆偏振；当磁场垂直视线方向（横向磁场）时，观测到 3 条线偏振的支线，中间的 π 支线与无磁场的波长相同、平行于磁场方向线偏振，其两侧的两条 σ 支线在垂直于磁场方向偏振[见图 8-6(a)、(b)]。若无磁场时谱线波长为 λ_0，σ 支线的波长为 $\lambda_0 \pm \Delta\lambda_H$：

$$\Delta\lambda_H = 4.67 \times 10^{-5} g H \lambda_0^2 \qquad (8-3)$$

式中，H 是以高斯为单位的磁场强度，g 是朗德因子，波长以厘米为单位。

实际观测的是光谱吸收线，它们呈现"逆塞曼效应"。在纵向磁场中，两条 σ 支线的圆偏振与发射线情况相反；在横向磁场中，π 支线垂直于磁场方向线偏振，其两侧的两条 σ 支线都是部分偏振的[见图 8-6(c)、(d)]。

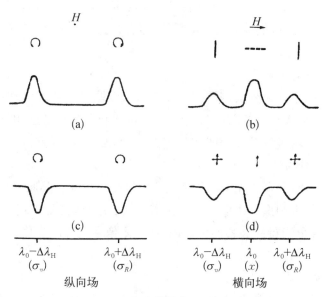

纵向场　　　　　　　　　　横向场

图 8-6　正常塞曼效应和逆塞曼效应

1908 年海耳首先直接测量黑子谱线塞曼效应分裂 $\Delta\lambda_H$ 来求其磁场,以后其他天文台也陆续开展黑子磁场测量。其方法是在太阳光谱仪的入射狭缝前加偏振分析器(由 $\frac{1}{4}$ 波片和偏振片栅组成,偏振片栅邻接两条的偏振方向交替地垂直,并与 $\frac{1}{4}$ 波片的晶轴成 45°角)。纵向磁场所致的左、右旋(支线)光经过 $\frac{1}{4}$ 波片就变为与偏振片轴平行或垂直的线偏振光,分别通过邻接的偏振片。再经过光谱仪后,在照相镜焦面上成出邻接交替的左右 σ 支(谱)线,其距离为 $2\Delta\lambda_H$,从而得出磁场强度。实际上,由于塞曼分裂不大,例如常用的磁敏感谱线的 λ 为 6 302.6 Å,当磁场强度 H 为 1 000 Gs 时,$2\Delta\lambda_H = 0.095\,2$ Å,只有高分辨的光谱仪才可能测出。黑子的谱线塞曼效应分裂如图 8-7(上)所示。

当磁场强度较小时,由于实际谱线有一定轮廓,塞曼效应分裂的支线就混合在一起而不能测出分裂距离。1953 年,美国天文学家巴布科克巧妙地发明了磁像仪,可以测量 0.1 Gs 的纵向磁场,其工作原理如下:光谱仪的入射狭缝前的偏振分析器(代替 $\frac{1}{4}$ 波片的)由光电晶体和一个偏振片组成;KDP 型的光电晶体在外加电场调制下交替地成为 $\pm\frac{1}{4}$ 波片,轮流地让左旋和右旋的(塞曼效应分裂支线)光进入光谱仪。在光谱仪所成谱线轮廓两翼安置 2 个出射狭缝,它们后面是光电倍增管,因而轮流接收对应分裂两支线的光。光电倍增管出来的电流变幅正比于磁场强度。让入射狭缝依次扫描太阳像,就可得到日面的纵向磁场分布图(见图 8-7 下)。在出射狭缝前放视向速度补偿板以补偿视向速度引起的谱线多普勒位移。磁像仪也可兼做速度场测量。

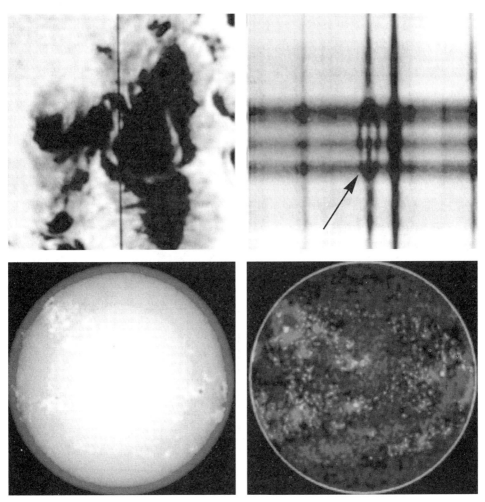

　　图 8-7　黑子的谱线塞曼效应分裂(右为左之黑线部分的光谱,箭头指分裂的
　　　　　　谱线)(上)与日面像及磁像仪得到的磁场图(下)

现代太阳磁像仪又有很多改进。例如,美国基特峰国家天文台(Kitt Peak National Observatory)用 CCD 的 512 通道光电磁像仪,我国北京天文台怀柔水

库站以窄带滤光器替代光谱仪的磁场望远镜等。

8.2.2　射电观测

　　1942年英国防空雷达发现波长为4～6 m的强烈电波干扰,研究确定它来自太阳的射电。后来,太阳射电的观测研究很快发展起来。尤其近年先后建立一些空间分辨率、时间分辨率和频谱分辨率更高、威力更大的射电望远镜仪器设备(如法国Nancay射电日像仪,美国Owens Valley太阳阵和Clark Lake射电日像仪,我国的高时间分辨率射电望远镜等),在太阳射电源的(空间、时间和频谱)结构、偏振、位置、尺度、运动等特性上取得丰富的资料。地面观测波段从2 mm到40 m,高空和地外观测又扩展到千米波段。

　　太阳射电角径随波长而增加,表明太阳射电来自太阳大气。不同波段的太阳射电来自太阳大气的不同高度,例如,米波射电主要来自日冕,分米波射电主要来自色球-日冕过渡区,厘米波射电主要来自低色球层,毫米波射电主要来自光球。

　　太阳射电基本上可分为三种不同性质的成分:宁静太阳射电、太阳缓变射电、太阳射电爆发,它们分别来自宁静太阳大气、某些局部源和太阳耀斑等瞬变扰动。太阳射电的三种成分有不同的频谱(见图8-8)。

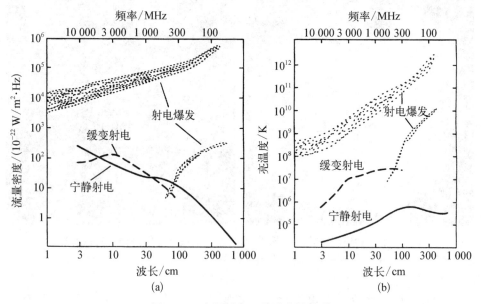

图8-8　太阳射电三种成分的频谱

(a) 流量密度频谱;(b) 亮温度频谱

太阳射电也有随太阳活动的变化,尤其在波长为 3~60 cm 波段缓慢变化更显著,在波长为 5~8 cm 的变幅最大。观测表明,厘米波的缓慢变化主要与黑子面积相关,尤其是波长为 10.7 cm 的太阳射电与黑子面积有很好的相关性,是太阳活动的很好指标(见图 8 - 9);而分米波的缓慢变化主要与谱斑面积相关。

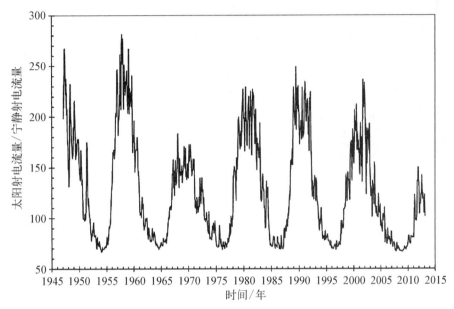

图 8 - 9　波长为 10.7 cm 的太阳射电流量的变化

太阳射电爆发是变化剧烈而短促的,射电流量在短时间内增强百分之几到几十万倍以上,特征时间从 1 秒到数天,常伴有频谱变化,从毫米波到千米波都观测到剧烈变化,根据爆发的波段及其频谱特征,太阳射电爆发分为很多类型,它们是太阳局部强烈扰动(如耀斑等)产生的射电辐射。

8.2.3　空间探测

为了克服地球大气吸收对观测波段的限制,20 世纪中叶以来人们用火箭、高空气球、人造卫星和航天器进行太阳的远紫外、X 射线、γ 射线、红外波段观测及粒子探测。

1959—1968 年,美国宇航局(NASA)发射一系列先驱者(Pioneer)探测器,测量太阳风和太阳磁场。20 世纪 70 年代,两艘太阳神飞船(Helios Spacecraft)和天空实验室计划的阿波罗望远镜(Skylab Apollo Telescope Mount)获得太阳风和日冕的重要新资料;80 年代,发射太阳极大期任务卫星(Solar Maximum Mission satellite),观测太阳耀斑发射的 γ 射线、X 射线和紫外辐射及太阳光度。

图 8 - 10 SOHO 太空船

1991 年日本发射阳光卫星（Yohkoh），观测耀斑。1995 年 12 月，欧洲航天局与 NASA 合作发射重要的 SOHO（Solar and Heliospheric Observatory）太空船（见图 8 - 10），长期多波段拍摄太阳。2010 年 NASA 发射太阳动力学观测台（Solar Dynamics Observatory，SDO）。它们都从黄道面附近观测太阳。1990 年，NASA 与欧洲空间局（ESA）联合研制的太阳探测器尤利西斯号（Ulysses Spacecraft）发射，研究太阳极区。2006 年 10 月，NASA 和美国约翰·霍普金斯大学联合研制的日地关系观测台 STEREO（Solar Terrestrial Relations Observatory）发射，两艘同样的飞船在地球前、后，可以拍摄太阳的立体像。

8.3 太阳的内部结构

我们看到的太阳表面称为光球层或简称光球，一般把光球以下作为太阳内部，而从光球层往外作为太阳大气（见图 8 - 11）。

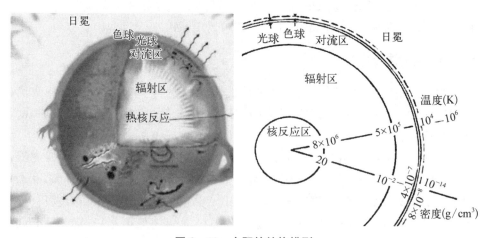

图 8 - 11 太阳的结构模型

8.3.1　太阳内部层区

太阳内部不能直接观测到,但可以从有关的观测资料出发,借助理论来计算太阳内部结构模型,即求出质量、压力、温度等随半径的变化关系。研究结果表明,太阳内部可分为三个层区:核反应区、辐射区、对流区。

1) 核反应区

从太阳中心到 $0.20 \sim 0.25\,R_\odot$ 是核反应区,集中 $\frac{1}{2}M_\odot$,主要成分是氢。由于太阳物质的自引力压缩,此区的密度达 $151\,\mathrm{g/cm^3}$,中心温度为 $1.57 \times 10^7\,\mathrm{K}$,压力为 $2.33 \times 10^{11}\,\mathrm{bar}$。

长久提供太阳辐射的能源是什么? 从 19 世纪始人们先后提出过化学能、引力势能转化的热能、放射元素蜕变能等假说,但都不足以解释长久维持的问题。20 世纪 20 年代,英国天文和物理学家亚瑟·斯坦利·爱丁顿(Arthur Stanley Eddington)提出在太阳中心区高温条件下发生"氢燃烧"——氢聚变为氦的热核反应,产生巨大的能量。尤其是 1938 年德国犹太裔美国核物理学家汉斯·贝特(Hans Bethe)开创性地提出氢聚变为氦的热核反应理论,才基本解决太阳从而恒星的能源问题。后来才在地球上实现了这种核反应并制成"氢弹"。为此,贝特获 1967 年诺贝尔物理学奖。

氢燃烧的总效果是 4 个氢原子核(质子)聚合成 1 个氦原子核:$4{}^1\mathrm{H} \rightarrow {}^4\mathrm{He} +$ 能量。在反应中,质量耗损为 4 个氢原子减 1 个氦原子的质量差 $m = (6.693 \times 10^{-24} - 6.645 \times 10^{-24})\mathrm{g} = 0.048 \times 10^{-24}\mathrm{g}$。按照爱因斯坦质量-能量关系释放出能量

$$E = mc^2 = 0.000\,043\,\mathrm{erg} \qquad (8-4)$$

太阳中心区 $0.1\,M_\odot$ 的氢燃烧能释放能量 $E = 1.28 \times 10^{44}\,\mathrm{J}$,这可供给太阳辐射(光度 $L_\odot$)时间为

$$t = E/L_\odot = 1.28 \times 10^{44}\,\mathrm{J}/3.854 \times 10^{26}\,\mathrm{W} \approx 100\ \text{亿年} \qquad (8-5)$$

氢燃烧有两种核反应路径:质子-质子(p-p)链和碳-氮-氧(CNO)循环。两种反应路径的总结果都是 4 个氢核(${}^1\mathrm{H}$,即质子 p)聚合成 1 个氦核(${}^4\mathrm{He}$)并放出 2 个正电子和 2 个中微子以及几个 γ 光子。在太阳核心区的高温条件下,以质子-质子反应链产能为主,碳-氮-氧反应链产能仅约占 0.8%。关于恒星内部氢燃烧的详细讨论见本书下册第 15 章。

2) 辐射区

辐射区(Radiation Zone)范围约从 $0.25\,R_\odot$ 到 $0.7\,R_\odot$,密度和温度都很快

向外减小。核反应区产生的能量经此区以辐射转移方式向外传输，从核反应区出来的是高能 γ 射线光子，经辐射区物质接连地吸收并再辐射出较低能量的光子，自内向外依次变为 X 射线、远紫外、紫外、可见光光子，最后主要以可见光光子及其他形式辐射出来。

辐射区往上经过渡层（Tachocline）到对流区（Convection Zone），从辐射区均匀自转变为对流区较差自转，推测太阳磁场产生于过渡层。

3）对流区或对流层

范围约从 $0.7R_\odot$ 到光球层底部，密度和温度进一步向外减小，主要以对流方式向外传输能量，同时，此区的湍动还产生低频声波向外传输能量。

8.3.2　揭开太阳中微子之谜

氢燃烧的两种核反应路径都放出中微子。中微子不带电。一般认为中微子类似于光子，没有静质量且以光速运动；但也有实验暗示中微子有微小质量，或许其质量仅为电子的万分之一，那么其运动速度就小于光速。

中微子不与普通物质发生相互作用，可以从太阳内部穿越出来，因此，设法捕获来自太阳中心区的中微子就可以得到太阳内部的一些信息，检验核反应理论；另一方面，中微子又很难探测，甚至地球都是对中微子透明的。然而，太阳的核反应可产生大量中微子，多达每秒 10^{38} 个，到达地球的流量约 $10^{10}/cm^2 \cdot s$。1968 年，美国在南达科他州的一座旧金矿下面建造了 Homestake 太阳中微子探测器，在地下 1.5 km 的大容器内放 600 t C_2Cl_4 液体，中微子与 ^{37}Cl 反应（^{37}Cl 法）生成易探测的放射氩（^{37}Ar），结果探测到的中微子流量仅是"标准模型"预言的 $\frac{1}{3}$，这就是在科学界轰动的"中微子失踪案"。后来，有两个小组用 ^{71}Ga 法，即中微子与它反应生成放射的 ^{71}Ge，结果得到的中微子计数率大些，但仍小于预言值。人们提出几种模型来试图解决太阳中微子之谜，都遇到各种困难。

直到近年用重水的中微子探测器取得了新的结果。2001 年 7 月宣布，太阳中微子之谜揭开了：从太阳核心到地球的旅途中，有些太阳中微子变"味"（变种）了。这是现代粒子物理学标准模型没有考虑的。原来，中微子有三种或三"味"：电子中微子、μ 子中微子、τ 子中微子，中微子可以变"味"。中微子静止质量不是零，而携带微小质量（约为电子质量的 $\frac{1}{180\,000}$ 或 2.8 eV），但目前还不确切知道三种中微子各自的准确质量。太阳内部核反应产生的是电子中微子。大多探测器对 μ 子中微子和 τ 子中微子不敏感。物理学家推测中微子可能在"三味"之间振荡,因此可探测到的电子中微子就少了。

加拿大的萨德伯里中微子观测站(Sadbury Neutrino Observatory,SNO)可有效地探测另两种中微子,并与电子中微子区分开来。观测站的"心脏"是 12 m 的亚克力(acrylic)塑胶球,含 1 000 t 重水。每天约 10 个太阳中微子作用于重水,由细微闪光记录下来。两年中记录了 1 100 多个中微子,足以得出 99% 可信的结论,说明太阳内部核反应理论得出的中微子数目是对的,有些中微子在到地球的路上变"味"了。这个结论是在与日本的超级神冈中微子探测器(Super - Kamiokande)的探测率(1998 年宣布宇宙线的 μ 子中微子变"味")比较而得出的。这两个对不同"味"中微子有不同灵敏度的实验结合起来,清楚表明"失踪"的中微子只是在到达地球前变为不易探测的形式而已。为此,Raymond Davis 和小柴昌俊由于"宇宙中微子探测"获得 2002 年诺贝尔物理学奖,梶田隆章和 Arthur B. McDonald 因"发现了中微子振荡,证明了中微子具有质量"而分享了 2015 年诺贝尔物理学奖。

8.3.3　太阳震荡

地球有地震,分析地震资料可以得到地球内部结构的信息。那么,太阳上是否有日震? 虽然没有真正的日震(sunquakes),但是太阳确有对流区动荡产生的各种频率的震荡——声波(p 波)和表面重力波(f 波)。1960 年,美国加州理工学院的莱顿(Robert Leighton)做了光球的高精度多普勒位移观测,发现太阳表面不断地上下起伏运动,其振荡周期约 300 s,振幅约 1 km/s,故称为 5 分钟振荡。70 年代中期,H. 希尔(H. Hill)发现周期为 20 分钟到 1 小时的较慢振荡,苏联的塞沃尼(Andrei B. Severny)等发现周期为 160 分钟的振荡(或称为太阳脉动)。后来又观测到许多振荡模式,它们的周期为 3～12 分钟。这一太阳物理学新领域称为**太阳震荡学**(solar seismology),有人也称之为**日震**。

1970 年,R. 尤里奇(R. Ulrich)指出,从太阳内部向上运动的声波到达表面就反射回去,由于内部密度和压力增大而使波弯折,又转回表面,从而声波在表面与深部之间回荡,有可能增强和共振,图 8 - 12 是太阳内部声波共振模式的一种计算机模拟。图 8 - 13 是太阳震荡的低分辨谱,最显著的是 5 分钟振荡。

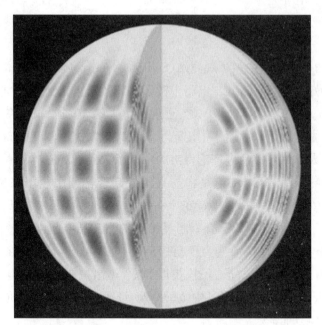

图 8 - 12　太阳内部和表面的 p 模式声震荡图案(注意波的声速近中心增大造成波长增大)

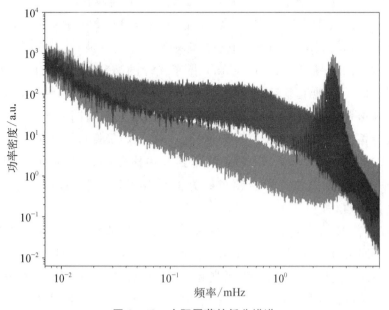

图 8 - 13　太阳震荡的低分辨谱

8.4 太阳大气——光球、色球、日冕

太阳大气是指可以直接观测的太阳表面以上层次，一般按温度随高度的变化情况来划分为光球（层）、色球（层）、过渡层和日冕等层次（见图 8-14）。

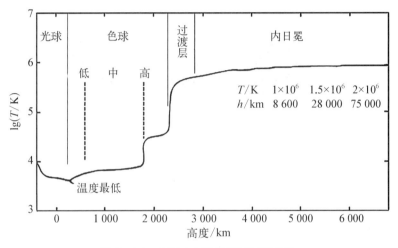

图 8-14 太阳大气温度随高度的变化

8.4.1 光球层

太阳的可见表面称为**光球层**或简称光球，厚几十到几百千米，它是太阳大气的底层，也是太阳大气密度最大的和温度最低的层次。光球对太阳内部的辐射是不透明的，我们观测到的太阳可见光辐射主要来自光球，因而呈现为太阳圆面（即日面或日轮）。上述太阳半径就是指光球而言的。

太阳圆面的亮度（更确切说，辐射强度）从中心到边缘逐渐减弱，尤其边缘部分减弱更严重，称为临边昏暗现象（见图 8-15 上）。其原因何在？粗略地说，这是因为圆面边缘的辐射来自温度较低的光球层上部，而圆面中间的辐射来自温度较高的光球层下部，如图 8-15 下所示。与圆面中心成 θ 角的辐射强度 $I(\theta)$ 与中心的辐射强度 $I(0)$ 之比近似为

$$I(\theta)/I(0) \approx 1 - u - v + u\cos\theta + v\cos 2\theta \qquad (8-6)$$

式中，u 与 v 为与波长有关的常数。例如，对于波长 $0.40\ \mu m$，$u = 0.91$，$v = -0.05$；波长 $0.50\ \mu m$，$u = 0.97$，$v = -0.22$；波长 $0.60\ \mu m$，$u = 0.88$，$v = -0.23$。

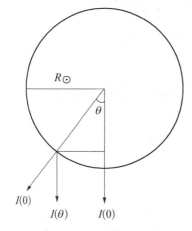 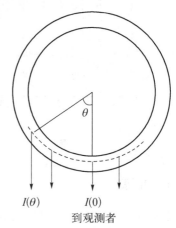

图 8 - 15　临边昏暗现象(上)及其解释(下)

临边昏暗现象主要呈现于可见光及近紫外、红外波段。而在波长短于 160 nm 的远紫外和 X 射线波段以及射电波段则不是临边昏暗,而是呈现临边增亮现象,这是因为远紫外、X 射线和射电辐射更有效地从光球以上的大气发射出来。

在地球大气宁静度好的时候,高分辨的太阳像上可以看到很多米粒状的较亮小斑,称为米粒(granulation)(见图 8 - 16),其角径为 $0.25''\sim3.5''$ 或大小为 $180\sim2\,540$ km。太阳表面的米粒总数约 500 万个,米粒的总面积约占表面总面积的一半。米粒一般比其周围亮 30%,温度高 300 K。

米粒是一种对流现象,光球层处于较高温度的对流层上面,热的对流元胞上升,将多余热量辐射掉后,变冷的气体就分开而沿米粒边缘向下返流回去。米粒的寿命约 10 min,米粒的中心向上流速约为 1 km/s,而其边缘向下流速约为

图 8 - 16　太阳光球的米粒(上)与米粒、超米粒及巨胞的对流(下)

0. 25 km/s;米粒不断地破碎和再生,形成大小为 $3''\sim 5''$ 的米粒簇,寿命可长达 46 min。

A. B. 哈特(A. B. Hart)于 1954 年首先发现光球层存在大尺度(25 000~85 000 km)的水平运动,持续几小时,速度约为 0.5 km/s。1960 年美国实验物理学家罗伯特·莱顿(Robert Leighton)的观测研究完全肯定这种水平运动的含义和真实范围。后来,更多的观测研究建立了超米粒(supergranulation)的大对流图像。在可见的太阳半球上约有 2 500 个超米粒元胞,其直径为 20 000～54 000 km,平均寿命约为 20 h,元胞内的水平速度为 0.3～0.5 km/s,元胞中心的上升速度和边界的下降速度的上限为 0.1 km/s。米粒和超米粒都是对流运动在日面的表现,它们之间有些类似,但也有差别。除了尺度不同之外,米粒形成的有效深度约为 400 km,即属于光球层的浅对流,而超米粒形成的有效深度约为 7 200 km,即属于对流层的深对流;米粒呈较亮的斑,而超米粒没有明显的亮度表现,主要是从速度场观测发现的。超米粒对太阳活动区的形成和发展也有重要影响,在活动区中的超米粒有更大尺度、更长寿命和更明显轮廓。但米粒尺度小,其影响也不会很大。C. W. 席蒙(C. W. Simon)等认为,可能存在尺度为 200 000～300 000 km 的巨胞(giant cell)或巨米粒,几乎延伸到整个对流层。在活动区附近观测到的巨大结构可能是巨胞的表现。

8.4.2　色球层

光球之上到高度约 2 000 km 是**色球层**,按温度随高度升高情况再细分色球为低、中、高三层。色球的可见光辐射仅为光球辐射的几千分之一,因而肉眼平时看不到色球。在日全食的食既和生光瞬间,月球挡住了明亮的光球(日轮),才显见它上面玫瑰红色的色球层(见图 8-17)。

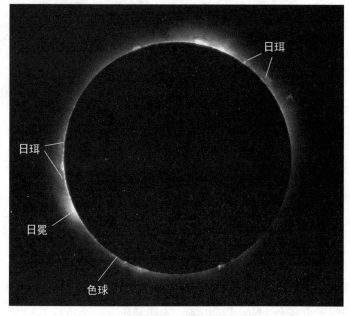

图 8-17　日全食的色球(彩图见附录 B)

　　色球层是稀疏透明的气体,连续光谱辐射很弱,主要是发射线辐射,氢的谱线尤其 H$_\alpha$ 很强,因而使色球呈红色(见图 8-18)。1868 年日全食时,英国天文学家诺曼·洛克耶(Norman Lockyer)在闪现出来的色球光谱(闪光谱)中发现波长为 587.562 nm 的未知元素谱线,直到 1895 年后才在地球上找到这种元素,这就是氦(有太阳的元素之意)。自美国天文学家海耳用单色光方法,尤其是法国天文学家李奥研制出单色(偏振干涉)滤光器和色球望远镜后,就可以经常观测色球了。

图 8-18　色球的 H$_\alpha$ 单色像(彩图见附录 B)

　　色球层是很不均匀的,有亮暗斑组成的网络结构、针状物(日芒)、冲浪(又称为"日浪")、暗条和日珥、耀斑等特征和活动现象(见图 8-19)。

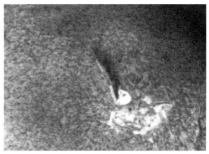

图 8-19　针状物(左)和日浪(右)

　　网络结构的统计性质与超米粒胞相似,网络元的平均大小为 30 000～35 000 km,平均寿命为 19～21 h。网络有亮日芒、暗日芒、小纤维等细结构,纵向磁场较强(可达 100～500 Gs),磁场、超米粒和色球网络结构有密切关系。

　　在高分辨的色球像上,色球外缘有很多"火焰"特征,称为针状物或日芒,它们是从宁静色球网络射向日冕的细长喷流,始于色球中层、向上延伸可达 10 000多千米,宽度约为 800 km,寿命为 5～10 min,向上运动速度为 20～25 km/s。针状物的数目随高度增加而减少,估计色球中层约有 25 万个。

　　冲浪(opposition surge)实际是形状呈笔直的或稍弯尖峰的一种物质抛射现象。冲浪爆发区的大小为几百千米到五千千米,抛射速度可达 50～200 km/s,最大高度达 10 000～20 000 km,先加速度上升,达最高点后又加速返回,寿命多为 10～30 min,其抛射常间隔约 1 h 在原地重复。冲浪内有小纤维束的细结构,各纤维之间相距几角秒,但一起运动和发亮。冲浪有重复出现的趋势,但规模逐渐减小。

8.4.3　色球-日冕过渡层

　　从色球层顶部到日冕底部之间为**过渡层**,是色球层和日冕之间质量和能量流动的分界层,温度从几万开徒升至百万开。色球层,尤其是色球-日冕过渡区的温度随高度急速增高,其加热原因是什么? 这是一个很重要的,也是没有完全解决的问题。

　　目前比较普遍接受的色球加热理论认为是波能耗散导致加热,因为它有一些观测依据,例如,光球米粒有湍动,能够产生声波,传输到色球层变为激波并耗散而成为热源。

　　色球-日冕过渡区的加热可能与高温日冕向下的热传导和物质流有关,更可能是磁流波耗散、电流耗散或磁场湮灭所引起的磁加热。有一种解释是这其中的氦电离程度可能起到重要作用。当太阳的温度较低时,氦只是被部分电离(也就是仍保留了两个电子中的一个),这时辐射对物质的冷却非常有效。在这种情况下,色球层顶部的热平衡温度只有几万开。可是如果热量稍微增加,氦就被完全电离,从而使辐射效率不高,于是温度迅速跃升至百万开,达到日冕的温度。这种温度激变现象类似于水沸腾变成蒸汽的相变。相反,如果日冕的温度稍有降低,物质就会迅速变冷,通过激变下降到几万开。过渡层的物质就处在这样的温度激变点附近。

8.4.4　日冕

　　它是太阳大气最外层,延展到几倍太阳半径甚至更远,日冕物质极其稀疏,但温度却达百万开,主要由质子、高次电离的离子和自由电子组成,很透明。日冕的可见光辐射仅约光球的百万分之一,因此,平时肉眼看不到日冕,仅在日全食时才能看到。在日全食时,月球遮住太阳光球的强烈辐射,在日轮周围显露出广延的白色微弱光辉,这就是日冕(见图 8 - 20)。

图 8 - 20　日全食时的日冕

2006 年 3 月 29 日的日冕原摄像之一(左),经过计算机处理的合成像(右)显现细节。

1931 年,李奥在望远镜光路中央加小圆锥镜,它如月球似地遮住日轮像而形成人造日食,从而研制成日冕仪,装在高山上,在良好天气可以进行内日冕的经常观测。航天时代以来,人们又利用衍射原理设计了新型日冕仪,放在航天器上可更有效地观测日冕。

在太阳活动极大时期,日冕呈圆形;在活动极小时期,日冕近椭圆形,赤道区比两极区更延展。一般来说,日冕亮度随日心距增加而减小,延展到 $5 R_\odot$ 以上,实际没有明确外界。在日全食拍摄的白光日冕照片上,可以看到日冕有相当复杂的形态结构。日冕像上很醒目的亮束延展结构称为**冕流**,有的下部呈盔状,底部常有较暗的冕穴位于日珥之上。冕流可持续几个太阳自转周。日冕射线是较细长的亮束。在太阳活动极小时期,射线尤其显著且数目多。有些呈羽毛状从极区散开,故称为**极羽**,其分布类似于长条形磁极附近的磁力线。细的射线约 $1''$ 宽,而粗的超过 $20''$,长度可达 $1\,100''(1.1 R_\odot)$ 或以上,寿命约 15 h。冕环是亮的环状结构(见图 8 - 21),典型大小约为 $1\,000\,\mathrm{km} \times 10\,000\,\mathrm{km}$,几天到两星期就发生变化。

早在 1957 年,瑞士天文学家 M. 瓦德迈尔(Max Waldmeier)就注意到日轮外的日冕有暗区。过去曾认为太阳上可能存在所谓 M 区,那里发出的粒子流造成 27 d 周期的地磁扰动,直到 1974 年 NASA 的天空实验室(SkyLab)拍摄的 X

图8-21　日冕环

射线太阳像上,清楚地揭示日轮上的暗区——冕洞才是这些粒子流的源区(见图8-22),而不再用 M 区概念解释。冕洞是日冕的温度和密度较低区,也是单极、开放的较弱磁场区,因而允许高速太阳风粒子流出。冕洞大致可分为极区冕洞、延展冕洞和孤立冕洞三种。单个冕洞占日面总面积的 $1\%\sim5\%$,而极区冕洞占 $6\%\sim10\%$,冕洞在太阳活动极小期比极大期更大,寿命也更长,有的甚至超过 10 个太阳自转周,而小冕洞寿命约 1 个太阳自转周。冕洞的显著特征是刚性自转,一个从南到北跨越纬度范围 90°的延展冕洞(见图8-23)历经几个太阳

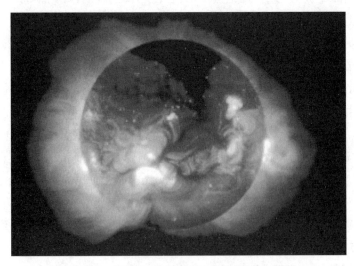

图8-22　日冕的 X 射线像(上部有极区大冕洞)

图 8 - 23　延展的冕洞(极紫外像,暗区)

自转周也没有明显形态变化。在 X 射线太阳(日冕)像上(尤其在活动区纬度带)有一些亮斑,大小约 20″～30″,常有 5″～10″的亮核,亮斑寿命为 2～48 h,估计每天可出现 2 000 个亮斑。亮斑常出现于较小的偶极磁区。

日冕的光学辐射包含三种成分(见图 8 - 24):① K 冕,这是高温日冕的自由电子散射的光球辐射,它是内冕和中冕的主要成分;② E 冕或 L 冕,这是日冕离子的发射线辐射,除了发射线单色辐射显著,它对白光的贡献很小;③ F 冕或内黄道光,这是尘埃散射的光球辐射,对内-中冕贡献小,而对外冕有较大贡献。

在日冕光谱上特别显著的有波长为 530.3 nm、637.4 nm、670.2 nm 等的发射线,自 1869 年观测到的这些谱线与已知元素谱线对不上号,曾认为是太阳的一种新元素,但在地球上却找不到。直到 1941 年,瑞典隆德大学的物理与天文教授埃德伦(Bengt Elden)才揭开冕线之谜。原来,530.3 nm 谱线是高温(10^6 K)和物质稀疏的条件下由 13 次电离铁(Fe XIV)产生的"禁线",637.4 nm 和 670.2 nm 谱线分别是 Fe X 和 Fe XV 产生的"禁线"。

日冕中主要能量损耗有辐射耗能、向下的热传导耗能、向外的太阳风和向下流入色球的物质流耗能,总损耗能量为 300～1 000 J/m^2 · s。显然,需要有某些能量输入机制以补偿损耗来维持日冕高温,这就是日冕加热问题,它是长期争论而未很好解决的问题。过去人们认为从光球下面来的声波或磁流波耗散加热日

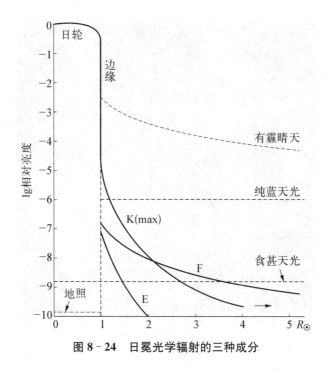

图 8-24   日冕光学辐射的三种成分

冕,但能量不足;近来更重视磁加热作用,通过电流的欧姆耗散或磁场湮灭释放能量可能占日冕加热的较大部分。

8.5   太阳风和日球

早在 19 世纪中期,人们发现地磁扰动与太阳活动密切相关。20 世纪 30 年代,推测太阳可能发射微粒流造成地磁扰动;50 年代初,德国天文学家比尔曼(Ludwig Bierman)提出太阳发射连续微粒流假说来解释Ⅰ型彗尾背太阳向延伸。1958 年,美国天体物理学家帕克(Eugene Parker)研究高温日冕膨胀的理论模型,得出日冕气体连续外流而形成**太阳风**。1962 年美国发射的水手 2 号(Mariner 2)飞船探测证实行星际的确存在超声磁化等离子体流——**太阳风**。从此太阳风的空间探测研究成为当代热门。

太阳风的主要成分是电子和质子,还有 α 粒子等一些重离子。太阳风可分为慢的和快的:在近地空间,慢太阳风的速度为 $300 \sim 500$ km/s、温度为 $1.4 \sim 1.6 \times 10^6$ K,其成分匹配于日冕;快太阳风的典型风速为 750 km/s,温度为 8×10^5 K,成分几乎匹配于光球。对比快太阳风,慢太阳风密度低但密度变化大。

慢太阳风似乎源自太阳赤道带周围的"流带",由冕流打开封闭冕环磁流而产生,所涉及的准确日冕结构和释放物质方式至今仍有争议。在太阳活动极小期,慢太阳风发生在纬度 $30°\sim35°$ 范围内,近极大期延展到极区;在极大期,极区也发射慢太阳风。

快太阳风来自冕洞-磁力线类似烟囱口散开的区域,尤其太阳磁极附近普遍存在这样的开磁场。等离子源是太阳大气对流胞造成的小磁场,它们约束等离子输运到光球之上 2×10^4 km 的日冕"烟囱"狭口,当磁力线重联时冲出来。

太阳风动压 P 是太阳风速度 v、质子数密度 n 和质量 m_p 的函数,$P = m_p n v^2$。在离太阳 1 AU 处,太阳风动压达 $(1\sim6)\times10^{-9}\,\mathrm{N/m^2}$ 甚至更大,造成地球磁层和空间环境变化。

太阳风速度主要沿径向,也有小的方位分量(约 8 km/s)。太阳风粒子流耦合着磁场,磁力线呈阿基米德螺线状,在 1 AU 处磁场强度约为 5 nT。太阳风的粒子数密度和磁场强度大致与日心距的平方成反比,温度随远离太阳降低较慢。随着远离太阳,粒子流速度起初增加很快,然后逐渐趋于渐近值。太阳风粒子流和磁场有复杂的空间变化和时间变化,发生多种扰动和磁流波及等离子体现象。

由于恒星际也存在物质和磁场或恒星际风,太阳风带电粒子流和磁场不可能无限地延展,而是被限制在一个巨大磁层——**日球**(heliosphere)内。

行星际磁场即太阳风磁场,其磁力线连着光球,被太阳自转带动而缠绕成阿基米德螺线。较早的空间探测主要在黄道面附近,发现行星际磁场有反极性的扇形结构,不同极性源于日冕的不同磁区。实际的太阳活动及磁场更复杂。然而,NASA 的先驱者 11 号(Pioneer 11)飞船越过木星后探测黄道面外的太阳风,发现日球平均结构却很简单,它由反极性的两个磁半球组成,两种极性的磁力线可能分别连着南、北极性的冕洞。两个磁半球由一个中性片——日球"芭蕾舞裙"或"巴拿马帽"界面分开(见图 8-25)。此界面随太阳自转,其黄道截面就是

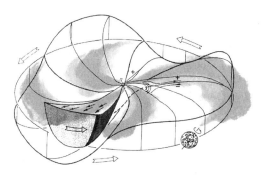

图 8-25　日球的反极性两磁半球中性片(左)与两半球间的电流片(白)(右)

磁扇形边界。在日球平均结构上叠加有源于日冕扰动的变化。

日球外区结构大致类似于行星磁层。日球与恒星际介质的交界面称为**日球顶**(Heliopause)。在日球顶之内有终端激波,是太阳风的粒子从超声速(被星际介质)减低到亚声速的区域。在日球顶之外,星际介质和日球顶的交互作用在太阳前进方向的前方产生弓形激波。NASA 发射的旅行者 1 号和 2 号(Voyager 1、2)飞船分别先后抵达了终端激波,并飞往日球顶,探测结果示于图 8‑26。因为星际介质和日球层顶边缘作用,在弓形激波和日球层顶之间形成炙热氢气组成的"氢墙"。

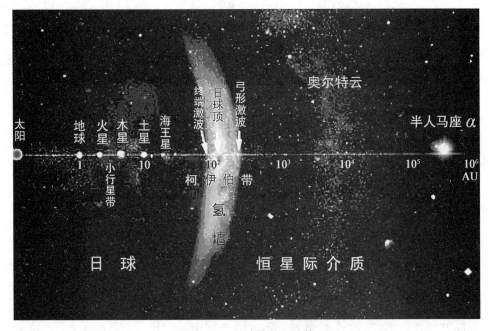

图 8‑26 日球的外区结构

8.6 太阳活动——黑子、耀斑、日珥、日冕物质抛射

太阳有多种活动现象。最容易观测的是日面上暗的黑子、日面边缘升腾的日珥,早在公元前我国就有太阳黑子和日珥的记载。各种太阳活动现象出现的区域和性质虽然不同,但它们之间或多或少有一定联系,常表现为群发性,显示太阳活动强弱有某些普遍的"韵律"周期,最明显的是约 11 年和 22 年周期。太阳的某些区域经常出现太阳活动现象,因而称为**太阳活动区**,常有某些活动中心

出现强烈活动。几个活动区集中而形成**活动复合体**。浮力把光球下面的磁场托入太阳大气,显露为活动区。太阳活动的白光表现是黑子和光斑,单色光表现是谱斑、网络、耀斑、冕洞和日珥。

8.6.1 太阳黑子和光斑

用望远镜呈太阳放大像在投影屏上,常看到太阳像上有暗黑斑点,称为**黑子**;有时还看到亮的斑块,称为**光斑**(见图 8 - 27)。

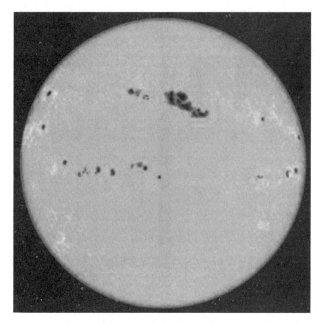

图 8 - 27 太阳黑子和光斑

8.6.1.1 太阳黑子

我国古代用肉眼就看到了太阳表面的大黑子,有世界最早的黑子记载。例如,《汉书·五行志》记载公元前 28 年"三月乙未,日出黄,有黑气(即黑子),大如钱,居日中央"。18 世纪中叶以来,开展了黑子的常规观测,现代太阳仪器可以观测黑子的精细结构、亮度分布、光谱以及温度、速度、磁场等特性。

黑子的温度为 3 000～4 500 K,低于其周围物质温度(约 5 780 K),因而呈现为日面暗斑。黑子的大小不一,从几千千米到 16 万千米。大黑子有复杂结构,由中央很黑的本影和外面较暗的半影构成(见图 8 - 28)。半影含有很多亮条纹,其间夹有暗纤维,有些呈径向纤维结构,有的呈旋涡结构。半影的平均亮度为光球的 75%,而亮纹和暗纹各为 95% 和 60%。本影还有本影(亮)点、亮桥、

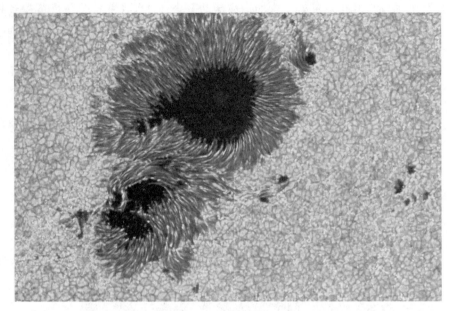

图 8-28　黑子的形态结构

本影闪耀等活动现象。

　　黑子从出现到消失,经过一系列形态结构演变。黑子初现时是小黑点,逐步发展为两个大黑子,西边的为前导黑子,东边的为后随黑子,两者的磁场极性相反,其间又有一些小黑子,它们组成一个黑子群(见图 8-29)。继之,后随黑子和前导黑子先后逐渐消失。

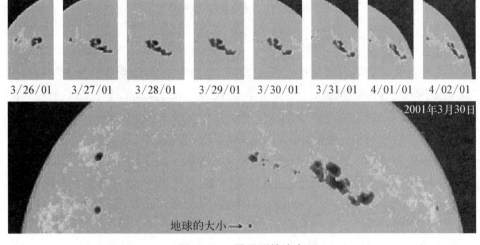

图 8-29　黑子群的演变

　　有的小黑子只存在3 h,多数黑子的寿命小于11 d,而大黑子的寿命长达几个月甚至一年以上。统计得出,黑子群的寿命大致与它的极大面积成正比。

　　每个黑子都有很强的单极磁场,面积大的黑子有更强磁场。少数黑子的磁场达4 000 Gs。黑子出现之初和消失之前,磁场变化较大,而中间期磁场变化不大。一个黑子内的磁场强度在中心最大,随远离中心向外减小。

　　太阳与日球观测台(SOHO)的多普勒摄像仪可测定黑子周围及其下面的声速,因而得到气体的温度和运动,作出黑子内及其下面的物质环流三维图(见图8-30)。黑子是强磁场区约束太阳的离子气体,阻断下面的对流向上加热表面,因此,黑子内的气体有机会冷却而变成暗黑。黑子好比排水渠,以4 000 km/h的速率抽取周围物质,导入太阳表面之下。当气体冷却时,就变密而下沉。物质内流力使磁力线保持在一起而扩展开。同时,下面继续对流,但深处热气体不能上升而破坏上面冷的(黑子)磁区,只能从下面挤压黑子,向外侧扩展。

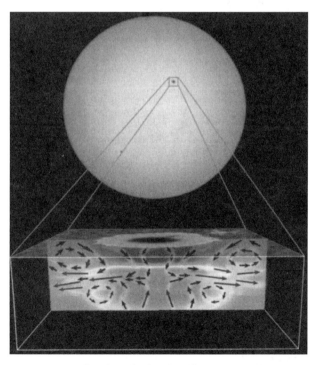

图8-30　太阳黑子物质环流三维图(彩图见附图B)

　　1843年,德国天文学家海因里希·施瓦贝(Heinrich Schwabe)发现黑子的消长约有10年的重复性。为统计研究黑子活动规律,1848年瑞士天文学家兼数学家鲁道夫·沃尔夫(Rudolf Wolf)首先提出黑子相对数(简称**黑子数**或**沃尔夫数**):

$$R = K(10g + f) \tag{8-7}$$

式中,g 为日面黑子群的数目,f 为个别黑子的总数,K 为换算因子。现在综合世界各天文台资料而得出每天的国际黑子相对数 R_i。1849 年始有黑子数连续的月均值和年均值。

沃尔夫利用历史上望远镜观测积累的资料,发现黑子相对数的年均值约有平均 11.1 年的周期变化。图 8-31 给出黑子相对数月均值的变化,可以看出,黑子数有一系列极大年(峰年)和极小年(谷年),近似有平均 11 年的周期变化,但连续两个极大(或极小)的时间间隔却有短于 9 年的,也有长于 13 年的,而且各个极大值也不同。

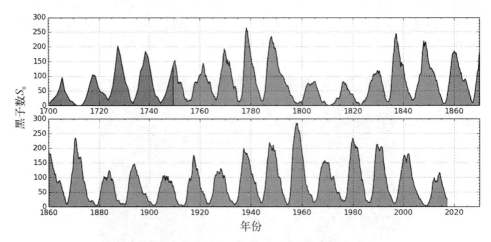

图 8-31　太阳黑子数的月均值变化

从物理意义上说,黑子面积数是更好的指数。黑子面积数分为两种:圆面积(视面积)数 A 和半球面积数 C。圆面积数 A 是日面黑子的总面积以日面面积的百万分之一为单位的数值。半球面积数 C 是日面黑子的总面积(加投影改正归算到日面中心)以太阳半球面积的百万分之一为单位的数值。每天的黑子面积数与黑子相对数 R 没什么明显关系,但年均值大致有如下关系:

$$A = 167R \tag{8-8}$$

1874 年才开始有黑子面积数的连续资料。美国的 SGD(Solar-Geophysical Data)和我国国家天文台主办的期刊《太阳地球物理资料》经常公布黑子相对数和面积数等资料(见图 8-32)。

早在 1858 年,卡林顿就发现黑子的日面纬度分布变化很有规律。德国人古斯塔夫·斯玻勒(Gustav Spörer)于 1860 年进一步确定了黑子的日面纬度分布

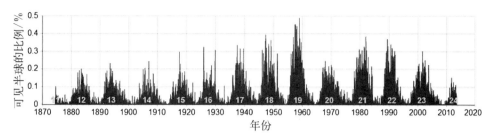

图 8‑32　黑子面积月均值的变化(图中数字是活动周编号)

规律:黑子很少出现在赤道两旁纬度±8°的区域内和纬度±45°以上区域;在每个黑子周开始时,黑子一般出现在纬度±30°附近,数月后黑子逐渐增多,出现的平均纬度随时间而减小,末期黑子数减少且在纬度±8°消亡,新的黑子又在纬度±30°出现,如此周而复始的黑子分布规律称为**斯玻勒定律**(Spörer's law)。黑子群的纬度‑时间分布形似一队蝴蝶,因而称为蝴蝶图(见图 8‑33)。许多专家对蝴蝶图的含义进行了研究,但是直到现在还没有确定的结论。

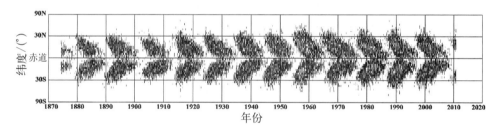

图 8‑33　黑子的日面纬度分布"蝴蝶图"

为了便于记录黑子活动的变化过程,国际上规定给每个活动周(从极小年起算)编号,以 1755 年开始的为第一(活动)周,以后顺序编号,现在处于第 24 周。每个活动周都有相似特点:上升期较短、较陡;而下降期较长、较平缓。一些学者用数学方法来分析黑子数均值的时间序列,试图找出其规律的表达式,并进而推算预报未来的黑子数,但很难逐一准确应验。

黑子常成对出现,而且前导和后随黑子的磁场极性却相反,称为**双极群**。海耳首先发现,在同一黑子活动周内,例如第 14 周,太阳北半球的前导黑子总是 S 极、后随黑子总是 N 极;而南半球则相反,前导黑子总是 N 极、后随黑子总是 S 极;到下个活动周,黑子极性则相反。从磁场极性分布特征来说,黑子活动有 22 年(磁)周期。

太阳黑子活动是否有更长的周期。有些学者从日地关系来考证黑子活动的长周期性,如,G. F. 威廉斯(G. F. Williams)从澳大利亚冰期变化得到 11 年、22 年、145 年、290 年周期和弱的 90 年周期。最近的一种理论声称,在太阳的核心有磁不稳定性引起周期的 41 000 年或 100 000 年的波动。这些可以更好地解释米兰科维奇循环(Milankovitch cycles)的冰河时代。

1843 年,斯玻勒首先发现 1645—1715 年几乎没有黑子记录,1894 年英格兰天文学家 E. W. 蒙德(Edward Walter Maunder)把这一时期称为太阳黑子"延长极小期",1922 年他又以极光记录少来佐证极小期(见图 8-34)。1976 年 J. A. 艾迪(J. A. Addy)综合极光和黑子记录及树木年轮中放射性[14]C 含量和日冕观测记录,认为 1645—1715 年太阳活动很弱,称为蒙德极小期(Maunder Minimum)。但包括我国一些学者对于是否存在蒙德极小期提出异议。

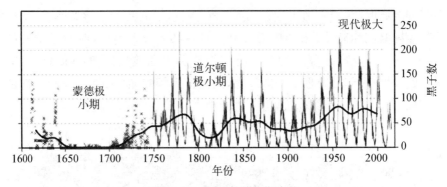

图 8-34　黑子数的长期变化

8.6.1.2　光斑

用白光或连续光谱观测日面时,在边缘部分[主要在$(0.6\sim1)R_\odot$区域]见到亮些的不规则斑块——**光斑**。光斑常伴随黑子,它们彼此密切联系。光斑比黑子先出现几小时或几天,聚集成两部分,具有类似黑子群的偶极特性,寿命比黑子长(平均寿命为 15 天,长的可达 2.7 个月),也有约 11 年的活动周期。光斑的纬度分布也与黑子类似,但比黑子分布带宽些。此外还有分布在纬度 70°以上的极区光斑,其出现与黑子没有明显关系。日面中心区很少见到光斑亮于光球背景,而在边缘区域的光斑则亮 5%~10%;用谱线观测时,反衬增大,易观测到日面中心区的光斑。

光斑温度比光球高些(约高几百开)。光斑也有精细结构,由纤维和米粒组成。与黑子有关的光斑主要由亮纤维构成,纤维宽为 7″~15″,长为 70″,它们大约垂直于赤道;极区光斑由米粒组成,寿命为几十分钟到几小时。

8.6.2　谱斑和耀斑

谱斑是太阳色球中的活动现象,通常人们把太阳色球层有些局部亮区域称为谱斑。有时谱斑亮度会突然增强,这就是我们通常说的耀斑。

8.6.2.1 谱斑

用 H_α 线或(Ca II 的)H、K 线进行太阳的单色光观测,可看到色球有很多亮区和暗区(见图 8-35),分别称为亮谱斑和暗谱斑。常把 H_α 线看到的谱斑称为氢谱斑,而把 H 和 K 线看到的称为钙谱斑。用谱线内不同部分和不同谱线看到的谱斑形态也有差别,这是因为它们对应的有效色球高度不同。

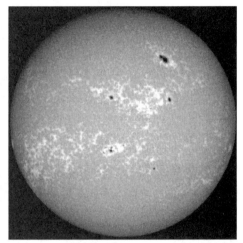

图 8-35 色球的 H_α(左)和 Ca K(右)单色像

谱斑出现在色球中,位于光球之上,它们延伸区基本与光斑一致,故又称谱斑为色球光斑。但仔细观测表明,光斑与谱斑的相关性较弱。大多数谱斑也与黑子有联系,其寿命达几个太阳自转周,谱斑比黑子出现早而消失晚。谱斑的大小为几千千米到几十万千米,其形态、结构和亮度常在变化。从低色球层到日冕,谱斑的反衬度随温度升高而增大。谱斑亮度与磁场之间存在正相关。

钙谱斑和氢谱斑的面积和亮度都随黑子活动 11 年周期而变化,黑子多时,谱斑也多且较大、较亮。谱斑与暖变射电、X 射线辐射也有很好的相关性,表明谱斑区域延伸到较大高度,因而有时采用"射电谱斑"和"X 射线谱斑"之称。

8.6.2.2 耀斑

1859 年 9 月 1 日,白光观测到一个大黑子群附近"光芒夺目的弯镰刀形耀斑",同时,地球上发生电信中断、特大磁暴和极光等现象,从此拉开观测研究耀斑的序幕。这样的白光耀斑出现较少。用氢的 H_α 线或(Ca II 的)H、K 线进行太阳的单色光观测,有时可看到色球局部区域急骤增亮 10 倍以上的现象,称为**耀斑**,也曾称色球爆发。耀斑是太阳高层大气(很可能在色球-日冕过渡区或低日冕)的一种急骤不稳定过程,在短时间(几分钟到几十分钟)内释放出很大能量($10^{20}\sim10^{25}$ J),引起局部瞬时加热,不仅谱线辐射,而且各种电磁辐射(从 γ 射线和 X 射线、远紫外到可见光及射电波段)及粒子辐射都可能突然增强,对日地空间环境和地球有重要影响。

　　地面观测常用色球望远镜在 H_α 线心及不同部分巡视耀斑的前兆及爆发过程;用太阳望远镜大型光谱仪进行空间、时间和光谱的高分辨观测,研究耀斑过程的光谱、亮度场、速度场和磁场;大型射电望远镜也用于观测耀斑以及耀斑的短波电磁辐射和粒子探测。

　　图 8－36 为 1972 年 8 月 7 日的典型"大耀斑"在 H_α 单色光的发展过程,耀斑先是一群亮片,面积很快扩大并变得更亮,极大时连成大片,然后双带分开、拉长,双带之间出现由热日冕云凝聚的环状日珥,而亮度逐渐减弱。图 8－37 为 2011 年 8 月 9 日的日面边缘大耀斑。

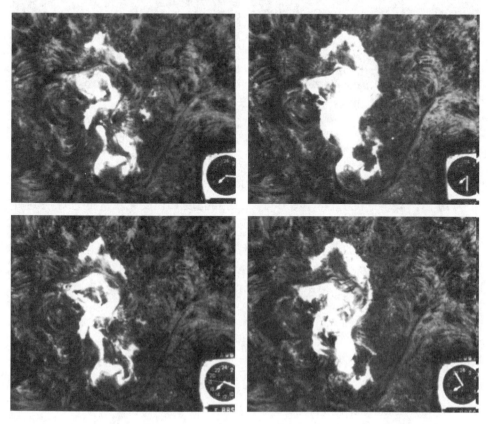

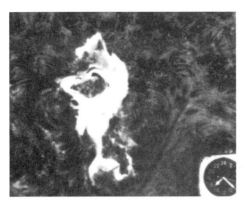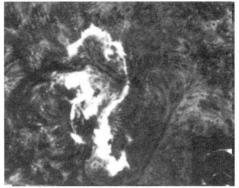

图 8–36 1972 年 8 月 7 日的典型"大耀斑"在 H_α 单色光的发展过程

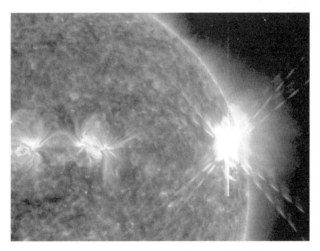

图 8–37 2011 年 8 月 9 日的 X6.9 大耀斑[SDO (太阳动力学观测台)摄]

在特殊的太阳活动时,每天发生几个耀斑;而太阳宁静时,几星期才发生一次耀斑。耀斑发射频数随太阳活动有约 11 年的周期,小耀斑比大耀斑更频现。

耀斑过程可分为两个基本阶段:脉动相(闪相),用 H_α 观测,最先在黑子群上空或附近的谱斑区出现一些小亮点,它们迅速增亮和面积扩展,延续几分钟(有的达 1 小时),达辐射强度最大;渐变相(主相),从其强度最大在约 1 h(有的达 1 d)内缓慢减小。在微波、远紫外和硬 X 射线还观测到耀斑闪相开始 100~1 000 s 出现"脉冲相"(或爆发相);此外,还在软 X 射线和远紫外有耀斑的前相。

耀斑的光学(常用 H_α 观测资料)级别(Imp Opt)用两个字符表示(见表 8–3):第一个字符由耀斑亮度极大时的面积决定,分五个级别(S、1、2、3、4);

第二个字符表示亮度,分 b(亮)、n(中等)、f(弱)三个级别。不同级别的 H_α 耀斑持续时间也不同,从亚耀斑(S)的几分钟到最强 4 级的 2 小时以上。在太阳活动极小时观测到 1 级以上耀斑为每年 40～60 个,而极大时每年 1 000～2 000 个,白光耀斑约每年 15 个。

表 8-3 耀斑的光学级别

级 别	视面积*	真面积**	亮 度	平均持续时间
S	$A < 200$	$A < 2.00$	f,n,b	几分钟
1	$200 \leqslant A < 500$	$2.1 \leqslant A < 5.1$	f,n,b	25分钟
2	$500 \leqslant A < 1\,200$	$5.2 \leqslant A < 12.4$	f,n,b	35分钟
3	$1\,200 \leqslant A < 2\,400$	$12.5 \leqslant A < 24.7$	f,n,b	2小时
4	$A > 2\,400$	$A > 24.7$	f,n,b	2小时

* 视(投影)面积以日面面积的百万分之一为单位;** 真(改正投影后)面积以平方度为单位。

耀斑也常用 X 射线(波长为 1～8 Å)辐射级别,按地球处的流量(以 W/m^2 为单位)峰值以 5 个字母表示数量级(A 为小于 10^{-7},B 为 10^{-7}～10^{-6},C 为 10^{-6}～10^{-5};M 为 10^{-5}～10^{-4};X 为大于 10^{-4}),字母后加流量数值(1.0～9.9),例如,C3.2 表示最大流量为 3.2×10^{-5} 单位。

当太阳发生耀斑等局部区域剧烈活动时,常伴有从毫米波到千米波的太阳射电爆发。可以根据射电流量进行耀斑级别分类,在 2 GHz 以上的微波射电流量 F 超过 1 s.f.u(太阳流量单位,1 s.f.u=10^{-22} $W/m^2 \cdot Hz$)的每个事件都是耀斑。对于脉冲耀斑,光学级别(Imp)与微波流量(F)有如下近似关系:

$$\mathrm{Imp} = \lg F[\mathrm{s.f.u}] - 0.5 \qquad (8-9)$$

于是,微波射电流量 5 s.f.u、30 s.f.u、300 s.f.u、3 000 s.f.u、30 000 s.f.u 分别对应光学级别 S、1、2、3、4。但耀斑在其他波段的持续时间与光学耀斑有所不同。

耀斑在几种波长的强度变化如图 8-38 所示。

尽管上面从不同波段对耀斑做了级别划分,但从耀斑物理机制角度分为两种基本类型:① 单环耀斑(或致密耀斑),也称静态耀斑,大多数耀斑都属于此类,它们是小耀斑,基本上是预先存在的拱、单磁环或环系,但 X 射线出现亮点,而在整个事件中形状不变,没有明显的运动,它们发生在大尺度单极区或单个黑子附近;② 双带耀斑(见图 8-39),又称动态耀斑,它们比单环耀斑大得多且更猛烈,发生在暗条附近,仅在暗条开始瓦解时出现,在 H_α 单色像上看起来呈两条亮带,双带以 2～10 km/s 的速度在几小时内逐渐离开,与典型大双环耀斑伴

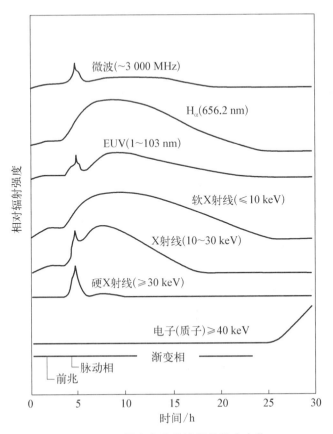

图 8-38 耀斑在几种波长的强度变化

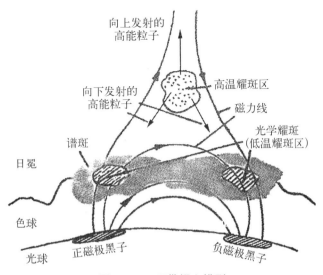

图 8-39 双带耀斑模型

生的最突出和持久的特征是升到日冕的耀斑(后)环。

从产生高能粒子角度,可以把耀斑分为三类:① 非粒子耀斑,不产生高能粒子,只是一些小的光学耀斑,即 1 级耀斑或亚耀斑,没有伴随米波射电爆发(有的也伴有微波渐升渐降的热爆发),所伴有的 X 射线辐射是能量不超过 10 keV 的热爆发,没有任何行星际效应;② 电子耀斑,仅产生约 40 keV 的非相对论性电子发射,基本不伴有其他高能粒子发射,它们一般是有闪相的光学小耀斑(1 级耀斑或亚耀斑),伴有Ⅲ型米波等射电爆发和能量小于 20 keV 的脉冲 X 射线爆发,也没有行星际效应;③ 质子耀斑,有大量相对论性高能质子发射,也有相对论性和非相对论性电子发射,它们都是不小于 2 级的光学大耀斑,伴有米波及微波射电爆发和能量不小于 20 keV 的硬 X 射线爆发,有行星际效应(质子事件),造成地球磁暴。

大多数耀斑都出现以黑子群、谱斑或宁静暗条为特征的活动区,与磁场有密切关系。观测表明,一旦太阳大气形成偶极磁区,尤其偶极场扭转或剪切因而梯度大,就可能发生耀斑。耀斑常发生在纵向磁场中性线,也是视向速度反转线附近。

不同的耀斑和同一耀斑的不同阶段的电磁辐射谱有变化,各种电磁辐射的爆发产生的温度范围很宽($10^4 \sim 10^6$ K)。大耀斑的总能量约 3×10^{25} J,中等耀斑能量为 $10^{23} \sim 10^{24}$ J,亚耀斑能量为 $10^{21} \sim 10^{23}$ J。图 8-40 给出了耀斑的电磁辐射源的高度分布。

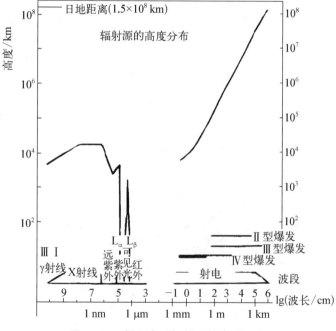

图 8-40　耀斑电磁辐射源的高度分布

8.6.3　日珥

日珥是突出日面边缘外的一种活动现象。早在公元前 1 400 年前我国古代甲骨文卜辞上载有日食时出现三个大"火焰",它们就是**日珥**。1860 年 7 月 18 日意大利天文学家西奇(Angelo Secchi)在日全食时首次拍摄了日珥照片。1890 年始用单色光观测到日珥在日面(光球)亮背景上呈现为**暗条**。H_α 滤光器问世后便可在平时经常观测日珥了。多年来对日珥的形态结构、光谱、运动、磁场、形成和演变等作了大量光学观测和研究,并扩展到射电、紫外和 X 射线波段。

日珥的形态多种多样:浮云、喷泉、圆环、拱桥、火舌、篱笆等。日珥的大小不一,主要存在于日冕中,其下部常与色球相连。日珥有复杂的精细结构,一般由很多细长气流组成,而流线上又有称为"节点"的亮块或亮点。日珥的寿命为几小时到数月。

图 8-41~图 8-44 给出了日珥的形态及拍到的爆发日珥图片。

根据日珥的形态和运动特征,人们提出几种不同的分类法。一般倾向于把日珥分为两大类:

(1) 宁静日珥,结构较稳定,寿命长(可持续几个月)。它们起初是较小的活动区暗条,位于反极性活动区之间的反变线或边界,有时可从一端进入黑子。当活动区扩散时,日珥变为较长且厚的宁静暗条,在几个月里其长度可持续增长,并缓慢地向极区移动。

(2) 活动日珥,经常出现在活动区内或黑子附近,也常与耀斑伴生,运动变化剧烈,寿命短(仅几分钟到几小时)。它们的平均温度和磁场都比宁静日珥高得多。活动日珥多种多样,活动最激烈的称为爆发日珥。

在太阳南、北半球不同纬度都看到过日珥,但多数集中于较低纬度区。低纬区日珥分布与黑子分布类似,具有 11 年周期变化。活动周开始时,日珥出现在南北纬 30°~40°范围内;然后逐渐移向赤道;活动周结束时,出现在南北纬 17°左右。高纬度日珥约在黑子极大期后三年出现在南北纬 40°~50°范围,一直出现到极小期,不随活动周变化。

日珥的数目和面积都随活动周变化,与黑子相对数变化相关,但变化幅度小于黑子数的变幅。宁静日珥整体形态在其寿命中变化缓慢。低纬宁静日珥的平均寿命约 50 d,而高纬宁静日珥则约为 140 d。宁静暗条可能缓慢(一天以上)地出现在两相邻活动区之间,或一个活动区边界,或残存活动区内,但常在极性反变线附近。活动区暗条一般在几小时或 1 天就形成。

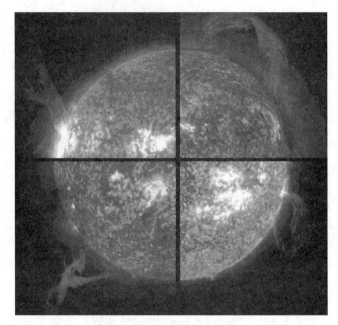

图 8 - 41 日珥的几种形态

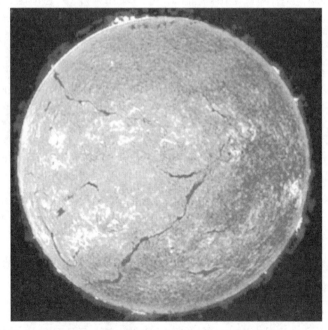

图 8 - 42 H_α 单色光照片显示各状态日珥和暗条
（左上的暗条与日珥是同一个）

图 8－43　色球外部火焰——日珥喷入日冕
［爆发日珥形成日冕物质抛射（左上）］

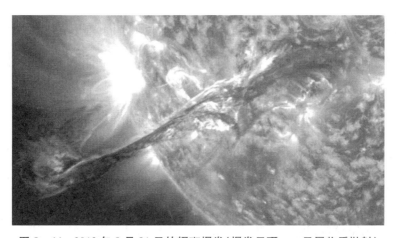

图 8－44　2012 年 8 月 31 日的耀斑爆发（爆发日珥——日冕物质抛射）

日珥都有较强的磁场，不同的日珥和日珥的不同细节的磁场有差别，一般说，活动日珥（尤其某些细节）比宁静日珥的磁场强些，可达 150～200 Gs。磁场对日珥的形成及变化起重要作用。

虽然日珥的温度比日冕低两个数量级，但日珥的物质密度比日冕大得多，估计约 5 个大日珥的质量就相当于整个日冕质量。日珥的形成大致可通过两种方式进行：① 由日冕等离子体凝聚；② 由色球物质向上喷射或蒸发到日冕而形成。宁静日珥可能通过前一种方式在磁场作用下形成，活动日珥也可能以这种方式形成;有些日珥(环状日珥、日浪等)则可能通过后一种方式形成。无论如何形成,日珥以及日冕物质归根结底主要来自色球,彗星及行星际物质陨落也可能有一定贡献。但许多问题还有待深入研究。

8.6.4　日冕物抛射

日冕经常出现激烈运动的瞬变事件,呈环状、泡状、云状等增亮结构,以速度 $20\sim3\,200$ km/s 向外冕或行星际运动,释放大量物质(主要是由电子和质子组成的磁化等离子体)和电磁辐射(见图 8-45),称为**日冕物质抛射**(CMEs)。平均一次抛射质量为 1.6×10^{12} kg,能量为 $10^{23}\sim10^{25}$ J。太阳活动极大期,每天发生 3.5 次;太阳活动极小期,每 5 天发生 1 次。日冕物质抛射常源于日面活动区,伴随着耀斑或爆发日珥。

研究表明,与日冕物质抛射和耀斑密切相关的是磁场重联现象;当反向磁场扭接到一起时,磁力线会突然发生重联排列——称为**磁场重联**,如同打开"阀门"般地释放原来磁场的贮存能量,抛射出磁化等离子体和辐射。

图 8-45　日冕物质抛射

8.7　日地科学和空间天气学

天文学和地球科学均自成体系,各自都是非常成熟的学科。近二十年来,随着空间探索的巨大进展,形成了急速发展的新兴学科体系——空间科学。由于空间科学和技术的进展,不仅形成了在天文学和地球科学中都处于学科前沿的空间天文学和空间地球科学,而且可以把日地系统联系成一个整体,定量地研究各种事件的因果关系,形成日地关系和空间天气学这类新的研究领域。

8.7.1　日地科学

地球上绝大部分能源都直接或间接来自太阳能。除了太阳对地球的昼夜、季节等正常影响外,还有太阳活动的异常影响。研究发现,地磁、气候等变化与太阳活动有密切关系,并探讨其可能的解释,从而形成**日地关系**研究。太阳活动增强的电磁辐射和粒子辐射导致行星际的波场和粒子扰动,进而影响地球和人类环境。近年来,科学家把太阳、地球以及日地环境中的所有物质总和作为**日地系统**,包括太阳,行星际,地球磁层、电离层、大气各层及地表等区域。实际上,每个区域都构成一门复杂的学科内容,进而蓬勃兴起一门新兴的交叉边缘学科——**日地科学**,它把日地体系作为一个整体,研究不同区域之间的相互作用和关联。航天技术出现后,国际科联(ICSU)的空间研究委员会(CORSPAR)和日-地物理委员会(SCOSTEP)等组织开展了多项研究计划,例如,在 20 世纪 50年代的国际地球物理年计划(IGY),80 年代的国际日-地物理计划(ISTP),90 年代的日-地能量计划(SGEP),地球环境模型(GEM)等。

8.7.2　空间天气学

随着航天事业的发展,人们越来越认识到太阳的剧烈爆发活动(如耀斑、日冕物质抛射)严重地影响空间环境,给地球磁层、电离层和中高层大气,卫星运行和安全,以及人类健康造成严重影响和危害。这些空间环境的短期变化或突发事件形象地称为**空间天气**(Space Weather),这是近 30 年出现的全新概念,而不同于冷暖、风雨等日常气象天气。于是,新兴的**空间天气学**诞生并迅速发展起来。空间天气学是空间天气(状态或事件)的监测、研究、建模、预报、效应、信息的传输与处理、对人类活动的影响以及空间天气的开发利用和服务等方面的集成,是多种学科(太阳物理、空间物理等)与多种技术(信息技术、计算机技术等)的高度综合与交叉。

空间天气学的基本科学目标是把太阳大气、行星际和地球的磁层、电离层和中高层大气作为一个有机系统(见图 8 - 46),按空间灾害性天气事件过程的时序因果链关系配置空间、地面的监测体系,了解空间灾害性天气过程的变化规律。

空间天气学的应用目标是减轻和避免空间天气灾害对高科技技术系统所造

成的昂贵损失，为航天、通信、国防等部门提供区域性和全球性的背景与时变的环境模式；为重要空间和地面活动提供空间天气预报、效应预测和决策依据；为效应分析和防护措施提供依据；为空间资源的开发、利用和人工控制空间天气探索可能途径，以及有关空间政策的制定等。

图 8-46　太阳辐射影响地球

8.7.3　空间天气灾害

　　类似于日常的气象天气，空间天气也有好、差和恶劣之分。好的指太阳、行星际空间、磁层、电离层、高层大气处于平静状态，有利于运载火箭发射和卫星正常运行；差的指上述区域具有不同程度的扰动；而恶劣的就是各种"空间暴"，对人类技术系统有非常严重的影响，一般称为空间天气灾害，可使卫星提前失效乃至陨落，通信中断，导航、跟踪失误，电力系统损坏，危害人类健康，如图 8-47 所示。

　　下面列举几次大的空间天气灾害事件例子。

　　1989 年 3 月 6—19 日，大耀斑和强磁暴造成 SMM 等卫星的轨道下降，通信卫星发生异常，全球无线电通信异常，轮船、飞机的导航系统失灵，美国和加拿大北部电网烧毁。这是历史上罕见的空间天气灾害事件，引起国际社会的震惊。1997 年 1 月 6—11 日的太阳爆发事件使美国的同步轨道卫星失效，损失高达7.12 亿美元。2000 年 7 月 14 日发生"巴士底日"事件，大耀斑和日冕物质抛射

图 8-47　空间天气的危害

1—空间天气事件威胁航天器安全;2—电离层扰动造成电波衰减、通信中断;3—影响导航和定位系统、GPS 等卫星定位误差,甚至无法工作;4—太阳活动影响地球的天气和气候;5—地磁变化影响生物活动,造成重大疾病;6—高能粒子辐射危及宇航员、飞行员和乘客安全;7—快速磁扰感生强电流,导致输变电故障,缩短石油、天然气管道和光缆寿命、影响数据通信;8—影响军事活动和国家安全;9—电磁场变化影响地下勘探

引起超强的地磁暴和电离层强烈干扰,短波通信中断,多颗卫星严重受损。2003年 10 月下旬到 11 月中旬,一系列太阳爆发事件造成卫星、通信、导航、地面电力设备破坏,社会经济损失严重,我国北方短波通信受严重干扰。2005 年 5 月 15日发生因大耀斑引起的地磁暴,引发了电力输送及移动通信中断,江苏和广东的变电站都发现 GIC(地磁感应电流),我国空间天气监测预警中心在 14 日及时发布了预报,部分电力部门采取了措施。

人们广为熟悉的典型空间天气灾害事件是太阳暴和地球空间暴。**太阳暴**也称**太阳风暴**,是太阳活动高峰期所产生的剧烈爆发活动;爆发时释放大量带电粒子流,严重影响地球的空间环境,破坏臭氧层,干扰无线通信,影响地球生物,对人体健康也有一定的危害。**地球空间暴**是由于太阳爆发或者地球空间自身存储的能量的剧烈释放,使得地球空间的场和粒子处于剧烈的扰动状态,包括磁层亚暴(伴随着极光突然增强的磁层能量释放过程)、磁暴(全球尺度地球磁场的剧烈扰动)、磁层粒子暴(磁层粒子突然增强)、电离层暴(电离层等离子体浓度突然增强或减少)和热层暴(高空大气密度和温度突然扰动)等。太阳暴和地球空间暴是最主要的天灾,也是产生航天器故障、威胁航天员安全、导致通信中断和影响导航与定位精度的主要原因。

1) 空间灾害原因

空间灾害性天气变化是如何发生的? 太阳的远紫外和 X 射线等辐射电离地球高层大气分子而形成电离层。电离层以上受地球磁场控制的区域为地球磁层。在太阳风的作用下地球磁层整体变形,向、背太阳两侧分别被压缩和拉长,磁层顶隔开磁层和太阳风。这一空间领域已成为人类活动的新环境,各种应用卫星的轨道高度从几百千米到两三万千米,而多个探测器飞到其他行星附近;许多地面技术系统利用的空间环境或受到它的影响。

太阳活动性有约 11 年周期,太阳活动极大年期间太阳爆发事件频发,也剧烈得多。太阳喷发的物质需要一到三天到达地球,高能质子只需要几个小时,而 X 射线和极紫外辐射 8 分钟多即到达地球,它们与地球的高层大气及磁场相互作用,强烈影响近地空间环境,造成空间灾害事件。

2) 太阳活动对地球气候和人类的影响

早在 19 世纪初人们就开始探讨太阳活动与天气和气候的关系。威廉·赫歇耳注意到太阳黑子少时雨量就少。后来,人们对很多地方的降水量和(太阳黑子数代表的)太阳活动变化做了相关统计,结果有的地方是正相关,有的地方却为负相关甚至没有关系,实际关系很复杂。地球上的洪涝、干旱、平均气温变化在一定程度上与空间天气相关。对一定地域来说,这类相关在预报灾害方面还是相当有意义的因素。例如,研究表明,我国水旱寒暖的年份有明显的 11 年周期,多数发生在太阳黑子极大、极小年附近,峰年附近对应于大范围干旱,谷年附近对应于大范围多雨期,冷暖期转变年份都在太阳活动最强年或其后一二年。

太阳活动增强的紫外辐射和粒子辐射是破坏地球大气臭氧层、造成臭氧洞的原因之一。人类活动也是破坏臭氧层不可忽视的因素,因此,国际上要限制使用氟里昂及核爆炸产生的 NO 破坏臭氧层。

我国古代就有天人感应的观念,去除迷信的糟粕,从科学上看,人类肯定会受宇宙大环境变化的直接或间接影响,提取过去的有用经验,统计研究太阳活动对人类的各种影响还是有一定意义的。影响人类健康的心脑血管疾病、皮肤癌和社会突发事件与空间天气的关系,也正成为众多科学家关注的热点。

有些统计研究发现,交通事故与太阳活动(黑子数)有明显的正相关性。研究表明,人的神经系统对太阳活动变化很敏感,当太阳活动增强时,神经对信号反应迟钝和出错率明显增加;神经对地磁变化也十分敏感,引起血压增高,心情烦躁,事故增加;精神病人增多;心血管病死亡率增加。科学家还发现,流感和传染病的发病率与黑子数相关,当然还需深入探讨各种影响的机理。

借鉴美国国家空间天气预报中心(Space Weather Prediction Center, SWPC)的成功经验,我国的空间天气监测预警中心于 2004 年 7 月 1 日正式启动了其业务系统,广大公众可从其网站(http://www.nsmc.org.cn)上了解到有关信息,其中有空间天气的数据、有关的分析、空间天气的趋势、空间恶劣天气的警报等。例如,空间天气一次预报说,北京时间 2014 年 9 月 12—13 日地磁发生强烈扰动,13 日 05:00 时达到大地磁暴水平,地磁 K_p 指数最大为 7,达到橙色警报级别。此次地磁暴事件是由 9 月 9 日、11 日 AR2158 爆发活动伴随的日冕物质抛射事件引起的。目前 AR2158 是日面上最活跃的活动区,未来一段时间仍有可能继续产生爆发活动。

总括地说,太阳的电磁辐射直接影响电离层、热层及大气环境,它们又影响气候和生物;太阳的磁活动、宇宙线、太阳风等离子体和磁场通过复杂的磁层—电离层—大气耦合过程而影响大气过程和地球环境。太阳耀斑是最剧烈的太阳活动,引起更重要的地球物理现象。耀斑的电磁辐射到达地球很快,而粒子辐射到达地球较慢,它们造成的地球效应也先后不同,因此,观测耀斑的前兆、先期地球效应就可以预报后随的地球效应。

主要参考文献

[1] Cox A N. Allen's Astrophysical Quantities[M]. 4th ed. New York：Springer，2002.

[2] 俞允强. 物理宇宙学讲义[M]. 北京：北京大学出版社，2002.

[3] 胡中为,萧耐园. 天文学教程(上册)[M]. 第二版. 北京：高等教育出版社，2003.

[4] 朱慈墰. 天文学教程(下册)[M]. 第二版. 北京：高等教育出版社，2003.

[5] 胡中为. 普通天文学[M]. 南京：南京大学出版社，2003.

[6] 刘学富. 基础天文学[M]. 北京：高等教育出版社，2004.

[7] Lang K R. Astrophysical Formulae[M]. 3rd ed. New York：Springer，1999.

[8] 赵铭. 天体测量学导论[M]. 第 2 版. 北京：中国科学技术出版社，2012.

[9] 何香涛. 观测宇宙学[M]. 第 2 版. 北京：北京师范大学出版社，2007.

[10] 胡中为,徐伟彪. 行星科学[M]. 北京：科学出版社，2007.

[11] 胡中为. 美妙天象-日全食[M]. 上海：上海科学技术出版社，2008.

[12] 焦维新. 空间天气学[M]. 北京：气象出版社，2003.

[13] Lodders K. Solar System Abundances of the Elements' Astrophysics and Space Science Proceedings[M]. Berlin：Springer，2010，379 – 417.

[14] 李宗伟,肖兴华. 天体物理学[M]. 第 2 版. 北京：高等教育出版社，2012.

[15] 向守平. 天体物理概论[M]. 合肥：中国科学技术大学出版社，2012.

[16] 孙义燧,周济林. 现代天体力学导论[M]. 北京：高等教育出版社，2013.

[17] 吴大江. 现代宇宙学[M]. 北京：清华大学出版社，2013.

[18] 胡中为. 新编太阳系演化学[M]. 上海：上海科学技术出版社，2014.

[19] 胡中为. 婵娟之谜-月球的起源和演化[M]. 北京：科学出版社，2015.

[20] 徐伟彪. 天外来客陨石[M]. 北京：科学出版社，2015.

[21] 胡中为. 星空流浪者-彗星[M]. 北京：科学出版社，2016.

[22] 埃里克·蔡森,史蒂夫·麦克米伦. 今日天文 太阳系和地外生命探索[M]. 高建,詹想,译. 北京：机械工业出版社，2016.

[23] 埃里克·蔡森,史蒂夫·麦克米伦. 今日天文 恒星-从诞生到死亡[M]. 高建,詹想,译. 北京：机械工业出版社，2016.

[24] 埃里克·蔡森,史蒂夫·麦克米伦. 今日天文 星系世界和宇宙的一生[M]. 高建,詹想,译. 北京：机械工业出版社，2016.

[25] 李广宇. 天体测量和天体力学基础[M]. 北京：科学出版社，2017.

[26] 胡中为,赵海斌. 太阳系考古遗存：小行星[M]. 北京：科学出版社，2017.

[27] 胡中为. 奇妙的宇宙一：天文学的兴盛[M]. 北京：人民教育出版社，2017.

［28］　胡中为. 奇妙的宇宙二：恒星和太阳系［M］. 北京：人民教育出版社，2017.

［29］　胡中为. 奇妙的宇宙三：星系和宇宙演化［M］. 北京：人民教育出版社，2017.

［30］　Karttunen H，Kroger P，Oja H，et al. Fundamental Astronomy［M］. 6th ed. Berlin：Springer，2017.

［31］　"10 000 个科学难题"天文学编委会. 10 000 个科学难题-天文学卷［M］. 北京：科学出版社，2010.

附录 A

A.1 天文和物理常数及单位换算

1. 天文常数

天文单位 AU(地球轨道半长径)　　　1 AU=1.495 978 707×10⁸ km

太阳的赤道地平视差　　　8.794 148″=4.263 521×10⁻⁵ rad

光行 1 AU 的时间　　　499.004 783 70 s=0.005 775 518 33 d

光年 ly　　　1 ly=9.460 7×10¹² km

秒差距 pc　　　1 pc=3.085 677 6×10¹³ km=

206 264.806 AU=3.261 6 ly

太阳质量　　　$M_\odot$=1.989 1×10³⁰ kg

太阳半径　　　$R_\odot$=6.955×10⁵ km

太阳平均密度　　　$\rho_\odot$=1.408 g/cm³

太阳(辐射)光度　　　$L_\odot$=3.846×10²⁶ W

地球平均半径　　　$R_\oplus$=6 371.0 km

地球赤道半径　　　$R_{\oplus e}$=6 378.1 km

地球质量　　　$M_\oplus$=5.972 37×10²⁴ kg

地球平均密度　　　$\rho_\oplus$=5.514 g/cm³

银极(赤道坐标,J2000.0)　　　α_3=192.859 481 23°=

+27ʰ51ᵐ26.275 5ˢ

δ_3=27.128 251 20°=+27°7′41.704″

银心方向(J2000.0)　　　α_1=266.404 996 25°=

17ʰ45ᵐ37.199 1ˢ

δ_1=−28.936 172 42°=

−28°56′10.221″

太阳相对银心的运动速度	$U = 10.00$ km/s
太阳相对银河系自转方向的运动速度	$V = 5.23$ km/s
太阳北向垂直运动速度	$W = 7.17$ km/s
月球在平均距离的赤道地平视差	$3\ 422.608''$
质量比	$M_\oplus / M_{月球} = 81.282\ 098$;
	$M_\odot / M_\oplus = 332\ 946.08$
	$M_\odot / (M_\oplus + M_{月球}) = 328\ 899.68$
黄赤交角(J2000.0 固定黄道)	$\varepsilon = 23°21.411\ 926''$

1(平太阳日)d=86 164.090 54 s　　(SI)=24 h=1 440 min=86 400 s(SI)

1 平恒星日=0.997 269 58 d(平太阳日)

1(平太阳日)d=1.002 737 895 60 平恒星日

1 回归年=365.242 199 074 1 d

1 恒星年=365.256 304 2 d

1 儒略年=365.25 d

2. 物理常数

(真空)光速	$c = 2.997\ 924\ 58 \times 10^8$ m/s
引力常数	$G = 6.674\ 08 \times 10^{-11}$ m^3/(kg·s^2)
普朗克常数	$h = 6.626\ 070\ 15 \times 10^{-34}$ J·s
玻耳兹曼常数	$k = 1.380\ 648\ 52 \times 10^{-23}$ J/K=
	$8.617\ 330\ 3 \times 10^{-5}$ eV/K
气体常数 (^{12}C 标度)	$R = 8.318\ 191\ 712$ J/(K·mol)=
	$1.987\ 203\ 6$ cal/(K·mol)
阿伏伽德罗常量	$N_A = 6.022\ 140\ 76 \times 10^{23}$/mol
铯(^{133}Cs)共振频率	$= 9\ 192\ 631\ 770$ Hz

【注：SI(原子)秒定义为^{133}Cs 原子基态的超精细能级间跃迁辐射 9 192 631 770 个周期所持续的时间。】

氢(^{1}H)的里德伯常数	$R_H = 109\ 677.58$/cm
玻尔半径	$a_0 = 5.291\ 772\ 106\ 7 \times 10^{-11}$ m
精细结构常数	$\alpha = 7.297\ 353 \times 10^{-3}$;
	$1/\alpha = 137.035\ 999\ 138$
原子的能量单位(Hartree=2 ryd)	$e^2/a_0 = 4.359\ 748 \times 10^{-18}$ J=
	$27.211\ 39$ eV
1 ryd 能量(常取作原子单位)	1 ryd(里德伯)$= 2.179\ 874 \times 10^{-18}$ J=

13. 605 693 009 eV

原子的角动量单位	$h/2\pi = 1.054\ 571\ 8 \times 10^{-34}$ kg $\cdot$ m^2/s
经典电子半径	$l = e^2/m_0 c^2 = 2.817\ 9 \times 10^{-15}$ m
氢(^{1}H)基态的超精细结构裂距	$\nu_H = 1\ 420.405\ 751\ 768 \times 10^6/s$
^{1}H 原子中电子的折合质量	$m_e(m_p/m_H) = 9.104\ 431\ 3 \times 10^{-31}$ kg
原子质量单位(^{12}C=12 标度)	1 u = $1.660\ 539\ 04 \times 10^{-27}$ kg = 931. 494 MeV/c^2
电子电荷	$e = 1.602\ 176\ 620\ 8 \times 10^{-19}$ C
电子质量	$m_e = 5.485\ 799 \times 10^{-4}$ u = 9. 109 383 56 $\times 10^{-31}$ kg
电子的质能	$m_e c^2 = 8.187\ 111\ 1 \times 10^{-14}$ J = 0. 510 999 06 MeV
氢(^{1}H)原子的质量	$m_H = 1.007\ 825\ 0$ u = 1. 673 534 4 $\times 10^{-27}$ kg
质子的质量	$m_p = 1.007\ 276\ 470(12)$u = 1. 672 621 898 $\times 10^{-27}$ kg
中子的质量	$m_n = 1.008\ 664\ 9$ u = 1. 674 927 47 $\times 10^{-27}$ kg
单位原子质量的质量能	$uc^2 = 1.492\ 419\ 1 \times 10^{-10}$ J = 931. 494 2(28) MeV
质子/电子的质量比	$m_p/m_e = 1\ 836.152\ 673\ 76$
辐射密度常数	$a = 7.565\ 7 \times 10^{-15}$ erg/(cm$^3 \cdot$ K^4)
斯忒藩-玻耳兹曼常数	$\sigma = 5.670\ 367 \times 10^{-8}$ W/(m$^2 \cdot$ K^4)

3. 单位及其换算

压强	1 Pa(帕) = 1 牛顿/米^2;1 bar(巴) = 10^5Pa;1 atm(大气压) = 101 325 Pa
焦耳当量	1 cal[卡(路里)] = 4. 185 851 8 J[焦(耳)]
能量	1 J = 10^7 erg(尔格)
功率	1 W[瓦(特)] = 1 J/s
磁场强度	1 T[Tesla,特(斯拉)] = 10^4 Gs(Gauss,高斯)

长度　　　　　　　　　　　　　　　1 fm$=1\times10^{-15}$ m

1 mi(mile,英里)$=1.609\ 344$ km;

1 in(inch,英寸)$=2.54$ cm

重量　　　　　　　　　　　　　　　1 lb(pound,英磅)$=453.592\ 37$ g

角度　　　　　　　　　　　　　　　1 rad$=206\ 265''$

其他　1 eV(电子伏)相应的波长　　　$\lambda_0=12\ 398.419\ 7\times10^{-10}$ m

1 eV 相应的波数　　　　　　$s_0=8\ 065.544\ 03$/cm

1 eV 相应的频率　　　　　　$\nu_0=2.417\ 989\ 3\times10^{14}$ Hz

1 eV(电子伏)的相应能量　　1 eV$=1.602\ 176\ 620\ 8\times10^{-19}$ J$=$

$0.073\ 498\ 617\ 6$ ryd

1 eV 相应的温度　　　　　　$E_0/k=11\ 605$ K

A. 2　天文符号

1. 天体　天象

⊙	太阳	☽	月球	☿	水星
♀	金星	⊕,♁	地球	♂	火星
♃	木星	♄	土星	♅,♅	天王星
♆	海王星	♇	冥王星	☄	彗星
★,☆	恒星	●	新月	○	满月,望
☽	下弦	☾	上弦	□	方照
☍	冲	☌	合	☋	降交点
♈	春分点	☊	升交点	♎	秋分点

2. 黄道十二宫

♈	白羊宫	♉	金牛宫	♊	双子宫
♋	巨蟹宫	♌	狮子宫	♍	室女宫
♎	天秤宫	♏	天蝎宫	♐	人马宫
♑	摩羯宫	♒	宝瓶宫	♓	双鱼宫

A.3　星座表 1

缩略号	拉丁名	中文名	亮星数[+]	中天月份
And	Andromeda	仙女	108	1
Ant	Antlia	唧筒	23	4
Aps	Apus	天燕	27	7[#]
Aqr	Aquarius	宝瓶[*]	113	10
Aql	Aquila	天鹰	87	9
Ara	Ara	天坛	47	8
Ari	Aries	白羊[*]	66	12
Aur	Auriga	御夫	102	2
Boo	Bootes	牧夫	114	6
Cae	Caelum	雕具	15	1
Cam	Camelopardalis	鹿豹	22	2
Cnc	Cancer	巨蟹[*]	71	3
CVn	Canes Venatici	猎犬	126	6
CMa	Canis Major	大犬	122	2
CMi	Canis Minor	小犬	32	3
Cap	Capricornus	摩羯[*]	65	9
Car	Carina	船底	148	3
Cas	Cassiopeia	仙后	106	12
Cen	Centaurus	半人马	190	6
Cep	Cepheus	仙王	118	10
Cet	Cetus	鲸鱼	128	12
Cha	Chamaeleon	堰蜓	22	4[#]
Cir	Circinus	圆规	29	6
Col	Columba	天鸽	56	2
Com	Coma Berenices	后发	48	5
CrA	Corona Australis	南冕	29	8
CrB	Corona Borealis	北冕	29	7

（续表）

缩略号	拉 丁 名	中文名	亮星数＋	中天月份
Crv	Corvus	乌鸦	24	5
Crt	Crater	巨爵	22	5
Cru	Crux	南十字	40	5
Cyg	Cygnus	天鹅	191	9
Del	Delphinus	海豚	25	9
Dor	Dorado	剑鱼	21	1
Dra	Draco	天龙	154	8
Equ	Equuleus	小马	10	10
Eri	Eridanus	波江	146	1
For	Fornax	天炉	36	12
Gem	Gemini	双子*	96	2
Gru	Grus	天鹤	44	10
Her	Hercules	武仙	181	8
Hor	Horologium	时钟	21	1
Hya	Hydra	长蛇	164	4
Hyi	Hydrus	水蛇	164	12
Ind	Indus	印第安	25	10

星座表 2

缩略号	拉 丁 名	中文名	亮星数	中天月份◇
Lac	Lacerta	蝎虎	49	10
Leo	Leo	狮子*	96	3
LMi	Leo Minor	小狮	26	4
Lep	Lepus	天兔	58	2
Lib	Libra	天秤*	63	7
Lup	Lupus	豺狼	82	7
Lyn	Lynx	天猫	74	3

（续表）

缩略号	拉丁名	中文名	亮星数	中天月份◇
Lyr	Lyra	天琴	55	8
Men	Mensa	山案	22	2#
Mic	Microscopium	显微镜	29	9
Mon	Monoceros	麒麟	95	3
Mus	Musca	苍蝇	41	5#
Nor	Norma	矩尺	32	7
Oct	Octans	南极	17	11
Oph	Ophiuchus	蛇夫	115	8
Ori	Orion	猎户	155	2
Pav	Pavo	孔雀	55	9
Peg	Pegasus	飞马	118	10
Per	Perseus	英仙	122	1
Phe	Phoenix	凤凰	48	12
Pic	Pictor	绘架	32	2
Psc	Pisces	双鱼*	95	11
PsA	Piscis Austrinus	南鱼	29	10
Pup	Puppis	船尾	181	3
Pyx	Pyxis	罗盘	26	3
Ret	Reticulum	网罟	19	1
Sge	Sagitta	天箭	20	9
Sgr	Sagittarius	人马*	152	9
Sco	Scorpius	天蝎*	126	7
Scl	Sculptor	玉夫	39	11
Sct	Scutum	盾牌	20	8
Ser	Serpens	巨蛇	80	8
Sex	Sextans	六分仪	21	4
Tau	Taurus	金牛*	171	1

（续表）

缩略号	拉 丁 名	中文名	亮星数	中天月份◇
Tel	Telescopium	望远镜	52	9
Tri	Triangulum	三角	22	12
TrA	Triangulum Australe	南三角	22	7
Tuc	Tucana	杜鹃	33	11
UMa	Ursa Major	大熊	151	5
UMi	Ursa Minor	小熊	28	7
Vel	Vela	船帆	146	4
Vir	Virgo	室女*	126	6
Vol	Volans	飞鱼	23	3
Vul	Vulpecula	狐狸	53	9

* 黄道星座；＋亮于 6 等的恒星；◇ 地方平时 20 h；♯ 我国大部分地区看不到。

A. 4　星　图

| 星等 | −1^m | 0^m | 1^m | 2^m | 3^m | 4^m | | 变星 | 星云 | 星团 |

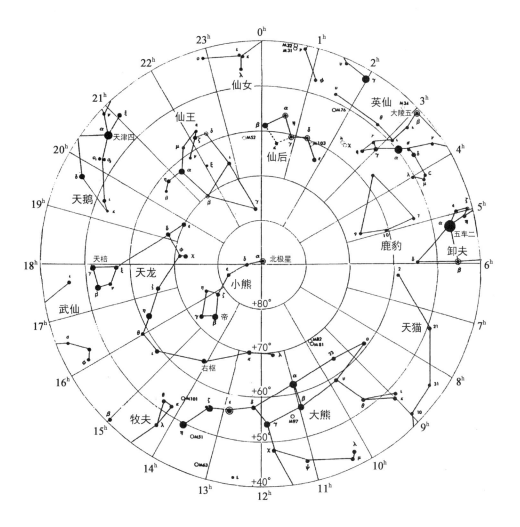

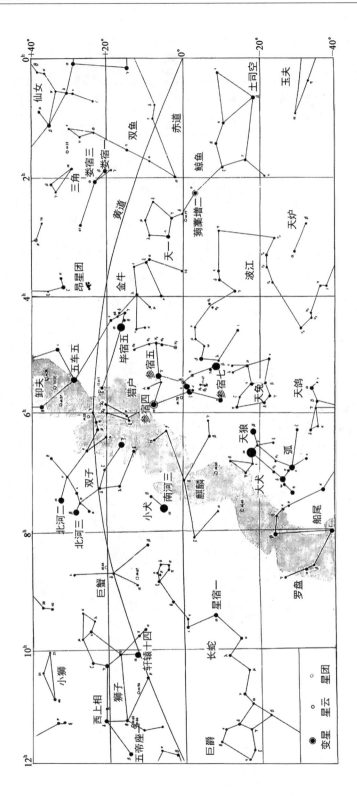

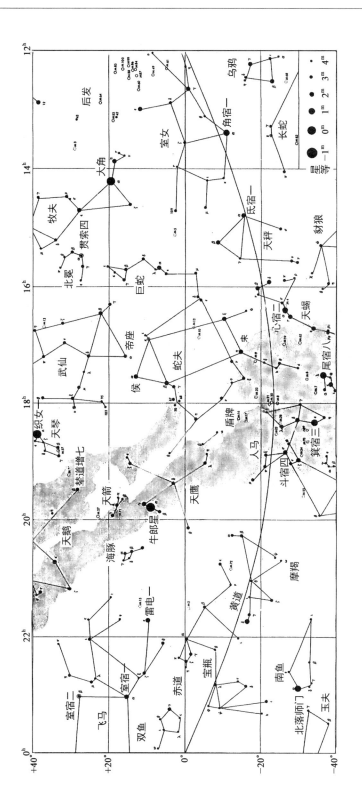

A.5　目视双星简表

星　名	赤　经 h　m	赤　纬 °　′	目视	星等	周期/ 年	角距/″	视差/″
仙后座 η	0　49.1	+57　49	3.5	7.5	480	12.85	0.176
双鱼座 α	2　02.0	+02　46	4.2	5.2	933	1.83	0.005
英仙座 θ	2　44.2	+49　14	4.1	9.9	2 720	20.04	0.082
天炉座 α	3　12.1	−28　59	3.9	6.5	314	5.06	0.075
御夫座 α	5　16.7	+46　00	0.6	1.1	0.285	0.05	0.080
猎户座 σ	5　38.7	−02　36	4.1	5.1	170	0.24	0.007
猎户座 μ	6　02.4	+09　39	4.4	6.0	17.5	0.11	0.028
大犬座 α	6　45.1	−16　43	−1.5	8.5	50.1	4.60	0.378
双子座 δ	7　20.1	+21　59	3.6	8.2	1 200	5.77	0.061
双子座 α	7　34.6	+31　53	1.9	2.9	511	3.98	0.067
小犬座 α	7　39.3	+05　14	0.4	10.3	40.7	4.64	0.292
长蛇座 ε	8　46.8	+06　25	3.8	4.7	15.1	0.25	0.027
HR 3579	9　00.6	+41　47	4.1	6.2	21.9	0.60	0.069
大熊座 κ	9　03.6	+47　09	4.2	4.4	70.1	0.13	0.016
船帆座 φ	9　30.7	−40　28	4.1	4.6	34.0	0.53	0.065
狮子座 γ	10　20.0	+19　50	2.6	3.8	619	4.41	0.022
HR 4167	10　37.3	−48　14	4.2	5.1	16.3	0.30	0.040
船帆座 μ	10　46.8	−49　25	2.7	6.4	116	2.50	0.022
大熊座 α	11　03.7	+61　45	1.9	4.8	44.4	0.36	0.038
大熊座 ζ	11　18.2	+31　32	4.4	4.9	59.8	1.77	0.137
狮子座 ι	11　23.9	+10　32	4.0	6.7	192	1.72	0.052
半人马座 γ	12　41.5	−48　58	2.9	2.9	84.5	1.00	0.016
室女座 γ	12　41.7	−01　27	3.7	3.7	171	1.84	0.099
苍蝇座 β	12　46.3	−68　06	3.7	4.0	383	1.29	0.015
HR 5089	13　31.0	−39　24	4.5	4.7	78.7	0.21	0.012

（续表）

星　名	赤　经 h　　m		赤　纬 。　　′		目视	星等	周期/ 年	角距/″	视差/″
半人马 α	14	39.6	−60	50	0.0	1.3	79.9	14.14	0.750
牧夫座 ζ	14	41.1	+13	44	4.4	4.8	123	0.80	0.009
豺狼座 γ	15	35.1	−41	10	3.5	3.6	147	0.67	0.008
北冕座 γ	15	42.7	+26	18	4.1	5.5	91.0	0.76	0.033
天蝎座 ξ	16	04.4	−11	22	4.8	5.1	45.7	0.39	0.048
天蝎座 α	16	29.4	−26	26	1.0	5.5	878	2.59	0.024
蛇夫座 λ	16	30.9	+01	59	4.2	5.2	130	1.54	0.010
武仙座 ζ	16	41.3	+31	36	2.9	5.5	34.5	0.75	0.102
蛇夫座 η	17	10.4	−15	43	3.0	3.5	88.0	0.60	0.052
蛇夫座 70	18	05.5	+02	30	4.2	6.0	88.1	3.79	0.201
人马座 ζ	19	02.6	−29	53	3.2	3.4	21.1	0.34	0.025
天鹅座 δ	19	45.0	+45	08	2.9	6.3	828	2.50	0.030
海豚座 β	20	37.5	+14	36	4.0	4.9	26.7	0.57	0.028
天鹅座 τ	21	14.8	+38	03	3.8	6.4	49.9	0.77	0.055
宝瓶座 ξ	22	28.8	−00	01	4.4	4.6	856	2.10	0.022

A.6　亮的星云、星团、星系简表

	NCC	所在星座	名称或类型	赤经 h m	赤纬 ° ′	视星等	角大小	距离/万光年
M1	1 952	金牛	蟹状星云 Di	05 34.5	+22 01	8.4	6′×4′	0.72
M2	7 089	宝瓶	球状星团	21 33.5	−0 49	6.5	13′	3.69
N3	5 272	猎犬	球状星团	13 42.2	+28 23	6.4	16′	3.22
M4	6 121	天蝎	球状星团	16 23.6	−26 32	5.9	26′	0.71
M5	5 904	巨蛇	球状星团	15 18.6	+02 05	5.8	17′	2.5
M6	6 405	天蝎	蝴蝶星团 Oc	17 40.1	−32 13	4.2	14′	0.16
M7	6 475	天蝎	疏散星团	17 53.9	−34 49	3.3	80′	0.08
M8	623	人马	礁湖星云 Di	18 03.8	−24 23	5.8	90′×40′	0.25
M9	6 333	蛇夫	球状星团	17 19.2	−18 32	7.9	9′	2.6
M10	6 254	蛇夫	球状星团	16 57.1	−04 06	6.6	15′	1.47
M11	6 705	盾牌	野鸭星团 Oc	18 51.1	−06 16	5.9	13′	0.554
M12	6 218	蛇夫	球状星团	16 47.2	−01 57	6.6	15′	1.82
M13	6 205	武仙	武仙座球状星团	16 41.7	+36 28	5.9	17′	2.35
M14	6 402	蛇夫	球状星团	17 37.6	−03 15	7.6	12′	3.51
M15	7 078	飞马	球状星团	21 30.0	+12 10	6.4	12′	3.11
M16	6 611	巨蛇	鹰状星团 Oc	18 18.8	−13 47	6.0	35′×28′	0.46
M17	6 618	人马	欧米茄星云 Di	18 20.8	−16 11	7.5	46′×37′	0.33
M18	6 613	人马	疏散星团	18 19.9	−17 08	6.9	9′	0.391
M19	6 273	蛇夫	球状星团	17 02.6	−26 16	7.2	14′	2.2
M20	6 514	人马	三叶星云 Di	18 02.6	−23 02	8.5	29′×27′	0.223
N21	6 531	人马	疏散星团	18 04.6	−22 30	5.9	13′	0.435
M22	6 656	人马	球状星团	18 36.4	−23 54	5.1	24′	1.03
M23	6 404	人马	疏散星团	17 56.8	−19 01	5.5	27′	0.21
M24	66C0	人马	疏散星团	18 16.9	−18 29	4.5	1.5°	1.6
M25	IC4 725	人马	疏散星团	18 31.6	−19 15	4.6	32′	0.23

（续表）

	NCC	所在星座	名称或类型	赤经 h m		赤纬 ° ′		视星等	角大小	距离/万光年
M26	6 694	盾牌	疏散星团	18	45.2	−09°	24	8.0	14′	0.489
M27	6 853	狐狸	哑铃星云 P	19	59.6	+22	43	8.1	8′×4′	0.097
M28	6 626	人马	球状星团	18	24.5	−24	52	6.9	11′	1.5
M29	6 913	天鹅	疏散星团	20	23.9	+38	32	6.6	6′	0.424
M30	7 099	摩羯	球状星团	21	40.4	−23	11	7.5	11′	4.1
M31	224	仙女	仙女座星系 Sb	00	42.7	+41	16	3.4	3°×63″	230
M32	221	仙女	星系 E	00	42.7	+40	52	8.2	14′×11′	230
M33	598	三角	星系 Sc	01	33.9	+30	39	5.7	62′×39′	250
M34	1 039	英仙	疏散星团	02	42.0	+42	47	5.2	35′	0.139
M35	2 168	双子	疏散星团	06	08.9	+24	20	5.1	28′	0.28
M36	1 960	御夫	疏散星团	05	36.1	+34	08	6.0	12′	0.41
M37	2 099	御夫	疏散星团	05	52.4	+32	33	5.6	23′	0.42
M38	1 912	御夫	疏散星团	05	28.7	+35	50	6.4	21′	0.46
M39	7 092	天鹅	疏散星团	21	32.2	+48	26	4.6	31′	0.086 4
M40	—	大熊	双星	12	22.4	+58	05	8.0	—	—
M41	2 287	大犬	疏散星团	06	46.1	−20	46	4.5	38′	0.21
M42	1 976	猎户	猎户大星云 Di	05	35.4	−05	16	4.0	66′×60′	0.13
M43	1 982	猎户	星云 Di	05	35.6	−05	16	9.0	20′×15′	0.1
M44	2 632	巨蟹	蜂巢（鬼）星团 Oc	08	40.2	+19	43	3.1	95′	0.05
M45	—	金牛	昴星团 Oc	03	47.0	+24	07	1.2	130′	0.042
M46	2 437	船尾	疏散星团	07	41.8	−14	49	6.1	27′	0.52
M47	2 422	船尾	疏散星团	07	36.6	−14	30	4.4	29′	0.15
M48	2 548	长蛇	疏散星团	08	13.8	−05	48	5.8	54′	0.205
M49	4 472	室女	星系 E	12	29.8	+08	00	8.4	9′×7′	5 900
M50	2 323	麒麟	疏散星团	07	03.8	−08	23	5.9	16′	0.326
M51	5 194	猎犬	涡状星系 Sc	13	29.9	+47	12	8.1	11′×8′	2 100

（续表）

	NCC	所在星座	名称或类型	赤　经 h　　m	赤　纬 。　　′	视星等	角大小	距离/万光年
M52	7 654	仙后	疏散星团	23　24.2	+61　35	6.9	12′	0.52
M53	5 024	后发	球状星团	13　12.9	+18　10	7.7	13′	5.64
M54	6 715	人马	球状星团	18　55.1	−30　29	7.7	9′	4.9
M55	6 809	人马	球状星团	19　40.0	−30　58	7.0	19′	1.9
M56	6 779	天琴	球状星团	19　16.6	+30　11	8.2	7′	3.17
M57	6 720	天琴	环状星云 P	18　53.6	+33　02	9.0	1′	0.215
M58	4 579	室女	星系 SBb	12　37.7	+11　49	9.8	5′×4′	7 000
M59	4 621	室女	星系 E	12　42.0	+11　39	9.8	5′×3′	4 100
M60	4 649	室女	星系 E	12　43.7	+11　33	8.8	7′×6′	5 900
M61	4 303	室女	星系 Sc	12　21.9	+04　28	9.7	6′×5′	4 100
M62	6 266	蛇夫	球状星团	17　01.2	−30　07	6.6	14′	2.06
M63	5 055	猎犬	星系 Sb	13　15.8	+42　02	8.6	12′×8′	2 400
M64	4 826	后发	黑眼星系 Sb	12　56.7	+21　41	8.5	9′×5′	1 500
M65	3 623	狮子	星系 Sa	11　18.9	+13　05	9.3	10′×3′	2 700
M66	3 627	狮子	星系 Sb	11　20.2	+12　59	9.0	9′×4′	2 700
M67	2 682	巨蟹	疏散星团	08　51.4	+11　49	6.9	30′	0.27
M68	4 590	长蛇	球状星团	12　39.5	−26　45	8.2	12′	3.14
M69	6 637	人马	球状星团	18　31.4	−32　21	7.7	7′	2.4
M70	6 681	人马	球状星团	18　43.2	−32　18	8.1	8′	6.5
M71	6 838	天箭	球状星团	19　53.8	+18　47	8.3	7′	1.33
M72	6 981	宝瓶	球状星团	20　53.5	−12　32	9.4	6′	5.9
M73	6 994	宝瓶	四合星	01　58.9	−12　38	—	—	—
M74	628	双鱼	星系 Sc	01　36.7	+15　47	9.2	10′×9′	3 700
M75	6 864	人马	球状星团	20　06.1	−21　55	8.6	6′	7.8
M76	650	英仙	小哑铃星云 P	01　42.4	+51　34	11.5	2′×1′	0.82
M77	1 068	鲸鱼	星系 Sb	02　42.7	−00　01	8.8	7′×6′	4 700
M78	2 068	猎户	环状星云	05　46.7	+00　03	8.0	8′×6′	0.16

（续表）

	NCC	所在星座	名称或类型	赤　经 h　m		赤　纬 。　′		视星等	角大小	距离/ 万光年
M79	1 904	天兔	球状星团	05	24.5	−24	33	8.0	9′	4.3
M80	6 093	天蝎	球状星团	16	17.0	−22	59	7.2	9′	3.7
M81	3 031	大熊	星系 Sb	09	55.6	+69	04	6.8	26′×14′	1 400
M82	3 034	大熊	星系 Irr	09	55.8	+69	41	8.4	11′×5′	1 400
M83	5 236	长蛇	星系 Sc	13	37.0	−29	52	10.1	11′×10′	1 600
M84	4 374	室女	星系 E	12	25.1	+12	53	9.3	5′×4′	7 000
M85	4 382	后发	透镜状 星系 So	12	25.4	+18	11	9.3	7′×5′	7 000
M86	4 406	室女	星系 E	12	26.2	+12	57	9.2	7′×6′	7 000
M87	4 486	室女	星系 Ep	12	30.8	+12	24	8.6	7′	7 000
M88	4 501	后发	星系 Ep	12	32.0	+14	25	9.5	7′×4′	4 000
M89	4 552	室女	星系 E	12	35.7	+12	33	9.8	4′	7 000
M90	4 569	室女	星系 Sb	12	36.8	+13	10	9.5	10′×5′	7 000
M91	4 548	后发	星系 S	12	35.4	+14	30	10.2	5′×4′	4 000
M92	6 341	武仙	球状星团	17	17.1	+43	08	6.5	11′	2.55
M93	2 447	船尾	疏散星团	7	44.6	−23	52	6.2	22′	3.6
M94	4 736	猎犬	星系 Sb	12	50.9	+41	07	8.1	11′×9′	1 450
M95	3 351	狮子	星系 SBb	10	44.0	+11	42	9.7	7′×5′	2 500
M96	3 368	狮子	星系 Sa	10	46.8	+11	49	9.2	7′×5′	2 500
M97	3 587	大熊	枭状星云 P	11	14.8	+55	01	11.2	3′	0.746
M98	4 192	后发	星系 Sb	12	13.8	+14	54	10.1	10′×3′	7 000
M99	4 254	后发	星系 Sc	12	18.8	+14	25	9.8	5′	7 000
M100	4 321	后发	星系 Sc	12	22.9	+15	49	9.4	7′×6′	7 000
M101	5 457	大熊	星系 Sc	14	03.2	+54	21	7.7	27′×26′	1 500
M102	5 866	天龙	星系 Sa	15	06.5	+55	46	10.0	—	—
M103	581	仙后	疏散星团	01	33.2	+60	42	7.4	6′	0.799
M104	4 594	室女	草帽星系 Sa	12	40.0	−11	37	8.3	9′×4′	5 000

（续表）

	NCC	所在星座	名称或类型	赤　经 h　　m	赤　纬 °　　′	视星等	角大小	距离/万光年
M105	3 379	狮子	星系 E	10　47.8	+12　35	9.3	4′×4′	2 500
M106	4 258	猎犬	星系 Sb	12　19.0	+47　18	8.3	18′×8′	2 500
M107	6 171	蛇夫	球状星团	16　32.5	−13　03	8.1	10′	1.98
M108	3 556	大熊	星系 Sb	11　11.5	+55　40	10.0	8′×2′	2 500
M109	3 992	大熊	星系 SBc	11　57.6	+53　23	9.8	8′×5′	2 500
M110	205	仙女	星系 E	00　40.5	+41　42	8.0	17′×10′	220
—	869	英仙	英仙 h 星团 Oc	02　19.2	+57　09	4.3	29′	0.701
—	884	英仙	英仙 χ 星团 Oc	02　22.6	+57　07	4.4	29′	0.808
—	2 244	—	疏散星团	06　32.5	+04　52	5.2	23′	0.49

　　Di—弥漫星云；P—行星状星云；Gb—球状星团；Oc—疏散星团；E—椭圆星系；S—旋涡星系；SB—棒旋星系；I—不规则星系。

A.7　最亮的 35 颗恒星

	视星等	所在星座	西文名　中文名	距离/ly	光谱型	备　注
1	−1.46	α CMa	Sirius 天狼星	8.6	A1 V	Sirius A
2	−0.72	α Car	Canopus 老人星	310	F0 Ia	Canopus
3	−0.27	α Cen	Riger Kenttaurus 南门二	4.4	G2 V/ K1 V	α Centauri A
4	−0.04 var	α Boo	Arcturus 大角	37	K1.5 III	Arcturus
5	0.03	α Lyr	Vega 织女	25	A0 V	Vega
6	0.08	α Aur	Capella 五车二	42	G8 III, G1 III	Capella A
7	0.12	β Ori	Rigel 参宿七	860	B8 Iab	Rigel
8	0.34	α CMi	Procyon 南河三	11	F5 IV-V	Procyon
9	0.42 var	α Ori	Betelgeuse 参宿四	640	M2 Iab	Betelgeuse
10	0.50	α Eri	Achernar 水委一	140	B3 Vpe	Achernar
11	0.60	β Cen	Hadar, Agena 马腹一	350	B1 III	Hadar (Agena)
12	0.77	α Aql	Altair 牛郎 (河鼓二)	17	A7 V	Altair
13	0.77	α Cru	Acrux 十字架二	320	B1 V	Acrux A
14	0.85 var	α Tau	Aldebaran 毕宿五	65	K5 III	Aldebaran
15	0.96	α2 Aur	Capella B 五车二 B	42	G1 III	Capella B
16	1.04	α Vir	Spica 角宿一	260	B1 III-IV, B2 V	Spica
17	1.09 var	α Sco	Antares 心宿二（大火）	600	M1.5 Iab-b	Antares
18	1.15	β Gem	Pollux 北河三	34	K0 IIIb	Pollux
19	1.16	α PsA	Fomalhaut 北落师门	25	A3 V	Fomalhaut
20	1.25	α Cyg	Deneb 天津四	1 550	A2 Ia	Deneb

(续表)

	视星等	所在星座	西文名　中文名	距离/ly	光谱型	备　注
21	1.30	β Cru	Mimosa，Becrux 十字架三	350	B0.5 IV	Mimosa
22	1.35	α Leo	Regulus 轩辕十四	77	B7 V	Regulus
23	1.51	ε CMa	Adara 弧矢七	430	B2 Iab	Adara
24	1.58	α Gem	Castor 北河二	52	A1 V, A2 Vm	Castor
25	1.62	λ Sco	Shaula 尾宿八	700	B1.5 - 2 IV+	Shaula
26	1.63	γ Cru	Gacrux	88	M4 III	Gacrux
27	1.64	γ Ori	Bellatrix 参宿五	240	B2 III	Bellatrix
28	1.68	β Tau	El Nath 五车二	130	B7 III	El Nath
29	1.68	β Car	Miaplacidus 南船	110	A2 IV	Miaplacidus
30	1.70	ε Ori	Alnilam 参宿二	1 300	B0 Iab	Alnilam
31	1.70	ζ Ori A	Alnitak 参宿一	820	O9 Iab	Alnitak A
32	1.74	α Gru	Alnair 鹤一	100	B7 IV	Al Na'ir
33	1.76	ε UMa	Alioth 玉衡，北斗五	81	A0pCr	Alioth
34	1.78	γ^2 Vel	Suhail，Regor	840	WC8 + O7.5e	Gamma^2 Velorum
35	1.79	α UMa	Dubhe 天枢 北斗一	120	K0 III, F0 V	Dubhe

A. 8 主要流星群表

流星群名	日期 月/日	峰	赤经 h:m	赤纬/ (°)	速度/ (km/s)	ZHR*	评级
Quadrantids 象限仪流星群	1/1—1/5	1/3	15:20	+49	41	120	强
Alpha Crucids 南十字 α 流星群	1/6—1/28	1/15	12:48	—63	50	3	弱
Delta Cancrids 巨蟹 δ 流星群	1/1—1/31	1/17	08:40	+20	28	4	中
Alpha Centaurids 半人马 α 流星群	1/28—2/21	2/7	14:00	—59	56	6	中
Theta Centaurids 半人马 θ 流星群	1/23—3/12	2/21	14:00	—41	60	4	弱
2/ruary Leonids 狮子流星群	2/1—2/28	几个	11:00	+06	30	5	中
Gamma Normids 矩尺 γ 流星群	2/25—3/22	3/13	16:36	—51	56	8	中
Virginids 室女流星群	3/1—4/15	几个	13:00	—04	30	5	中
Delta Pavonids 孔雀 δ 流星群	3/11—4/16	3/30	13:00	—65	31	5	弱
Librids 天秤流星群	4/15—4/30	几个	15:12	—18	30	5	中
Lyrids 天琴流星群	4/15—4/28	4/22	18:04	+34	49	15	强
Pi Puppids 船尾 π 流星群	4/15—4/28	4/23	07:20	—45	18	变	不规则
Eta Aquarids 宝瓶 η 流星群	4/19—5/28	5/6	22:32	—01	66	60	强
Alpha Scorpiids 天蝎 α 流星群	5/1—5/31	5/16	16:12	—21	35	5	中
Beta Corona Austrinids 南冕 β 流星群	4/23—5/30	5/16	18:56	—40	45	3	弱
Omega Scorpiids 天蝎 ω 流星群	5/23—6/15	6/2	15:56	—20	21	5	弱
Arietids 白羊流星群	5/22—7/2	6/7	02:56	+24	38	54	强
Sagittarids 人马流星群	6/1—7/15	6/19	18:16	—23	30	5	中

(续表)

流星群名	日期 月/日	峰	赤经 h:m	赤纬/ (°)	速度/ (km/s)	ZHR*	评级
Tau Cetids 鲸鱼 τ 流星群	6/18—7/4	6/27	01:36	−12	66	4	弱
June Bootids 六月牧夫流星群	6/28—6/28	6/28	14:36	+49	14	变	不规则
Tau Aquarids 宝瓶 τ 流星群	6/19—7/5	6/28	22:48	−12	63	7	弱
July Pegasids 七月飞马流星群	7/7—7/13	7/10	22:40	+15	70	3	中
July Phoenicids 七月凤凰流星群	7/10—7/16	7/13	02:08	−48	47	变	不规则
Sigma Capricornids 摩羯 σ 流星群	7/15—8/11	7/20	20:28	−15	30	5	弱
Piscis Austrinids 南鱼流星群	7/15—8/10	7/28	22:44	−30	35	5	中
South Delta Aquarids 宝瓶 δ 南流星群	7/12—8/19	7/28	22:36	−16	41	20	强
Alpha Capricornids 摩羯 α 流星群	7/3—8/15	7/30	20:28	−10	23	4	中
South Iota Aquarids 宝瓶 ι 南流星群	7/25—8/15	8/4	22:16	−15	34	2	中
North Delta Aquarids 宝瓶 δ 北流星群	7/15—8/25	8/8	22:20	−05	42	4	中
Perseids 英仙流星群	7/17—8/24	8/12	03:04	+58	59	90	强
Kappa Cygnids 天鹅 κ 流星群	8/3—8/25	8/17	19:04	+59	25	3	中
North Iota Aquarids 宝瓶 ι 北流星群	8/11—8/31	8/20	21:48	−06	31	3	中
Pi Eridanids 波江 π 流星群	8/20—9/5	8/25	03:28	−15	59	4	弱
Gamma Doradids 剑鱼 γ 流星群	8/19—9/6	8/28	04:36	−50	41	5	弱
Alpha Aurigids 御夫 α 流星群	8/25—9/8	9/1	05:36	+42	66	7	中

（续表）

流星群名	日期 月/日	峰	赤经 h:m	赤纬/ (°)	速度/ (km/s)	ZHR*	评级
September Perseids 九月流星群	9/5—10/10	9/8	04:00	+47	64	6	中
Aries - triangulids 白羊-三角流星群	9/9—9/16	9/12	02:00	+29	35	3	弱
Piscids 双鱼流星群	9/1—9/30	9/20	00:32	00	26	3	中
Kappa Aquarids 宝瓶 κ 流星群	9/8—9/30	9/20	22:36	−02	16	3	弱
October Arietids 十月白羊流星群	10/1—10/31	10/8	02:08	+08	28	5	中
Giacobinids 贾可尼流星群	10/6—10/10	10/8	17:28	+54	20	变	不规则
Delta Aurigids 御夫 δ 流星群	9/22—10/23	10/10	05:40	+52	64	6	中
Leo Minorids 小狮流星群	10/21—10/23	10/22	10:48	+37	62	2	弱
Southern Taurids 金牛南流星群	11/1—11/25	11/5	03:28	+13	27	5	中
Northern Taurids 金牛北流星群	11/1—11/25	11/12	03:52	+22	29	5	中
Zeta Puppids 船尾 ζ 流星群	11/2—12/20	11/13	07:48	−42	41	3	弱
Leonids 狮子流星群	11/14—11/21	11/17	10:12	+22	71	变	不规则
Alpha Monocerotids 长蛇 α 流星群	11/15—11/25	11/21	07:20	+03	60	变	不规则
Chi Orionids 猎户 χ 流星群	11/25—12/31	12/2	05:28	+23	28	3	中
Phoenicids 凤凰流星群	11/28—12/9	12/6	01:12	−53	18	变	不规则
Monocerotids 麒麟流星群	11/27—12/17	12/9	06:48	+08	43	3	中
Puppid - velids 船尾-船帆流星群	12/2—12/16	12/12	09:00	−46	40	4	中

（续表）

流星群名	日期 月/日	峰	赤经 h：m	赤纬/ (°)	速度/ (km/s)	ZHR*	评级
Geminids 双子流星群	12/7—12/17	12/14	07：28	+33	35	120	强
Coma Berenicids 后发流星群	12/12—1/23	12/20	11：40	+25	65	5	中
Ursids 小熊流星群	12/17—12/26	12/22	14：28	+76	33	10	强

* ZHR -（归算的）天顶每小时数目。

附录 B 彩 图

彩图 1　太空飞船拍摄的地球

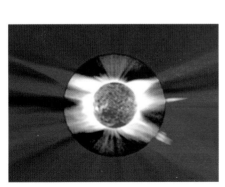

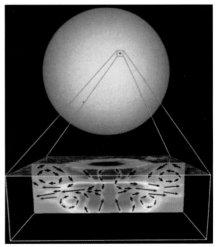

彩图 2　日面单色像(内)和日冕像(中、外)的组合(左)及太阳黑子物质环流三维图(右)

彩图 3　北极光(左)与海卫一的南极区(右)

彩图 4　火星的云(亮片)(左)及水冰云(右)

彩图 5 木星的可见光像(上)、土星(下左)、土卫六红外像显现大气之下的部分表面

彩图 6 水星的表面

彩图 7　木星的伽利略卫星

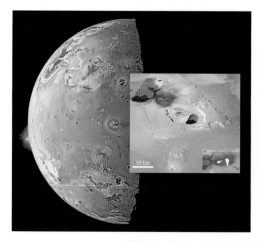

彩图 8　木卫一及其火山喷发(左)与海王星(右)

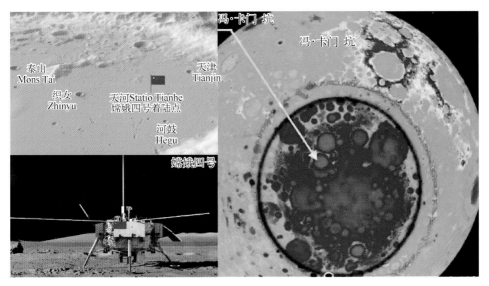

彩图 9 嫦娥四号登陆月球南极冯·卡门坑

彩图 10 吉林陨石 1 号(左)与新疆陨铁(右)

彩图 11　球粒陨石的球粒和基质(左)、火星陨石(中)、火星似"细菌"化石

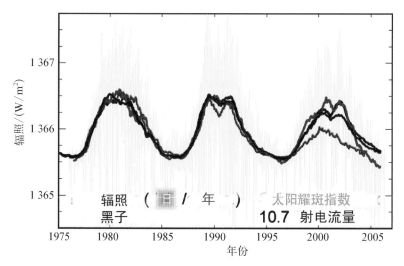

彩图 12　太阳辐照的变化

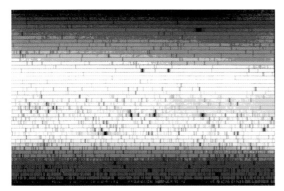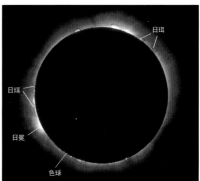

彩图 13　高色散太阳光谱(左)与日全食的色球(右)

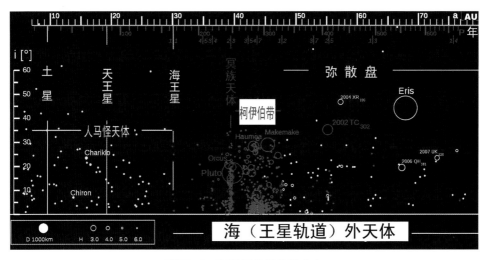

彩图 14　海外天体的轨道分布

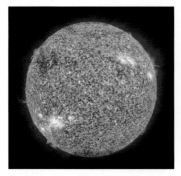 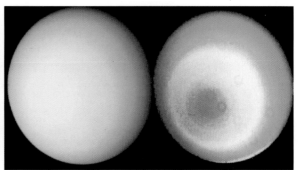

彩图 15　色球的 H_α 单色像　　　　　彩图 16　天王星及其增强像

彩图 17　谷神星(左)、冥王星与冥卫一(右)

彩图 18　Hale‐Bopp 彗星(左)与麂林彗星(右)